建筑幕墙技术

阎玉芹 于 海 苑玉振 张新娟 主编

JIANZHU
MUQIANG
JISHU

化学工业出版社

·北京·

本书共 12 章，主要包含建筑幕墙基础知识、建筑幕墙设计和建筑幕墙施工技术三部分内容，书中系统详尽地介绍了建筑幕墙基本概念、分类、常用材料，幕墙的建筑设计、构造与设计、结构设计、光学及热工设计，各类幕墙的施工工艺及施工技术要点等内容。书中既包含了幕墙设计和施工需要的最实用、最基本的内容，又涵盖了建筑幕墙发展的新技术、新材料、新工艺、新系统。

本书可以作为建筑幕墙行业及相关行业技术人员、管理人员的参考书，也可以作为建筑幕墙及其相关专业学生的学习用书。

图书在版编目（CIP）数据

建筑幕墙技术/阎玉芹等主编. —北京：化学工业出版社，2019.2（2023.9重印）
ISBN 978-7-122-33340-7

Ⅰ.①建… Ⅱ.①阎… Ⅲ.①幕墙-建筑施工
Ⅳ.①TU227

中国版本图书馆 CIP 数据核字（2018）第 270385 号

责任编辑：满悦芝　　　　　　　　　　　　　文字编辑：吴开亮
责任校对：边　涛　　　　　　　　　　　　　装帧设计：张　辉

出版发行：化学工业出版社（北京市东城区青年湖南街 13 号　邮政编码 100011）
印　　装：北京天宇星印刷厂
787mm×1092mm　1/16　印张 26　字数 649 千字　2023 年 9 月北京第 1 版第 5 次印刷

购书咨询：010-64518888　　售后服务：010-64518899
网　　址：http://www.cip.com.cn
凡购买本书，如有缺损质量问题，本社销售中心负责调换。

定　　价：128.00 元　　　　　　　　　　　　　　　　版权所有　违者必究

《建筑幕墙技术》编写人员

主　　编：阎玉芹　于　海　苑玉振　张新娟

副主编：（按姓氏拼音首字母排序）

陈允涛　韩修亮　姜树仁　廖绍景　邵俊祥　于永波

参　　编：（按姓氏拼音首字母排序）

刁训林　杜敬伟　付树壮　高鹏刚　李宝存　李翠艳

李　莎　李晓南　刘　阳　马绿洲　孙广彬　孙　浩

唐浩晨　王　成　王德军　徐　峰　徐　刚　杨英豪

张昌奇　张如意　赵金强　赵瑞川　赵宗凯

主编单位：山东建筑大学门窗与幕墙研究所

共同主编单位：（按单位名称首字母排序）

山东华建铝业集团有限公司

中建八局第二建设有限公司

中建八局第一建设有限公司

副主编单位：（按单位名称首字母排序）

广东兴发铝业有限公司

山东省城建设计院

同圆设计集团有限公司

亚萨合莱国强（山东）五金科技有限公司

参编单位：（按单位名称首字母排序）

东营胜明玻璃有限公司

淄博长风软件开发研究所

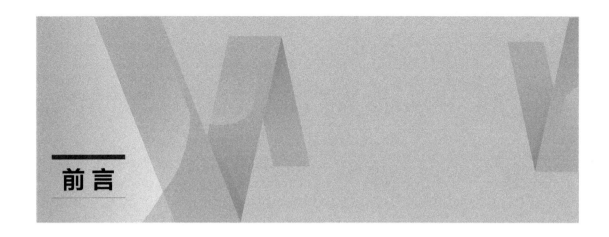

前言

从 1984 年建筑幕墙在北京饭店出现至今的三十多年，建筑幕墙在我国经历了从无到有的飞速发展时期。近几年来，建筑幕墙行业运用先进技术推进行业结构调整，促进产品更新、结构优化，缩小了与国际先进水平的差距，我国建筑幕墙行业经历了一段辉煌发展的岁月，跨入了高水平发展阶段。如今我国已成为世界建筑幕墙生产和使用大国。

由于行业起步晚，大专院校没有相应专业为行业作人力和技术支撑，行业从业的技术人员大部分是从土木、建筑和机械类专业转行过来，对建筑幕墙缺乏系统认识，导致行业高层次、专业化人才紧缺。为了适应行业的需求，我们组织编写了《建筑幕墙技术》一书。

党的二十大报告指出：高质量发展是全面建设社会主义现代化国家的首要任务。这为房地产业的健康发展指明了方向，要建设高品质建筑，更好解决人民住房问题，提高人民的生活品质，保证房地产行业平稳健康发展和良性循环。高品质建筑需要配套高品质幕墙，为了建造高品质幕墙，我们必须用系统的思想来进行幕墙的设计、生产、安装和管理。基于此，编者结合多年的教学和实践经验编写了《建筑幕墙技术》。

本书内容可分为三部分：建筑幕墙基础知识、建筑幕墙设计和建筑幕墙施工技术。建筑幕墙基础知识部分主要包括建筑幕墙基本概念、分类、常用材料；建筑幕墙设计部分主要包括幕墙的建筑设计、各类建筑幕墙的构造与设计、建筑幕墙的结构设计与计算、光学及热工设计计算等；建筑幕墙施工技术主要包括各类建筑幕墙的施工工艺、施工技术要点等。全书对各部分内容均做了详尽阐述，其中既包含了幕墙设计、施工需要的最实用、最基本的内容，又涵盖了建筑幕墙发展的新技术、新材料、新工艺、新系统。

本书的编写人员由多年从事建筑幕墙研究与教学的教授、专家以及多年在建筑幕墙生产一线从事设计、生产与施工的高级技术人员、管理人员组成。

本书可以作为建筑幕墙及其相关专业学生的学习用书，也可作为建筑幕墙行业及相关行业技术人员、管理人员的参考书。

本书由阎玉芹、于海、苑玉振、张新娟担任主编；陈允涛、韩修亮、姜树仁、廖绍景、邵俊祥、于永波担任副主编；参编人员有刁训林、杜敬伟、付树壮、高鹏刚、李宝存、李翠艳、李莎、李晓南、刘阳、马绿洲、孙广彬、孙浩、唐浩晨、王成、王德军、徐峰、徐刚、杨英豪、张昌奇、张如意、赵金强、赵瑞川、赵宗凯。

由于编者水平有限，书中难免存在疏漏和不足之处，欢迎广大读者批评指正。

编　者
于山东建筑大学门窗与幕墙研究所

目录

1　建筑幕墙概述 ·· 1

1.1　建筑幕墙的发展 ················ 1

1.2　建筑幕墙的基本术语 ········ 3

1.3　建筑幕墙的分类 ·············· 4

　1.3.1　按面板材料分类 ········ 4

　1.3.2　按面板支承形式分类 ········ 5

1.3.3　按面板接缝构造形式分类 ······ 8

1.3.4　按面板支承框架显露程度
　　　　分类 ························ 8

1.4　建筑幕墙的系列 ·············· 9

2　建筑幕墙材料 ·· 10

2.1　铝合金材料 ················ 10

　2.1.1　铝合金原材料 ········ 10

　2.1.2　铝合金建筑型材 ········ 12

　2.1.3　铝合金板、带材 ········ 26

2.2　钢材 ·························· 34

　2.2.1　钢材原材料的性能指标 ···· 35

　2.2.2　常用钢材 ·············· 37

　2.2.3　幕墙用钢材的要求 ········ 45

2.3　石材 ·························· 46

　2.3.1　花岗石 ·················· 46

　2.3.2　大理石 ·················· 50

　2.3.3　石灰石 ·················· 50

　2.3.4　砂岩 ···················· 50

　2.3.5　板石 ···················· 50

　2.3.6　洞石 ···················· 51

　2.3.7　幕墙用石材面板的要求 ···· 51

　2.3.8　石材防护 ················ 52

2.4　玻璃 ·························· 53

　2.4.1　平板玻璃 ················ 53

　2.4.2　安全玻璃 ················ 56

2.4.3　镀膜玻璃 ················ 67

2.4.4　中空玻璃 ················ 73

2.4.5　真空玻璃 ················ 81

2.4.6　其他玻璃 ················ 82

2.4.7　幕墙用玻璃的要求 ······ 84

2.4.8　单银、双银和三银 Low-E
　　　　玻璃 ······················ 85

2.4.9　镀膜玻璃膜面的判别 ······ 85

2.5　人造板材 ···················· 86

2.6　密封材料 ···················· 87

　2.6.1　密封胶 ·················· 87

　2.6.2　密封胶条 ················ 92

2.7　金属连接件与紧固件 ········ 93

　2.7.1　螺栓 ···················· 93

　2.7.2　螺钉 ···················· 94

　2.7.3　螺母 ···················· 95

　2.7.4　抽芯铆钉 ················ 95

　2.7.5　锚栓 ···················· 96

　2.7.6　背栓 ···················· 98

2.8　其他材料 ···················· 98

2.8.1 尼龙 ·········· 98
2.8.2 工程塑料 ·········· 99
2.8.3 聚氨酯发泡材料 ·········· 100
2.8.4 隔热保温材料 ·········· 100
2.8.5 双面胶带 ·········· 101
2.8.6 泡沫棒 ·········· 101

3 幕墙的建筑设计 ·········· 102

3.1 幕墙建筑设计的基本原则 ·········· 102
3.2 建筑幕墙的分格设计 ·········· 103
3.3 建筑幕墙的性能及设计 ·········· 105
3.3.1 抗风压性能 ·········· 105
3.3.2 水密性能 ·········· 106
3.3.3 气密性能 ·········· 107
3.3.4 热工性能 ·········· 108
3.3.5 空气声隔声性能 ·········· 113
3.3.6 平面内变形性能 ·········· 115
3.3.7 耐撞击性能 ·········· 115
3.3.8 光学性能 ·········· 116
3.3.9 承重性能 ·········· 117
3.4 建筑幕墙的防雷 ·········· 117
3.4.1 常用名词术语 ·········· 118
3.4.2 建筑物的防雷设计原理 ·········· 119
3.4.3 建筑物的防雷分类 ·········· 120
3.4.4 建筑物的防雷措施规定 ·········· 121
3.4.5 建筑幕墙的防雷构造设计 ·········· 122
3.4.6 建筑幕墙防雷设计图 ·········· 126
3.5 建筑幕墙的防火 ·········· 128
3.5.1 防火设计要求 ·········· 129
3.5.2 幕墙的防火构造设计 ·········· 130
3.6 建筑幕墙的抗震 ·········· 132
3.6.1 地震震级和烈度 ·········· 132
3.6.2 抗震设防烈度与设计基本地震加速度 ·········· 134
3.6.3 建筑工程抗震设防分类和设防标准 ·········· 135
3.6.4 建筑幕墙的抗震要求及设计 ·········· 137
3.7 建筑幕墙的通风 ·········· 138
3.8 建筑幕墙的安全设计 ·········· 139

4 建筑幕墙的构造与设计 ·········· 141

4.1 构件式幕墙的构造 ·········· 141
4.1.1 构件式玻璃幕墙 ·········· 141
4.1.2 构件式石材幕墙 ·········· 162
4.1.3 构件式金属幕墙 ·········· 167
4.2 全玻璃幕墙的构造 ·········· 178
4.2.1 吊挂式全玻璃幕墙 ·········· 179
4.2.2 落地式全玻璃幕墙 ·········· 179
4.3 点支承玻璃幕墙的构造 ·········· 182
4.3.1 钢结构点支承玻璃幕墙 ·········· 183
4.3.2 索结构点支承玻璃幕墙 ·········· 184
4.3.3 玻璃肋点支承玻璃幕墙 ·········· 188
4.4 单元式幕墙的构造 ·········· 190
4.4.1 横滑型单元式幕墙 ·········· 191
4.4.2 横锁型单元式幕墙 ·········· 196
4.4.3 单元幕墙的防水构造设计 ·········· 198
4.5 建筑幕墙构造设计原则 ·········· 199
4.5.1 构造设计一般原则 ·········· 199
4.5.2 构造设计基本要求 ·········· 200

5 建筑幕墙结构设计与计算 ·········· 202

5.1 极限状态设计 ·········· 202
5.2 结构上的作用 ·········· 204
5.2.1 荷载的分类 ·········· 204
5.2.2 荷载代表值 ·········· 205
5.2.3 荷载组合 ·········· 206
5.2.4 幕墙设计时的荷载组合 ·········· 208
5.3 荷载计算 ·········· 210
5.3.1 风荷载 ·········· 210
5.3.2 雪载荷 ·········· 213
5.3.3 地震作用 ·········· 214

　　　5.3.4　自重与活荷载 ·········· 215
　　　5.3.5　温度作用 ·············· 215
　　5.4　材料性能 ················· 216
　　5.5　面板设计计算 ·············· 223
　　　5.5.1　玻璃面板设计计算 ········ 223
　　　5.5.2　金属板设计计算 ·········· 227
　　　5.5.3　石材面板设计计算 ········ 229
　　5.6　杆件设计计算 ·············· 234
　　　5.6.1　荷载分布与传递 ·········· 234
　　　5.6.2　横梁与立柱的壁厚 ········ 235
　　　5.6.3　横梁的承载力计算 ········ 236
　　　5.6.4　立柱的承载力计算 ········ 237
　　　5.6.5　弯矩、剪力和挠度计算 ···· 239
　　5.7　连接设计计算 ·············· 240
　　　5.7.1　幕墙主杆件之间的连接

　　　　　　设计 ·················· 240
　　　5.7.2　幕墙主杆件与建筑主体的
　　　　　　连接设计 ·············· 244
　　　5.7.3　连接计算 ·············· 246
　　5.8　硅酮结构密封胶设计 ········ 251
　　　5.8.1　粘结宽度 ·············· 251
　　　5.8.2　粘结厚度 ·············· 252
　　5.9　点支承玻璃幕墙支承结构
　　　　　设计 ·················· 253
　　　5.9.1　型钢及钢管桁架支承结构
　　　　　　设计 ·················· 253
　　　5.9.2　索杆桁架支承结构设计 ···· 253
　　　5.9.3　单层索网及单拉索支承结构
　　　　　　设计 ·················· 254

6　玻璃幕墙热工设计计算 ·· 255

　　6.1　玻璃幕墙的传热 ············ 255
　　　6.1.1　热量传递的基本方式 ······ 255
　　　6.1.2　稳定传热过程 ·········· 258
　　　6.1.3　周期性不稳定传热 ········ 260
　　6.2　玻璃幕墙热工计算 ·········· 261
　　　6.2.1　基本术语 ·············· 261
　　　6.2.2　计算环境边界条件 ······ 262
　　　6.2.3　玻璃幕墙的热工计算
　　　　　　步骤 ·················· 263
　　　6.2.4　幕墙几何描述 ·········· 263
　　　6.2.5　玻璃光学热工性能 ······ 264
　　　6.2.6　框传热计算 ············ 271
　　6.2.7　幕墙传热系数 ············ 272
　　6.2.8　幕墙遮阳系数 ············ 273
　　6.2.9　幕墙可见光透射比 ········ 274
　　6.3　玻璃幕墙抗结露性能 ········ 274
　　　6.3.1　抗结露计算一般原则 ······ 275
　　　6.3.2　露点温度计算 ············ 275
　　　6.3.3　结露计算与评价 ·········· 276
　　6.4　玻璃幕墙遮阳系统设计 ······ 276
　　　6.4.1　玻璃幕墙遮阳方式 ········ 276
　　　6.4.2　建筑外遮阳系数计算 ······ 277
　　6.5　常用材料的热工参数 ········ 279

7　幕墙构件加工 ·· 282

　　7.1　幕墙金属构件加工 ·········· 282
　　7.2　玻璃幕墙构件加工 ·········· 284
　　　7.2.1　玻璃及组件加工 ·········· 284
　　　7.2.2　明框幕墙组件加工 ········ 284
　　　7.2.3　隐框幕墙组件加工 ········ 286
　　　7.2.4　单元式玻璃幕墙加工 ······ 287
　　7.3　金属板加工 ················ 288
　　　7.3.1　单层铝板加工 ············ 288
　　　7.3.2　复合铝板加工 ············ 288
　　　7.3.3　蜂窝铝板加工 ············ 289
　　7.4　石材加工 ·················· 290
　　　7.4.1　钢销式安装的石板加工 ···· 290
　　　7.4.2　通槽式、短槽式安装的石板
　　　　　　加工 ·················· 290
　　　7.4.3　背栓式安装的石板加工 ···· 292
　　7.5　人造板材加工 ·············· 292
　　　7.5.1　瓷板、陶板、微晶玻璃板
　　　　　　加工 ·················· 292
　　　7.5.2　石材蜂窝板 ············ 293
　　　7.5.3　木纤维板 ·············· 293

7.5.4 纤维水泥板 ……………… 294　　7.6 幕墙构件加工注意事项 ………… 294

8 建筑幕墙工程设计 ……………………………………………………………… 296

8.1 建筑幕墙方案设计 ………… 296　　8.2.5 平面图 ………………… 305
8.2 建筑幕墙施工图设计 ……… 296　　8.2.6 立面图 ………………… 306
　8.2.1 幕墙工程施工图 ……… 297　　8.2.7 大样图 ………………… 307
　8.2.2 封面和目录 …………… 303　　8.2.8 节点图 ………………… 308
　8.2.3 设计说明 ……………… 303　　8.2.9 埋件图 ………………… 311
　8.2.4 材料明细表 …………… 305　　8.2.10 加工图 ……………… 311

9 建筑幕墙安装施工技术 …………………………………………………………… 313

9.1 幕墙安装施工准备 ………… 313　　9.3 金属幕墙安装施工 ………… 325
　9.1.1 技术准备 ……………… 313　　　9.3.1 金属板安装 …………… 325
　9.1.2 材料准备 ……………… 313　　　9.3.2 密封处理 ……………… 328
　9.1.3 机具准备 ……………… 313　　9.4 石材幕墙安装施工 ………… 329
　9.1.4 人员准备 ……………… 314　　9.5 单元幕墙安装施工 ………… 330
　9.1.5 作业条件 ……………… 314　　9.6 幕墙安装施工应注意的问题 … 334
　9.1.6 施工组织设计内容 …… 314　　　9.6.1 成品保护 ……………… 334
　9.1.7 技术交底 ……………… 315　　　9.6.2 应注意的质量问题 …… 334
9.2 玻璃幕墙安装施工 ………… 317　　9.7 工程验收 ………………… 336
　9.2.1 构件式玻璃幕墙安装施工　　　9.7.1 建筑工程验收程序 …… 336
　　　　工艺 ………………… 317　　　9.7.2 建筑工程施工质量验收
　9.2.2 点支式玻璃幕墙安装施工　　　　　　要求 ……………… 337
　　　　工艺 ………………… 320　　　9.7.3 幕墙工程验收 ………… 340
　9.2.3 全玻璃幕墙安装施工　　　　9.8 幕墙的保养与维护 ………… 348
　　　　工艺 ………………… 323

10 其他幕墙简介 ……………………………………………………………………… 350

10.1 双层幕墙简介 …………… 350　　　10.1.6 双层幕墙的选用 …… 358
　10.1.1 双层幕墙的分类 …… 350　　10.2 光电幕墙简介 …………… 359
　10.1.2 内通风双层幕墙 …… 354　　　10.2.1 光电幕墙构造 ……… 359
　10.1.3 外通风双层幕墙 …… 355　　　10.2.2 光电幕墙设计 ……… 360
　10.1.4 双层幕墙通风量计算 … 357　　10.3 木幕墙 …………………… 361
　10.1.5 双层幕墙的防火与排烟 … 357　　10.4 水幕墙 …………………… 364

11 采光顶与金属屋面简介 …………………………………………………………… 366

11.1 采光顶的建筑设计 ……… 366　　　11.2.4 采光顶的节能设计 … 373
11.2 玻璃采光顶 ……………… 368　　11.3 聚碳酸酯板采光顶 ……… 375
　11.2.1 玻璃采光顶的形式 … 368　　11.4 膜结构采光顶 …………… 376
　11.2.2 玻璃采光顶的基本构造 … 370　　　11.4.1 膜结构采光顶概述 … 376
　11.2.3 玻璃采光顶的防水设计 … 372　　　11.4.2 膜结构采光顶构造 … 377

11.4.3 膜结构采光顶施工 ………… 379   11.5 压型金属板屋面 …………… 381

12 BIM 技术简介 …………………………………………………………………… 383

12.1 BIM 及其发展历程 ………… 383   12.4 BIM 技术在建筑幕墙中的
12.2 BIM 技术的特点 ………… 384   应用 ……………………… 400
12.3 BIM 相关软件 ………… 385   12.4.1 项目概况 …………… 400
   12.3.1 二维软件 ………… 385   12.4.2 BIM 技术的应用 … 400
   12.3.2 三维软件 ………… 391

参考文献 ………………………………………………………………………………… 406

1

建筑幕墙概述

　　建筑幕墙是由面板与支承结构体系组成，具有规定的承载能力、变形能力和适应主体结构位移能力，不分担主体结构所受作用的建筑外围护墙体结构或装饰性结构。

　　建筑幕墙首先是结构，具有承载功能；然后是装饰，具有美观和建筑功能。因此，建筑幕墙具有以下特点：

　　① 建筑幕墙是完整的结构体系，能够承受施加于其上的作用，并将其传递到主体结构上。

　　② 建筑幕墙与主体结构采用可动连接，通常是悬挂在主体结构上，当主体结构发生位移时，建筑幕墙有能够适应主体结构位移的能力，或者自身具有一定的变形能力。

　　③ 建筑幕墙不分担主体结构所受的作用。

1.1　建筑幕墙的发展

　　建筑幕墙是近代科学发展的产物，是现代高层建筑时代的显著特征。世界上最早的建筑幕墙是以玻璃幕墙的形式出现的。最早的玻璃幕墙出现在 1917 年美国旧金山的哈里德大厦（图 1-1），而真正意义上的玻璃幕墙则是在 20 世纪 50 年代初建成的纽约利华大厦（图 1-2）和联合国大厦（图 1-3）。

　　20 世纪六七十年代，国外高层建筑采用玻璃幕墙迅速增多，许多著名的建筑都采用玻

图 1-1　旧金山哈里德大厦　　　　　　　　　　图 1-2　纽约利华大厦

璃幕墙作为外部装饰结构。美国成为世界建筑幕墙中心，如美国芝加哥西尔斯大厦（110层、443m，图 1-4）和约翰·汉考克大厦（100层、344m，图 1-5），都采用了明框玻璃幕墙。同时，亚洲经济迅速腾飞，沿西太平洋一线和东南亚诸国形成了世界上第二个高层建筑和建筑幕墙中心。

20世纪八九十年代，中、低层建筑上开始采用玻璃和铝板幕墙，玻璃、铝板和花岗石幕墙在高层、超高层建筑中被广泛采用，建筑幕墙进入了快速发展阶段。

我国的建筑幕墙从20世纪80年代初开始起步，1984年建成的北京长城饭店（图1-6）首次使用玻璃幕墙。

图 1-3　联合国大厦

图 1-4　西尔斯大厦

图 1-5　约翰·汉考克大厦

图 1-6　北京长城饭店

我国建筑幕墙行业历经30多年的发展，经历了三个发展阶段：第一阶段（1983～1993年），建筑幕墙刚刚引进国内，是以"模仿"国外产品和工程为主要标志的起步阶段；第二阶段（1994～2000年），我国建筑幕墙需求急剧增加，是以"消化、吸收和增量"为主要标志的成长阶段；第三阶段（2001年至今），我国建筑幕墙产品进入结构调整和优化，技术创新不断出现，许多企业拥有了具备自主知识产权的创新产品，是以"引进、扩张、创新"为主要标志的可持续发展阶段。

如今，中国已成为世界建筑幕墙生产与使用大国，每年生产各类建筑幕墙约 5500 万平方米，年产值近 1200 亿元，市场总量已占世界总量的 60% 以上。国内幕墙行业也形成以大型企业为主导，中小企业为辅的市场格局。目前国内已经形成了以 100 多家大型企业为主体，以 20 多家产值过 20 亿元的骨干企业为代表的产业中坚力量，这批大型骨干企业完成的工业产值约占全行业工业总产值的 50%。

1.2 建筑幕墙的基本术语

建筑幕墙（curtain wall）：由面板与支承结构体系组成，具有规定的承载能力、变形能力和适应主体结构位移能力，不分担主体结构所受作用的建筑外围护墙体结构或装饰性结构。

层间幕墙（inter-floor curtain wall）：安装在楼板之间或楼板和屋顶之间分层锚固支承的建筑幕墙。

窗式幕墙（window type glass curtain wall）：安装在楼板之间或楼板和屋顶之间的金属框架支承玻璃幕墙，是层间玻璃幕墙的常用形式。

窗式幕墙与带形窗的区别在于：窗式幕墙是自身构造具有横向连续性的框支承玻璃幕墙；带形窗是自身构造不具有横向连续性的单体窗，通过拼樘构件连接而成的横向组合窗。

斜幕墙（inclined curtain wall）：与水平方向夹角大于等于 75°且小于 90°的幕墙。

围护型幕墙（enclosing curtain wall；warm curtain wall）：分隔室内、外空间，具有外维护墙体结构完整功能的幕墙。

装饰型幕墙（curtain wall cladding；cold curtain wall）：安装于其他墙体上或结构上，按幕墙形式建造的装饰性结构。

透光幕墙（daylighting curtain wall）：可见光能直接透射入室内的建筑幕墙。

透明幕墙（可透视幕墙，transparent curtain wall）：人眼可直接透视的透光幕墙。

非透明幕墙（不可透视幕墙，non-transparent curtain wall；translucent curtain wall）：人眼不可直接透视的透光幕墙。人眼不可直接透视是指人眼不能直接看清楚幕墙另一面后的物体。

非透光幕墙（opaque curtain wall）：可见光不能直接透射入室内的幕墙。

光伏幕墙（photovoltaic curtain wall）：含有光伏构件并具有太阳能光电转换功能的幕墙。

光热幕墙（solarthermal curtain wall）：含有光热构件并具有太阳能光热转换功能的幕墙。

光伏光热一体化幕墙（hybrid photovoltaic/solarthermal curtain wall）：含有光伏光热一体化构件，既具有太阳能光电转换功能又具有太阳能光热转换功能的幕墙。

双层幕墙（double-skin curtain wall）：由外层幕墙、空气间层和内层幕墙构成的建筑幕墙。

固定部分（fixed field）：建筑幕墙中不可进行开启和关闭操作的部分。

可开启部分（openable field）：建筑幕墙中可进行开启和关闭操作的部分。

消防救援部分（fire rescue access）：建筑幕墙中可采用消防工具打开或破坏，能够实施救援的部分。

构件（member）：组成建筑幕墙结构体系的基本单元，包括面板、支承装置和支承构件，可以是单件或组合件。

附件（accessory）：建筑幕墙中用于构件的连接装配、安装固定或某种功能构造（如气密构造、水密构造）的配件和零件。

配件（fitting）：主要由各种金属材料制造而成，实现建筑幕墙某种功能的部件或组合件。

连接件（connector）：用于建筑幕墙构件之间的组装连接、构件与建筑主体结构安装连接的零件或组合件。

1.3　建筑幕墙的分类

根据不同的分类方式，建筑幕墙可以分为不同的类型。

1.3.1　按面板材料分类

建筑幕墙按照面板材料不同可分为玻璃幕墙、石材幕墙、金属板幕墙、金属复合板幕墙、双金属复合板幕墙、人造板幕墙和组合（面板）幕墙等。

(1) 玻璃幕墙（glass curtain wall）
面板材料为玻璃的幕墙。

(2) 石材幕墙（natural stone curtain wall）
面板材料为天然石材的幕墙。如花岗石幕墙、大理石幕墙、石灰石幕墙和砂岩幕墙等。

(3) 金属板幕墙（metal panel curtain wall）
面板材料为金属板材的幕墙。如铝板幕墙、彩色钢板幕墙、搪瓷钢板幕墙、不锈钢板幕墙、锌合金板幕墙、钛合金板幕墙、铜合金板幕墙等。

(4) 金属复合板幕墙（metal composite panel curtain wall）
面板材料（饰面层和/或背衬层）为金属板材并与芯层非金属材料（或金属材料）经复合工艺制成的复合板幕墙。如铝塑复合板幕墙、铝蜂窝复合板幕墙、钛锌复合板幕墙、金属保温板幕墙、铝瓦楞复合板幕墙等。

(5) 双金属复合板幕墙（bimetallic composite panel curtain wall）
面板材料（饰面层和背衬层）为两种不同金属或同种金属但不同属性板材经复合工艺制成的复合板幕墙。如不锈钢双金属复合板幕墙、铜铝双金属复合板幕墙、钛铜双金属复合板幕墙等。

(6) 人造板材幕墙（artificial panel curtain wall）
面板材料采用人造材料或天然材料与人造材料复合制成的人造外墙板（不包括玻璃和金属板材）的幕墙。如瓷板幕墙、陶板幕墙、微晶玻璃幕墙、石材蜂窝板幕墙、木纤维幕墙、玻璃纤维增强水泥板幕墙（GRC 幕墙）、预制混凝土板幕墙（PC 幕墙）等。

(7) 组合（面板）幕墙（combination panel curtain wall）
由不同材料面板（如玻璃、石材、金属、金属复合板、人造板材等）组成的建筑幕墙。

1.3.2 按面板支承形式分类

建筑幕墙按面板支承形式可分为框支承幕墙、肋支承幕墙、点支承幕墙等。

1.3.2.1 框支承幕墙

框支承幕墙（frame supporting curtain wall）是指面板由立柱、横梁连接构成的框架支承的幕墙。框支承幕墙可分为构件式幕墙、单元式幕墙、半单元式幕墙等。

(1) 构件式幕墙（stick curtain wall）

在现场依次安装立柱、横梁和面板的框支承幕墙，如图 1-7 所示。

(2) 单元式幕墙（unitized curtain wall）

由面板与支承框架在工厂制成的不小于一个楼层高度的幕墙结构基本单位，直接安装在主体结构上组合而成的框支承幕墙，如图 1-8 所示。

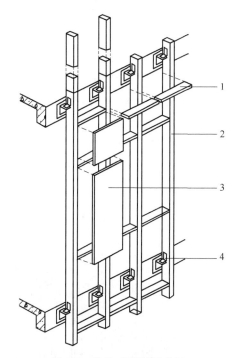

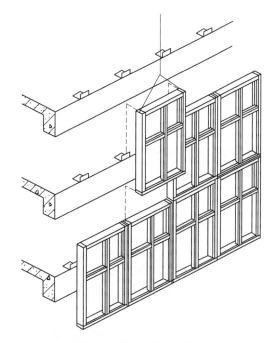

图 1-7　构件式幕墙示意图　　　　　　　图 1-8　单元式幕墙示意图

1—横梁；2—立柱；3—面板；4—立柱连接件

单元式幕墙按照单元部件间接口形式可分为插接型单元式幕墙、对接型单元式幕墙和连接型单元式幕墙。

插接型单元式幕墙（plug-in type unitized curtain wall）单元板块之间以立柱型材相互插接的密封方式完成组合，如图 1-9 所示。

对接型单元式幕墙（butting type unitized curtain wall）单元板块立柱之间以各自胶条的对压密封方式完成组合，如图 1-10 所示。

连接型单元式幕墙（conjunction type unitized curtain wall）单元板块立柱之间以共同的密封胶条进行密封完成组合，如图 1-11 所示。

(3) 半单元式幕墙（semi-unitized curtain wall）

由小于一个楼层高度的不同幕墙单体板块直接安装组合，或与先行安装在主体结构上的立柱组合而成的建筑幕墙。

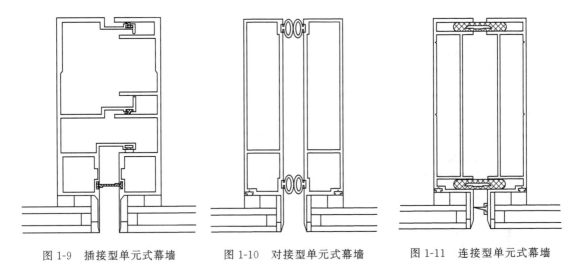

图 1-9　插接型单元式幕墙　　　　图 1-10　对接型单元式幕墙　　　　图 1-11　连接型单元式幕墙

　　① 层间板块-视窗板块半单元式幕墙（semi-unitized curtain wall with vision element and spandrel element）由安装在上下楼板处的层间板块和安装在层间板块中间的视窗板块组合而成，如图 1-12 所示。

　　② 立柱-板块半单元式幕墙（semi-unitized curtain wall with unit-and-mullion system）由全楼层高度的幕墙板块或小于楼层高度的若干幕墙板块（视窗板块和层间板块），与先行安装在主体结构上的立柱组合而成，如图 1-13 所示。

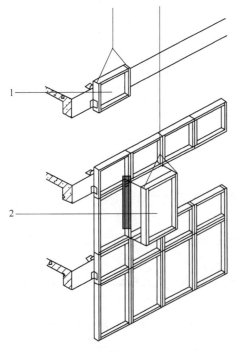

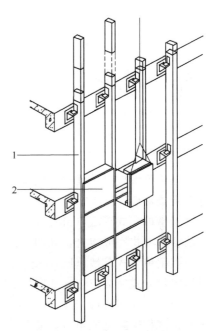

图 1-12　层间板块-视窗板块半单元式幕墙示意图　　　　图 1-13　立柱-板块半单元式幕墙示意图

1—层间板块；2—视窗板块　　　　　　　　　　　　　　1—立柱；2—半单元板块

1.3.2.2 肋支承幕墙

肋支承幕墙（rib supporting curtain wall）是指面板支承结构为肋板的幕墙。肋支承幕墙可分为玻璃肋支承玻璃幕墙（全玻璃幕墙）、金属肋支承幕墙和木肋支承幕墙。

(1) 玻璃肋支承玻璃幕墙（glass rib supporting glass curtain wall）

也称全玻璃幕墙（full glass curtain wall），肋板及其支承的面板均为玻璃的幕墙。

全玻璃幕墙按照面板支承形式可分为吊挂式全玻璃幕墙和坐地式全玻璃幕墙。

① 吊挂式全玻璃幕墙（hanging-type full glass curtain wall）玻璃面板和肋板的重量全部由吊挂装置承载。

② 坐地式全玻璃幕墙（floor-type full glass curtain wall）玻璃面板和肋板的重量全部由其玻璃底部的支承装置（镶嵌槽及支承垫块）承载。

(2) 金属肋支承幕墙（metal rib supporting curtain wall）

肋板材料为金属的肋支承幕墙。

(3) 木肋支承幕墙（wooden rib supporting curtain wall）

肋板材料为木质的肋支承幕墙。

1.3.2.3 点支承幕墙

点支承幕墙（point supporting curtain wall）是指以点连接方式（或近似于点连接的局部连接方式）直接承托和固定面板的幕墙。点支承幕墙可分为穿孔式点支承幕墙、夹板式点支承幕墙、背栓式点支承幕墙、短挂件点支承幕墙等。

(1) 穿孔式点支承幕墙（perforation-type point supporting curtain wall）

连接件或紧固件穿透面板的点支承幕墙。

(2) 夹板式点支承幕墙（splint-type point supporting curtain wall）

采用非穿孔式面板夹具，在面板端部以点连接或局部连接方式承托和固定面板的点支承幕墙。

(3) 背栓式点支承幕墙（point-supporting curtain wall with back bolt hanging fastener）

在面板背部非穿透性孔洞中采用背栓承托和固定面板的点支承幕墙。

(4) 短挂件点支承幕墙（point-supporting curtain wall with intermittent hanging fastener）

在面板端部侧面或背面沟或槽中采用短挂件承托和固定面板的点支承幕墙。

1.3.2.4 点支承玻璃幕墙

点支承玻璃幕墙按支撑结构形式可分为钢结构点支承玻璃幕墙、索结构点支承玻璃幕墙、玻璃肋点支承玻璃幕墙。

(1) 钢结构点支承玻璃幕墙（point-supporting curtain wall on steel structure）

采用钢结构支撑的点支承玻璃幕墙。

① 单柱式点支承玻璃幕墙（point-supporting curtain wall on single column）采用型钢或钢管等单柱支撑结构。

② 钢桁架点支承玻璃幕墙（point-supporting curtain wall on steel truss）采用钢桁架为支撑结构。

③ 拉杆桁架点支承玻璃幕墙（point-supporting curtain wall on tension-rod truss）采用预张拉杆桁架为支撑结构。

(2) 索结构点支承玻璃幕墙（point-supporting curtain wall on cable structure）

采用由拉索作为主要受力构件而形成的预应力结构体系支撑的点支承玻璃幕墙。

① 单向竖索点支承玻璃幕墙（point-supported glass curtain wall on vertical single cable）采用单向竖索为支撑结构。

② 单层索网点支承玻璃幕墙（point-supported glass curtain wall on single layer cable net）采用单层平面索网或单层曲面索网为支撑结构的点支承玻璃幕墙。

③ 索桁架点支承玻璃幕墙（point-supported glass curtain wall on cable truss）采用索桁架为支撑结构。

④ 自平衡索桁架点支承玻璃幕墙（point-supported glass curtain wall on self balanced cable truss）采用预应力索和撑杆组成的自平衡索桁架为支撑结构。

(3) 玻璃肋点支承玻璃幕墙（point-supported glass curtain wall on fin）

采用玻璃肋板为支撑结构的点支承玻璃幕墙。

1.3.3　按面板接缝构造形式分类

建筑幕墙按面板接缝构造形式可分为封闭式幕墙和开放式幕墙。

(1) 封闭式幕墙（sealed curtain wall）

幕墙板块之间接缝采取密封措施，具有气密性能和水密性能的建筑幕墙。封闭式幕墙又可分为注胶封闭式幕墙和胶条封闭式幕墙。

① 注胶封闭式幕墙（sealant sealed curtain wall）幕墙板块之间接缝采用密封胶密封。

② 胶条封闭式幕墙（gasked sealed curtain wall）幕墙板块之间接缝采用密封胶条密封。

(2) 开放式幕墙（unsealed curtain wall）

幕墙板块之间接缝不采取密封措施，不具有气密性能和水密性能的建筑幕墙。开放式幕墙又可分为开缝式幕墙和遮挡式板缝幕墙。

① 开缝式幕墙（curtain wall with sheltered open joints）幕墙板块之间接缝完全敞开，不采取任何密封或遮挡措施，水平方向气流可直接通过幕墙面板接缝，如图 1-14（a）所示。

② 遮挡式板缝幕墙（curtain wall with overlap open joints）幕墙板块之间接缝采用遮蔽构造。根据构造不同又可以分为搭接式板缝幕墙 [图 1-14（b）] 和嵌条式板缝幕墙 [图 1-14（c）]。

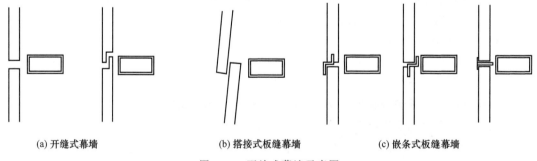

(a) 开缝式幕墙　　　　　　　(b) 搭接式板缝幕墙　　　　　　　(c) 嵌条式板缝幕墙

图 1-14　开放式幕墙示意图

1.3.4　按面板支承框架显露程度分类

建筑幕墙按照面板支承框架显露程度可分为明框幕墙、隐框幕墙和半隐框幕墙。

(1) 明框幕墙（exposed framing curtain wall）

横向和竖向框架构件显露于面板室外侧的幕墙（图 1-15）。

(2) 隐框幕墙（hidden framing curtain wall）

横向和竖向框架构件都不显露于面板室外侧的幕墙（图 1-16）。

(3) 半隐框幕墙（semi-exposed framing curtain wall）

横向或竖向框架构件不显露于室外侧的幕墙。

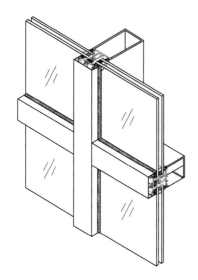 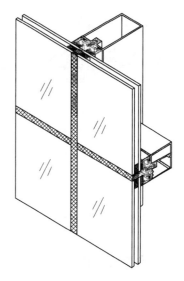

图 1-15　明框幕墙结构示意图　　　　　　　　图 1-16　隐框幕墙结构示意图

　　除了上述分类方法外，建筑幕墙按照支承框架材料可分为铝框架幕墙、钢框架幕墙、木框架幕墙、组合框架幕墙等，按立面形状可分为平面幕墙、折面幕墙、曲面幕墙等，按幕墙的围护层数可分为单层幕墙和双层幕墙等。

1.4　建筑幕墙的系列

　　建筑幕墙的系列通常是以立柱沿垂直于主体结构方向的设计尺寸——立柱厚度构造尺寸划分。立柱厚度构造尺寸符合 1/10M（10mm）的建筑分模数数列值的为基本系列，如 120 系列、150 系列、180 系列等。工程上为了便于区分，经常采用立柱宽度尺寸×厚度尺寸的形式来表达所用幕墙系列，如 60×120 系列，60×150 系列、60×180 系列等。

　　建筑幕墙作为建筑主体的外围护结构，需要承担作用在自身的荷载与作用，其支承结构（立柱、横梁）的构造尺寸需要通过结构计算确定。一般工程较大时，会根据建筑结构、立面分铬、整体造型及风格等设计定制，不一定必须采用标准系列。

2

建筑幕墙材料

建筑幕墙所用主要材料有铝合金、钢材、玻璃、石材、人造板材和密封材料等。

《建筑幕墙》（GB/T 21086）对幕墙所用材料提出了要求。幕墙所用材料应符合国家标准 GB 21086 附录 A 中相关标准的要求，且符合《玻璃幕墙工程技术规范》（JGJ 102）、《金属与石材幕墙工程技术规范》（JGJ 133）、《建筑玻璃应用技术规程》（JGJ 113）等标准和规范的规定，符合国家节约资源和环境保护的要求。性能应满足设计要求。

2.1 铝合金材料

铝合金是建筑幕墙工程中大量使用的材料，玻璃幕墙支承结构以铝合金建筑型材为主（占 95％以上），幕墙面板也大量使用单层铝板、铝塑复合板、蜂窝铝板等。

铝合金型材和板材应符合《建筑幕墙》附录 A 中 A.1 所列标准的规定。

铝合金隔热型材执行标准参见《建筑幕墙》附录 A，且应符合 GB/T 5237.6 的规定。

2.1.1 铝合金原材料

铝合金是组成铝合金型材的主体材料。铝合金是以铝为主体金属元素，加入一定量的其他合金元素（如硅、镁等）而组成的。铝合金品种繁多，目前国际上有据可查的变形铝合金牌号已接近 400 个。

2.1.1.1 变形铝及铝合金牌号表示方法

《变形铝及铝合金牌号表示方法》（GB/T 16474）规定了变形铝及铝合金的牌号表示方法。标准根据变形铝及铝合金国际牌号注册协议组织推荐的国际四位数字体系牌号命名方法制定的，是国际上比较通用的铝合金牌号命名方法。铝及铝合金的组别及牌号系列见表 2-1。

表 2-1 铝及铝合金的组别及牌号系列

组　　别	牌号系列	组　　别	牌号系列
纯铝（铝含量不小于 99.00％）	1×××	以镁和硅为主要合金元素并以 Mg_2Si 相为强化相的铝合金	6×××
以铜为主要合金元素的铝合金	2×××		
以锰为主要合金元素的铝合金	3×××	以锌为主要合金元素的铝合金	7×××
以硅为主要合金元素的铝合金	4×××	以其他合金元素为主要合金元素的铝合金	8×××
以镁为主要合金元素的铝合金	5×××	备用合金组	9×××

在1×××系列中，牌号最后两位数字表示最低铝含量，与最低铝含量中小数点右边的两位数字相同；第二位数字表示对杂质范围的修改，若为0，则表示该工业纯铝的杂质范围为生产中的正常范围，如果为1～9中的自然数，则表示生产中对某一种或几种杂质或合金元素加以专门控制。

在2×××～8×××系列中，牌号最后两位数字无特殊意义，仅表示同一系列中不同合金；第二位数字表示对合金的修改，若为0，则表示原始合金，如果为1～9中的任一自然数，则表示对合金的修改次数。

2.1.1.2 变形铝及铝合金状态代号

《变形铝及铝合金状态代号》（GB/T 16475）规定了变形铝及铝合金的状态代号。状态代号分为基础状态代号和细分状态代号。

基础状态代号用一个英文大写字母表示，分为五种，分别用 F、O、H、W、T 表示，见表2-2。

表2-2 基础状态代号、名称及说明

代号	名称	说 明
F	自由加工状态	该状态产品的力学性能不作规定,适用在成型过程中,对加工硬化和热处理条件无特殊要求的产品
O	退火状态	适用于经完全退火后获得最低强度的加工产品
H	加工硬化状态	适用于加工硬化提高强度的产品
W	固溶热处理状态	适用于经固溶热处理后,在室温下自然时效的一种不稳定状态。该状态不作为产品交货状态,仅表示产品处于自然时效阶段
T	热处理状态	不同于F、O 或 H 状态的热处理状态。适用于固溶热处理后,经过(或不经过)加工硬化达到稳定状态的产品

细分状态代号用基础状态代号后跟一位或多位阿拉伯数字或英文大写字母来表示，这些阿拉伯数字或英文大写字母表示影响产品特性的基本处理或特殊处理。

建筑幕墙支承结构用铝合金型材多由6×××系列 T 状态合金加工而成，在此仅介绍 T 状态的细分状态代号。

T 后面的数字1～10表示基本处理状态，T1～T10状态如表2-3所示。

表2-3 T1～T10 状态代号释义

状态代号	状态代号释义
T1	高温成型＋自然时效 适用于高温成型后冷却、自然时效,不再进行冷加工(或影响力学性能极限的矫平、矫直)的产品
T2	高温成型＋冷加工＋自然时效 适用于高温成型后冷却,进行冷加工(或影响力学性能极限的矫平、矫直)以提高强度,然后进行自然时效的产品
T3	固溶热处理＋冷加工＋自然时效 适用于固溶热处理后,进行冷加工(或影响力学性能极限的矫平、矫直)以提高强度,然后进行自然时效的产品
T4	固溶热处理＋自然时效 适用于固溶热处理后,不再进行冷加工(或影响力学性能极限的矫平、矫直)即进行自然时效的产品
T5	高温成型＋人工时效 适用于高温成型后冷却,不经冷加工(或影响力学性能极限的矫平、矫直)即进行人工时效的产品
T6	固溶热处理＋人工时效 适用于固溶热处理后,不再进行冷加工(或影响力学性能极限的矫平、矫直)即进行人工时效的产品
T7	固溶热处理＋过时效 适用于固溶热处理后,进行过时效至稳定化状态。为获取力学性能外的其他某些重要特性,在人工时效时,强度在时效曲线上越过最高峰点的产品

续表

状态代号	状态代号释义
T8	固溶热处理＋冷加工＋人工时效 适用于固溶热处理后,经冷加工(或影响力学性能极限的矫平、矫直)以提高强度,然后进行人工时效的产品
T9	固溶热处理＋人工时效＋冷加工 适用于固溶热处理后,进行人工时效,然后进行冷加工(或影响力学性能极限的矫平、矫直)以提高强度的产品
T10	高温成型＋冷加工＋人工时效 适用于高温成型后冷却,经冷加工(或影响力学性能极限的矫平、矫直)以提高强度,然后进行人工时效的产品

注：某些6×××系列或7×××系列的合金,无论是炉内固溶热处理,还是高温成型后急冷以保留可溶性组分在固体中,均能达到相同的固溶热处理效果,这些合金的T3、T4、T6、T7、T8和T9状态可采用上述两种处理方法的任一种,但应保证产品的力学性能和其他性能（如抗腐蚀性能）。

　　建筑幕墙支承结构用铝合金型材基本上都是采用6×××系列合金加工而成的,6×××系列合金是Al-Mg-Si系合金,该系合金以镁和硅为主要合金元素,并以Mg_2Si相为强化相的铝合金。6063合金综合性能好,耐腐蚀性佳,且容易进行阳极氧化处理,是最常用于加工成铝合金门窗幕墙型材的合金。另外,有时也会选用6060、6061、6063A和6463等合金加工而成建筑铝合金型材,其中6061合金一般用于强度大于6063合金的结构件,而6463合金一般用于表面需要进行光亮阳极氧化处理的型材。表2-4为常用铝合金建筑型材的化学成分表。

表 2-4　常用铝合金建筑型材的化学成分表

牌号	化学成分/%										
	Si	Fe	Cu	Mn	Mg	Cr	Zn	Ti	其他杂质		Al
									单个	合计	
6060	0.30～0.60	0.10～0.30	0.10	0.10	0.35～0.6	0.05	0.15	0.10	0.05	0.15	余量
6061	0.40～0.80	0.70	0.15～0.40	0.15	0.8～1.2	0.04～0.35	0.25	0.15	0.05	0.15	余量
6063	0.20～0.60	0.35	0.10	0.10	0.45～0.90	0.10	0.10	0.10	0.05	0.15	余量
6063A	0.30～0.60	0.15～0.35	0.10	0.15	0.6～0.90	0.05	0.15	0.10	0.05	0.15	余量
6463	0.20～0.60	0.15	0.20	0.05	0.45～0.90	—	0.05	—	0.05	0.15	余量
6463A	0.20～0.60	0.15	0.25	0.05	0.30～0.90	—	0.05	—	0.05	0.15	余量

注：含量有上下限者为合金元素；含量为单个数值者为杂质元素,其数值表示杂质元素的最高限。

2.1.2　铝合金建筑型材

　　铝合金建筑型材的生产是一个比较复杂的过程,在各生产工序中将会使用大量的生产原材料。在熔铸生产工序中,其主要原材料有铝锭、镁锭、铝硅中间合金、铁剂和精炼剂等；挤压成型生产工序的主要原材料是熔铸工序生产出来的铝合金铸锭；对铝合金型材进行表面处理,生成具有防护性和装饰性表面处理膜的主要原材料有工业硫酸、封孔剂、电泳漆、粉末涂料、氟碳漆涂料等；生产隔热型材的主要原材料有隔热材料。

　　铝合金建筑型材是玻璃幕墙支承结构的主材,目前主要使用的是6061和6063、6063A高温挤压成型、快速冷却并人工时效（T5）［或经固溶热处理（T6）］状态的型材,并进行阳极氧化（着色）、电泳涂漆、喷粉、喷漆等表面处理。

　　《铝合金建筑型材》（GB/T 5237.1～5237.6）分别对铝合金建筑型材基材、阳极氧化型材、电泳涂漆型材、喷粉型材、喷漆型材及隔热型材的要求、试验方法、检验规则等内容进行了规定。

2.1.2.1 基材

基材是指表面未经处理的铝合金建筑型材。

《铝合金建筑型材 第1部分：基材》（GB/T 5237.1）中规定了铝合金建筑型材用基材的术语和定义、要求、检验方法、检验规则等内容。

（1）牌号、状态

铝合金建筑型材的合金牌号、供应状态应符合表2-5的规定。

表2-5 牌号及状态

牌号[①]	状态[①]	牌号[①]	状态[①]
6060、6063	T5、T6、T66[②]	6061	T4、T6
6005、6063A、6463、6463A	T5、T6		

① 如果同一建筑制品同时选用6005、6060、6061、6063等不同牌号（或同一牌号不同状态），采用同一工艺进行阳极氧化，将难以获得颜色一致的阳极氧化表面；建议选用牌号和状态时，充分考虑颜色不一致性对建筑结构的影响。

② 固溶热处理后人工时效，通过工艺控制使力学性能达到标准要求的特殊状态。

（2）标记

基材标记按产品名称、标准编号、牌号、状态、截面代号及长度的顺序表示。标记示例如下：

6063牌号、T5状态、截面代号为421001、定尺长度为6000mm的基材，标记为：基材 GB/T 5237.1—6063T5-421001×6000。

（3）化学成分

铝合金建筑型材的化学成分应符合表2-4的规定。

（4）尺寸偏差

铝合金建筑型材的尺寸偏差应符合《铝合金建筑型材 第1部分：基材》（GB/T 5237.1）中的规定。

（5）力学性能

室温纵向拉伸试验结果应符合表2-6的规定，硬度参见表2-6。

表2-6 力学性能

牌号	状态		壁厚/mm	室温纵向拉伸试验结果				硬度		
				抗拉强度 R_m /(N/mm²)	规定非比例延伸强度 $R_{p0.2}$ /(N/mm²)	断后伸长率/%		试样厚度 /mm	维氏硬度 (HV)	韦氏硬度 (HW)
						A	A_{50mm}			
				不小于						
6005	T5		≤6.30	260	240	—	8	—	—	—
	T6	实心基材	≤5.00	270	225	—	6	—	—	—
			>5.00~10.00	260	215	—	6	—	—	—
			>10.00~25.00	250	200	8	6	—	—	—
		空心基材	≤5.00	255	215	—	6	—	—	—
			>5.00~15.00	250	200	8	6	—	—	—
6060	T5		≤5.00	160	120	—	6	—	—	—
			>5.00~25.00	140	100	8	6	—	—	—
	T6		≤3.00	190	150	—	6	—	—	—
			>3.00~25.00	170	140	8	6	—	—	—
	T66		≤3.00	215	160	—	6	—	—	—
			>3.00~25.00	195	150	8	6	—	—	—
6061	T4		所有	180	110	16	16	—	—	—
	T6		所有	265	245	8	8	—	—	—

续表

牌号	状态	壁厚/mm	室温纵向拉伸试验结果				硬度		
			抗拉强度 R_m /(N/mm²)	规定非比例延伸强度 $R_{p0.2}$ /(N/mm²)	断后伸长率/%		试样厚度 /mm	维氏硬度 (HV)	韦氏硬度 (HW)
					A	A_{50mm}			
			不小于						
6063	T5	所有	160	110	8	8	0.8	58	8
	T6	所有	205	180	8	8	—	—	—
	T66	≤10.00	245	200	—	6	—	—	—
		>10.00~25.00	225	180	8	6	—	—	—
6063A	T5	≤10.00	200	160	—	5	0.8	65	10
		>10.00	190	150	5	5	0.8	65	10
	T6	≤10.00	230	190	—	5	—	—	—
		>10.00	220	180	4	4	—	—	—
6463	T5	≤50.00	150	110	8	6	—	—	—
	T6	≤50.00	195	160	10	8	—	—	—
6463A	T5	≤12.00	150	110	—	6	—	—	—
	T6	≤3.00	205	170	—	6	—	—	—
		>3.00~12.00	205	170	—	8	—	—	—

(6) 外观质量

基材表面应整洁，不允许有裂纹、起皮、腐蚀和气泡等缺陷存在。

基材表面上允许有轻微的压坑、碰伤、擦伤存在，其允许深度见表2-7；模具挤压痕的深度见表2-8。装饰面要在图纸上注明，未注明时按非装饰面执行。

表 2-7 基材表面缺陷允许深度

状 态	缺陷允许深度/mm	
	装饰面	非装饰面
T5	≤0.03	≤0.07
T4、T6、T66	≤0.06	≤0.10

表 2-8 模具挤压痕的允许深度

合金牌号	模具挤压痕深度/mm
6005、6061	≤0.06
6060、6063、6063A、6463、6463A	≤0.03

基材端头允许有因锯切产生的局部变形，其纵向长度不应超过10mm。

2.1.2.2 阳极氧化型材

《铝合金建筑型材 第2部分：阳极氧化型材》（GB/T 5237.2）中规定了阳极氧化型材的术语和定义、要求、检验方法、检验规则等内容。

局部膜厚：在型材装饰面上某个面积不大于1cm²的考察面内做若干次（不少于3次）膜厚测量所得的测量值的平均值。

平均膜厚：在型材装饰面上测出的若干处（不少于5处）局部膜厚的平均值。

(1) 基材质量、牌号及状态、化学成分、力学性能及尺寸偏差（包括膜层在内）

应符合《铝合金建筑型材 第1部分：基材》（GB/T 5237.1）的规定。

(2) 膜层的平均膜厚、局部膜厚

应符合表2-9的规定。膜厚级别应在订货单（或合同）中注明，未注明时，按AA10供货。

表 2-9 阳极氧化膜的厚度要求

膜厚级别	平均膜厚/μm	局部膜厚/μm	膜厚级别	平均膜厚/μm	局部膜厚/μm
AA10	≥10	≥8	AA20	≥20	≥16
AA15	≥15	≥12	AA25	≥25	≥20

幕墙型材：阳极氧化膜应符合 AA15 级要求，氧化膜平均膜厚应不小于 $15\mu m$，局部膜厚应不小于 $12\mu m$。

（3）色差

颜色应与供需双方商定的色板基本一致，或处在供需双方商定的上、下限色标所限定的颜色范围之内。当采用仪器法测定时，允许色差值应由供需双方商定，并在订货单（或合同）中注明。

（4）封孔质量

经封孔质量试验后，质量损失值应不大于 $30mg/dm^2$。

（5）耐磨性

耐磨性试验可采用落砂试验或喷磨试验。采用落砂试验时，磨损每微米膜厚的平均耗砂量不小于 330g；采用喷磨试验时，磨损每微米膜厚的平均耗时不小于 3.5s。耐磨性试验采用的试验方法应供需双方商定，并在订货单（或合同）中注明，未注明时，按落砂试验进行。

（6）耐盐雾腐蚀性

膜层的耐盐雾腐蚀性应符合表 2-10 的规定。

表 2-10 耐盐雾腐蚀性

膜厚级别	试验时间/h	保护等级	膜厚级别	试验时间/h	保护等级
AA10	16	≥9 级	AA20	48	≥9 级
AA15	24		AA25	48	

（7）耐候性

经耐紫外线性试验后，目视试样表面颜色变化应不大于供需双方商定的变色程度。需方对自然耐候性有要求时，试验条件和验收标准应供需双方商定，并在订货单（或合同）中注明。

（8）外观质量

型材表面不允许有电灼伤、膜层脱落等影响使用的缺陷，但距型材端头 80mm 以内允许局部无膜。

2.1.2.3 电泳涂漆型材

《铝合金建筑型材 第3部分：电泳涂漆型材》（GB/T 5237.3）中规定了电泳涂漆型材的术语和定义、要求、试验方法、检验规则等内容。

（1）基材质量、牌号及状态、化学成分、力学性能以及型材尺寸偏差（包括复合膜在内）应符合《铝合金建筑型材 第1部分：基材》（GB/T 5237.1）的规定。

（2）漆膜类型及漆膜特点

见表 2-11。

表 2-11 漆膜类型及漆膜特点

漆膜类型		漆膜特点
按漆膜光泽分类	有光漆膜	漆膜表面光亮,镜面反射率较高
	消光漆膜	漆膜表面光泽柔和,镜面反射率较低

续表

漆膜类型		漆膜特点
按漆膜颜色分类	透明漆膜	漆膜无色透明,所用的电泳涂料未添加颜料
	有色漆膜	漆膜颜色多样,但因受到所用颜料的性能影响,耐候性、耐蚀性与透明漆膜有一定的区别

(3) 膜厚级别

见表 2-12。

表 2-12　复合膜膜厚级别

膜厚级别	膜层代号	表面漆膜类型	备　注
A	EA21	有光或消光透明漆膜	复合膜膜厚级别分为 3 类:A、B 和 S。该分类是按膜厚和电泳涂料的颜色种类进行划分,而不是根据性能划分。对于同一厂家同型号电泳涂料采用相同生产工艺所形成的复合膜,漆膜膜厚高的比漆膜膜厚低的耐候性和耐腐蚀性通常会好些
B	EB16		
S	ES21	有光或消光有色漆膜	

(4) 复合膜性能级别及对应型材的适用环境

复合膜性能级别按耐盐雾腐蚀性、加速耐候性、紫外盐雾联合试验结果分为Ⅱ级、Ⅲ级、Ⅳ级。性能级别应供需双方商定,并在订货单(或合同)中注明,未注明时,按Ⅱ级供货。复合膜性能级别对应型材的适用环境参见表 2-13。

表 2-13　复合膜性能级别对应型材的适用环境

复合膜性能级别	型材的适用环境
Ⅳ级	太阳光辐射强烈,大气腐蚀严重的环境
Ⅲ级	太阳光辐射较强,大气腐蚀严重的环境
Ⅱ级	太阳光辐射强度一般,大气腐蚀轻微的环境

(5) 膜层性能

① 膜厚。装饰面上的膜厚要求应符合表 2-14 的规定。膜厚级别应在订货单(或合同)中注明,未注明膜厚级别时,对于漆膜类型为透明漆膜的型材按 B 级供货。

表 2-14　复合膜膜厚要求

膜厚级别	膜厚/μm		
	阳极氧化膜局部膜厚	漆膜局部膜厚	复合膜局部膜厚
A	≥9	≥12	≥21
B	≥9	≥7	≥16
S	≥6	≥15	≥21

注:由于型材横截面形状的复杂性,致使型材某些表面(如内角、凹槽等)的局部膜厚低于规定值是允许的。

② 色差。颜色应与供需双方商定的色板基本一致,或处在供需双方商定的上、下限色标所限定的颜色范围之内。若需方要求采用仪器法测定时,允许色差值应由供需双方商定。

③ 漆膜硬度。经铅笔划痕试验,漆膜硬度应不小于 3H。

④ 漆膜附着性。漆膜干附着性和湿附着性均达到 0 级。

⑤ 耐沸水性。经耐沸水浸渍试验后,漆膜表面应无皱纹、裂纹、气泡,并无脱落或变色现象,附着性应达到 0 级。

⑥ 耐磨性。耐磨性试验可采用落砂试验或喷磨试验。采用落砂试验时,落砂量应不小于 3300g;采用喷磨试验时,喷磨时间应不小于 35s。耐磨性试验采用的试验方法应供需双方商定,并在订货单(或合同)中注明,未注明时,按落砂试验进行。

⑦ 耐盐酸性。经耐盐酸性试验后，复合膜表面应无气泡或其他明显变化。

⑧ 耐碱性。经耐碱性试验后，保护等级应不小于 9.5 级。

⑨ 耐砂浆性。经耐砂浆性试验后，复合膜表面应无脱落或其他明显变化。

⑩ 耐溶剂性。经耐溶剂性试验后，型材表面不露出阳极氧化膜。

⑪ 耐洗涤剂性。经耐洗涤剂性试验后，复合膜表面应无起泡、脱落或其他明显变化。

⑫ 耐湿热性。经耐湿热性试验后，复合膜表面的综合破坏等级应达到 1 级。

⑬ 耐盐雾腐蚀性。铜加速乙酸盐雾（CASS）试验结果和乙酸盐雾（AASS）试验结果应符合表 2-15 的规定。耐盐雾腐蚀性采用的试验方法应供需双方商定，并在订货单（或合同）中注明，未注明时，按铜加速乙酸盐雾试验进行。当需方有要求时，也可按中性盐雾（NSS）试验进行，中性盐雾试验时间及试验结果应供需双方按 GB/T 8013.2 商定。

表 2-15　耐盐雾腐蚀性、加速耐候性及紫外盐雾联合试验结果

复合膜性能级别	耐盐雾腐蚀性				加速耐候性		紫外盐雾联合试验结果					
	AASS 试验		CASS 试验		氙灯照射人工加速老化试验		方法 A			方法 B		
							荧光紫外灯辐射试验	CASS 试验	保护等级	荧光紫外灯辐射试验	CASS 试验	保护等级
	试验时间/h	保护等级	试验时间/h	保护等级	试验时间/h	试验结果	试验时间/h	试验时间/h		试验时间/h	试验时间/h	
Ⅳ级	1500	≥9.5 级	120	≥9.5 级	4000	粉化等级达到 0 级，光泽保持率①≥75%，色差值 $\Delta E_{ab}^{*} \leqslant 3.0$	240	120	≥9 级	240	1500	≥9 级
Ⅲ级	1500	≥9.5 级	120	≥9.5 级	2000		240	120	≥9 级	240	1500	≥9 级
Ⅱ级	1000	≥9.5 级	72	≥9.5 级	1000		240	72	≥9 级	240	1000	≥9 级

① 光泽保持率为漆膜试验后的光泽值相对于其试验前的光泽值的百分比。

⑭ 紫外盐雾联合试验。紫外盐雾联合试验结果应符合表 2-15 的规定。紫外盐雾联合试验应供需双方商定采用表 2-15 中规定的方法 A 或方法 B 进行，并在订货单（或合同）中注明，未注明时，按表 2-15 中规定的方法 A 进行。

⑮ 耐候性

a. 加速耐候性。复合膜的加速耐候性应符合表 2-15 的规定。

b. 自然耐候性。需方对自然耐候性有要求时，试验条件和验收标准由供需双方商定，并在订货单（或合同）中注明。

(6) 外观质量

涂漆前型材的外观质量应符合 GB/T 5237.2 的有关规定。涂漆后的漆膜应均匀、整洁，不准许有皱纹、裂纹、气泡、流痕、夹杂物、发黏和漆膜脱落等影响使用的缺陷。但在型材端头 80mm 范围内允许局部无膜。

2.1.2.4　喷粉型材

《铝合金建筑型材　第 4 部分：喷粉型材》（GB/T 5237.4）中规定了喷粉型材的术语和定义、要求、检验方法、检验规则等内容。

膜层是喷涂在金属基体表面上经固化的热固性有机聚合物粉末覆盖层。

(1) 牌号、状态、尺寸规格、化学成分、力学性能

应符合 GB/T 5237.1 的规定。

(2) 尺寸偏差

型材去掉膜层后，尺寸偏差应符合《铝合金建筑型材　第 1 部分：基材》（GB/T

5237.1）的规定。型材因膜层引起的尺寸变化应不影响其装配和使用。

（3）膜层类型及膜层特点

见表 2-16。

表 2-16　膜层类型及特点

膜层类型	膜层代号①	膜层特点
聚酯类粉末膜层	GA40	膜层由饱和羧基聚酯为主成分的粉末涂料喷涂固化而成,具有较好的防腐性能及耐候性能
聚氨酯类粉末膜层	GU40	膜层由饱和羧基聚酯为主成分的粉末涂料喷涂固化而成,具有高耐磨性能,且膜层光滑,质感细腻。用于热转印时,油墨渗透性优于聚酯膜层
氟碳类粉末膜层	GF40	膜层由热固性 FEVE 树脂为主成分的粉末涂料喷涂固化而成,或者由热塑性的 PVDF 树脂为主成分的粉末涂料喷涂形成。具有更优良的耐候性能,适用于腐蚀气氛严重、太阳辐射强的环境
其他粉末膜层	GO40	见 YS/T 680—2016

① 膜层代号中的第一位英文字母表示喷粉处理；第二位英文字母表示粉末类型,其中 A 表示聚酯类粉末,U 表示聚氨酯类粉末,F 表示氟碳类粉末,O 表示其他粉末；字母后面的阿拉伯数字表示最小局部膜厚限定值。

（4）膜层外观效果

见表 2-17。

表 2-17　膜层外观效果

膜层外观效果		备　注
平面效果		具有低光、平光及高光多种光泽膜层,膜层表面光滑,颜色丰富
纹理效果	砂纹	膜层表面具有立体效果,适用于大多数门窗铝型材,膜层光泽不宜低于 5 个光泽单位。膜层光泽低于 5 时的膜层性能难以保证
	木纹	包括热转印木纹及二次喷涂木纹,具有树木纹理的外观效果。热转印木纹膜层目前主要适用于污染小和紫外线辐射较弱的环境及室内,当应用于室外时要更注重粉末质量、油墨质量及工艺的严格控制。二次喷涂木纹具有立体效果,可应用于户外
	锤纹、皱纹、大理石纹、立体彩雕	膜层表面呈现各种良好的立体或美术效果。但该类膜层的耐候性、耐酸碱性稍差,目前主要用于室内
	金属效果	膜层表面突显金属质感或金属闪烁的效果。但颜料的品种、用量选择有一定局限性,加铝颜料的膜层耐碱性稍差

（5）膜层性能级别及对应型材的适用环境

膜层性能级别按加速耐候性的试验结果分为Ⅰ级、Ⅱ级、Ⅲ级。膜层性能级别应供需双方商定，并在订货单（或合同）中注明，未注明时按Ⅰ级供货。膜层性能级别对应型材的适用环境参见表 2-18。

表 2-18　膜层性能级别对应型材的适用环境

膜层性能级别	型材适用环境
Ⅲ级	优异的耐候性能,适合于太阳辐射强烈的环境
Ⅱ级	良好的耐候性能,适合于太阳辐射较强的环境
Ⅰ级	一般的耐候性能,适合于太阳辐射强度一般的环境

（6）膜层性能

① 膜厚。装饰面上的膜层局部厚度应不小于 $40\mu m$,平均膜厚宜控制在 $60\sim120\mu m$。由于型材横截面形状的复杂性,致使型材某些表面（如内角、凹槽等）的膜层厚度低于规定值是允许的。对膜厚有其他特殊要求时,可由供需双方商定,并在订货单（或合同）中注明。膜厚过厚时会导致膜层柔韧性降低。非装饰面如有膜厚要求,应供需双方商定,并在订货单

（或合同）中注明。

② 光泽。膜层的光泽值及允许偏差应符合表 2-19 的规定。

表 2-19　光泽值及允许偏差　　　　　　　　　　　单位：光泽单位

光泽值范围	光泽值允许偏差	光泽值范围	光泽值允许偏差
3～30	±5	71～100	±10
31～70	±7		

③ 色差。膜层颜色应与供需双方商定的样板基本一致。当使用仪器法测定时，单色膜层与样板间的色差 $\Delta E_{ab}^* \leqslant 1.5$，同一批（指交货批）型材之间的色差 $\Delta E_{ab}^* \leqslant 1.5$。

④ 压痕硬度。经压痕硬度试验，膜层抗压痕性应不小于 80。

⑤ 附着性。膜层的干附着性、湿附着性和沸水附着性应达到 0 级。

⑥ 耐沸水性。经高压水浸渍试验后，膜层表面应无脱落、起皱等现象，但允许目视可见的、极分散的、非常微小的气泡存在，附着性应达到 0 级。

⑦ 耐冲击性。Ⅰ级膜层性能的试板膜层经冲击试验后，膜层应无开裂或脱落现象；Ⅱ级膜层性能和Ⅲ级膜层性能的试板膜层经冲击试验后允许有轻微开裂现象，但采用粘着力大于 10N/25mm 的黏胶带进一步检验时，膜层表面应无粘落现象。阳极氧化预处理的喷粉膜层不适用做耐冲击性能测试。

⑧ 抗杯突性。Ⅰ级膜层性能的试板膜层经抗杯突试验后，应无开裂或脱落现象；Ⅱ级膜层性能和Ⅲ级膜层性能的试板膜层经抗杯突试验后允许有轻微开裂现象，但采用粘着力大于 10N/25mm 的黏胶带进一步检验时，膜层表面应无粘落现象。阳极氧化预处理的喷粉膜层不适用做抗杯突性能测试。

⑨ 抗弯曲性。Ⅰ级膜层性能的试板膜层经抗弯曲试验后，应无开裂或脱落现象；Ⅱ级膜层性能和Ⅲ级膜层性能的试板膜层经抗弯曲试验后允许有轻微开裂现象，但采用粘着力大于 10N/25mm 的黏胶带进一步检验时，膜层表面应无粘落现象。阳极氧化预处理的喷粉膜层不适用做抗弯曲性能测试。

⑩ 耐磨性。经落砂试验，磨耗系数应不小于 $0.8L/\mu m$。

⑪ 耐盐酸性。经耐盐酸性试验后，膜层表面应无气泡及其他明显变化。

⑫ 耐砂浆性。经耐砂浆性试验后，膜层表面应无脱落或其他明显变化。

⑬ 耐溶剂性。膜层经耐溶剂性试验后结果宜为 3 级或 4 级。

⑭ 耐洗涤剂性。经耐洗涤剂性试验后，膜层表面应无起泡、脱落或其他明显变化。

⑮ 耐盐雾腐蚀性。耐盐雾腐蚀性试验后，划线两侧膜下单边渗透腐蚀宽度应不超过 4mm，划线两侧 4mm 以外部分的膜层表面应无起泡、脱落或其他明显变化。

⑯ 耐丝状腐蚀性。需方对耐丝状腐蚀性有要求时，应供需双方商定，并在订货单（或合同）中注明。膜层经耐丝状腐蚀试验后的丝状腐蚀系数 f_s 不宜大于 0.3，腐蚀丝长度不宜大于 2mm。

⑰ 耐湿热性。经耐湿热试验后，膜层表面的综合破坏等级应达到 1 级。

⑱ 耐候性

a. 加速耐候性。膜层的加速耐候性能应符合表 2-20 中的规定。

b. 自然耐候性。需方对自然耐候性有要求时，宜按照表 2-21 规定选择相应自然耐候性级别并商定试验条件，并在订货单（或合同）中注明。

表 2-20 加速耐候性

膜层性能级别	加速耐候性		
	试验时间/h	试验结果	
		光泽保持率①	色差值
Ⅲ级	4000	≥75%	$\Delta E_{ab}^* \leqslant 3$
Ⅱ级	1000	≥90%	ΔE_{ab}^* 不应大于 YS/T 680—2016 附录 D 中规定值的 50%
Ⅰ级	1000	≥50%	ΔE_{ab}^* 不应大于 YS/T 680—2016 附录 D 中规定值

① 光泽保持率为膜层试验后的光泽值相对于其试验前的光泽值的百分比。

表 2-21 自然耐候性试验结果

自然耐候性等级	自然耐候性试验结果		
	试验时间①	试验结果	
		光泽保持率①	色差值
Ⅲ级	5 年	≥50%	ΔE_{ab}^* 不应大于 YS/T 680—2016 附录 D 中规定值
Ⅱ级	3 年	≥50%	ΔE_{ab}^* 不应大于 YS/T 680—2016 附录 D 中规定值
Ⅰ级	1 年	≥50%	ΔE_{ab}^* 不应大于 YS/T 680—2016 附录 D 中规定值

① 可针对不同的大气腐蚀试验站设定不同的试验时间，但不得少于表中规定时间。

⑲ 其他 需方对其他性能有要求时，供需双方应参照 GB/T 8013.3 具体商定，并在订货单（或合同）中注明。

(7) 外观质量

型材装饰面上的膜层应平滑、均匀，允许有轻微的橘皮现象，不准许有皱纹、流痕、鼓泡、裂纹等影响使用的缺陷。

2.1.2.5 喷漆型材

《铝合金建筑型材 第 5 部分：喷漆型材》（GB/T 5237.5）中规定了喷漆型材的术语和定义、要求、检验方法、检验规则等内容。

(1) 牌号、状态、规格、化学成分和力学性能

应符合《铝合金建筑型材 第 1 部分：基材》（GB/T 5237.1）的规定。

(2) 膜层类型、膜层代号、膜层组成、膜层特点及对应型材的适用环境

见表 2-22。

表 2-22 膜层类型、膜层代号、膜层组成、膜层特点及对应型材的适用环境

膜层类型	膜层代号①	膜层组成	膜层特点及对应型材的适用环境
二涂层	LF2-25	底漆加面漆	二涂层一般为单色或珠光云母闪烁效果膜层，不需要额外的清漆保护。二涂层适用于太阳辐射较强、大气腐蚀较强的环境
三涂层	LF3-34	底漆、面漆加清漆	三涂层一般为金属效果的膜层，该膜层面漆中使用球磨铝粉以获得金属质感效果，其金属质感不同于二涂层的珠光云母膜层，因铝粉易氧化或剥落，膜层表面需要清漆保护，以保证膜层的综合性能。金属铝粉漆一般不做二涂层。三涂层适用于太阳辐射较强、大气腐蚀较强的环境
四涂层	LF4-55	底漆、阻挡漆、面漆加清漆	四涂层一般为性能要求更高的金属效果膜层，该膜层在三涂层的基础上，增加隔离紫外线的阻挡漆膜层，提高了耐紫外线能力。四涂层适用于太阳辐射极强、大气腐蚀极强的环境

① 膜层代号中的"LF"表示喷漆处理，"LF"后的第一位阿拉伯数字表示膜层种类，"-"后面的阿拉伯数表示膜层的最小局部膜厚。

(3) 尺寸偏差

型材去掉膜层后，尺寸允许偏差应符合《铝合金建筑型材 第 1 部分：基材》（GB/T 5237.1）的规定。型材因膜层引起的尺寸变化应不影响其装配和使用。

(4) 膜层性能

① 装饰面上的膜厚。应符合表 2-23 的规定。非装饰面如有膜厚要求，应供需双方商定，并在订货单（或合同）中注明。

表 2-23 膜厚

膜层类型	平均膜厚/μm	局部膜厚①/μm
二涂层	≥30	≥25
三涂层	≥40	≥34
四涂层	≥65	≥55

① 由于型材横截面形状的复杂性，在型材某些表面（如内角、凹槽等）的局部膜厚允许低于表 2-23 的规定值，但不准许出现露底现象。

② 光泽及色差。膜层的光泽值应与订货单（或合同）规定一致，其允许偏差为 ±5 个光泽单位。膜层颜色应与供需双方商定的样板基本一致。当采用仪器法测定时，单色膜层与样板间的色差值 ΔE^*_{ab} ≤1.5，同一批（指交货批）型材之间的色差值 ΔE^*_{ab} ≤1.5。

③ 硬度。经铅笔划痕试验，膜层硬度应不小于 1H。

④ 附着性。膜层的干附着性、湿附着性和沸水附着性应达到 0 级。

⑤ 耐沸水性。经高压水浸渍试验后，膜层表面应无脱落、起皱、起泡、失光、变色等现象，附着性应达到 0 级。

⑥ 耐冲击性。经耐冲击性试验后，膜层允许有微小裂纹，但粘胶带上不准许有粘落的膜层。

⑦ 耐磨性。经落砂试验后，磨耗系数应不小于 1.6L/μm。

⑧ 耐盐酸性。经耐盐酸性试验后，膜层表面应无气泡或其他明显变化。

⑨ 耐硝酸性。经耐硝酸性试验后，单色膜层的色差值 ΔE^*_{ab} ≤5.0。

⑩ 耐砂浆性。经耐砂浆性试验后，膜层表面应无脱落或其他明显变化。

⑪ 耐溶剂性。经耐溶剂性试验后，型材表面不露出基材。

⑫ 耐洗涤剂性。经耐洗涤剂性试验后，膜层表面应无起泡、脱落或其他明显变化。

⑬ 耐盐雾腐蚀性。经盐雾腐蚀性试验后，划线两侧膜下单边渗透腐蚀宽度应不超过 2.0mm，划线两侧 2.0mm 以外部分的膜层不应有腐蚀现象。

⑭ 耐湿热性。经耐湿热性试验后，膜层表面的综合破坏等级应达到 1 级。

⑮ 耐候性

a. 加速耐候性。经加速耐候性试验后，膜层的光泽保持率（膜层试验后的光泽值相对于其试验前的光泽值的百分比）应不小于 75%，色差值 ΔE^*_{ab} ≤3.0，粉化等级达到 0 级。

b. 自然耐候性。需方对自然耐候性有要求时，应供需双方商定，并在订货单（或合同）中注明，其膜层经 10 年自然耐候性试验（可针对不同的大气腐蚀试验站设定不同的试验时间，但不得少于 10 年）后，膜层光泽保持率（膜层试验后的光泽值相对于其试验前的光泽值的百分比）应不小于 50%，色差值 ΔE^*_{ab} ≤5.0，膜厚损失率应不大于 10%。

⑯ 其他。需方要求其他性能时，由供需双方参照 GB/T 8013.3 具体商定，并在订货单（或合同）中注明。

(5) 外观质量

型材装饰面上的膜层应平滑、均匀，不允许有流痕、皱纹、气泡、脱落及其他影响使用的缺陷。

2.1.2.6 隔热型材

《铝合金建筑型材 第6部分：隔热型材》（GB/T 5237.6）中规定了隔热型材（亦称断热型材）的要求、检验方法、检验规则等内容。

(1) 铝合金型材

铝合金型材的牌号、状态、化学成分、力学性能应符合 GB/T 5237.1 的规定。铝合金型材膜层性能应符合 GB/T 5237.2~5237.5 的相应规定。

(2) 隔热材料

穿条型材中的聚酰胺型材应符合 GB/T 23615.1 的规定。浇注型材中的聚氨酯隔热胶应符合 GB/T 23615.2 的规定。

(3) 产品尺寸偏差

隔热型材尺寸（除隔热材料壁厚及空腔尺寸外）偏差应符合 GB/T 5237.1 规定，隔热材料视同金属实体。

(4) 铝合金型材表面处理类别、膜层外观效果、膜层代号、膜层性能级别及推荐的适用环境

见表 2-24。

表 2-24 铝合金型材表面处理类别、膜层外观效果、膜层代号、膜层性能级别及推荐的适用环境

铝合金型材表面处理类别	膜层外观效果		膜层代号	膜层性能级别①	推荐的适用环境
阳极氧化	光面、砂面、抛光面、拉丝面		AA10、AA15、AA20、AA25	—	阳极氧化膜适用于强紫外线辐射的环境。污染较重或潮湿的环境宜选用 AA20 或 AA25 的阳极氧化膜。海洋环境慎用
电泳涂漆	有光或消光透明漆膜		EA21、EB16	Ⅳ、Ⅲ、Ⅱ	复合膜适用于大多数环境，热带海洋性环境宜选用Ⅲ级或Ⅳ级复合膜
电泳涂漆	有光或消光有色漆膜		ES21	Ⅳ、Ⅲ、Ⅱ	复合膜适用于大多数环境，热带海洋性环境宜选用Ⅲ级或Ⅳ级复合膜
喷粉	平面效果		GA40、GU40、GF40、GO40	Ⅲ、Ⅱ、Ⅰ	粉末喷涂膜适用于大多数环境，潮湿的热带海洋环境宜选用Ⅱ级或Ⅲ级喷涂膜
喷粉	纹理效果	砂纹、木纹、大理石纹、立体彩雕、金属效果	GA40、GU40、GF40、GO40	Ⅲ、Ⅱ、Ⅰ	粉末喷涂膜适用于大多数环境，潮湿的热带海洋环境宜选用Ⅱ级或Ⅲ级喷涂膜
喷漆	单色或珠光云母闪烁效果		LF2-25	—	氟碳漆膜适用于绝大多数太阳辐射较强、大气腐蚀较强的环境，特别是靠近海岸的热带海洋环境
喷漆	金属效果		LF3-34、LF4-55	—	氟碳漆膜适用于绝大多数太阳辐射较强、大气腐蚀较强的环境，特别是靠近海岸的热带海洋环境

① 电泳涂漆膜层性能级别符合 GB/T 5237.3 的规定；喷粉膜层性能级别符合 GB/T 5237.4 的规定。

(5) 隔热型材复合方式

隔热型材复合方式分为穿条式［图 2-1（a）］和浇注式［图 2-1（b）］两类，对应的隔热型材特性见表 2-25。

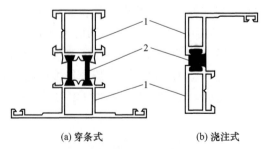

(a) 穿条式   (b) 浇注式

图 2-1 隔热型材的复合方式示意图

1—铝合金型材；2—隔热材料

表 2-25　隔热型材的复合方式及其特性

复合方式[①]	隔热型材特性[②][③]
穿条式	穿条型材所使用的聚酰胺型材线膨胀系数与铝合金型材的线膨胀系数接近,不会因为热胀冷缩而在复合部位产生较大应力、滑移错位、脱落等现象。穿条型材具有良好的耐高温性能,可选择的截面类型多,对隔热型材生产加工环境没有特殊要求,但开齿、滚压等工序的生产工艺控制不当时,会对产品性能造成严重影响(如聚酰胺型材与铝合金型材在使用中分离)。 可通过采用非 I 型复杂形状聚酰胺型材,降低穿条型材的传热系数,提升穿条型材的隔热效果。但采用非 I 型复杂形状聚酰胺型材的穿条型材,横向抗拉性能不及采用 I 型聚酰胺型材的穿条型材,其在使用前若未进行力学可靠性校核或模拟荷载试验考核,可能导致使用中的意外开裂。 采用单支聚酰胺型材的穿条型材,复合性能可能达不到相应的要求。对于结构件用穿条型材,宜采用双支聚酰胺型材
浇注式	浇注型材所使用的隔热胶的线膨胀系数与铝合金型材的线膨胀系数虽不一致,但其在有效粘结膜层表面时,足以确保浇注型材复合部位不产生滑移错位、脱落等现象。浇注型材具有良好的抗冲击性能与延展性,但若浇注工序生产环境控制不当,会对产品性能造成严重影响(如低温断裂)。 采用 I 级隔热胶的浇注型材,在70℃以上使用时,复合性能衰减,导致承载能力下降。 当铝合金型材的表面处理方式导致隔热胶无法有效粘结膜层表面时,不适宜采用浇注式复合方式制作隔热型材。

① 同时存在穿条和浇注复合方式的隔热型材,其性能须同时满足穿条型材和浇注型材的性能要求。

② 隔热型材用于某些结构件时,可能承受重力荷载、风荷载、地震作用、温度作用等各种荷载和作用产生的效应,需方宜根据隔热型材使用环境和设计要求,以最不利的效应组合作为荷载组合,对该荷载组合下的隔热型材可能承受的弯曲变形量、抗弯强度、纵向抗剪强度、横向抗拉强度等受力指标进行计算或分析,从而选择适宜的隔热型材。

③ 隔热型材等效惯性矩计算方法见 YS/T 437。

(6) 隔热型材剪切失效类型

隔热型材按剪切失效类型分为 A、B、O 三类,见表 2-26 和图 2-2。

表 2-26　隔热型材剪切失效类型

剪切失效类型	说　明
A	复合部位剪切失效后不影响横向抗拉性能的隔热型材,一般为穿条型材,见图 2-2(a)
B	复合部位剪切失效将引起横向抗拉失效的隔热型材,一般为浇注型材,见图 2-2(b)
O	因特殊要求(如为解决门扇的热拱现象)而有意设计的无纵向抗剪性能或纵向抗剪性能较低的穿条型材,见图 2-2(c)

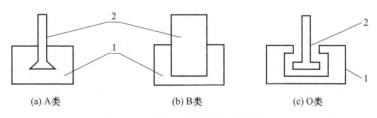

(a) A类　　　　　　(b) B类　　　　　　(c) O类

图 2-2　隔热型材的剪切失效类型

1—铝合金型材;2—隔热材料

(7) 隔热型材的传热系数级别及推荐的适用环境、聚酰胺型材高度、浇注型材槽口型号

隔热型材的传热系数按隔热效果分为 I 级、II 级、III 级和 IV 级,推荐的各级别适用环境、聚酰胺型材高度、浇注型材槽口型号见表 2-27。

表 2-27　传热系数级别及推荐的适用环境、聚酰胺型材高度、浇注型材槽口型号

传热系数级别	推荐的适用环境	推荐的聚酰胺型材高度 /mm	推荐的浇注型材槽口型号[①]
I	温和地区或对产品隔热性能要求不高的环境(如昆明)	≤12	AA

传热系数级别	推荐的适用环境	推荐的聚酰胺型材高度 /mm	推荐的浇注型材槽口型号[①]
Ⅱ	夏热冬暖地区（如广州、厦门）	>12~14.8	BB
Ⅲ	夏热冬冷地区（如上海、重庆）	>14.8~24	CC
Ⅳ	严寒和寒冷地区（如哈尔滨、北京）	>24	CC 以上

① 浇注型材槽口型号可查询《铝合金型材 第6部分：隔热型材》（GB/T 5237.6）表 C.1。

(8) 隔热型材截面图样

隔热型材横截面形状应供需双方商定。型材槽口的形状和尺寸对隔热型材质量至关重要。

穿条型材槽口设计时应考虑槽口与聚酰胺型材端头的配合关系、穿条型材复合工艺等因素的影响，穿条型材槽口示意图参见图 2-3。

浇注型材槽口设计时应考虑浇注型材的受力类型（拉抗、剪切、抗弯等）、隔热效果、使用环境的温度变化范围等因素的影响，浇注型材槽口示意图见图 2-4。

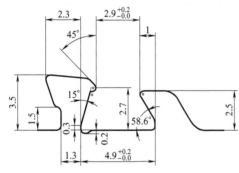

图 2-3 穿条型材槽口示意图

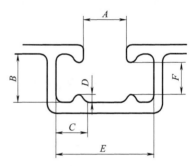

图 2-4 浇注型材槽口示意图

(9) 隔热型材传热系数

需方对隔热型材的传热系数有要求时，应按表 2-28 商定传热系数级别，并在订货单（或合同）中注明。

表 2-28 传热系数要求

传热系数级别	传热系数/[W/(m²·K)]	传热系数级别	传热系数/[W/(m²·K)]
Ⅰ	>4.0	Ⅲ	2.5~3.2
Ⅱ	>3.2~4.0	Ⅳ	<2.5

(10) 隔热型材复合性能

① 穿条型材

a. 纵向抗剪特征值应符合表 2-29 规定（O 类隔热型材除外）。

表 2-29 纵向抗剪特征值

性能项目	试验温度 /℃	纵向剪切试验结果[①] /(N/mm)
室温纵向抗剪特征值	23±2	≥24
低温纵向抗剪特征值	−30±2	
高温纵向抗剪特征值	80±2	

① 经供需双方商定，允许采用相似隔热型材进行纵向剪切试验，推断纵向抗剪特征值（参见 GB/T 5237.6 附录B），但相似隔热型材的纵向剪切试验结果应符合表中规定。

b. 室温横向抗拉特征值应符合表 2-30 规定。

c. 高温持久荷载性能应符合表 2-31 规定。

表 2-30　室温横向抗拉特征值

性能项目	试验温度 /℃	横向拉伸试验结果[①] /(N/mm)
室温横向抗拉特征值	23±2	≥24

① 经供需双方商定，允许采用相似隔热型材进行横向拉伸试验，推断室温横向抗拉特征值（参见 GB/T 5237.6 附录 B），但相似隔热型材的横向拉伸试验结果应符合表中规定。

表 2-31　高温持久荷载性能

高温持久荷载拉伸试验结果[①]		
隔热型材变形量平均值/mm	横向抗拉特征值/(N/mm)	
	低温(−30℃±2℃)	高温(80℃±2℃)
≤0.6	≥24	

① 经供需双方商定，允许采用相似隔热型材进行高温持久荷载拉伸试验，推断高温持久荷载性能（参见 GB/T 5237.6 附录 B），但相似隔热型材的高温持久荷载拉伸试验结果应符合表中规定。

d. 弹性系数。需方对弹性系数有要求时，应供需双方商定，并在订货单（或合同）中注明，供方应提供实测结果。

e. 蠕变系数。需方对蠕变系数（A_2）有要求时，应供需双方商定，并在订货单（或合同）中注明。

f. 抗弯性能。需方对抗弯性能有要求时，应供需双方商定，并在订货单（或合同）中注明，供方应提供实测结果。

穿条型材的抗弯性能随着聚酰胺型材高度的增加而下降。

g. 热循环疲劳性能。需方对热循环疲劳性能有要求时，应供需双方商定，并在订货单（或合同）中注明。

② 浇注型材

a. 纵向抗剪特征值应符合表 2-32 规定。

表 2-32　纵向抗剪特征值

性能项目	试验温度 /℃	纵向剪切试验结果[①] /(N/mm)
室温纵向抗剪特征值	23±2	≥24
低温纵向抗剪特征值	−30±2	
高温纵向抗剪特征值	70±2	

① 经供需双方商定，允许采用相似隔热型材进行纵向剪切试验，推断纵向抗剪特征值（参见 GB/T 5237.6 附录 B），但相似隔热型材的纵向剪切试验结果应符合表中规定。

b. 横向抗拉特征值应符合表 2-33 规定。

表 2-33　横向抗拉特征值

性能项目	试验温度 /℃	横向拉伸试验结果[①] /(N/mm)
室温横向抗拉特征值	23±2	≥24
低温横向抗拉特征值	−30±2	
高温横向抗拉特征值	70±2	

① 经供需双方商定，允许采用相似隔热型材进行横向拉伸试验，推断室温横向抗拉特征值（参见 GB/T 5237.6 附录 B），但相似隔热型材的横向拉伸试验结果应符合表中规定。

c. 热循环变形性能应符合表 2-34 规定。

d. 抗弯性能。需方对穿条型材的抗弯性能有要求时，应供需双方商定，并在订货单

（或合同）中注明，供方应提供实测结果。

浇注型材的抗弯性能随着聚氨酯隔热胶高度的增加而下降。

表 2-34　热循环变形性能

热循环试验结果①②	
隔热材料变形量平均值 /mm	室温（23℃±2℃）纵向抗剪特征值 /（N/mm）
≤0.6	≥24

① 经供需双方商定，允许采用相似隔热型材进行热循环试验，推断热循环变形性能（参见 GB/T 5237.6 附录 B），但相似隔热型材的热循环试验结果应符合表中规定。
② Ⅰ级原胶浇注的隔热型材进行 60 次热循环；Ⅱ级原胶浇注的隔热型材进行 90 次热循环。

(11) 外观质量

① 铝合金型材表面质量应符合 GB/T 5237.1～5237.5 中相应规定。
② 穿条型材复合部位的铝合金型材膜层允许有轻微裂纹，但不允许铝基材有裂纹。
③ 浇注型材的隔热材料表面应光滑、色泽均匀，金属连接桥切口处应规则、平整。

2.1.2.7　幕墙用铝合金型材的要求

幕墙用铝合金型材尺寸允许偏差应达到高精级或超高精度级。装饰面表面处理层的厚度应满足表 2-35 的要求。

表 2-35　铝合金型材表面处理要求

表面处理方法		膜层级别 （涂层种类）	厚度 $t/\mu m$	
			平均膜厚	局部膜厚
阳极氧化		AA15	≥15	≥12
电泳涂漆	阳极氧化膜	B	—	≥9
	漆膜		—	≥7
	复合膜		—	≥16
喷粉		—	60～120	≥40
喷漆	二涂	—	≥30	≥25
	三涂	—	≥40	≥34

幕墙的热工性能要求越来越受到重视，隔热型材已普遍用于玻璃幕墙。PVC 材料的热膨胀系数比铝合金型材高，在高温和机械荷载下会产生较大的蠕变，导致型材变形。PA66GF25（聚酰胺 66＋25 玻璃纤维）热膨胀系数与铝型材接近，机械强度高，耐高温，防腐蚀性能好，成为铝合金型材理想的隔热材料。因此，用穿条工艺生产的隔热铝型材，其隔热材料应使用 PA66GF25 材料，不得采用 PVC 材料。采用浇筑工艺生产的隔热铝型材，其隔热材料应使用 PUR（聚氨基甲酸乙酯）材料。

建筑幕墙用铝合金型材除了要符合《铝合金建筑型材》（GB/T 5237.1～5237.6）的要求外，还要满足《建筑幕墙》（GB 21086）、《玻璃幕墙工程技术规范》（JGJ 102）和《金属与石材幕墙工程技术规范》（JGJ 133）等规范的规定。

2.1.3　铝合金板、带材

铝合金板、带材一般用作幕墙的面板材料。目前，建筑幕墙工程中常用的铝合金面板材料有单层铝板、蜂窝铝板和铝塑复合板。

幕墙用铝合金板材应符合《一般工业用铝及铝合金板、带材》（GB/T 3880.1～3880.3）、《铝幕墙板　第 1 部分：板基》（YS/T 429.1）、《建筑幕墙》（GB/T 21086）和

《金属与石材幕墙工程技术规范》（JGJ 133）的有关规定。

幕墙常用的铝合金面板材料牌号有 3003、3004、5005、1050、1060、1100、8A06 等。铝板表面宜采用氟碳喷涂处理，对铝合金板材表面进行氟碳喷涂处理时，应满足下列规定：①氟碳树脂含量不应低于 75％。海边及严重酸雨地区，可采用三道或四道氟碳树脂涂层，其厚度应大于 40μm；其他地区，可采用两道氟碳树脂涂层，其厚度应大于 25μm。②氟碳树脂涂层应无起泡、裂纹、剥落等现象。

《一般工业用铝及铝合金板、带材》（GB/T 3880.1～3880.3）对一般工业用铝及铝合金板、带材的一般要求、力学性能和尺寸偏差进行了规定。

《铝幕墙板　第 1 部分：板基》（YS/T 429.1）规定了幕墙用铝及铝合金板、带材的要求、试验方法、检验规则等。

(1) 牌号、状态和规格

产品的牌号、状态和规格应符合表 2-36 的规定。

表 2-36　牌号、状态和规格

牌号	状态	规格/mm					
		板材			带材		
		厚度	宽度	长度	厚度	宽度	内径
1060、1050、1050A、1100	H14、H24	1.50～5.00	900～2400	500～8000	1.5～4.0	900～2200	405 505 605
3003、3A21	O、H14、H22、H24	1.50～5.00					
3004	O	1.50～5.00					
5005	O、H14、H22、H24	1.50～4.00					
5052	O、H22、H32、	1.50～4.00					
8A06、8011A	H14、H24	1.50～5.00					

注：需要其他牌号、状态、规格时，供需双方协商确定。

(2) 化学成分

化学成分应符合 GB/T 3190 的规定。

(3) 尺寸偏差

① 厚度尺寸允许偏差。板、带材的厚度允许偏差应符合表 2-37 的规定。

表 2-37　板、带材的厚度允许偏差　　　　　　　　单位：mm

厚　　度	厚度尺寸允许偏差[①]	厚　　度	厚度尺寸允许偏差[①]
1.50～2.50	±0.08	＞3.00～5.00	±0.12
＞2.50～3.00	±0.10		

① 当偏差不采用对称的"±"偏差时，则正、负偏差的绝对值之和应为表中对应数值的两倍。

② 宽度允许偏差。板、带材的宽度允许偏差为＋3mm。

③ 长度偏差。板材的长度允许偏差应符合表 2-38 的规定。

表 2-38　板材的长度允许偏差　　　　　　　　单位：mm

厚　　度	厚度尺寸允许偏差	厚　　度	厚度尺寸允许偏差
≤2000	+5 0	＞2000	+6 0

(4) 板材不平度

板材的不平度（即将板材自由放在平台上，板面与平台之间的间隙）应符合表 2-39 的规定。

(5) 侧边弯曲度及允许偏差

板材的侧边弯曲度不大于公称长度的 0.2％，如有特殊要求时，可供需双方协商。

表 2-39 板材的不平度允许偏差

牌 号	不平度	
	≤1800	>1800
1060、1050、1050A、1100、3003、3A21、3004、8A06、8011A	≤3	≤5
5005、5052	≤5	≤7

(6) 板材的对角线

板材对角线允许偏差应符合表 2-40 的规定。

表 2-40 板材对角线允许偏差   单位：mm

长 度	对角线允许偏差	
	≤1000	>1000
≤3000	≤5	≤5
>3000	≤6	≤8

(7) 室温力学性能

产品的室温拉伸力学性能应符合表 2-41 的规定。

表 2-41 室温拉伸力学性能

牌号	状态	厚度/mm	抗拉强度 R_m/MPa	规定非比例延伸强度 $R_{p0.2}$/MPa	延伸率 A_{50}/%	弯曲半径
				不小于		
1060	H14、H24	1.5～3.0	85～135	65	8	0t
		>3.0～5.0	80～125		10	1.0t
1050	H14、H24	1.5～3.0	95～135	75	6	0t
		>3.0～5.0	90～130		8	1.0t
1050A	H14	1.5～3.0	100～145	85	5	0t
		>3.0～5.0	95～140		6	1.0t
	H24	1.5～3.0	105～145	75	6	0t
		>3.0～5.0	95～140		8	1.0t
1100	H14、H24	1.5～3.0	110～150	95	5	0t
		>3.0～5.0	100～140		6	1.0t
3003、3A21	O	1.5～3.0	95～135	35①	23	0t
		>3.0～5.0				1.0t
	H14、H24	1.5～3.0	135～185	115	—	0t
		>3.0～5.0	130～185		—	1.0t
	H22	1.5～3.0	120～160	80	9	0t
		>3.0～5.0	110～150	70	10	1.0t
3004	O	1.5～3.0	150～200	60	18	0t
		>3.0～5.0				1.0t
5005	O	1.5～3.0	100～145	35	20	0t
		>3.0～4.0			22	1.0t
	H14、H24	1.5～3.0	135～180	110	5	0t
		>3.0～4.0			6	1.0t
	H22	1.5～3.0	120～165	80	6	0t
		>3.0～4.0			8	1.0t
5052	O	1.5～3.0	170～215	65	16	0t
		>3.0～4.0			18	1.0t
	H22、H32	1.5～3.0	205～260	130	7	0t
		>3.0～4.0	200～255		10	1.0t
8011A	H14	1.5～2.0	125	110	3	—
		>2.0～4.0	125～165			

续表

牌号	状态	厚度/mm	抗拉强度 R_m/MPa	规定非比例延伸强度 $R_{p0.2}$/MPa	延伸率 A_{50}/%	弯曲半径
			不小于			
8011A	H24	1.5～2.0	125	110	5	—
		>2.0～4.0	125～165			
8A06	H14、H24	1.5～3.0	100	—	6	0t
		>3.0～4.0	100～145	—	8	1.0t

① 3003、3A21 合金的 O 状态板、带材，规定非比例延伸强度不做出厂检验，由供方工艺保证。需方要求检验时，应在订货单（或合同）中注明。

注：t 为板材或带材厚度。

(8) 弯曲性能

板、带材应按表 2-41 规定的弯曲半径作 90°的弯曲，弯曲时允许有轻微的变形存在，但不允许出现裂纹。需方有其他要求时，供需双方可协商并在订货单（或合同）中注明。

(9) 外观质量

① 板材表面不允许存在气泡、腐蚀、穿通气孔、夹渣、裂纹和明显的乳液痕、油斑、松树枝状花纹等缺陷；带材表面允许存在上述缺陷，但不允许超出 2 处，且 2 处缺陷的长度之和不超过带材总长度的 1%。

② 板、带材边部应切齐，无毛刺、裂边，不允许有分层及不影响使用的碰伤。

③ 板材两端不允许 50mm 范围以外的矫直辊印；带材错层不大于 2mm（内 5 圈、外 2 圈除外），塔形不大于 5mm。

④ 板、带材表面允许有轻微、少量的亮条、色差、擦伤、划伤、金属或非金属压入物、压过划痕等缺陷，但缺陷深度不允许超过厚度的负偏差值。

2.1.3.1 单层铝板

幕墙用单层铝板的厚度不应小于 2.5mm，宜优先选用 3×××系统、5×××系列铝合金板材或耐腐蚀性及力学性能更好的其他系列铝合金。

《铝幕墙板 第 2 部分：有机聚合物喷涂铝单板》（YS/T 429.2）规定了幕墙用有机聚合物喷涂铝单板的要求、试验方法、检验规则等。该标准适用于以氟碳漆（聚偏二氟乙烯）或粉末（热固性有机聚合物）做表面涂层的幕墙用铝及铝合金单层成形板（铝单板）。

(1) 合金牌号、状态、规格

铝单板的牌号、供应状态、规格尺寸及板基状态应符合表 2-42 的规定。需方需要其他牌号、状态时，由供需双方协商确定。

表 2-42 合金牌号及供应状态

牌　　号	板基状态	供应状态	厚度/mm	宽度/mm	长度/mm
1060、1050、1100、8A06、8011A	H14、H24	H44	1.50～4.00	914.0～2200.0	1500.0～5500.0
3003、5005	O、H14、H24	O、H44			
3004、5052	O	O			

(2) 板基质量

8011A 牌号的铝单板用板基的不平度应符合表 2-43 规定。

牌号状态为 8011A-H14、8011A-H24 的铝单板板基的力学性能应符合表 2-44 规定。

铝单板用板基的其他质量应符合 YS/T 429.1 相应牌号的规定。

表 2-43　8011A 牌号的铝单板用板基的不平度

板材宽度/mm	不平度/mm	板材宽度/mm	不平度/mm
≤1800.0	≤3	>1800.0	≤5

表 2-44　牌号状态为 8011A-H14、8011A-H24 的铝单板板基的力学性能

牌号	供应状态	厚度	抗拉强度/MPa	规定非比例延伸强度 $R_{p0.2}$/MPa	断后伸长率 A_{50mm}/%
				不小于	
8011A	H14	1.50～2.00	125	110	3
		>2.00～4.00	125～165		
	H24	1.50～2.00	125	100	5
		>2.00～4.00	125～165		

(3) 力学性能

铝单板的力学性能应符合表 2-45 规定。需方对力学性能有其他特殊要求时,由供需双方协商确定。

表 2-45　铝单板的力学性能

牌号	供应状态	厚度/mm	抗拉强度 R_m/MPa	规定非比例延伸强度 $R_{p0.2}$/MPa	断后延伸率 A_{50}/%
				不小于	
1060	H44	1.50～2.00	85	65	8
		>2.00～4.00	85～120		10
1050	H44	1.50～2.00	95	75	6
		>2.00～4.00	95～125		8
1100	H44	1.50～2.00	110	95	5
		>2.00～4.00	110～145		6
8A06	H44	1.50～2.00	100	—	6
		>2.00～4.00	100～145		8
8011A	H44	1.50～2.00	115	95	3
		>2.00～4.00	115～150		4
3003	O	1.50～2.00	95～130	35	25
	H44	1.50～2.00	140	115	5
		>2.00～4.00	120～185		6
3004	O	1.50～4.00	150～200	60	18
5005	O	1.50～4.00	105～145	35	21
	H44	1.50～2.00	140	115	5
		>2.00～4.00	120～185		5
5052	O	1.50～4.00	170～215	65	19

(4) 尺寸偏差

外形为矩形或正方形的铝单板的尺寸偏差应符合表 2-46 的规定。外形为其他形状时应符合供需双方商定的产品图样的规定。

表 2-46　外形为矩形或正方形的铝单板的尺寸偏差

项　目	尺寸范围	允许偏差
长度、宽度/mm	≤2000.0	±1.0
	>2000.0	±1.5
折边高度/mm	—	±0.5
折边角度	—	±0.5°

项　　目	尺寸范围	允许偏差
对角线/mm	铝单板长度≤2000.0	≤4.0
	铝单板长度>2000.0	≤6.0
不平度/(mm/m)	—	≤1.5

(5) 涂层性能

铝单板装饰面的涂层性能应符合 GB 5237.4 和 GB 5237.5 的相关规定。

(6) 外观质量

铝单板装饰面上的涂层应平滑、均匀、色泽基本一致，不允许有流痕、皱纹、气泡及其他影响使用的缺陷。允许有轻微的橘皮现象，其允许度由供需双方确定。

2.1.3.2 铝塑复合板

铝塑复合板是以塑料为芯层，两面为铝材的三层复合板材，并在产品表面覆以装饰性和保护性的涂层或薄膜（无特别指明则统称为涂层）作为产品的装饰面。

建筑幕墙用铝塑复合板的上下两层铝合金板的厚度均不应小于 0.5mm，其性能应符合现行国家标准《建筑幕墙用铝塑复合板》（GB/T 17748）的规定，铝合金板与夹心层的剥离强度标准值应大于 7N/mm。

《建筑幕墙用铝塑复合板》（GB/T 17748）规定了建筑幕墙用铝塑复合板的术语、定义、分类、试验方法和检验规则等内容。《铝塑复合板用铝带》（YS/T 432）规定了铝塑复合板用铝基材的要求、试验方法和检验规则等内容。

① 分类、规格和代号　按照铝塑复合板的燃烧性能分为普通型和阻燃型。

幕墙板常见规格尺寸如下：

长度（mm）：2000、2440、3000、3200 等。

宽度（mm）：1220、1250、1500 等。

长度和宽度也可由供需双方商定。

最小厚度（mm）：4mm。

代号：普通型 G，阻燃型 FR，氟碳树脂涂层装饰面 FC。

② 材料

a. 铝材。铝塑复合板应采用材质性能符合 GB 3880.2 要求的 3×××系列、5×××系列或耐腐蚀性及力学性能更好的其他系列铝合金。铝材应经过清洗和化学预处理，以清除铝材表面的油污、脏物和因与空气接触而自然形成的松散的氧化层，并形成一层化学转化膜，以利于铝材与涂层和芯层的牢固粘接。

b. 涂层。铝塑复合板涂层材质宜采用耐候性能优异的氟碳树脂，也可采用其他性能相当或更优异的材质。当采用聚偏二氟乙烯（PVDF）树脂涂层时，聚偏二氟乙烯含量不应低于涂层中树脂总量的 70%。

c. 芯材。芯材原材料的品质与铝塑板产品质量密切相关，劣质废旧塑料中往往含有大量有害杂质及严重老化的塑料，对铝塑板的质量极为不利。聚氯乙烯在高温下易分解产生强烈的有毒和腐蚀性物质，不宜用作芯材。普通型铝塑复合板芯材所用原料的材质性能应符合 GB 11115、GB 11116、GB/T 15182 或其他相应的国家或行业标准要求。芯材与铝材之间的复合用粘结膜厚度不应小于 0.05mm，粘结料含量不应低于 60%，其他要求可参考 GB/T 17748。

③ 外观质量　铝塑板外观应整洁。装饰面不允许有压痕、印痕、凹凸、漏涂、正反面

塑料外露、波纹、鼓泡、划伤和擦伤；斑点最大尺寸不大于 3mm，且每平方米不超过 3 个；目测色差不明显。非装饰面无影响产品使用的损伤。

④ 尺寸允许偏差　铝塑复合板的尺寸允许偏差应符合表 2-47 的要求，特殊规格的尺寸允许偏差可由供需双方商定。

表 2-47　铝塑复合板的尺寸允许偏差

项　目	技术要求	项　目	技术要求
长度/mm	±3	对角线差/mm	≤5
宽度/mm	±2	边直度/(mm/m)	≤1
厚度/mm	±0.2	翘曲度/(mm/m)	≤5

⑤ 铝材厚度及涂层厚度　铝塑复合板的铝材厚度及涂层厚度应符合表 2-48 的要求。

表 2-48　铝塑复合板的铝材厚度及涂层厚度

项　目			技术要求
铝材厚度/mm	平均值		≥0.50
	最小值		≥0.48
涂层厚度[①]/μm	二涂	平均值	≥25
		最小值	≥23
	三涂	平均值	≥32
		最小值	≥30

① 铝塑复合板涂层多数为底涂加面涂的二涂工艺，底涂一般为 5μm，面涂厚度一般不小于 18μm，一些特殊涂层品种还要增加罩面保护层，以提高涂层的耐化学腐蚀能力和阻隔紫外线的能力，即采用底涂加面涂加罩面的三涂工艺。

⑥ 性能　铝塑复合板的性能应符合表 2-49 的要求。

表 2-49　铝塑复合板的性能

项　目		技术要求
铅笔硬度		≥HB
涂层光泽度偏差		≤10
涂层柔韧性/T		≤2
涂层附着力[①]/级	划格法	0
	划圈法	1
耐冲击性/(kg·cm)		≥50
涂层耐磨耗性/(L/μm)		≥5
涂层耐盐酸性		无变化
涂层耐油性		无变化
涂层耐碱性		无鼓泡、凸起、粉化等异常，色差 ΔE≤2
涂层耐硝酸性		无鼓泡、凸起、粉化等异常，色差 ΔE≤5
涂层耐溶剂性		不露底
涂层耐沾污性/%		≤5
耐人工气候老化	色差 ΔE	≤4.0
	失光等级/级	不次于 2
	其他老化性能/级	0
耐盐雾性/级		不次于 1
弯曲强度/MPa		≥100
弯曲弹性模量/MPa		≥2.0×10⁴
贯穿阻力/kN		≥7.0
剪切强度/MPa		≥22.0
剥离强度/[(N·mm)/mm]	平均值	≥130
	最小值	≥120

续表

项　目			技术要求
耐温差性	剥离强度下降率/%		≤10
	涂层附着力^①/级	划格法	0
		划圈法	1

项目	技术要求
热膨胀系数/℃⁻¹	≤4.00×10⁻⁵
热变形温度/℃	≥95
耐热水性	无异常
燃烧性能^②/级	不低于 C

① 划圈法为仲裁法。

② 燃烧性能仅针对阻燃型铝塑复合板。

　　铝塑复合板所用芯材及铝塑复合板用于高层建筑时应符合《建筑设计防火规范》（GB 50016）的相关规定。

　　铝塑复合板用铝基材（铝及铝合金带材，带材表面未经涂漆等表面处理）应符合行业标准《铝塑复合板用铝带》（YS/T 432）的规定。

　　① 产品的牌号、状态、规格　应符合表 2-50 的规定。

表 2-50　产品的牌号、状态、规格

牌号	状态	规格/mm		套筒内径/mm
		厚度	宽度	
1100	H18	0.20～1.00	1000～1580	400 500
3003	H16、H14 H26、H24	0.20～1.00	1000～1580	

注：1. 需要其他牌号、状态、规格时，由供需双方另行协商，并在合同中注明。

2. 套筒的材质一般为纸芯，材质及规格有特殊要求时应在合同中注明。

　　② 产品的化学成分　应符合 GB/T 3190 的规定。若有特殊要求，应由供需双方协商决定，并在合同中注明。

　　③ 尺寸允许偏差

　　a. 厚度允许偏差应符合表 2-51 的规定。

表 2-51　厚度允许偏差

厚度/mm	厚度允许偏差/mm	厚度/mm	厚度允许偏差/mm
0.20～0.30	±0.015	＞0.50～1.00	±0.025
＞0.30～0.50	±0.020		

注：1. 要求偏差仅为"＋"或"－"时，其值为上表数值的 2 倍。

2. 对厚度及厚度偏差有特殊要求时，由供需双方协商决定，并在合同中注明。

　　b. 宽度允许偏差：±1.5mm。

　　c. 套筒长度应不小于带材宽度，但不大于 10mm/边。

　　d. 带材任意 2m 的侧边弯曲不大于 3mm。

　　e. 带材自由展开放在平台上，带材与平面之间的间隙不大于 3mm，每米波浪数不多于 3 个。

　　f. 带材端面串层不大于 2mm，塔形不大于 5mm（头、尾 5 圈除外）。

　　④ 产品的室温力学性能　应符合表 2-52 的规定。

　　⑤ 外观质量

　　a. 带材表面应加工良好，质地均匀、平整、光洁。表面不允许有裂纹、贯通气孔、压漏、压折、折痕、腐蚀、压坑、松树枝状花纹、金属及非金属压入。

表 2-52　室温力学性能

牌号	状态	厚度/mm	抗拉强度 σ_b/MPa	规定非比例伸长应力 $\sigma_{p0.2}$/MPa	伸长率（500mm 定标距）δ/%
1100	H18	0.20～0.30	≥155	—	≥1
		>0.30～0.50			≥2
		>0.50～1.00			≥3
3003	H14	0.20～0.30	140～180	≥120	≥1
		>0.30～0.50			≥2
	H24	>0.50～1.00			≥3
	H16	0.20～0.30	165～205	≥145	≥1
		>0.30～0.50			≥2
	H25	>0.50～1.00			≥3

注：1. 对室温力学性能有特殊要求时，供需双方协商决定，并在合同中注明。

2. 规定非比例伸长应力（$\sigma_{p0.2}$）由供方工艺保证，一般不做检验；需方有要求时，应在合同中注明。

b. 带材表面不允许有明显横纹、黑条、明暗条纹、明显油污、严重的擦划伤、周期性印痕等影响使用的缺陷。

c. 带材应卷紧、卷齐，无裂边、毛刺、磕碰伤。

d. 带材不允许有燕窝、塌卷。

e. 带材不允许有接头。

2.1.3.3　蜂窝铝板

蜂窝铝板是以铝合金板作为正面和背面板与铝蜂窝芯经高温高压复合而成的复合板材，如图 2-5 所示。蜂窝铝板设计板面可以比单层铝板大，最大板面可达 $1.5m \times 4.5m$，且表面处理方法除了氟碳喷涂外，还可以做预辊涂，耐色光处理等，所以常被用于建筑幕墙中。

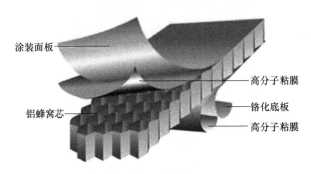

图 2-5　蜂窝铝板

建筑幕墙用蜂窝铝板应根据幕墙的使用功能和耐久年限的要求，分别选用厚度为 10mm、12mm、15mm、20mm 和 25mm 的蜂窝铝板。

厚度为 10mm 的蜂窝铝板应由 1mm 厚的正面铝合金板、0.5～0.8mm 厚的背面铝合金板及蜂窝粘结而成；厚度在 10mm 以上的蜂窝铝板，其正背面铝合金板厚度均应为 1mm。

《建筑外墙用铝蜂窝复合板》（JG/T 334）规定了建筑外墙用铝蜂窝复合板的定义、分类、材料、要求、试验方法、检验规则等，建筑幕墙用铝蜂窝复合板应符合该规范要求。

2.2　钢材

幕墙与建筑物的连接件大部分采用钢材，金属与石材幕墙的支承结构也采用钢材，大型幕墙工程要以钢结构为主骨架，彩色涂层钢板、搪瓷涂层钢板、不锈钢板可以直接做成幕墙的面板。幕墙用钢材及表面处理应符合《建筑幕墙》附录 A 中 A.2 的规定。

2.2.1 钢材原材料的性能指标

材料的力学性能也称为机械性质，是指材料在外力作用下表现出的变形、破坏等方面的特性。它要由实验来测定。材料的力学性能包括强度、塑性、硬度、韧性、抗疲劳性和耐磨性等。钢结构对材料性能的要求是多方面的，选择钢材时不能偏重于某一项或几项指标，应对各种指标的高低、好坏和利害得失进行全面的衡量，慎重地选择合适的钢材。下面分别对各种指标进行讨论。

2.2.1.1 强度指标

材料的强度是指材料在外力作用下抵抗变形和断裂的能力。根据外力的作用方式，强度可以分为抗拉强度、抗压强度、抗弯强度和抗剪强度等。

强度指标屈服强度（屈服极限）σ_s 和抗拉强度（强度极限）σ_b 是由单向均匀受力的静力拉伸试验获得的。

为了便于比较不同材料的实验结果，对试样的形状、加工精度、加载速度、实验环境等都有统一规定。对于拉伸试样最主要的是：试样中部等截面区段内用来测量变形的那段长度 l_0（标距）与试样横向尺寸之比应符合某一规定。通常取 $l_0 = 10d_0$ 或 $l_0 = 5d_0$［圆截面试样，图 2-6（a）］；$l_0 = 11.3\sqrt{A_0}$ 或 $l_0 = 5.65\sqrt{A_0}$［矩形截面试样，图 2-6（b）］，式中 d_0 为圆截面试样的横截面直径，A_0 为矩形截面试样的横截面积。

图 2-7 为低碳钢的拉伸曲线（σ-ε 曲线）。图中，c 点为屈服阶段的最低点，它对应的纵坐标为屈服强度 σ_s，表示材料有了显著的塑性变形，应力一旦达到 σ_s，构件将不能正常工作，所以 σ_s 是评价材料承载能力的重要力学性能指标；K 点是强化阶段的最高点，它对应的纵坐标为抗拉强度 σ_b，表示材料能够承受的最大应力。抗拉强度 σ_b 也是零部件设计和材料评定时的重要强度指标。

必须注意，σ_s 和 σ_b 只有在承受静力荷载，而且在应力单向分布较均匀的结构或构件中才具有实际意义，所以单凭这一指标不足以完全判定结构是否安全可靠，还需考虑下面所述塑性等因素。

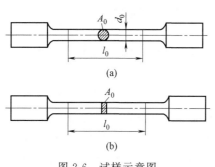

图 2-6 试样示意图

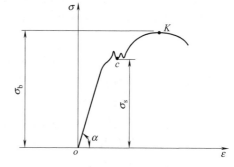

图 2-7 低碳钢拉伸曲线

2.2.1.2 塑性指标

工程上常用的塑性指标有伸长率 δ 和断面收缩率 Ψ。

伸长率 δ 表示试样拉断后标距范围内平均的塑性变形百分率，即

$$\delta = \frac{l_1 - l}{l} \times 100\% \tag{2-1}$$

式中，l 为试样拉伸前的标距；l_1 为试样拉断后标点之间的距离。由于 l_1 包含了颈缩部分的局部伸长在内，因此当采用不同的标距 l 时，即使在同一试样上，所得的 δ 亦不相同，例如采用 $l = 10d$ 所得的 δ_{10} 必小于采用 $l = 5d$ 所得的 δ_5。这是在比较材料塑性指标时必须注意的。如果未加说明，伸长率通常是指 δ_{10}。

断面收缩率 Ψ 是指试件断口处横截面面积的塑性收缩百分率，即

$$\Psi = \frac{A - A_1}{A} \times 100\% \tag{2-2}$$

式中，A 为拉伸前试样的横截面面积；A_1 为拉断后断口处的横截面面积。

伸长率 δ 和断面收缩率 Ψ 愈大，说明材料的塑性愈好。材料的塑性好坏常常是决定结构是否安全可靠的主要因素之一，所以钢材塑性指标比强度指标更为重要。

2.2.1.3 韧性指标

韧性是表示钢材抵抗冲击荷载的能力，韧性指标是由冲击试验获得的，它是判断钢材在冲击荷载作用下是否出现脆性破坏危险的重要指标之一。

在冲击试验中，一般采用截面为 10mm×10mm、长度为 55mm、中间开有小槽（缺口）的长方体试件，放在摆锤式冲击试验机上进行试验。冲断试样后，可以从试验机的刻度盘上直接读出冲击功 A_k 值（单位为 N·m）。此值除以试件缺口处的净截面面积 A_i（单位为 mm²），所得的值即为冲击韧性值，用 a_k 表示，单位为 (N·m)/mm²。

$$a_k = A_k / A_i \tag{2-3}$$

钢结构或构件的脆性断裂常是从应力集中处开始的，冶金或轧制过程中产生的缺陷，特别是缺口和裂纹，常是脆性断裂的发源地。为此，冲击试验的试件做成带有缺口的。

冲击功或冲击韧性代表了在指定温度下，材料在缺口和冲击载荷共同作用下脆化的趋势及其程度，是一个对成分、组织、结构极敏感的参数。一般把冲击韧性值 a_k 低的材料称为脆性材料，a_k 高的材料称为韧性材料。脆性材料在断裂前无明显的塑性变形，断口呈纤维状，无光泽。实际上，承受冲击载荷的钢构件，很少是受大能量一次冲击而破坏的，往往是经受小能量的多次冲击，因冲击损伤的积累引起裂纹扩展而造成断裂。

2.2.1.4 可焊性能

可焊性是指钢材在采用一定的焊接工艺包括焊接方法、焊接材料、焊接规范及焊接结构形式等条件下，获得优良焊接接头的难易程度。

焊接性能包括两方面的内容：

① 接合性能。钢材在一定的焊接工艺条件下，形成焊接缺陷的敏感性。决定接合性能的因素有：工件材料的物理性能，如熔点、热导率和膨胀率；工件和焊接材料在焊接时的化学性能和冶金作用等。当某种材料在焊接过程中经历物理、化学和冶金作用而形成没有焊接缺陷的焊接接头时，这种材料就被认为具有良好的焊接性能。

② 使用性能。钢材在一定的焊接工艺条件下其焊接接头对使用要求的适应性，也就是焊接接头承受荷载的能力，如承受静载荷、冲击载荷和疲劳载荷等，以及焊接接头的抗低温性能、高温性能和抗氧化、抗腐蚀性能等。

要求焊接结构在施焊后的力学性能不低于母材的力学性能。

2.2.1.5　冷弯性能

冷弯性能是指钢材在冷加工（即在常温下加工）产生塑性变形时，对产生裂缝的抵抗能力。钢材的冷弯性能是用冷弯试验来检验钢材承受规定弯曲程度的弯曲变形性能，并显示其缺陷的程度。

冷弯试验方法是在材料试验机上，通过冷弯冲头加压。当试件弯曲至某一规定角度 α 时（一般取 $\alpha = 180°$），检查试件弯曲部分的外面、里面和侧面，如无裂纹、裂断或分层，即认为试件冷弯性能合格。

冷弯试验一方面是检验钢材能否适应构件制作中的冷加工工艺过程，另一方面通过试验还能暴露出钢材的内部缺陷（颗粒组织、结晶情况和非金属夹杂物分布等），鉴定钢材的塑性和可焊性。冷弯试验是鉴定钢材质量的一种良好方法，常作为静力拉伸试验和冲击试验等的补充试验。冷弯性能是一项衡量钢材力学性能的综合指标。

2.2.1.6　耐久性能

影响钢结构使用寿命的因素较多。首先由于钢材的耐腐蚀性较差，必须采取防护措施，避免钢材的腐蚀，这是钢结构的一大弱点。新建的结构需要油漆，已建成的结构也要根据使用的具体条件定期维护，这就使钢结构的维修费用较其他结构为高。

随着时间的增长，钢材的力学性能有所改变，出现所谓的"时效"现象。根据结构的使用要求和所处的环境条件，必要时对钢材进行快速时效后测定钢材的冲击韧性，以鉴定钢材是否适用。

其次由于钢材在高温和长期荷载作用下的破坏强度远比短期的静力拉伸试验的强度低得多，所以在长期高温条件下工作的钢材，应另行测定其"持久强度"。

钢结构在多次的重复荷载或交变荷载作用下，虽然应力低于屈服强度 σ_s，但往往也会发生破坏，这种现象叫作钢材的疲劳现象。疲劳破坏与脆性破坏相似，破坏之前没有显著的变形和明显的迹象，破坏是突然发生的，常易引起严重后果。因此，在重复荷载和交变荷载作用下，需要确定钢材的另一个力学性能指标——疲劳强度 σ_γ。

2.2.2　常用钢材

钢是指以铁为主要元素，碳含量一般在 2% 以下，并含有少量其他元素（Si、Mn、S、P、O、N 等）的铁碳合金。

钢的种类繁多，根据不同需要，可采用不同的分类方法。同一种钢材，采用不同的分类方法，可有不同的名称。有时用几种不同的分类方法综合命名。

我国现行的金属材料国家标准大多参考国际标准。如钢分类国家标准 GB/T 13304 参考了国际标准《钢分类　第一部分：钢按化学成分分为非合金钢和合金钢》（ISO 4948/1）和《钢分类　第二部分：非合金钢和合金钢按主要质量等级和主要性能或使用特性的分类》（ISO 4948/2）；碳素结构钢国家标准 GB/T 700 参考了国际标准《钢结构》（ISO 630）等。本章的有关表格中的数据均取自相应的国家标准。

（1）钢的分类

钢的种类很多，为了便于管理、选用及研究，从不同角度将它们分成若干类别。

① 按化学成分分类

$$\text{钢} \begin{cases} \text{碳素钢} \begin{cases} \text{低碳钢} \quad w_c \leqslant 0.25\% \\ \text{中碳钢} \quad w_c = 0.30\% \sim 0.60\% \\ \text{高碳钢} \quad w_c > 0.60\% \end{cases} \\ \text{合金钢} \begin{cases} \text{按合金元素种类分：锰钢、铬钢、硼钢、铬镍钢、硅锰钢} \\ \text{按合金元素含量分} \begin{cases} \text{低合金钢（合金元素含量小于5\%）} \\ \text{中合金钢（合金元素含量为5\%} \sim 10\%\text{）} \\ \text{高合金钢（合金元素含量大于10\%）} \end{cases} \end{cases} \end{cases}$$

② 按冶金质量分类

$$\text{钢} \begin{cases} \text{普通钢}(w_s < 0.05\%、w_P \leqslant 0.045\%) \\ \text{优质钢}(w_s \leqslant 0.030\%、w_P \leqslant 0.035\%) \\ \text{高级优质钢}(w_s \leqslant 0.020\%、w_P \leqslant 0.030\%) \\ \text{特级优质钢}(w_s \leqslant 0.015\%、w_P \leqslant 0.025\%) \end{cases}$$

③ 按用途分类

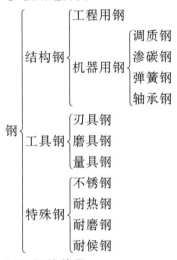

$$\text{钢} \begin{cases} \text{结构钢} \begin{cases} \text{工程用钢} \\ \text{机器用钢} \begin{cases} \text{调质钢} \\ \text{渗碳钢} \\ \text{弹簧钢} \\ \text{轴承钢} \end{cases} \end{cases} \\ \text{工具钢} \begin{cases} \text{刃具钢} \\ \text{磨具钢} \\ \text{量具钢} \end{cases} \\ \text{特殊钢} \begin{cases} \text{不锈钢} \\ \text{耐热钢} \\ \text{耐磨钢} \\ \text{耐候钢} \end{cases} \end{cases}$$

(2) 钢的牌号

钢铁产品牌号通常采用汉语拼音字母、化学元素符号和阿拉伯数字相结合的方法表示。为了便于国际交流和贸易需要，也可采用大写英文字母或国际惯例表示符号。

① 采用国际化学符号表示钢号中的化学元素，如 Si、Mn、Cr 等，混合稀土元素用 RE 或 Xt 表示。

② 采用汉语拼音字母或英文字母表示产品名称、用途、特性和工艺方法时，一般从产品中选取有代表性的汉字的汉语拼音的首字母或英文单词的首位字母。当和另一产品所取字母重复时，改取第二个字母或第三个字母，或同时选取两个（或多个）汉字或英文字母的首位字母。采用汉语拼音字母或英文字母，原则上只取一个，一般不超过三个。

③ 钢中主要化学元素含量（质量分数）和力学性能值采用阿拉伯数字表示。

表 2-53 列出了常用钢铁产品牌号的表示方法。

2.2.2.1 碳素结构钢

碳素合金钢属低碳钢，退火组织为铁素体和少量珠光体，其强度和硬度较低，塑性和韧性较好。碳素结构钢的性能与含碳量密切相关，随碳的质量分数增加，珠光体含量增加，碳素结构钢的强度提高，塑性下降。

表 2-53　钢铁产品牌号表示方法（GB 221—2008）

钢类	钢号举例	表示方法说明
碳素结构钢和低合金结构钢	Q235AF	代表屈服强度的拼音字母 Q+强度值（以 MPa 为单位），必要时标出钢的质量等级（A、B、C、D、E 等）； 必要时标出脱氧方式，如沸腾钢、半镇静钢、镇静钢、特殊镇静钢分别以 F、b、Z、TZ 表示； 必要时标出产品用途、特性和工艺方法的标识符号
低合金高强度结构钢	Q345D 16MnR 20MnK	低合金高强度结构钢的牌号表示方法同碳素结构钢； 也可以采用两位阿拉伯数字（表示平均含碳量，以万分之几计）加元素符号及必要时加代表产品用途、特性和工艺方法的标识符号，按顺序表示
优质碳素结构钢	08F 50A 50MnE 45AH 65Mn	以两位阿拉伯数字表示平均碳含量（以万分之几计）； 必要时标出较高含锰量碳素工具钢，标出"Mn"； 必要时标出高级优质钢、特级优质钢，分别以 A、E 表示，优质钢不用字母表示； 必要时标出脱氧方式，即沸腾钢、半镇静钢、镇静钢分别以 F、b、Z 表示，但镇静钢标识符号通常可以省略； 必要时标出产品用途、特性或工艺方法的标识符号，如保证淬透性钢标识符号"H"
合金结构钢	20Cr 40CrNiMoA 60Si2Mn 18MnMoNbER	以两位阿拉伯数字表示平均含碳量（以万分之几计）； 合金元素含量，以化学元素符号及阿拉伯数字表示。平均含量小于 1.50%，一般不标含量；平均含量为 1.50%～2.49%，2.50%～3.49%，…，则相应数字为 2，3，…； 高级优质钢、特级优质钢分别用 A、E 表示，优质钢不用字母表示； 必要时加产品用途、特性或工艺方法的标识符号，如 R 表示锅炉和压力容器用钢
不锈钢 耐热钢 耐候钢	06Cr19Ni10 022Cr18Ti 20Cr15Mn15Ni2N 20Cr25Ni20	用两位或三位阿拉伯数字表示碳含量最佳控制值（以万分之几或百万分之几计）； 合金元素含量以化学元素符号及阿拉伯数字表示，表示方法同合金结构钢；钢中有意加入的铌钛氮等合金元素，虽然含量很低，也应在牌号中标出

　　碳素结构钢易于冶炼，价格便宜，性能基本能满足一般工程结构件的要求，大量用于制造各种金属结构和要求不很高的机器零件，是目前产量最大、使用最多的一类钢。

　　碳素结构钢其牌号、成分和力学性能见表 2-54。

表 2-54　普通碳素结构钢的牌号、成分、性能与应用（GB/T 700—2006）

牌号	等级	化学成分/%					力学性能				应用举例
		C	Si	Mn	S	P	σ_s /MPa	σ_b /MPa	δ_5 /%	V 形冲击功 /J	
		不大于									
Q195	—	0.12	0.30	0.50	0.040	0.035	≥195	315～450	≥33	—	承受负载不大的金属结构、铆钉、垫圈、地脚螺钉
Q215	A	0.15		1.20	0.050	0.045	≥215		≥31		
	B				0.045						
Q235	A	0.22	0.35	1.40	0.050	0.045	≥235		≥26	≥27	钢板、钢筋、型钢等
	B	0.20			0.045	0.045					
	C	0.17			0.040	0.040					
	D				0.035	0.035					
Q275	A	0.24		1.50	0.050	0.045	≥275		≥22		强度较高，用于制造承受中等负荷的零件如销、转轴、拉杆等
	B	0.21			0.045	0.045					
	C	0.20			0.040	0.040					
	D				0.035	0.035					

　　注：屈服强度、抗拉强度分别为厚度不大于 16mm、100mm，断后伸长率为厚度不大于 40mm 时的数据。

碳素结构钢大多以型材（钢棒、钢板和各种型钢）形式供应，供货状态为热轧（或控制轧制状态、空冷），供方应保证力学性能，用户使用时通常不再进行热处理。

碳素结构钢的质量等级分为 A、B、C、D 四级，A 级、B 级为普通质量钢，C 级、D 级为优质钢。碳素结构钢的力学性能随钢材厚度或直径的增大而降低，如 Q235 在钢材不大于 16mm 时，其屈服点 σ_s 为 235MPa，断后伸长率 δ 为 26%；而当钢材厚度或直径大于 150mm 时，其 σ_s 下降到 185MPa，δ 下降到 21%。

2.2.2.2 低合金结构钢

碳素结构钢强度等级较低，难以满足工程结构对性能的要求。在碳素结构钢基础上加入少量合金元素（一般总量低于 5%）形成了低合金钢。低合金钢具有较高强度和韧性，工艺性能较好（如良好的焊接性能），部分低合金钢还具有耐腐蚀、耐低温等特性。

低合金结构钢的成分特点：

① 碳含量不大于 0.20%，低碳保证钢的韧性、焊接性和冷成形性能特点。

② 锰含量小于 2%，锰和以脱氧剂的形式加入的硅（Si）元素主要起固溶强化作用。

③ 加入 V、Ti、Nb 以及少量 Al（形成 AlN），主要起细晶强化和弥散强化作用，得到微合金钢。

④ 添加少量的 Cu、P、Cr 和 Ni 等，使其在金属基体表面形成保护层，以改善钢材耐大气腐蚀性能，得到在大气和海水中锈蚀缓慢的所谓耐候钢。

⑤ Ni 还可使钢材的塑性、韧性明显提高；Mo 能显著提高其强度和高温抗蠕变及抗氢腐蚀能力；少量 RE（稀土）可脱硫、去气，使韧性升高。

低合金钢的牌号、成分和力学性能见表 2-55。

表 2-55 低合金钢的牌号、主要成分与性能（GB/T 1591—2008）

牌号（等级）	σ_s /MPa	σ_b /MPa	δ_5 / %	冲击能量 (KV_2)/J	w_C/%	w_{Si}/%	w_{Mn}/%
Q345(A~E)	345	470~630	A~B 级≥20 C~E 级≥21	≥34	A~C 级≤0.20 D~E 级≤0.18	≤0.50	≤1.70
Q390(A~E)	390	490~650	≥20	≥34	≤0.20	≤0.50	≤1.70
Q420(A~E)	420	520~680	≥19	≥34	≤0.20	≤0.50	≤1.70
Q460(C~E)	460	550~720	≥18	≥34	≤0.20	≤0.60	≤1.80
Q500(C~E)	500	610~770	≥17	≥34	≤0.18	≤0.60	≤1.80
Q550(C~E)	550	670~830	≥16	C 级≥55	≤0.18	≤0.60	≤2.00
Q620(C~E)	620	710~880	≥15	D 级≥47	≤0.18	≤0.60	≤2.00
Q690(C~E)	690	770~940	≥14	E 级≥31	≤0.18	≤0.60	≤2.00

注：元素 V、Ti、Nb、Ni、Cu、Cr、Mo、B、Al 以及 P、S 的含量见 GB/T 1591—2008。

表中所列屈服强度为厚度不大于 16mm、抗拉强度和断后伸长率为厚度不大于 40mm、冲击能量为 12~150mm 时的数据。

Q345 钢包括 12MnV、14MnNb、16Mn、16MnRE、18Nb 等钢；Q390 钢包括 15MnV、15MnTi、16MnNb 等钢；Q420 包括 14MnVTiRE 和 15MnVN 等钢；Q500 包括 14MnMoVBRE 钢和 18MnMoNb 钢；Q690 为 14CrMnMoVB 钢。

同碳素结构钢相类似，低合金钢的强度、塑性也与钢材的尺寸有关（详情见 GB/T 1591—2008 表 6 钢材的拉伸性能），选用时要特别注意。

2.2.2.3 耐候钢

耐候钢即耐大气腐蚀钢，是在钢中加入少量的合金元素，如 Cu、Cr、Ni 等，使其在金属基体表面上形成保护层，提高钢材的耐候性能。

《耐候结构钢》（GB/T 4171）规定了耐候结构钢尺寸、外形、重量及允许偏差、技术要求、试验方法等。

耐候钢可以分为高耐候钢和焊接耐候钢，主要用于车辆、集装箱、建筑、塔架或其他结构件。焊接耐候钢具有良好的焊接性能，高耐候钢比焊接耐候钢具有更好的耐大气腐蚀性能。

高耐候钢的牌号主要有热轧方式生产的 Q295GNH、Q355GNH 和冷轧方式生产的 Q265GNH、Q310GNH；焊接耐候钢的牌号主要有热轧方式生产的 Q235NH、Q295NH、Q355NH、Q415NH、Q460NH、Q500NH、Q550NH。

钢的牌号由代表"屈服强度""高耐候"或"耐候"的汉语拼音字母"Q""GNH"或"NH"、屈服强度的下限值以及质量等级（A、B、C、D、E）组成。

钢结构幕墙高度超过 40m 时，钢构件宜采用高耐候钢，并应在其表面涂刷防腐涂料。

(1) 高耐候钢

① 高耐候钢的牌号和化学成分应符合表 2-56 的规定。

② 高耐候钢的力学性能和工艺性能应符合表 2-57 的规定。

表 2-56　高耐候钢的牌号和化学成分（GB/T 4171—2008）

牌号	化学成分(质量分数)/%								
	C	Si	Mn	P	S	Cu	Cr	Ni	其他元素
Q265GNH	≤0.12	0.10～0.40	0.20～0.50	0.07～0.12	≤0.020	0.20～0.45	0.30～0.65	0.25～0.50①	a,b
Q295GNH	≤0.12	0.10～0.40	0.20～0.50	0.07～0.12	≤0.020	0.25～0.45	0.30～0.65	0.25～0.50①	a,b
Q310GNH	≤0.12	0.25～0.75	0.20～0.50	0.07～0.12	≤0.020	0.20～0.50	0.30～1.25	≤0.65	a,b
Q355GNH	≤0.12	0.25～0.75	≤1.00	0.07～0.15	≤0.020	0.25～0.55	0.30～1.25	≤0.65	a,b

① 供需双方协商，Ni 含量的下限可不作要求。

注：1. a 代表为了改善钢的性能，可以添加一种或一种以上的微量合金元素：Nb 0.015%～0.060%，V 0.02%～0.12%，Ti 0.02%～0.10%，Alt≥0.020%。若上述元素组合使用时，应至少保证其中一种元素含量达到上述化学成分的下限规定。

2. b 代表可以添加下列合金元素：Mo≤0.30%，Zr≤0.15%。

表 2-57　高耐候钢的力学性能和工艺性能（GB/T 4171—2008）

牌号	拉伸试验①									180°弯曲试验弯心直径		
	下屈服强度 R_{el}/(N/mm²) 不小于				抗拉强度 R_m /(N/mm²)	断后伸长率 A/% 不小于						
	≤16	>16～40	>40～60	>60		≤16	>16～40	>40～60	>60	≤6	>6～40	>16
Q295GNH	295	285	—	—	430～560	24	24	—	—	a	2a	3a
Q355GNH	355	345	—	—	490～630	22	22	—	—	a	2a	3a
Q265GNH	265	—	—	—	≥410	27	—	—	—	a	—	—
Q310GNH	310	—	—	—	≥470	26	—	—	—	a	—	—

① 当屈服现象不明显时，可以采用 $R_{p0.2}$。

注：a 为钢材厚度。

(2) 焊接耐候钢

① 焊接结构用耐候钢的牌号和化学成分应符合表 2-58 的规定。

② 焊接结构用耐候钢的力学性能和工艺性能应符合表 2-59 的规定。

表 2-58　焊接结构用耐候钢的牌号和化学成分 (GB/T 4172—2008)

牌号	化学成分(质量分数)/%								其他元素
	C	Si	Mn	P	S	Cu	Cr	Ni	
Q235NH	≤0.13③	0.10～0.40	0.20～0.60	≤0.030	≤0.030	0.25～0.55	0.40～0.80	≤0.65	a,b
Q295NH	≤0.15	0.10～0.50	0.30～1.00	≤0.030	≤0.030	0.25～0.55	0.40～0.80	≤0.65	a,b
Q355NH	≤0.16	≤0.50	0.50～1.50	≤0.030	≤0.030①	0.25～0.55	0.40～0.80	0.12～0.65②	a,b
Q415NH	≤0.12	≤0.65	≤1.10	≤0.025	≤0.030①	0.20～0.55	0.30～1.25	0.12～0.65②	a,b,c
Q460NH	≤0.12	≤0.65	≤1.50	≤0.025	≤0.030①	0.20～0.55	0.30～1.25	0.12～0.65②	a,b,c
Q500NH	≤0.12	≤0.65	≤2.0	≤0.025	≤0.030①	0.20～0.55	0.30～1.25	0.12～0.65②	a,b,c
Q550NH	≤0.16	≤0.65	≤2.0	≤0.025	≤0.030①	0.20～0.55	0.30～1.25	0.12～0.65②	a,b,c

① 供需双方协商，S 的含量可以不大于 0.008%。

② 供需双方协商，Ni 含量的下限可不作要求。

③ 供需双方协商，C 的含量可以不大于 0.15%。

注：1. a 为了改善钢的性能，可以添加一种或一种以上的微量合金元素：Nb 0.015%～0.060%，V 0.02%～0.12%，Ti 0.02%～0.10%，Alt≥0.020%。若上述元素组合使用时，应至少保证其中一种元素含量达到上述化学成分的下限规定。

2. b 代表可以添加下列合金元素：Mo≤0.30%，Zr≤0.15%。

3. c 代表 Nb、V、Ti 等三种合金元素的添加总量不应超过 0.22%。

表 2-59　焊接耐候钢的力学性能和工艺性能 (GB/T 4172—2008)

牌号	拉伸试验①									180°弯曲试验弯心直径		
	下屈服强度 R_{el}/(N/mm²) 不小于				抗拉强度 R_m /(N/mm²)	断后伸长率 A/% 不小于						
	≤16	>16～40	>40～60	>60		≤16	>16～40	>40～60	>60	≤6	>6～40	>16
Q235NH	235	225	215	215	360～510	25	25	24	23	a	a	2a
Q295NH	295	285	275	255	430～560	24	24	23	22	a	2a	3a
Q355NH	355	345	—		490～630	22	22			a	2a	3a
Q415NH	415	405	395		520～680	22	22	20		a	2a	3a
Q460NH	460	450	440		570～730	20	20	19		a	2a	3a
Q500NH	500	490	480		600～760	18	16	15		a	2a	3a
Q550NH	550	540	530		620～780	16	16	15				

① 当屈服现象不明显时，可以采用 $R_{p0.2}$。

注：a 为钢材厚度。

2.2.2.4　不锈钢

不锈钢是以不锈、耐腐蚀性为主要特性，且铬含量至少为 10.5%，碳含量最大不超过 1.2% 的钢。

建筑幕墙用不锈钢宜采用奥氏体不锈钢，且含镍量不应小于 8%。

(1) 不锈钢的分类

不锈钢的分类方法很多。按室温下的组织结构分类，有马氏体型、奥氏体型、铁素体和双相不锈钢；按主要化学成分可分为铬不锈钢和铬镍不锈钢两大类；按用途分则有耐硝酸不锈钢、耐硫酸不锈钢、耐海水不锈钢等；按耐蚀类型分可分为耐点蚀不锈钢、耐应力腐蚀不锈钢、耐晶间腐蚀不锈钢等；按功能特点分类又可分为无磁不锈钢、易切削不锈钢、低温不锈钢、高强度不锈钢等。由于不锈钢材具有优异的耐蚀性、成型性、相容性以及在很宽温度范围内的强韧性等系列特点，所以在重工业、轻工业、生活用品行业以及建筑装饰等行业中获得广泛的应用。

① 奥氏体不锈钢。在常温下具有奥氏体组织的不锈钢。当钢中含 Cr 约 18%、Ni 8%～10%、C 约 0.1% 时，具有稳定的奥氏体组织。奥氏体铬镍不锈钢包括著名的 18Cr-8Ni 钢和

在此基础上增加 Cr、Ni 含量并加入 Mo、Cu、Si、Nb、Ti 等元素发展起来的高 Cr-Ni 系列钢。奥氏体不锈钢无磁性而且具有高韧性和塑性，但强度较低，不可能通过相变使之强化，仅能通过冷加工进行强化。如加入 S、Ca、Se、Te 等元素，则具有良好的易切削性。此类钢除耐氧化性酸介质腐蚀外，如果含有 Mo、Cu 等元素还能耐硫酸、磷酸以及甲酸、乙酸、尿素等的腐蚀。此类钢中的含碳量若低于 0.03% 或含 Ti、Ni，就可显著提高其耐晶间腐蚀性能。高硅的奥氏体不锈钢对浓硝酸具有良好的耐腐蚀性。由于奥氏体不锈钢具有良好的综合性能，在各行各业中获得了广泛的应用。

② 铁素体不锈钢。在使用状态下以铁素体组织为主的不锈钢，含铬量在 11%～30%，具有体心立方晶体结构。这类钢一般不含镍，有时还含有少量的 Mo、Ti、Nb 等元素。这类钢具有热导率大、膨胀系数小、抗氧化性好、抗应力腐蚀优良等特点，多用于制造耐大气、水蒸气、水及氧化性酸腐蚀的零部件。这类钢存在塑性差、焊后塑性和耐蚀性明显降低等缺点，因而限制了它的应用。炉外精炼技术（AOD 或 VOD）的应用可使碳、氮等间隙元素大大降低，因此使这类钢获得广泛应用。

③ 奥氏体-铁素体双相不锈钢。它是奥氏体和铁素体组织各约占一半的不锈钢。在含 C 较低的情况下，Cr 含量在 18%～28%，Ni 含量在 3%～10%。有些钢还含有 Mo、Cu、Si、Nb、Ti、N 等合金元素。该类钢兼有奥氏体和铁素体不锈钢的特点，与铁素体不锈钢相比，塑性、韧性更高，无室温脆性，耐晶间腐蚀性能和焊接性能均显著提高，同时还保持有铁素体不锈钢的 475℃脆性以及热导率高、具有超塑性等特点。与奥氏体不锈钢相比，强度高且耐晶间腐蚀和耐氯化物应力腐蚀有明显提高。双相不锈钢具有优良的耐孔蚀性能，也是一种节镍不锈钢。

④ 马氏体不锈钢。通过热处理可以调整其力学性能的不锈钢是一类可硬化的不锈钢。典型牌号为 Cr13 型，如 2Cr13、3Cr13、4Cr13 等。淬火后硬度较高，不同回火温度具有不同强韧性组合，主要用于蒸汽轮机叶片、餐具、外科手术器械。根据化学成分的差异，马氏体不锈钢可分为马氏体铬钢和马氏体铬镍钢两类。根据组织和强化机理的不同，还可分为马氏体不锈钢、马氏体和半奥氏体（或半马氏体）沉淀硬化不锈钢以及马氏体时效不锈钢等。

(2) 不锈钢的化学成分

常用不锈钢的牌号和化学成分可查阅《不锈钢和耐热钢　牌号及化学成分》（GB/T 20878）。

目前，建筑幕墙中用的不锈钢以 S30408、S31608 奥氏体不锈钢居多。这两种不锈钢的化学成分如表 2-60 所示。在正常环境中，可采用 S30408 不锈钢；在具有非氧化性（或还原性）的酸性环境、空气污染严重或海滨盐雾较重的环境中，可采用 S31608 不锈钢；在空气污染特别严重或海滨盐雾特别严重的环境或经常被海水拍打或浸泡的环境中，则需要选用超级双向不锈钢、超级铁素体不锈钢或含 6% 钼的超级奥氏体不锈钢，如 2205（S32205）、447（S44700）、6%MO（S31254）等。

表 2-60　奥氏体不锈钢（S30408、S31608）的化学成分

统一数字代号	新牌号	旧牌号	化学成分(质量分数)/ %							
			C	Si	Mn	P	S	Ni	Cr	Mo
S30408	06Cr19Ni10	0Cr18Ni9	0.08	1.00	2.00	0.045	0.030	8.0～11.0	18.0～20.0	—
S31608	06Cr17Ni12Mo2	0Cr17Ni12Mo2	0.08	1.00	2.00	0.045	0.030	10.0～14.0	16.0～18.0	2.0～3.0

值得指出的是，不锈钢所指的不锈是指其在大气、水、酸、碱、盐等溶液或其他腐蚀性

介质中有一定的化学稳定性，不易腐蚀和生锈，但并不是完全不会生锈。不锈钢是否生锈受其分子结构、加工工艺、使用环境等因素的影响，因此，应该根据使用环境合理选择不锈钢牌号和表面处理方式。不锈钢表面越光滑，耐腐蚀性越强。经常冲洗不锈钢构件的表面，也有利于不锈钢构件的耐腐蚀性。

2.2.2.5 彩色涂层钢板

彩色涂层钢板（简称彩涂板）是以金属板材为基底，在其表面涂以各类有机涂料的产品。《彩色涂层钢板及钢带》（GB/T 12754）规定了彩色涂层钢板的分类和技术要求。

(1) 彩涂板的牌号

彩涂板的牌号由彩涂代号、基板特性代号和基板类型代号三个部分组成，其中基板特性代号和基板类型代号之间用"＋"连接。

① 彩涂代号。用"涂"字汉语拼音的第一个字母"T"表示。

② 基板特性代号。基板有冷成形用钢和结构钢两种。

a. 冷成形用钢。电镀基板由三部分组成，其中：第一部分为字母 D，代表冷成形用钢板；第二部分为字母 C，代表轧制条件为冷轧；第三部分为两位数字序号，即 01、03 和 04。

热镀基板由四部分组成，其中：第一和第二部分与电镀基板相同；第三部分为两位数字序号 51、52、53 和 54；第四部分为字母 D，代表热镀。

b. 结构钢。它由四部分组成，其中：第一部分为字母 S，代表结构钢；第二部分为 3 位数字，代表规定的最小屈服强度（单位为 MPa），即 250、280、300、320、350、550；第三部分为字母 G，代表热处理；第四部分为字母 D，代表热镀。

③ 基板类型代号。Z 代表热镀锌基板，ZF 代表热镀锌铁合金基板，AZ 代表热镀铝锌合金基板，ZA 代表热镀锌铝合金基板，ZE 代表电镀锌基板。

彩涂板的牌号及用途如表 2-61 所示。

表 2-61 彩涂板的牌号及用途（GB/T 12754—2006）

彩涂板的牌号					用途
热镀锌基板	热镀锌铁合金基板	热镀铝锌合金基板	电镀锌铝合金基板	电镀锌基板	
TDC51D＋Z	TDC51D＋ZF	TDC51D＋AZ	TDC51D＋ZA	TDC01＋ZE	一般用
TDC52D＋Z	TDC52D＋ZF	TDC52D＋AZ	TDC52D＋ZA	TDC03＋ZE	冲压用
TDC53D＋Z	TDC53D＋ZF	TDC53D＋AZ	TDC53D＋ZA	TDC04＋ZE	深冲压用
TDC54D＋Z	TDC54D＋ZF	TDC54D＋AZ	TDC54D＋ZA	—	特深冲压用
TS250GD＋Z	TS250GD＋ZF	TS250GD＋AZ	TS250GD＋ZA	—	结构用
TS280GD＋Z	TS280GD＋ZF	TS280GD＋AZ	TS280GD＋ZA	—	
—	—	TS300GD＋AZ	—	—	
TS320GD＋Z	TS320GD＋ZF	TS320GD＋AZ	TS320GD＋ZA	—	
TS350GD＋Z	TS350GD＋ZF	TS350GD＋AZ	TS350GD＋ZA	—	
TS550GD＋Z	TS550GD＋ZF	TS550GD＋AZ	TS550GD＋ZA	—	

(2) 彩涂板的分类和代号

彩涂板的分类和代号应符合表 2-62 的规定。比如用途为建筑外用，表面状态为涂层板，涂料种类为聚酯，基材类别为光整小锌花热镀锌基板、公称尺寸为厚 0.8mm、宽 1000mm 的钢板，标记为：钢板 JW-TC-PE-MS-0.8×1000。

(3) 彩涂板的选择

彩涂板的选择主要指力学性能、基板类型和镀层重量、正面涂层性能和反面涂层性能的选择。用途、使用环境的腐蚀性、使用寿命、耐久性、加工方式和变形程度等是选材时要考虑的重要因素。

表 2-62　涂层钢板的分类和代号（GB/T 12754—2006）

分类方法	项目	代号	分类方法	项目	代号
用途	建筑外用	JW	涂层表面状态	印花板	YI
	建筑内用	JN	面漆种类	聚酯	PE
	家用电器	JD		硅改性聚酯	SMP
基板类型	热镀锌基板	Z		高耐久性聚酯	HDP
	热镀锌铁合金基板	ZF		聚偏氟乙烯	PVDF
	热镀铝锌合金基板	AZ	涂层结构	正面二层、反面一层	2/1
	热镀锌铝合金基板	ZA		正面二层、反面二层	2/2
	电镀锌基板	ZE	热镀锌基板表层结构	光整小锌花	MS
涂层表面状态	涂层板	TC		光整无锌花	FS
	压花板	YA			

力学性能主要依据用途、加工方式和变形程度等因素进行选择。在强度要求不高、变形不复杂时，可采用 TDC51D、TDC52D 系列的彩涂板。当对成形性有较高要求时可选择 TDC53D、TDC54D 系列的彩涂板。对于有承重要求的构件，应根据设计要求选择合适的结构钢，如 TS280GD、TS350GD 系列的彩涂板。

基板类型和镀层重量主要依据用途、使用环境的腐蚀性、使用寿命和耐久性等因素进行选择。防腐是彩涂板的主要功能之一，基板类型和镀层重量是影响彩涂板耐腐蚀性的主要因素，建筑用彩涂板通常选用热镀锌基板和热镀铝锌合金基板，主要是因为这两种基板耐腐蚀性较好。电镀锌基板受工艺限制，锌层通常较薄，耐腐蚀性相对较差，且生产成本较高，因此很少使用。镀层重量应根据使用环境的腐蚀性来确定，在腐蚀性较高的环境中应使用耐蚀性好、镀层重量大的基板，以确保达到规定的使用寿命。

2.2.3　幕墙用钢材的要求

① 幕墙用碳素结构钢、合金结构钢、低合金高强度结构钢和碳钢铸件，应符合《碳素结构钢》（GB/T 700）、《合金结构钢》（GB/T 3077）、《低合金高强度结构钢》（GB/T 1591）、《碳素结构钢和低合金结构钢热轧钢板和钢带》（GB/T 3274）、《结构用无缝钢管》（GB 8162）、《一般工程用铸造碳钢件》（GB/T 11352）等的规定。

② 幕墙用不锈钢材宜采用统一数字代号为 S304××和 S316××系列奥氏体不锈钢，且含镍量不应小于 0.8%。不锈钢材应符合《不锈钢棒》（GB/T 1220）、《不锈钢冷加工钢棒》（GB/T 4226）、《不锈钢冷轧钢板和钢带》（GB/T 3280）、《不锈钢热轧钢板和钢带》（GB/T 4237）、《不锈钢复合钢板和钢带》（GB/T 8165）和《不锈钢丝》（GB/T 4240）等的规定。

不锈钢铸件的牌号和化学成分应符合《通用耐蚀钢铸件》（GB/T 2100）和《工程结构用中、高强度不锈钢铸件》（GB/T 6967）等的规定。

③ 钢结构幕墙高度超过 40m 时，钢构件宜采用高耐候结构钢，并应在其表面涂刷防腐涂料。幕墙用耐候钢应符合《耐候结构钢》（GB/T 4171）的规定。

④ 幕墙用碳素结构钢、低合金结构钢和低合金高强度结构钢时，应采取有效的防腐措施，并符合下列规定：

a. 采用热浸镀锌防腐蚀处理时，锌膜厚度应符合《金属覆盖层　钢铁制件热浸镀锌层技术要求及试验方法》（GB/T 13912）的规定。

b. 采用其他防腐涂料时，表面处理方法、涂料品种、漆膜厚度及维护年限应符合《冷弯薄壁型钢结构技术规范》（GB 50018）和《钢结构工程施工质量验收规范》（GB 50205）的有关规定，并完全覆盖钢材表面和无端部封板的闭口型材的内侧。

c. 采用氟碳漆或聚氨酯漆作面漆时，面漆的涂膜厚度应根据钢构件所处的大气环境腐蚀性类别确定。一般情况下，涂膜厚度不宜小于 $35\mu m$，当大气腐蚀环境类型为中腐蚀或处在海滨地区时，涂膜厚度不宜小于 $45\mu m$。

⑤ 钢材之间的焊接应符合《钢结构焊接规范》（GB 50661）的规定。焊接所用的焊条应符合《非合金钢及细晶粒钢焊条》（GB/T 5117）、《热强钢焊条》（GB/T 5118）、《不锈钢焊条》（GB/T 983）等的规定。

2.3 石材

天然石材是从天然岩石中开采而得的，经选择和加工成特殊尺寸或形状的天然岩石。

天然石材密度大、强度高、装饰性好、耐久、色泽天然高贵、来源广泛，是广泛采用的石材幕墙面板材料。

天然石材按材质主要分为花岗石、大理石、石灰石、砂岩、板石等，按照用途主要分为天然建筑石材和天然装饰石材等。

从地质学的角度来看，地壳土层中的岩石分为以下三类：

① 火成岩。岩石在热的熔化的材料中形成，花岗石和玄武岩是火成岩中的两种。

② 变质岩。岩石是其他已经存在的岩石在受热或压力作用下进行了结晶或重结晶而形成的。大理石、板页岩和石英岩是变质岩中的三种。

③ 沉积岩。岩石起源于其他岩石的碎片和残骸，这些碎片在水、风、重力及冰等各种因素的作用下移动到一个由沉积物形成的盆地中沉积，沉积物压缩和胶结后形成坚硬的沉积岩。沉积岩由其他岩石中丰富的物质所组成，凝灰石、石灰石以及砂岩是沉积岩中的三个类型。

2.3.1 花岗石

石材幕墙的面板材料主要是花岗石。

花岗石原指花岗岩加工的石材，现在所称的花岗石是一个商品名称，它包括所有可作为饰面石材并以硅酸盐矿物为主的火成岩。

花岗石属于火成岩，是各类岩浆岩的统称，如花岗岩、安山岩、辉绿岩、辉长岩、片麻岩等。商业上指以花岗岩为代表的一类石材，包括岩浆岩和各种硅酸盐类变质岩石材。

花岗石是由地下岩浆喷出和侵入冷却结晶，以及花岗质的变质岩等形成的，具有可见的晶体结构和纹理。它由长石（通常是钾长石和奥长石）和石英组成，掺杂少量的云母（黑云母或白云母）和微量矿物质，如：锆石、磷灰石、磁铁矿、钛铁矿和榍石等等。花岗石主要成分是二氧化硅，其含量约为 $65\%\sim85\%$。花岗石的化学性质呈弱酸性。通常情况下，花岗岩略带白色或灰色，由于混有深色的水晶，外观带有斑点，钾长石的加入使得其呈红色或肉色。花岗岩由岩浆慢慢冷却结晶形成，深埋于地表以下，当冷却速度异常缓慢时，它就形成一种纹理非常粗糙的花岗岩，人们称之为结晶花岗岩。花岗石多数结构紧密，呈现出美丽的自然构造纹理，具有很强的装饰性。

花岗石的相对密度约 2.7，质量密度 $2600\sim2800kg/m^3$，空隙率及吸水率均小于 1%，膨胀系数为 $0.34\times10^{-5}\sim1.18\times10^{-5}$，抗压强度 $120\sim250MPa$，抗折强度 $8.5\sim15MPa$，

抗剪强度 13~19MPa，抗冻性达 100~200 次冻融循环，有良好的抗风化稳定性、耐磨性、耐酸碱性，耐用年限约 75~200 年。花岗石的颜色主要由正长石的颜色与少量云母及深色矿物的分布情况而定。

花岗石属于脆性材料，但又有一定的弹性，加荷载后产生挠度，卸荷载后能回弹复原。花岗石的最大缺点是抗火性差，这是由于花岗石在受到 573℃ 的高温时，相对密度由 2.65 减至 2.53，导致体积发生剧烈膨胀，使岩体爆裂，甚至松散；其次，尽管其结构致密、空隙率小，但晶体间仍有肉眼不易察觉的空隙，属于多孔性材料，吸水、吸油力强，较易被污染。

由于花岗石的主要性能较突出，所以主要用于重要建筑物的基座、墙面、柱面、门头、勒脚、地面、台阶等部位，是一种适应性强、应用范围广、装饰效果好的建筑装饰材料。

《天然花岗石建筑板材》（GB/T 18601）规定了天然花岗石建筑板材的定义、分类、等级与标记、要求等。

(1) 分类

天然花岗石建筑板材按形状可分为毛光板（MG）、普型板 PX、圆弧板（HM）、异型板 YX；按表面加工程度可分为镜面板（JM）、细面板（YG）和粗面板（CM）；按用途可分为一般用途（用于一般装饰）、功能用途（用于结构性承载或特殊功能要求）。

(2) 等级

按加工质量和外观质量分为：

① 毛光板按厚度偏差、平面度公差、外观质量等分为优等品（A）、一等品（B）、合格品（C）三个等级。

② 普型板按规格尺寸偏差、平面度公差、角度公差、外观质量等分为优等品（A）、一等品（B）、合格品（C）三个等级。

③ 圆弧板按规格尺寸偏差、直线度公差、线轮廓度公差、外观质量等分为优等品（A）、一等品（B）、合格品（C）三个等级。

(3) 加工质量要求

① 毛光板的平面度偏差和厚度偏差应符合表 2-63 的规定。

表 2-63　毛光板的平面度偏差和厚度偏差　　　　单位：mm

项　目		技 术 指 标					
		镜面和细面板材			粗面板材		
		优等品	一等品	合格品	优等品	一等品	合格品
平面度		0.80	1.00	1.50	1.50	2.00	3.00
厚度	≤12	±0.5	±1.0	+1.0 −1.5	—		
	>12	±1.0	±1.5	±2.0	+1.0 −2.0	±2.0	+2.0 −3.0

② 普型板规格尺寸允许偏差应符合表 2-64 的规定。

表 2-64　普型板规格尺寸允许偏差　　　　单位：mm

项　目	技 术 指 标					
	镜面和细面板材			粗面板材		
	优等品	一等品	合格品	优等品	一等品	合格品
长度、宽度	0 −1.0	0 −1.0	0 −1.5	0 −1.0	0 −1.0	0 −1.5

项 目		技 术 指 标					
		镜面和细面板材			粗面板材		
		优等品	一等品	合格品	优等品	一等品	合格品
厚度	≤12	±0.5	±1.0	+1.0 -1.5	—		
	>12	±1.0	±1.5	±2.0	+1.0 -2.0	±2.0	+2.0 -3.0

③ 圆弧板壁厚最小值应不小于 18mm，规格尺寸允许偏差应符合表 2-65 的规定。幕墙用圆弧板的最小厚度应满足规范要求。圆弧板各部位名称如图 2-8 所示。

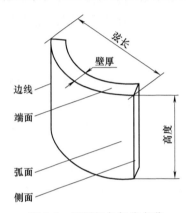

图 2-8 圆弧板各部位名称

表 2-65 圆弧板规格尺寸允许偏差 单位：mm

项 目	技 术 指 标					
	镜面和细面板材			粗面板材		
	优等品	一等品	合格品	优等品	一等品	合格品
弧度	0 -1.0	0 -1.5		0 -1.5	0 -2.0	0 -2.0
高度				0 -1.0	0 -1.0	0 -1.5

④ 普型板平面度允许公差应符合表 2-66 的规定。

表 2-66 普型板平面度允许公差 单位：mm

板材长度(L)	技 术 指 标					
	镜面和细面板材			粗面板材		
	优等品	一等品	合格品	优等品	一等品	合格品
$L \leq 400$	0.20	0.35	0.50	0.60	0.80	1.00
$400 < L \leq 800$	0.50	0.65	0.80	1.20	1.50	1.80
$L > 800$	0.70	0.85	1.00	1.50	1.80	2.00

⑤ 圆弧板直线度与线轮廓度允许公差应符合表 2-67 的规定。

⑥ 普型板角度允许公差应符合表 2-68 的规定。

⑦ 圆弧板端面角度允许公差：优等品为 0.40mm，一等品为 0.60mm，合格品为 0.80mm。

⑧ 普型板拼缝板材正面与侧面的夹角不应大于 90°，圆弧板侧面角 α 应不小于 90°。

表 2-67　圆弧板直线度与线轮廓度允许公差　　　　　单位：mm

项　目		技　术　指　标					
		镜面和细面板材			粗面板材		
		优等品	一等品	合格品	优等品	一等品	合格品
直线度（按板材高度）	≤800	0.80	1.00	1.20	1.00	1.20	1.50
	>800	1.00	1.20	1.50	1.50	1.50	2.00
线轮廓度		0.80	1.00	1.20	1.00	1.50	2.00

表 2-68　普型板角度允许公差　　　　　单位：mm

板材长度（L）	技　术　指　标		
	优等品	一等品	合格品
L≤400	0.30	0.50	0.80
L>400	0.40	0.60	1.00

⑨ 镜面板材的镜向光泽度应不低于 80 光泽单位，特殊需要和圆弧板材由供需双方协商确定。

（4）外观质量

同一批板材的色调应基本调和，花纹应基本一致。

板材正面外观缺陷应符合表 2-69 的规定，毛光板外观缺陷不包括缺棱和缺角。

表 2-69　板材正面外观缺陷

缺陷名称	规　定　内　容	优等品	一等品	合格品
缺棱	长度≤10mm、宽度≤1.2mm（长度<5mm、宽度<1.0mm 不计），周边每米长允许个数/个	0	1	2
缺角	沿板材边长，长度≤3mm、宽度≤3mm（长度<2mm、宽度<2mm 不计），每块板允许个数/个			
裂纹	长度不超过两端顺延至板边总长度的 1/10（长度<20mm 的不计），每块板允许条数/条			
色斑	面积≤15mm×30mm（面积<10mm×10mm 不计），每块板允许个数/个			
色线	长度不超过两端顺延至板边总长度的 1/10（长度<40mm 的不计），每块板允许条数/条		2	3

注：干挂板材不允许有裂纹存在。

（5）物理性能

天然花岗石建筑板材的物理性能应符合表 2-70 的规定。

工程对石材物理性能项目及指标有特殊要求的，按工程要求执行。

表 2-70　天然花岗石建筑板材的物理性能

项　目			技　术　指　标	
			一般用途	功能用途
体积密度/（g/cm³）		≥	2.56	2.56
吸水率/%		≤	0.60	0.40
压缩强度/MPa	≥	干燥	100	131
		水饱和		
弯曲强度/MPa	≥	干燥	8.0	8.3
		水饱和		
耐磨性[①]/cm⁻³		≥	25	25

① 使用在地面、楼梯踏步、台面等严重踩踏或磨损部位的花岗石石材应检验此项。

（6）放射性

天然花岗石板材的放射性应符合 GB 6566 的规定。

《天然花岗石荒料》（JC/T 204）规定了天然花岗石荒料产品的术语和定义、分类和标记、要求等内容，需要时可查阅。

2.3.2　大理石

商业上的大理石是指以大理岩为代表的一类石材，包括结晶的碳酸盐类岩石和质地较软的其他变质岩类石材。大理石成分以碳酸钙为主，约占58%以上，另外含有碳酸镁、氧化钙、氧化镁等，呈弱碱性，易与酸雨反应，使表面失去光泽、出现斑孔，从而降低装饰效果。当空气潮湿并含有二氧化硫气体时，大理石表面会发生化学反应生成石膏，呈现风化现象。

大理石易于分割，质脆，硬度低，抗压强度为61~180MPa，抗冻性差，室外耐用年限仅10~20年，室内可达40~100年。

大理石多用于室内装饰，除汉白玉等纯正品外，大理石不宜用于石材幕墙。

《天然大理石建筑板材》（GB/T 19766）规定了天然大理石建筑板材产品的分类、技术要求等内容，可查阅。

2.3.3　石灰石

石灰石是沉积源形成的一种岩石，主要成分是碳酸钙、钙镁碳酸盐或者碳酸钙和碳酸镁的混合物。石灰石具有许多特点鲜明的自然特征，如：方解石的纹路或斑点、化石或者贝壳结构、坑洞、细长的组织、开放纹理、蜂巢结构、铁斑、类似石灰华的结构以及结晶差异。上述一种或多种特征的组合都将对石灰石的质地产生影响。

2.3.4　砂岩

砂岩又称砂粒岩，是由于地球的地壳运动，砂粒与胶结物（硅质物、碳酸钙、黏土、氧化铁、硫酸钙等）经长期巨大压力压缩粘结而形成的一种沉积岩。

砂岩的颗粒均匀、质地细腻、结构疏松、因此吸水率较高，具有隔声、吸潮、抗破损、耐风化、耐褪色、水中不溶化、无放射性等特点。砂岩砂石不能磨光、属亚光型石材、不会产生因光反射而引起的光污染，同时又是一种天然的防滑材料。

从装饰风格来说，砂岩创造一种暖色调的风格，素雅、温馨又不失华贵大气。在耐用性上，砂岩则可以比拟大理石、花岗石，它不会风化，不会变色，许多在一二百年前用砂岩建成的建筑至今仍风采依旧，风韵犹存。根据这类石材的特性，常用于室内外墙面装饰、家私、雕刻艺术品、园林建造用料。

2.3.5　板石

板石也是一种沉积岩。形成板石的页岩先沉积在泥土床上，后来，地球的运动使这些页岩床层层叠起，激烈的变质作用使页岩床折叠、收缩，最后变成板岩。板岩成分主要为二氧化硅。其特征可耐酸。

板石的结构表现为片状或块状，颗粒细微，粒度在0.9~0.001mm通常为隐晶结构，较为密实，且大多数是定向排列；岩石厚度均一，硬度适中，吸水率较小。其寿命一般在100年左右。

板石的颜色多以单色为主。如：灰色、黄色、绿灰色、绿色、青色、黑色、褐红色、红色、紫红色等。由于颜色单一纯真，从装饰性上来说，予人以素雅大方之感。板石一般不再磨光，显出自然形态，形成了自然美感。

因此，砂岩与板石的文化色彩优于大理石和花岗石，装饰上常用于一些富有文化内涵的场所。

2.3.6 洞石

洞石是一种多孔岩石，因为石材表面有许多孔洞而得名，其石材的学名是凝灰石或石灰华，商业上，将其归为大理石类。洞石属于陆相沉积岩，是一种碳酸钙的沉积物。由于在重堆积的过程中有时会出现孔隙，同时由于其主要成分为碳酸钙，自身很容易被水溶解腐蚀，所以这些堆积物中会出现许多天然的无规则的孔洞。

洞石的色调以米黄居多，使人感到温和，质感丰富，条纹清晰，使装饰的建筑物有强烈的文化和历史韵味。洞石除了有黄色外，还有绿色、白色、紫色、粉色、咖啡色等多种色调。

洞石本身的真密度是比较高的，但是由于存在大量孔洞，使得本身体积密度偏低、吸水率升高、强度降低、耐候性能差、抗冻融性差，因此物理性能指标低于正常的大理石标准。由于同时还存在大量的纹理、泥质线、泥质带、裂纹等天然缺陷，材料的性能均匀性很差。

洞石因为有孔洞，适合作覆盖材料，不适合作建筑的结构材料、基础材料，主要应用在建筑外墙装饰和室内地板、墙壁装饰。在室外使用时一定要选择合适的胶黏剂进行补洞，同时选择适宜的防护剂做好防护，才能有效地缓解恶劣气候造成的影响。

目前，我国相关的工程技术规范中不支持像洞石这类石材用在外墙干挂工程中，但出于商业的需求，并吸取了国外的成功经验，越来越多的建筑工程使用了洞石，适应了多元文化发展的需要。

2.3.7 幕墙用石材面板的要求

幕墙用石材宜选用花岗石，可选用大理石、石灰石、石英砂岩等。石材应符合《建筑幕墙》（GB/T 21086）对石材幕墙的专项要求和附录 A.5 天然石材、A.7 人造石材的相关标准的要求，石材面板的性能应满足建筑物所在地的地理、气候、环境及幕墙功能的要求。幕墙选用的石材的放射性应符合 GB/T 6566 中 A 级、B 级和 C 级的要求。石材面板弯曲强度试验值的标准值应符合表 2-71 的规定，应按照 GB/T 9966.2 的规定进行检测，宜参考《建筑幕墙》标准附录 C 的要求计算确定。

表 2-71　石材面板的弯曲强度、吸水率、最小厚度和单块面积要求

项目	天然花岗石	天然大理石	其他石材	
弯曲强度标准值 （干燥及水饱和）f/MPa	$\geqslant 8.0$	$\geqslant 7.0$	$\geqslant 8.0$	$8.0 \geqslant f \geqslant 4.0$
吸水率/%	$\leqslant 0.6$	$\leqslant 0.5$	$\leqslant 5$	$\leqslant 5$
最小厚度/mm	$\geqslant 25$	$\geqslant 35$	$\geqslant 35$	$\geqslant 40$
单块面积/m²	不宜大于 1.5			不宜大于 1.0

在严寒和寒冷地区，幕墙用石材面板的抗冻系数不应小于 0.8。

石材表面宜进行防护处理。对于处在大气污染较严重或处在酸雨环境下的石材面板，应根据污染物的种类和污染程度及石材的矿物化学性质、物理性质选用适当的防护产品对石材进行保护。

石材板材外形尺寸允许误差应符合表 2-72 的要求。

表 2-72　石材面板外形尺寸允许误差　　　　　　　　　单位：mm

项目	长度、宽度	对角线差	平面度	厚度	检测方法
亚光面、镜面板	±1.0	±1.5	1	+2.0 −1.0	卡尺
粗面板	±1.0	±1.5	2	+3.0 −1.0	卡尺

板材正面外观应符合表 2-73 的要求。

表 2-73　每块板材正面外观缺陷的要求

项目	规定内容	质量要求
缺棱	长度不超过 10mm，宽度不超过 1.2mm（长度小于 5mm 不计，宽度小于 1.0mm 不计），周边每米长允许个数/个	1
缺角	面积不超过 5mm×2mm（面积小于 2mm×2mm 不计），每块板允许个数/个	1
色斑	面积不超过 20mm×30mm（面积小于 10mm×10mm 不计），每块板允许个数/个	1
色线	长度不超过两端顺延至板边总长的 1/10（长度小于 40mm 的不计），每块板允许条数/条	2
裂纹		不允许
窝坑	粗面板的正面窝坑	不明显

《金属与石材幕墙工程技术规范》（JGJ 133）规定：花岗石板材的弯曲强度应经法定检测机构检测确定，其弯曲强度不应小于 8.0MPa；为满足等强度计算的要求，火烧石板的厚度应比抛光石板厚 3mm。

2.3.8　石材防护

石材幕墙周围环境中的各种有害物质对石材面板有腐蚀作用，为保护石材，要采取措施来减少或延缓这些物质对石材的腐蚀。石材防护技术是指利用现代科学技术方法对石材进行处理，避免由于石材本身的欠缺和外界因素对石材外观和内部结构所造成的破坏。

石材防护主要是指石材防水。因为无论是恶劣的气候、环境的污染，还是人为对石材建筑的损害，大多表现在水对建筑的侵害上。石材吸收水分而产生的冰冻病害，降低了材料的隔热能力，使微生物附生；由于溶于水中的有害物质产生盐结晶病害及盐水解病害等，使胶结料发生化学转变形成可溶性盐，损害了石材质地。大多数的损害是由于石材的微孔、毛细管吸水所引起的化学反应，但水不是引起石材损害的唯一物质，大多情况下水作为有害物质的载体，通过石材的微孔和毛细管将含有害物质的水吸收进入石材中，当水被逐渐蒸发后，有害物质却残留在石材中，这种损害比水本身对石材建筑的损害还要大。

2.3.8.1　石材防护形式

(1) 气闭式

气闭式是用防护产品封闭石材所有微孔及毛细管。气闭式的防护产品多为树脂类。这类产品的最大优点是抗静压好、有一定的弹性，可用于水池底等水压大的地方。主要缺点有：①渗透性不好，产品本身表面张力大，分散性差；②在涂刷表面会形成一层表面膜，靠表面膜实现防护，如果表面膜与被涂刷表面之间附着力差，表面膜就会发生剥落而失去保护作用；③表面膜不耐摩擦；④耐老化程度差，保护层附着在被防护石材表面，容易受到紫外线的照射影响；⑤易变色龟裂，由于老化而产生龟裂，失去防护作用；⑥影响水蒸气的蒸发。

所以气闭式产品不宜用在被防护物品正面，也不宜用于湿法施工。

(2) 透气式

透气式是将防护材料渗入石材微细孔,但不堵塞微细孔和毛细管。透气式的防护材料大多为有机硅产品类。此类产品利用有机硅高分散性的特点,渗透进入石材表面,形成一个大约 3~10mm 厚的防护层,可以起到充分防护作用,解决了涂刷层与被防护物的附着力问题、耐摩擦问题、抗老化问题,完全克服了封闭式产品的缺点。此类产品最大的特点是透气性极佳,它的透气率≥98%,另一特点是不改变石材的物理性能。

透气式产品在湿式施工中无论用在正面还是用在背面都不影响施工质量。但由于抗压性能差,不能用在水池底部等压力大的地方。

2.3.8.2 防护产品选择时应注意的问题

① 选择能够出具检测报告的有资质的检测部门的防护产品,检测内容包括吸水率、抗碱性、渗透性等。

② 要与所用石材进行相容性试验,以便确保选用的产品适用。

③ 选择质量稳定的品牌,防止样品和批量产品质量上有很大差别。

2.3.8.3 施工中需注意的事项

① 被防护的石材要经过 72h 的自然干燥,石材含水率≤10% 方可操作。

② 防护工作应尽量在工厂完成,以避免石材在运输、贮存及安装过程中被污染。

③ 在防护前应保证被防护石材表面清洁无污染,如有污染应先用石材清洗剂、除油剂、去锈剂等先将表面处理干净。

④ 溶剂型防护产品和施工工具不得有水溶入,以免影响防护效果。

⑤ 防护处的石材 24h 内不得用水浸泡,24h 后方可使用。

⑥ 某些产品用在抛光板面防护处理 2~24h 后,表面需要清理,也可在交工前一同处理,防护效果不变。

2.4 玻璃

建筑幕墙常用的玻璃品种有钢化玻璃、夹层玻璃、防火玻璃、低辐射镀膜玻璃(Low-E玻璃)、阳光控制镀膜玻璃、中空玻璃和真空玻璃等。

2.4.1 平板玻璃

平板玻璃指各种工艺生产的钠钙硅玻璃。平板玻璃不属于安全玻璃,不能直接用于玻璃幕墙,而是作为玻璃深加工的原片用于加工制造钢化玻璃、夹层玻璃等安全玻璃。

平板玻璃的常规尺寸(mm):2440×3660、2440×3300、2134×3660、2134×3300;最大尺寸(mm):3300×18000。

《平板玻璃》(GB 11614)规定了平板玻璃的分类、要求、试验方法、检验规则等。其中对尺寸偏差、对角线差、厚度偏差、厚薄差、外观质量和弯曲度的要求是强制性的。

平板玻璃按颜色属性分为无色透明平板玻璃和本体着色平板玻璃;按外观质量分为合格品、一级品和优等品;按厚度分为:2mm、3mm、4mm、5mm、6mm、8mm、10mm、12mm、15mm、19mm、22mm、25mm。

(1) 尺寸偏差

平板玻璃应剪裁成矩形,其长度和宽度尺寸允许偏差应符合表 2-74 的规定。

表 2-74　尺寸偏差　　　　　　　　　　　　　　单位：mm

公称厚度	尺寸偏差	
	≤3000	>3000
2～6	±2	±3
8～10	+2 −3	+3 −4
12～15	±3	±4
19～25	±5	±5

(2) 对角线差

平板玻璃对角线差应不大于其平均长度的 0.2%。

(3) 厚度偏差和厚薄差

平板玻璃的厚度偏差和厚薄差不应超过表 2-75 的规定。

表 2-75　厚度偏差和厚薄差　　　　　　　　　单位：mm

公称厚度	厚度偏差	厚薄差
2～6	±0.2	0.2
8～12	±0.3	0.3
15	±0.5	0.5
19	±0.7	0.7
22～25	±1.0	1.0

(4) 外观质量要求

① 平板玻璃合格品外观质量应符合表 2-76 的规定。

表 2-76　平板玻璃合格品外观质量

缺陷种类	质量要求		
点状缺陷[①]	尺寸 L/mm		允许个数限度
	0.5≤L≤1.0		2.0×S
	1.0<L≤2.0		1.0×S
	2.0<L≤3.0		0.5×S
	L>3.0		0
点状缺陷密集度	尺寸≥0.5mm 的点状缺陷最小间距不小于 300mm；直径 100mm，圆内尺寸≥0.3mm 的点状缺陷不超过 3 个		
线道	不允许		
裂纹	不允许		
划伤	允许范围		允许条数限度
	宽≤0.5mm，长≤60mm		3.0×S
光学变形	公称厚度	无色透明平板玻璃	本体着色平板玻璃
	2mm	≥40°	≥40°
	3mm	≥45°	≥40°
	≥4mm	≥50°	≥45°
断面缺陷	公称厚度不超过 8mm 时，不超过玻璃板的厚度；8mm 以上时，不超过 8mm		

① 光畸变点视为 0.5～1.0mm 的点状缺陷。

注：S 是以平方米为单位的玻璃板面积数值，按 GB/T 8170 修约，保留小数点后两位。点状缺陷的允许个数限度及划伤的允许条数限度为各系数与 S 相乘所得的数值，按 GB/T 8170 修约至整数。

② 平板玻璃一等品外观质量应符合表 2-77 的规定。

表 2-77 平板玻璃一等品外观质量

缺陷种类	质量要求		
点状缺陷[①]	尺寸 L/mm		允许个数限度
	$0.3 \leqslant L \leqslant 0.5$		$2.0 \times S$
	$0.5 < L \leqslant 1.0$		$0.5 \times S$
	$1.0 < L \leqslant 1.5$		$0.2 \times S$
	$L > 1.5$		0
点状缺陷密集度	尺寸 ≥0.3mm 的点状缺陷最小间距不小于 300mm；直径 100mm、圆内尺寸≥0.2mm 的点状缺陷不超过 3 个		
线道	不允许		
裂纹	不允许		
划伤	允许范围		允许条数限度
	宽≤0.2mm、长≤40mm		$2.0 \times S$
光学变形	公称厚度	无色透明平板玻璃	本体着色平板玻璃
	2mm	≥50°	≥45°
	3mm	≥55°	≥50°
	4～12mm	≥60°	≥55°
	≥15mm	≥55°	≥50°
断面缺陷	公称厚度不超过 8mm 时，不超过玻璃板的厚度；8mm 以上时，不超过 8mm		

① 点状缺陷中不允许有光畸变点。

注：S 是以平方米为单位的玻璃板面积数值，按 GB/T 8170 修约，保留小数点后两位。点状缺陷的允许个数限度及划伤的允许条数限度为各系数与 S 相乘所得的数值，按 GB/T 8170 修约至整数。

③ 平板玻璃优等品外观质量应符合表 2-78 的规定。

表 2-78 平板玻璃优等品外观质量

缺陷种类	质量要求		
点状缺陷[①]	尺寸 L/mm		允许个数限度
	$0.3 \leqslant L \leqslant 0.5$		$1.0 \times S$
	$0.5 < L \leqslant 1.0$		$0.2 \times S$
	$L > 1.0$		0
点状缺陷密集度	尺寸 ≥0.3mm 的点状缺陷最小间距不小于 300mm；直径 100mm、圆内尺寸≥0.1mm 的点状缺陷不超过 3 个		
线道	不允许		
裂纹	不允许		
划伤	允许范围		允许条数限度
	宽≤0.1mm、长≤30mm		$2.0 \times S$
光学变形	公称厚度	无色透明平板玻璃	本体着色平板玻璃
	2mm	≥50°	≥50°
	3mm	≥55°	≥50°
	4～12mm	≥60°	≥55°
	≥15mm	≥55°	≥50°
断面缺陷	公称厚度不超过 8mm 时，不超过玻璃板的厚度；8mm 以上时，不超过 8mm		

① 点状缺陷中不允许有光畸变点。

注：S 是以平方米为单位的玻璃板面积数值，按 GB/T 8170 修约，保留小数点后两位。点状缺陷的允许个数限度及划伤的允许条数限度为各系数与 S 相乘所得的数值，按 GB/T 8170 修约至整数。

(5) 弯曲度

平板玻璃的弯曲度应不超过 0.2%。

(6) 光学特性

① 无色透明平板玻璃可见光投射比应不小于表 2-79 的规定。

表 2-79　无色透明平板玻璃可见光投射比最小值

公称厚度/mm	可见光投射比最小值/%	公称厚度/mm	可见光投射比最小值/%
2	89	10	81
3	88	12	79
4	87	15	76
5	86	19	72
6	85	22	69
8	83	25	67

② 本体着色平板玻璃可见光透射比、太阳光直接透射比、太阳能总透射比偏差应不超过表 2-80 的规定。

表 2-80　本体着色平板玻璃透射比偏差

种类	偏差/%
可见光(380~780nm)透射比	2.0
太阳光(300~2500nm)直接透射比	3.0
太阳能(300~2500nm)总透射比	4.0

③ 本体着色平板玻璃颜色均匀性，同一批产品色差应符合 $\Delta E_{ab}^* \leqslant 2.5$。

(7) 特殊厚度或其他要求

由供需双方商定。

2.4.2　安全玻璃

常用的安全玻璃有钢化玻璃、夹层玻璃、防火玻璃和均质钢化玻璃等。

2.4.2.1　钢化玻璃

钢化玻璃是经热处理工艺之后的玻璃，钢化玻璃按制造工艺可分为物理（热）钢化玻璃、化学钢化玻璃。通常所说的钢化玻璃一般是指物理（热）钢化玻璃，它是将平板玻璃原片在特制的加温炉中均匀加温至 620℃，使之轻度软化，结构膨胀，然后用冷气流迅速冷却形成的。

钢化玻璃的特点是在玻璃表面形成压应力层，机械强度和耐热冲击强度得到提高，并具有特殊的碎片状态。钢化玻璃的强度约为同等厚度普通玻璃的 2~4 倍，抗冲击强度是普通玻璃的 3~5 倍，破碎后呈颗粒状，可避免对人体的伤害，是一种高强度安全玻璃，可广泛用于建筑、汽车等领域。

钢化玻璃的常规尺寸（mm）：2440×3660；最大尺寸（mm）：3300×18000。

钢化玻璃不易切割，各种加工要在钢化前进行，需按实际使用规格订货。

(1) 钢化玻璃的质量要求

《建筑用安全玻璃　第 2 部分：钢化玻璃》（GB 15763.2）规定了钢化玻璃的定义、分类、要求、试验方法和检验规则等。

① 分类

a. 按生产工艺分类，钢化玻璃可分为如下两种。

垂直法钢化玻璃：在钢化过程中采取夹钳吊挂的方式生产出来的钢化玻璃。

水平法钢化玻璃：在钢化过程中采取水平辊支撑的方式生产出来的钢化玻璃。

b. 按形状分类，钢化玻璃可分为平面钢化玻璃和曲面钢化玻璃。

生产钢化玻璃所使用的玻璃，其质量应符合相应的产品标准的要求。对于有特殊要求的，用于生产钢化玻璃的玻璃，玻璃的质量由供需双方确定。

钢化玻璃的技术要求包括尺寸及外观要求、安全性能要求和一般性能要求。尺寸及外观要求包括尺寸及其允许偏差要求、厚度及其允许偏差要求、外观质量和弯曲度；安全性能要求（强制性要求）包括抗冲击性、碎片状态和霰弹袋冲击性能；一般性能要求包括表面应力和耐热冲击性能。

② 尺寸及其允许偏差

a. 长方形平面钢化玻璃边长允许偏差应符合表 2-81 的规定。

表 2-81　长方形平面钢化玻璃边长允许偏差　　　　单位：mm

厚度	边长(L)允许偏差			
	$L \leqslant 1000$	$1000 < L \leqslant 2000$	$2000 < L \leqslant 3000$	$L > 3000$
3、4、5、6	$+1$ -2	± 3	± 4	± 5
8、10、12	$+2$ -3			
15	± 4	± 4		
19	± 5	± 5	± 6	± 7
>19	供需双方商定			

b. 长方形平面钢化玻璃对角线差应符合表 2-82 的规定。

表 2-82　长方形平面钢化玻璃对角线差允许值　　　　单位：mm

玻璃公称厚度	对角线差允许值		
	边长$\leqslant 2000$	$2000 <$边长$\leqslant 3000$	边长> 3000
3、4、5、6	± 3.0	± 4.0	± 5.0
8、10、12	± 4.0	± 5.0	± 6.0
15、19	± 5.0	± 6.0	± 7.0
>19	供需双方商定		

c. 其他形状的钢化玻璃的尺寸及其允许偏差由供需双方商定。

d. 边部加工形状及质量由供需双方商定。

e. 圆孔。对于公称厚度不小于 4mm 的钢化玻璃，圆孔的边部加工质量由供需双方商定。

其孔径一般不小于玻璃的公称厚度，孔径的允许偏差应符合表 2-83 的规定；小于玻璃公称厚度的孔的孔径允许偏差由供需双方商定。

表 2-83　孔径及其允许偏差　　　　单位：mm

公称孔径(D)	允许偏差	公称孔径(D)	允许偏差
$4 \leqslant D \leqslant 50$	± 1.0	$D > 100$	供需双方商定
$50 < D \leqslant 100$	± 2.0		

孔的位置：孔的边部距玻璃边部的距离不应小于玻璃公称厚度的 2 倍；两孔孔边之间的距离不应小于玻璃公称厚度的 2 倍；孔的边部距玻璃角部的距离不应小于玻璃公称厚度的 6 倍；如果孔的边部距玻璃角部的距离小于 35mm，那么这个孔不应处在相对于角部对称的位置上，具体位置由供需双方商定。

③ 厚度及其允许偏差。钢化玻璃厚度的允许偏差应符合表 2-84 的规定。

表 2-84　厚度及其允许偏差　　　　　　单位：mm

公称厚度	厚度允许偏差	公称厚度	厚度允许偏差
3、4、5、6	±0.2	15	±0.6
8、10	±0.3	19	±1.0
12	±0.4	>19	供需双方商定

对于表 2-84 未作规定的公称厚度的玻璃，其厚度允许偏差可采用表 2-84 中与其邻近的较薄厚度的玻璃的规定，或由供需双方商定。

④ 外观质量。钢化玻璃的外观质量应满足表 2-85 的规定。

表 2-85　钢化玻璃的外观质量

缺陷名称	说明	允许缺陷数
爆边	每片玻璃每米边长上允许有长度不超过 10mm，自玻璃边部向玻璃板表面延伸深度不超过 2mm，自板面向玻璃厚度延伸深度不超过厚度 1/3 的爆边个数	1 处
划伤	宽度在 0.1mm 以下的轻微划伤，每平方米允许存在条数	长度≤100mm 时，4 条
	宽度大于 0.1mm 的划伤，每平方米允许存在条数	宽度 0.1～1mm、长度≤100mm 时，4 条
夹钳印	夹钳印与玻璃边缘的距离≤20mm，边部变形量≤2mm	
裂纹、缺角	不允许存在	

⑤ 弯曲度。平面钢化玻璃的弯曲度，弓形时应不超过 0.3%，波形时应不超过 0.2%。

⑥ 抗冲击性。取 6 块钢化玻璃进行试验，试样破坏不超过 1 块为合格，多于或等于 3 块为不合格。破坏数为 2 块时，再另取 6 块进行试验，试样必须全部不被破坏为合格。

⑦ 碎片状态。取 4 块玻璃试样进行试验，每块试样在任何 50mm×50mm 区域内的最少碎片数必须满足表 2-86 的要求。且允许有少量长条形碎片，其长度不超过 75mm。

表 2-86　最少允许碎片数

玻璃品种	公称厚度/mm	最少碎片数/片
平面钢化玻璃	3	30
	4～12	40
	≥15	30
曲面钢化玻璃	≥4	30

⑧ 霰弹袋冲击性能。取 4 块平型玻璃试样进行试验，应符合下列①或②中任意一条的规定。

a. 玻璃碎片时，每块试样的最大 10 块碎片质量的总和不得超过相当于试样 65cm² 面积的质量，保留在框内的任何无贯穿裂纹的玻璃碎片的长度不能超过 120mm。

b. 弹袋下落高度为 1200mm 时，试样不破坏。

⑨ 表面应力。钢化玻璃的表面应力不应小于 90MPa。

以制品为试样，取 3 块试样进行试验，当全部符合规定为合格，2 块试样不符合则为不合格；当 2 块试样符合时，再追加 3 块试样，如果 3 块试样全部符合规定则为合格。

⑩ 耐热冲击性能。钢化玻璃应在 200℃ 温差下不被破坏。

取 4 块试样进行试验，当 4 块试样全部符合规定时认为该项性能合格；当有 2 块以上不符合时，则认为不合格；当有 1 块不符合时；重新追加 1 块试样，如果它符合规定，则认为该项性能合格；当有 2 块不符合时，则重新追加 4 块试样，全部符合规定时则为合格。

(2) 钢化玻璃常见现象

由于钢化玻璃加工过程的工艺问题，钢化玻璃会产生应力斑和自爆现象。

① 钢化玻璃的应力斑。玻璃经过钢化处理后，由于钢化过程中加热和冷却的不均匀，在玻璃板面上会产生不同的应力分布。由光弹理论可以知道，玻璃中应力的存在会引起光线的双折射现象，光线的双折射现象通过偏振光可以观察。

把钢化玻璃放在偏振光下，可以观察玻璃面板上不同区域的颜色和明暗变化，这就是人们常所说的钢化玻璃的应力斑。

在日光中就存在着一定成分的偏振光，偏振光受天气和阳光入射角的影响。

通过偏振光眼镜或以与玻璃的垂直方向成较大角度的方向去观察钢化玻璃，钢化玻璃的应力斑会更加明显。

② 钢化玻璃的自爆。由于玻璃中存在着微小的硫化镍结石，在热处理后，一部分结石随时间会发生晶态变化，体积增大，在玻璃内部引发微裂，从而可能导致钢化玻璃自爆。

钢化玻璃自爆明显的特征是：如果自爆玻璃还在框上，可以看到类似蝴蝶状纹，显微镜下或对光反射可以看到爆心杂质，围绕着蝴蝶纹向外呈现放射状裂纹碎裂，如图2-9所示。

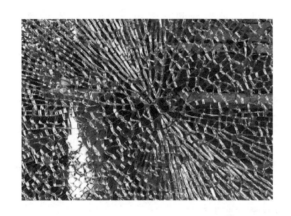

图 2-9　钢化玻璃自爆图

在实际工程中，钢化玻璃自爆的现象很常见。许多工程案例表明，钢化玻璃自爆有朝向分布：一般南朝向和西朝向的钢化玻璃自爆概率大，东朝向自爆概率小，北朝向自爆概率最小。

钢化玻璃自爆概率影响因素：与玻璃钢化程度成正比，钢化应力越大，硫化镍结石的临界半径就越小，能引起自爆的结石就越多，自爆的可能就越大；与玻璃分格和厚度成正比，玻璃分格越大，厚度越大，自爆的概率就越大；与温度变化成正比，温度变化越大，引起自爆的概率就越大。

常见的减少自爆的方法：

a. 使用含较少硫化镍结石的原片，即使用优质原片。

b. 避免玻璃钢化应力过大。

c. 钢化玻璃进行二次热处理，通常称为引爆或均质处理。

d. 采用超白玻璃。超白玻璃是一种超透明低铁玻璃，其在生产过程的除铁酸洗过程中，可将引起玻璃自爆的硫化镍等杂质一并去除，极大地降低了玻璃自爆的概率。在实际工程中，超白玻璃极易辨识，应用较为广泛。

2.4.2.2 均质钢化玻璃

钢化玻璃作为一种安全玻璃,被广泛用于建筑、汽车等领域,但钢化玻璃的自爆问题大大限制了钢化玻璃的应用。通过对钢化玻璃进行均质处理(第二次热处理工艺),可以大大降低钢化玻璃的自爆率。但如果均质处理时温度控制不当,会引起 NiS 逆向相变或相变不完全,甚至会导致钢化玻璃松弛,影响最终产品的安全性能。

平板玻璃加热到玻璃软化点(620℃)附近,然后采用空气将玻璃进行骤然冷却制成钢化玻璃的过程是钢化玻璃的淬火,也称其为第一次热处理;将钢化玻璃加热到 280℃并保持一段时间,这个过程是钢化玻璃的回火,即均质处理,也称其为第二次热处理。经过均质处理(二次热处理)后的钢化玻璃,自爆率可降到 0.1%以下。

钢化玻璃的均质处理(二次热处理)一般分为三个阶段:升温、保温和降温。升温阶段为玻璃的表面温度从环境温度升至玻璃表面温度达到 280℃的过程;保温阶段为所有玻璃的表面温度均达到 280℃,且至少保持 2h 这一过程,在整个保温阶段中,应确保玻璃表面的温度保持在 290℃±10℃的范围内;降温阶段为从玻璃完成保温阶段后开始降至室温 75℃时的过程。

整个二次热处理过程应避免炉膛温度超过 320℃、玻璃表面温度超过 300℃,否则玻璃的钢化应力会由于过热而松弛,从而影响其安全性。

《建筑用安全玻璃 第 4 部分:均质钢化玻璃》(GB 15763.4)规定了均质钢化玻璃的定义、要求、试验方法和检验规则等。

均质钢化玻璃的尺寸和厚度允许偏差、外观质量、弯曲度、抗冲击性、碎片状态、霰弹袋冲击性能、表面张力和耐热冲击性能均应满足《建筑用安全玻璃 第 2 部分:钢化玻璃》(GB 15763.2)中相应条款的规定。

弯曲强度(四点弯法):以 95%的置信区间,5%的破损概率,均质钢化玻璃的弯曲强度应符合表 2-87 的规定。

表 2-87 均质钢化玻璃弯曲强度

均质钢化玻璃	弯曲强度/MPa
以浮法玻璃为原片的均质钢化玻璃 镀膜均质钢化玻璃	120
釉面均质钢化玻璃(釉面为加载面)	75
压花均质钢化玻璃	90

2.4.2.3 超白玻璃

超白玻璃是一种超透明低铁玻璃,也称低铁玻璃、高透明玻璃。透光率可达 91.5%以上,具有晶莹剔透、高档典雅的特性。超白玻璃同时具备平板玻璃所具有的一切可加工性能,具有优越的物理、机械及光学性能,可像其他平板玻璃一样进行各种深加工。

超白玻璃生产工艺主要由原料配料、玻璃熔化、锡槽成板、退火、检验裁切、精加工等工序组成。与普通玻璃相比,超白玻璃生产工艺难度较高,主要体现在两个地方:一是玻璃中铁的含量控制困难;二是在原料熔化过程中,产生的气泡难以消除。

与普通玻璃相比,超白玻璃的优点如下。

(1) 玻璃自爆率低

超白玻璃原材料中含有的 NiS 等杂质较少,在原料熔化过程中控制得精细,使得超白玻璃具有更加均一的成分，从而大大降低了钢化后自爆的概率。

（2）颜色一致性好

原料中的含铁量仅为普通玻璃的 1/10，甚至更低，超白玻璃对可见光中的绿色波段吸收较少，确保了玻璃颜色的一致性。

（3）可见光透过率高，通透性好

超白钢化玻璃具有超过 91.5％的可见光透过率，具有晶莹剔透的水晶般的品质。

（4）紫外线透过率低

超白钢化玻璃对紫外线吸收率极低，可以有效阻挡紫外线。

2.4.2.4 夹层玻璃

夹层玻璃是玻璃与玻璃和/或塑料等材料，用中间层分隔并通过处理使其粘结为一体的复合材料的统称，常见的和大多使用的是玻璃与玻璃，用中间层分隔并通过处理使其粘结为一体的构件。

夹层玻璃的中间层有离子性中间层、PVB 中间层、EVA 中间层和 SGP 中间层。由于玻璃与塑料粘结在一起，当冲击破裂时，夹层玻璃能很好地保持完整性，破裂后仅在表面出现裂纹而不四散分开、脱落，因而是一种安全玻璃。用 PVB 胶片制成的特种夹层玻璃能够抵挡枪弹、炸弹和暴力的攻击，称为防弹玻璃或防盗玻璃。幕墙用夹层玻璃的夹胶片厚度不应小于 0.76mm，且夹胶片厚度应随着所粘接的玻璃片厚度增加而增加。一般地，当单片玻璃为钢化玻璃且厚度为 8mm 时，夹胶片的厚度宜为 1.14mm 以上；当单片玻璃为钢化玻璃且厚度为 10～12mm 时，夹胶片的厚度宜为 1.52mm 以上；当单片玻璃为钢化玻璃且厚度为 15mm 时，夹胶片的厚度宜为 1.9mm 以上；单片厚度达到 19 mm 以上时，夹胶片的厚度宜为 2.28mm 以上。对于非钢化的玻璃单片，夹胶片的厚度可以适当降低，但不应小于 0.76mm。

夹层玻璃的常规尺寸（mm）：2440×3660；最大尺寸（mm）：3300×18000。

PVB 中间膜是半透明的薄膜，由聚乙烯醇缩丁醛树脂经增塑剂塑化挤压成型的一种高分子材料，外观为半透明薄膜，无杂质，表面平整，有一定的粗糙度和良好的柔软性，对无机玻璃有很好的粘结力，具有透明、耐热、耐寒、耐湿、机械强度高等特性，是当前世界上制造夹层、安全玻璃用的最佳粘合材料，同时在建筑门窗、幕墙等建筑领域及汽车和各种防弹玻璃领域有广泛的应用。

PVB 膜富于弹性，比较柔软，剪切模量小，两块玻璃间受力后会有显著的相对滑移，承载力较小，弯曲变形较大。同时，PVB 夹层玻璃的外露边部容易受潮开胶，PVB 夹层玻璃长时间使用以后容易发黄变色，所以 PVB 夹层玻璃可以用于一般的建筑门窗和幕墙玻璃，不适宜用于有高性能要求的建筑门窗和幕墙玻璃。

SGP 离子性中间膜是一种无色、透明硬膜，其强度高，剪切模量大，弯曲变形小，边部稳定性好，耐候性好，不容易泛黄。SGP 膜的硬度是普通 PVB 膜的 100 倍，撕裂强度是普通 PVB 膜的 5 倍；SGP 膜对水分不敏感，在外露条件下使用也不会开胶、分离，可以开边使用，不必封边；SGP 夹层玻璃的承载力是等厚度 PVB 夹层玻璃承载力的 2 倍；在相等荷载、相等厚度的情况下，SGP 夹层玻璃的弯曲挠度只有 PVB 夹层玻璃的 1/4。

SGP 膜广泛用于超高层建筑或超大尺寸玻璃板块。2010 年我国成功生产出世界上第一块超大尺寸玻璃：12.8m×2.6m 热弯钢化超白夹层（15mm＋2.28SGP＋15mm）。接着，生产了 12 块 12.6m×2.6m 超大尺寸热弯钢化夹层玻璃（12mm＋1.58SGP＋12mm＋1.58SGP＋12mm），用于苹果公司上海店。近几年，苹果公司的全世界门店均把这种多层玻璃和 SGP 膜叠加做成的夹层玻璃当作建筑结构件使用，建筑形式新颖。SGP 夹层玻璃在超高层建筑中也开始使用，如上海中心和广州塔幕墙玻璃均采用了 SGP 夹层玻璃。

夹层玻璃按照加工工艺分为干法和湿法两种。干法也叫胶片法，是将有机材料中间层夹在两层或多层玻璃中间，经加热、加压而成夹层玻璃；湿法也叫灌浆法，是将配置好的胶黏剂浆液灌注到已合好模的两片或多片玻璃中间，通过加热聚合或光照聚合而成夹层玻璃。湿法玻璃目前在建筑门窗幕墙行业中已经不再使用。

夹层玻璃在制作和应用中应注意以下问题：

① 制作夹层玻璃的两片玻璃厚度应尽量相同。这是由于现有的计算夹层玻璃承载力和变形的理论都是基于两片玻璃等厚，若两片玻璃不等厚，计算结果可能存在较大误差。

② 制作夹层玻璃的两片玻璃种类应相同。不能将不同种类的两片玻璃作夹层，例如一片是钢化玻璃，另一片是平板玻璃。由于钢化玻璃的强度高、韧性好，平板玻璃强度低、脆性大，将这两种玻璃粘在一起形成夹层玻璃，在荷载作用下，两片玻璃承受相同的外力和产生相同的变形，钢化玻璃没有问题，平板玻璃却已被破坏。

③ Low-E 夹层玻璃宜将 Low-E 膜放在室内面，这样既可以降低夹层玻璃的传热系数，又可以防止将 Low-E 膜面放在两玻璃之间时 PVB 胶片与玻璃之间开胶现象的产生。

④ PVB 胶片怕水，遇水后将造成 PVB 胶片开裂，因此，工程中应用夹层玻璃时应注意不能将夹层玻璃的边部直接暴露在空气中。如果夹层玻璃必须在空气中裸用，则需将夹层玻璃进行封边处理。

《建筑用安全玻璃　第 3 部分：夹层玻璃》（GB 15763.3）规定了夹层玻璃的定义、分类、要求、试验方法和检验规则等。

(1) 分类

按形状分类，夹层玻璃可分为平面夹层玻璃和曲面夹层玻璃。

按霰弹冲击性能分类，夹层玻璃可分为：Ⅰ类夹层玻璃、Ⅱ-1 类夹层玻璃、Ⅱ-2 类夹层玻璃和Ⅲ类夹层玻璃。

(2) 材料要求

夹层玻璃由玻璃、塑料以及中间层材料组合而成，所采用的材料均应满足相应的国家标准、行业标准、相关技术条件或订货文件的要求。

① 玻璃。可选用平板玻璃、压花玻璃、抛光夹丝玻璃、夹丝压花玻璃等。可以是无色的、本体着色的或镀膜的；透明的、半透明的或不透明的；退火的、热增强的或钢化的；喷砂的或耐腐蚀等表面处理的。

② 塑料。可以选用聚碳酸酯、聚氨酯和丙烯酸酯等。可以是无色的、着色的、镀膜的、透明的或半透明的。

③ 中间层。可选用材料种类和成分、力学和光学性能等不同的材料，如离子性中间层、PVB 中间层、EVA 中间层、SGP 中间层等。可以是：无色的或有色的，透明的、半透明的或不透明的。

(3) 外观质量

① 可视区缺陷。可视区的点状缺陷应满足表 2-88 的规定。

表 2-88 可视区允许点状缺陷数

缺陷尺寸 λ/mm			$0.5<\lambda\leqslant1.0$	$1.0<\lambda\leqslant3.0$			
板面面积 S/m²			S 不限	$S\leqslant1$	$1<S\leqslant2$	$2<S\leqslant8$	$S>8$
允许缺陷数/个	玻璃层数	2	不得密集存在	1	2	1.0	1.2
		3		2	3	1.5	1.8
		4		3	4	2.0	2.4
		≥5		4	5	2.5	3.0

注：1. 不大于 0.5mm 的缺陷不考虑，不允许出现大于 3mm 的缺陷。

2. 当出现下列情况之一时，视为密集存在：

(1) 2 层玻璃时，出现 4 个或 4 个以上的缺陷，且彼此相距<200mm；

(2) 3 层玻璃时，出现 4 个或 4 个以上的缺陷，且彼此相距<180mm；

(3) 4 层玻璃时，出现 4 个或 4 个以上的缺陷，且彼此相距<150mm；

(4) 5 层以上玻璃时，出现 4 个或 4 个以上的缺陷，且彼此相距<100mm。

3. 单层中间层且单层厚度大于 2mm 时，上表允许缺陷数总数增加 1。

可视区线状缺陷应满足表 2-89 的规定。

表 2-89 可视区允许的线状缺陷数

缺陷尺寸(长度 L、宽度 B)/mm	$L\leqslant30$ 且 $B\leqslant0.2$	$L>30$ 或 $B>0.2$		
玻璃面积 S/m²	S 不限	$S\leqslant5$	$5<S\leqslant8$	$S>8$
允许缺陷数/个	允许存在	不允许	1	2

② 周边缺陷。使用装有边框的夹层玻璃的周边区域，允许直径不超过 5mm 的点状缺陷存在；如点状缺陷是气泡，气泡面积之和不应超过边缘区面积的 5%；使用不带边框夹层玻璃时的周边缺陷，由供需双方协商。

③ 不允许存在裂口、脱胶、皱痕和条纹；爆边的长度或宽度不得超过玻璃厚度。

(4) 尺寸允许偏差

① 长度和宽度允许偏差。夹层玻璃最终产品的长度和宽度允许偏差应符合表 2-90 的规定。

表 2-90 长度和宽度允许偏差　　　　　　　　　　　单位：mm

公称尺寸(边长 L)	公称厚度≤8	公称厚度>8	
		每块玻璃公称厚度<10	至少一块玻璃公称厚度≥10
$L\leqslant1100$	+2.0 -2.0	+2.5 -2.0	+3.5 -2.5
$1100<L\leqslant1500$	+3.0 -2.0	+3.5 -2.0	+4.5 -3.0
$1500<L\leqslant2000$	+3.0 -2.0	+3.5 -2.0	+6.0 -3.5
$2000<L\leqslant2500$	+4.5 -2.5	+5.0 -3.0	+6.0 -4.0
$L>2500$	+5.0 -3.0	+5.5 -3.5	+6.5 -4.5

② 叠差。叠差如图 2-10 所示，夹层玻璃的最大允许叠差见表 2-91。

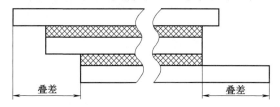

图 2-10 叠差

表 2-91　夹层玻璃的最大允许叠差　　　　　　　　　　　　单位：mm

长度或宽度 L	最大允许叠差	长度或宽度 L	最大允许叠差
L≤1000	2.0	2000<L≤4000	4.0
1000<L≤2000	3.0	L>4000	6.0

③ 厚度。对于三层原片以上（含三层）制品、原片材料总厚度超过 24mm 及使用钢化玻璃作为原片时，其厚度允许偏差由供需双方商定。

干法夹层玻璃的厚度偏差，不能超过构成夹层玻璃的原片允许偏差和中间层材料厚度允许偏差总和。中间层的总厚度<2mm 时，不考虑中间层的厚度偏差；中间层总厚度≥2mm 时，其厚度允许偏差为 ±0.2mm。

湿法夹层玻璃的厚度偏差，不能超过构成夹层玻璃的原片允许偏差和中间层材料厚度允许偏差总和。湿法中间层厚度允许偏差应符合表 2-92 的规定。

表 2-92　湿法夹层玻璃中间层厚度允许偏差　　　　　　　　单位：mm

中间层厚度 d	允许偏差 δ	中间层厚度 d	允许偏差 δ
d<1	±0.4	2≤d<3	±0.6
1≤d<2	±0.5	d≥3	±0.7

④ 对角线差。矩形夹层玻璃制品，长边长度不大于 2400mm 时，对角线差不得大于 4mm；长边长度大于 2400mm 时，对角线差由供需双方商定。

(5) 弯曲度

平面夹层玻璃的弯曲度，弓形时应不超过 0.3%，波形时应不超过 0.2%。原片材料使用非无机玻璃时，弯曲度由供需双方商定。

(6) 可见光透射比、可见光反射比

由供需双方商定。

(7) 抗风压性能

应由供需双方商定是否有必要进行本项试验，以便合理选择给定风载条件下适宜的夹层玻璃的材料、结构和规格尺寸等，或验证所选定的夹层玻璃的材料、结构和规格尺寸等能否满足设计抗风压值的要求。

(8) 耐热性

试验后允许试样存在裂口，超过边部或裂口 13mm 的部分不能产生气泡或其他缺陷。

(9) 耐湿性

试验后试样超出原始边 15mm、切割边 25mm、裂口 10mm 的部分不能产生气泡或其他缺陷。

(10) 耐辐照性

试验后试样不可产生显著变色、气泡及浑浊现象，且试验前后试样的可见光透射比相对变化率 ΔT 应不大于 3%。

(11) 落球冲击剥离性能

试验后中间层不得断裂、不得因碎片的剥离而暴露。

(12) 霰弹袋冲击性能

在每一冲击高度试验后试样均应未破坏和/或安全破坏。

破坏时试样同时符合下列要求为安全破坏：

① 破坏时允许出现裂缝或开口，但不允许出现使直径为 76mm 的球在 25N 力作用下通过的裂缝或开口；

② 冲击后试样出现碎片剥离时，称量冲击后 3min 内从试样上剥离下来的碎片，碎片总质量不得超过相当于 $100cm^2$ 的试样的质量，最大玻璃碎片质量应小于 $44cm^2$ 面积试样的质量。

Ⅱ-1 类夹层玻璃：3 组试样在冲击高度分别为 300mm、750mm 和 1200mm 时被冲击后，全部试样未破坏或安全破坏。

Ⅱ-2 夹层玻璃：2 组试样在冲击高度分别为 300mm 和 750mm 时被冲击后，试样未破坏和/或安全破坏；但另 1 组试样在冲击高度为 1200mm 时，任何试样非安全破坏。

Ⅲ类夹层玻璃：1 组试样在冲击高度为 300mm 时被冲击后，试样未破坏和/或安全破坏；但另 1 组试样在冲击高度为 750mm 时，任何试样非安全破坏。

Ⅰ类夹层玻璃：对霰弹袋冲击性能不做要求。

2.4.2.5 防火玻璃

防火玻璃是通过物理和化学的方法，对平板玻璃进行处理而得到的，是一种能够满足相应耐火性能要求的特种玻璃，其同时具有普通玻璃的透光性能和防火材料的耐高温、阻燃等防火性能。防火玻璃的耐火性能有耐火完整性、耐火隔热性和耐火极限表征。

在同样厚度的情况下，防火玻璃的强度是平板玻璃的 6～12 倍、钢化玻璃的 1.5～3 倍。

耐火完整性是指在标准耐火试验条件下，玻璃构件当其一面受火时，能在一定时间内防止火焰和热气穿透或在背火面出现火焰的能力。

耐火隔热性是指在标准耐火试验条件下，玻璃构件当其一面受火时，能在一定时间内使其背火面温度不超过规定值的能力。

《建筑用安全玻璃 第 1 部分 防火玻璃》（GB 15763.1）规定了防火玻璃的定义、分类及标记、材料、要求、试验方法和检验规则等。防火玻璃应符合该规范的有关规定。

防火玻璃按结构可以分为复合防火玻璃（以 FFB 表示）和单片防火玻璃（以 DFB 表示）；按耐火性能可分为隔热型防火玻璃（A 类）和非隔热型防火玻璃（C 类）；按耐火极限可分为 0.50h、1.00h、1.50h、2.00h、3.00h 五个等级；按生产工艺及其特征可分为干式复合防火玻璃、灌浆复合防火玻璃、单片防火玻璃、高硼硅防火玻璃和新型硅类防火玻璃等。

防火玻璃一般用于建筑物房间、走廊、通道的防火门、窗、墙及防火分区部位的防火隔断和防火玻璃幕墙。《玻璃幕墙工程技术规范》（JGJ 102）规定，要求防火功能的幕墙玻璃，应根据防火等级要求采用单片防火玻璃及其制品。灌浆法或用其他防火胶填充在玻璃之间而成的复合型防火玻璃，由于在高于 60℃以上环境或长期受紫外线照射后容易失效，因此不宜应用在受阳光直接或间接照射的幕墙中。

防火玻璃原片可选用镀膜或非镀膜的平板玻璃、钢化玻璃、复合防火玻璃原片和单片防火玻璃。原片材料应符合相应的国家标准、行业标准和相关技术条件要求。

防火玻璃的常规尺寸（mm）：A 类 1300×2440、C 类 1500×2440、单片铯钾 1600×3660；最大尺寸（mm）：A 类 1800×3500、C 类 1800×3500、单片色钾 2000×4200。

(1) 尺寸、厚度允许偏差

防火玻璃的尺寸、厚度允许偏差应符合表 2-93 和表 2-94 的规定。

表 2-93　复合防火玻璃的尺寸、厚度允许偏差　　　　　　单位：mm

玻璃的公称厚度 d	长度或宽度(L)允许偏差		厚度允许偏差
	L≤1200	1200<L≤2400	
5≤d<11	±2	±3	±1.0
11≤d<17	±3	±4	±1.0
17≤d<24	±4	±5	±1.3
24≤d<35	±5	±6	±1.5
d≥35	±5	±6	±2.0

注：当 L 大于 2400mm 时，尺寸允许偏差由供需双方商定。

表 2-94　单片防火玻璃的尺寸、厚度允许偏差　　　　　　单位：mm

玻璃公称厚度	长度或宽度(L)允许偏差			厚度允许偏差
	L≤1000	1000<L≤2000	L>2000	
5	+1	±3	±4	±0.2
6	−2			
8	+2			±0.3
10	−3			
12				±0.3
15	±4	±4		±0.5
19	±5	±5	±6	±0.7

(2) 防火玻璃的外观质量要求

应符合表 2-95 和表 2-96 的规定。

表 2-95　复合防火玻璃的外观质量

缺陷名称	要　求
气泡	直径 300mm 圆内允许长 0.5~1.0mm 的气泡 1 个
胶合层杂质	直径 500mm 圆内允许长 2.0mm 以下的杂质 2 个
划伤	宽度≤0.1mm，长度≤50mm 的轻微划伤，每平方米不超过 4 条
	0.1mm<宽度<0.5mm，长度≤50mm 的轻微划伤，每平方米不超过 1 条
爆边	每米边长允许有长度不超过 20mm，自边部向玻璃表面延伸深度不超过厚度 1/2 的爆边 4 个
叠差、裂纹、脱胶	总叠差不应大于 3mm，裂纹、脱胶不允许存在

注：复合防火玻璃周边 15mm 范围内的气泡、胶合层杂质不作要求。

表 2-96　单片防火玻璃的外观质量

缺陷名称	要　求
爆边	不允许存在
划伤	宽度≤0.1mm，长度≤50mm 的轻微划伤，每平方米不超过 2 条
	0.1mm<宽度<0.5mm，长度≤50mm 的轻微划伤，每平方米不超过 1 条
结石、裂纹、缺角	不允许存在

(3) 耐火性能

隔热型防火玻璃（A 类）和非隔热型防火玻璃（C 类）的耐火性能应满足表 2-97 的要求。

表 2-97　防火玻璃的耐火性能

分类名称	耐火极限等级	耐火性能要求
隔热型防火玻璃(A 类)	3.00h	耐火隔热性时间≥3.00h，且耐火完整性时间≥3.00h
	2.00h	耐火隔热性时间≥2.00h，且耐火完整性时间≥2.00h
	1.50h	耐火隔热性时间≥1.50h，且耐火完整性时间≥1.50h
	1.00h	耐火隔热性时间≥1.00h，且耐火完整性时间≥1.00h
	0.50h	耐火隔热性时间≥0.50h，且耐火完整性时间≥0.50h

续表

分类名称	耐火极限等级	耐火性能要求
非隔热型防火玻璃(C 类)	3.00h	耐火完整性时间≥3.00h,耐火隔热性无要求
	2.00h	耐火完整性时间≥2.00h,耐火隔热性无要求
	1.50h	耐火完整性时间≥1.50h,耐火隔热性无要求
	1.00h	耐火完整性时间≥1.00h,耐火隔热性无要求
	0.50h	耐火完整性时间≥0.50h,耐火隔热性无要求

(4) 弯曲度

防火玻璃的弓形弯曲度不应超过 0.3%,波形弯曲度不应超过 0.2%。

(5) 可见光透射比

防火玻璃的可见光透射比应符合表 2-98 的要求。

表 2-98 防火玻璃的可见光透射比

项目	允许偏差最大值(明示标称值)	允许偏差最大值(未明示标称值)
可见光透射比	±3%	≤5%

(6) 耐热、耐寒性能

经耐热、耐寒性能试验后,复合防火玻璃试样的外观质量应符合表 2-95 的规定。

(7) 耐紫外线辐射性

当复合防火玻璃使用在有建筑采光要求的场合时,应进行耐紫外线辐射性能测试。

复合防火玻璃试样试验后试样不应产生显著变色、气泡及浑浊现象,且试验前后可见光透射比相对变化率 ΔT 应不大于 10%。

(8) 抗冲击性能

进行抗冲击性能检验时,如果样品破坏不超过 1 块,则该项目合格;如果 3 块或 3 块以上样品破坏,则该项目不合格;如果有 2 块样品破坏,可另取 6 块备用样品重新试验,如仍出现样品破坏,则该项目不合格。

单片防火玻璃不破坏是指试验后不破碎;复合防火玻璃不破坏是指试验后玻璃不破碎或者玻璃破碎但钢球未穿透试样。

(9) 碎片状态

每块试验样品在 50mm×50mm 区域内的碎片数不低于 40 块。允许有少量长条碎片存在,但其长度不得超过 75mm,且端部不是刀刃状;延伸至玻璃边缘的长条形碎片与玻璃边缘形成的夹角不得大于 45°。

2.4.3 镀膜玻璃

镀膜玻璃是在玻璃表面涂镀一层或多层金属、合金或金属化合物薄膜,以改变玻璃的光学性能,满足某种特殊要求。

常用的镀膜玻璃有阳光控制镀膜玻璃和低辐射镀膜玻璃。

2.4.3.1 阳光控制镀膜玻璃

阳光控制镀膜玻璃又称热反射镀膜玻璃,是指对波长范围 350~1800nm 的太阳光具有一定控制作用的镀膜玻璃。

阳光控制镀膜玻璃的生产方法有热分解法(喷涂和浸渍两种方法)和真空磁控溅射法等,都是在玻璃表面涂以金、银、铜、铝、镍、铁等金属、金属氧化物或非金属氧化物薄膜；或采用电浮法、等离子法向玻璃表面渗入金属离子以置换玻璃表面层原有的离子而形成阳光控制膜。

阳光控制镀膜玻璃对太阳光具有较高的反射能力，反射率可达 20%～40%，在炎热的夏季可节约空调能源消耗；同时，具有较好的遮光功能，使室内光线柔和舒适。

阳光控制镀膜玻璃是典型的半透明玻璃，具有单向透视的特点，当膜层安装在室内一侧时，白天从室外看不见室内，晚上从室内看不见室外。

阳光控制镀膜玻璃的膜层牢固度好，可以单片使用，可用其制成中空玻璃，外层使用阳光控制镀膜玻璃，膜层朝向中空气体层，可以降低玻璃的遮阳系数和传热系数。

阳光控制镀膜玻璃一般用于幕墙和采光顶隔热保温要求不高的部位。由于阳光控制镀膜玻璃具有较高的可见光反射率，在选用时需要注意避免造成周围眩光。

阳光控制镀膜玻璃的常规尺寸（mm）：2440×3660；最大尺寸（mm）：3300×18000。

《镀膜玻璃　第 1 部分：阳光控制镀膜玻璃》（GB/T 18915.1）规定了阳光控制镀膜玻璃的定义、分类、要求、试验方法和检验规则等。

(1) 分类

阳光控制镀膜玻璃产品按外观质量、光学性能差值、颜色均匀性分为优等品和合格品；按热处理加工性能分为非钢化阳光控制镀膜玻璃、钢化阳光控制镀膜玻璃和半钢化阳光控制镀膜玻璃。

(2) 质量要求

① 非钢化阳光控制镀膜玻璃尺寸允许偏差、厚度允许偏差、弯曲度、对角线差应符合《平板玻璃》（GB 11614）的规定。

② 钢化阳光控制镀膜玻璃与半钢化阳光控制镀膜玻璃尺寸允许偏差、厚度允许偏差、弯曲度、对角线差应符合《半钢化玻璃》（GB/T 17841）的规定。

③ 外观质量。阳光控制镀膜玻璃原片的外观质量应符合 GB 11614 中汽车级的技术要求。

作为幕墙用的钢化、半钢化阳光镀膜玻璃原片进行边部精磨边处理。

阳光控制镀膜玻璃的外观质量应符合表 2-99 的规定。

表 2-99　阳光控制镀膜玻璃的外观质量

缺陷名称	说明	优等品	合格品
针孔	直径<0.8mm	不允许集中	
	0.8mm≤直径<1.2mm	中部：3.0×S，个；且任意两钉孔之间的距离大于 300mm。75mm 边部：不允许集中	不允许集中
	1.2mm≤直径<1.6mm	中部：不允许 75mm 边部：3.0×S，个	中部：3.0×S，个 75mm 边部：8.0×S，个
	1.6mm≤直径<2.5mm	不允许	中部：2.0×S，个 75mm 边部：5.0×S，个
	直径≥2.5mm	不允许	不允许
斑点	1.0mm≤直径<2.5mm	中部：不允许 75mm 边部：2.0×S，个	中部：5.0×S，个 75mm 边部：6.0×S，个
	2.5mm≤直径<5.0mm	不允许	中部：1.0×S，个 75mm 边部：4.0×S，个
	直径≥5.0mm	不允许	不允许
斑纹	目视可见	不允许	不允许
暗道	目视可见	不允许	不允许

续表

缺陷名称	说明	优等品	合格品
膜面划伤	0.1mm≤宽度≤0.3mm 长度≤60mm	不允许	不限 划伤间距不得小于100mm
	宽度>0.3mm 或 长度>60mm	不允许	不允许
玻璃面划伤	宽度≤0.5mm 长度≤60mm	3.0×S,条	
	宽度>0.3mm 长度>60mm	不允许	不允许

注：1. 针孔集中是指在 ϕ100mm 面积内超过 20 个。

2. S 是以平方米为单位的玻璃板面积，保留小数点后两位。

3. 允许个数及允许条数为各系数与 S 相乘所得的数值，按 GB/T 8170 修约至整数。

4. 玻璃板的中部是指距玻璃板边缘 75mm 以内的区域，其他部分为边部。

（3）光学性能

光学性能包括：紫外线透射比、可见光透射比、可见光反射比、太阳光直接透射比、太阳光直接反射比和太阳能总透射比，其差值应符合表 2-100 的规定。

表 2-100　阳光控制镀膜玻璃的光学性能要求

项目	允许偏差最大值(明示标称值)		允许最大差值(未明示标称值)	
可见光透射 比大于30%	优等品	合格品	优等品	合格品
	±1.5%	±2.5%	≤3.0%	≤5.0%
可见光透射比小于30%	优等品	合格品	优等品	合格品
	±1.0%	±2.0%	≤2.0%	≤4.0%

注：对于明示标称值（系列值）的产品，以标称值作为偏差的基准，偏差的最大值应符合本表的规定；对于未明示标称值的产品，则取 3 块试样进行测试，3 块试样之间差值的最大值应符合本表的规定。

（4）颜色均匀性

阳光控制镀膜玻璃的颜色均匀性，采用 CIELA 均匀色空间的色差 ΔE_{ab}^{*} 来表示，单位：CIELAB。

阳光控制镀膜玻璃的反射色色差优等品不得大于 2.5CIELAB，合格品不得大于 3.0CIELAB。

（5）耐磨性

阳光控制镀膜玻璃经耐磨性试验后，试验前后可见光透射比平均值的差值的绝对值不应大于 4%。

（6）耐酸性

阳光控制镀膜玻璃经耐酸性试验后，试验前后可见光透射比平均值的差值的绝对值不应大于 4%，并且膜层不能有明显的变化。

（7）耐碱性

阳光控制镀膜玻璃经耐碱性试验后，试验前后可见光透射比平均值的差值的绝对值不应大于 4%，并且膜层不能有明显的变化。

2.4.3.2　低辐射镀膜玻璃

低辐射镀膜玻璃又称低辐射玻璃、"Low-E"玻璃，是一种对波长范围 4.5～25μm 的远红外线有较高反射比的镀膜玻璃（高透型 Low-E）。低辐射镀膜玻璃还可以复合阳光控制功能，称为阳光控制低辐射玻璃（遮阳型 Low-E）。

低辐射镀膜玻璃（高透型 Low-E）适用于高纬高寒地区，夏热冬冷地区宜采用阳光控制低辐射镀膜玻璃（遮阳型 Low-E）。

低辐射镀膜玻璃的生产工艺分为在线高温热解沉积法（在线法）和离线真空溅射法（离线法）。在线法生产低辐射镀膜玻璃是在平板玻璃生产过程中，在热的玻璃表面上喷涂上以锡盐为主要成分的化学溶液，形成单层具有一定低辐射功能的氧化锡化物薄膜而制成的。离线法生产低辐射镀膜玻璃是在专门的生产线上，用真空磁控溅射的方法，将辐射率极低的金属银及其他金属和金属化合物均匀地镀在玻璃表面而制成的，一般，至少由 4 层膜构成，离线低辐射镀膜玻璃可分为单银、双银和三银等。

在线法生产的低辐射镀膜玻璃可以热弯、钢化，可以单片使用，膜层宜面向室内；离线法生产的低辐射镀膜玻璃耐酸碱性和耐磨性差，不能单片使用，在合成中空玻璃时，应将玻璃边部与密封胶接触部位的镀膜去除，镀膜面应位于中空气体层内，一般应安装在中空玻璃的第 3 面，以充分利用低辐射镀膜玻璃优秀的保温性能和遮阳性能。

一般将中空玻璃表面由室外向室内划分为 1 面、2 面、3 面和 4 面。低辐射镀膜（Low-E）中空玻璃的膜层位置在第 2 面或第 3 面时对传热系数没有影响，对太阳得热系数 SHGC（或遮阳系数 SC）有影响。放在第 2 面太阳得热系数（或遮阳系数）会低些，放在第 3 面太阳得热系数（或遮阳系数）会高些。

当低辐射镀膜玻璃加工成夹层玻璃时，膜层不宜与胶片结合。

低辐射镀膜常规尺寸（mm）：2440×3660；最大尺寸（mm）：3300×18000。

《镀膜玻璃　第 2 部分　低辐射镀膜玻璃》（GB/T 18915.2）规定了低辐射镀膜玻璃的定义、分类、要求、试验方法和检验规则等。

(1) 分类

按外观质量分为优等品和合格品；按产品生产工艺分为离线低辐射镀膜玻璃和在线低辐射镀膜玻璃。

(2) 质量要求

① 低辐射镀膜玻璃的厚度偏差、尺寸偏差、对角线差应符合 GB 11614 标准的有关规定。不规则形状的尺寸偏差由供需双方商定。

② 钢化、半钢化低辐射镀膜玻璃的尺寸偏差、对角线差应符合 GB 17841 标准的有关规定。

(3) 外观质量

低辐射镀膜玻璃的外观质量应符合表 2-101 的规定。

表 2-101　低辐射镀膜玻璃的外观质量

缺陷名称	说明	优等品	合格品
针孔	直径<0.8mm	不允许集中	
	0.8mm≤直径<1.2mm	中部：3.0×S，个；且任意两钉孔之间的距离大于 300mm。 75mm 边部：不允许集中	不允许集中
	1.2mm≤直径<1.6mm	中部：不允许 75mm 边部：3.0×S，个	中部：3.0×S，个 75mm 边部：8.0×S，个
	1.6mm≤直径≤2.5mm	不允许	中部：2.0×S，个 75mm 边部：5.0×S，个
	直径>2.5mm	不允许	不允许
斑点	1.0mm≤直径≤2.5mm	中部：不允许 75mm 边部：2.0×S，个	中部：5.0×S，个 75mm 边部：6.0×S，个
	2.5mm<直径≤5.0mm	不允许	中部：1.0×S，个 75mm 边部：4.0×S，个
	直径>5.0mm	不允许	不允许

缺陷名称	说明	优等品	合格品
膜面划伤	0.1mm≤宽度≤0.3mm 长度≤60mm	不允许	不限；划伤间距不得小于100mm
	宽度>0.3mm 或 长度>60mm	不允许	不允许
玻璃面划伤	宽度≤0.5mm、 长度≤60mm	3.0×S,个	
	宽度>0.5mm 或 长度>60mm	不允许	不允许

注：1. 针孔集中是指在 ϕ100mm 面积内超过 20 个。

2. S 是以平方米为单位的玻璃板面积，保留小数点后两位。

3. 允许个数及允许条数为各系数与 S 相乘所得的数值，按 GB/T 8170 修约至整数。

4. 玻璃板的中部是指距玻璃板边缘 75mm 以内的区域，其他部分为边部。

(4) 弯曲度

低辐射镀膜玻璃的弯曲度不应超过 0.2%；钢化、半钢化低辐射镀膜玻璃的弓形弯曲度不得超过 0.3%，波形弯曲度（mm/300mm）不得超过 0.2%。

(5) 光学性能

低辐射镀膜玻璃的光学性能包括：紫外线透射比、可见光透射比、可见光反射比、太阳光直接透射比、太阳光直接反射比和太阳能总透射比。这些性能的差值应符合表 2-102 的规定。

表 2-102　低辐射镀膜玻璃的光学性能要求

项　目	允许偏差最大值(明示标称值)	允许最大差值(未明示标称值)
指　标	±1.5	≤3.0

注：对于明示标称值（系列值）的产品，以标称值作为偏差的基准，偏差的最大值应符合本表的规定；对于未明示标称值的产品，则取 3 块试样进行测试，3 块试样之间差值的最大值应符合本表的规定。

(6) 颜色均匀性

低辐射镀膜玻璃的颜色均匀性，以 CIELA 均匀色空间的色差 ΔE^* 来表示，单位：CIELAB。

测量低辐射镀膜玻璃在使用时朝向室外的表面，该表面的反射色差 ΔE^* 不应大于 2.5 CIELAB 色差单位。

(7) 辐射率

离线低辐射镀膜玻璃应低于 0.15；在线低辐射镀膜玻璃应低于 0.25。

(8) 耐磨性

试验前后试样的可见光透射比差值的绝对值不应大于 4%。

(9) 耐酸性

试验前后试样的可见光透射比差值的绝对值不应大于 4%。

(10) 耐碱性

试验前后试样的可见光透射比差值的绝对值不应大于 4%。

2.4.3.3　镀膜玻璃的生产

(1) 离线磁控溅射镀膜玻璃的制作

离线磁控溅射镀膜玻璃的生产工艺流程如图 2-11 所示。

① 生产前检查。生产前应进行如下检查：a. 清洗用去离子水的电阻；b. 镀膜工艺室的

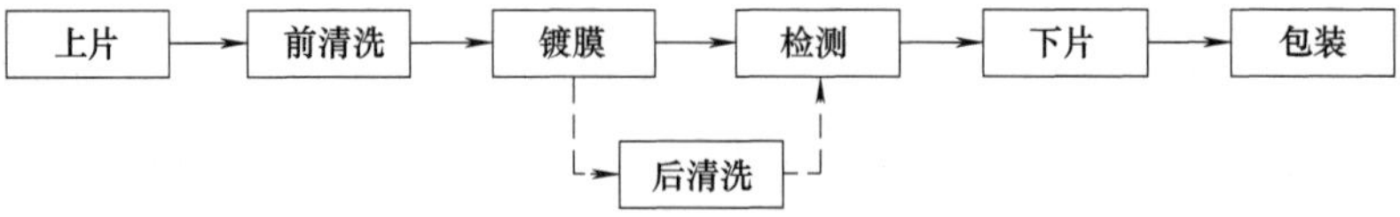

上片 → 前清洗 → 镀膜 → 检测 → 下片 → 包装
后清洗

图 2-11　磁控溅射镀膜玻璃的生产工艺流程

真空度；c. 靶材配置；d. 工艺气体的种类、纯度、压力；e. 冷却系统的工作状态；f. 自动上、下片台装置和清洗机的工作状态；g. 生产监控装置、在线检测装置的工作状态；h. 磁控溅射阴极的工作状态。

② 上片。上片时应对玻璃的外观质量、尺寸、厚度、锡面朝向等进行检查。

③ 前清洗。清洗机的水温宜在 35～45℃，最后一道清洗水应使用去离子水，清洗后的玻璃表面无划伤、破角、水渍或残留水珠等缺陷，同时清洗玻璃的干燥风应经过滤处理，保证玻璃清洗后洁净、干燥。

④ 调试。根据标样设置适当的工艺参数，并进行生产试制，当试样符合以下各项指标时方可连续生产：

a. 可见光透射比、可见光反射比、颜色值、颜色均匀性符合产品要求；

b. 低辐射镀膜玻璃的辐射率符合产品要求；

c. 耐磨性能符合产品要求；

d. 可热加工的磁控溅射镀膜玻璃应进行热加工性能评估，热加工后满足可见光透射比、可见光反射比、颜色、颜色均匀性、辐射率、耐洗刷性等要求。

⑤ 生产过程监控

a. 对工艺气体进行监控并保持稳定。

b. 监控镀膜玻璃可见光透射比、可见光反射比、颜色、颜色均匀性、辐射率的检测值。

c. 监控阴极的工作电压、电流、功率值。

d. 观察阴极辉光是否处于稳定状态，出现异常应及时进行调整。

e. 监控玻璃的传送过程是否处于稳定状态。

f. 对产品按一定频次进行离线抽检。

⑥ 后清洗。为检查阳光控制镀膜玻璃外观质量，宜进行后清洗。

(2) 在线化学气相沉积镀膜玻璃的制作

在线化学气相沉积镀膜玻璃的生产工艺流程如图 2-12 所示。

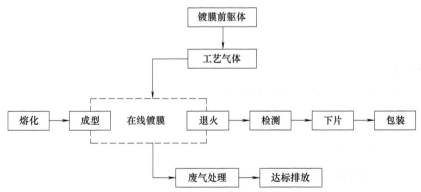

图 2-12　在线化学气相沉积镀膜玻璃的生产工艺流程

① 生产准备工作。生产前应进行如下准备工作：

a. 浮法玻璃原片质量应达到镀膜工艺要求；

b. 清理镀膜反应器、工艺管道等；

c. 调整玻璃原板宽度、温度、拉引速度、气氛、退火工艺参数；

d. 启动工艺气体配送装置，工艺气体指标达到镀膜要求；

e. 启动镀膜系统冷却装置；

f. 启动工艺气体、镀膜前驱体、气幕保护气加热装置；

g. 启动废气处理装置；

h. 将镀膜反应器置于镀膜区工艺位置。

② 调试

a. 将镀膜工艺气体导入镀膜反应器。

b. 连续镀膜开始后按照一定规则取样并测试，测试数据与标样参数对比。不符合要求时，应重新调整工艺参数，直到符合要求方可作为合格产品生产。

c. 镀膜所产生废气要进行无害化处理，达到国家环保要求。

③ 生产过程监控

a. 生产过程中要对镀膜工艺参数、锡槽工艺参数、退火工艺参数进行实时监控并做适当调整。

b. 镀膜期间要周期性对镀膜反应器进行清扫。

c. 对镀膜玻璃各项性能进行检测：

ⓐ 颜色均匀性检测；

ⓑ 低辐射镀膜玻璃辐射率检测或方块电阻检测；

ⓒ 可见光透射比检测；

ⓓ 耐酸性、耐碱性、耐磨性检测；

ⓔ 对镀膜玻璃外观质量进行监控。

④ 镀膜生产停止。停止镀膜系统，退出镀膜反应器，退出镀膜状态。

⑤ 成品检验。镀膜玻璃的成品检验依照 GB/T 18915.1、GB/T 18915.2 的规定执行。

2.4.4 中空玻璃

中空玻璃是由两片或多片玻璃以有效支撑均匀隔开并周边粘接密封，使玻璃层间形成有干燥气体空间的玻璃制品。

中空玻璃是一种玻璃深加工制品，具有优良的隔热、隔声、防霜雾性能，是一种性能优异、用途广泛的节能产品。

2.4.4.1 中空玻璃的分类

中空玻璃按形状分为平面中空玻璃和曲面中空玻璃，按中空腔内的气体分为普通中空玻璃（中空腔内气体为空气）和充气中空玻璃（中空腔内充氩气、氪气等气体）；还可以按玻璃原片、结构镶嵌、密封层数和间隔材料等方式进行分类。

按照玻璃原片可分为：普通平板中空玻璃、钢化中空玻璃、阳光控制镀膜中空玻璃、低辐射（Low-E）中空玻璃等。

按结构镶嵌可分为：双玻单腔中空玻璃、三玻两腔中空玻璃、点接式中空玻璃等。

按密封层数可分为：三道密封中空玻璃、双道密封中空玻璃、单道密封中空玻璃等。

按照中空玻璃间隔材料可分为：铝间隔条式中空玻璃、复合材料间隔条式中空玻璃等。

无论哪种类型的中空玻璃，都是由以下三部分组成的：

① 玻璃原片。组成中空玻璃的玻璃原片可以是平板玻璃、镀膜玻璃、钢化玻璃、夹层玻璃、防火玻璃、半钢化玻璃和压花玻璃等。原片玻璃不同，中空玻璃的性能和使用场合也有所不同。

② 中间气体间隔层。中空玻璃的间隔层气体可以是干燥空气、氩气、氪气或其他特殊气体，间隔层的厚度和气体不同，中空玻璃的性能和使用场合也有所不同。

③ 边部密封系统。中空玻璃的密封材料应符合相应标准要求，且应满足中空玻璃的水汽和气体密封性能，并保持中空玻璃的结构稳定。目前，使用广泛的边部密封形式有铝间隔条式密封系统、不锈钢间隔条式密封系统和复合材料间隔条式密封系统。

典型中空玻璃结构如图 2-13 和图 2-14 所示。

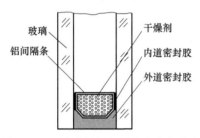

图 2-13 双道密封铝间隔条式中空玻璃

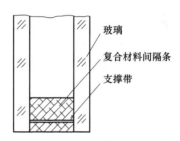

图 2-14 复合材料间隔条式中空玻璃

2.4.4.2 中空玻璃的特点

中空玻璃的特点是具有优良的隔热性能、保温性能、隔声性能、抗冷凝性能等。

① 隔热性能和保温性能。热传递的三种方式是热辐射、热对流和热传导。其中，热辐射占热传递的 50%～60%，热传导和热对流分别占 20%～25%。中空玻璃的保温性能主要取决于其对热传递的阻隔。中空玻璃两片玻璃之间采取密封结构，玻璃中间间隔层内的干燥气体处于静止状态，基本上解决了热传递中的热对流。普通中空玻璃的传热系数 K 值小于 $3.0W/(m^2 \cdot K)$，通过合适的组合，中空玻璃的 K 值可小于 $1.0W/(m^2 \cdot K)$。

为提高中空玻璃的保温性能，还可以在中空玻璃中空腔内填充氩气、氪气等惰性气体，或采用三玻两腔不等厚的中空玻璃结构形式。

② 隔声性能。普通中空玻璃可以使进入室内的噪声衰减 30dB 左右。通过选用非等厚度玻璃，并且采用夹胶或无金属间隔条等措施，可以使中空玻璃降噪达 50dB 左右。

③ 抗冷凝性。中空玻璃由于隔热、保温性能好，所以抗冷凝性也有显著提高，尤其中空玻璃中间的冷凝现象明显减少。槽铝式中空玻璃边部的冷凝现象相对来说比较严重，在冬季湿度大的地区，中空玻璃的边部会淌冷凝水，甚至有结冰现象。采用暖边中空玻璃可以显著提高中空玻璃的抗冷凝性。

2.4.4.3 中空玻璃的质量要求

《中空玻璃》（GB/T 11944）规定了中空玻璃的定义、分类、要求、试验方法和检验规则等。

(1) 尺寸偏差

① 中空玻璃长度及宽度允许偏差见表 2-103。

表 2-103 长（宽）度允许偏差 单位：mm

长(宽)度 L	允许偏差	长(宽)度 L	允许偏差
L<1000	±2.0	L≥2000	±3.0
1000≤L<2000	+2.0,−3.0		

② 中空玻璃的厚度允许偏差见表 2-104。

表 2-104 中空玻璃厚度允许偏差 单位：mm

公称厚度 D	允许偏差	公称厚度 D	允许偏差
D<17	±1.0	D≥22	±2.0
17≤D<22	±1.5		

注：中空玻璃的公称厚度为玻璃原片公称厚度与间隔层厚度之和。

③ 中空玻璃对角线差。矩形中空玻璃对角线差应不大于对角线平均长度的 0.2%。曲面和异形中空玻璃对角线差由供需双方商定。

④ 叠差。平面中空玻璃的允许叠差应符合表 2-105 规定。

表 2-105 允许叠差 单位：mm

长(宽)度 L	允许叠差	长(宽)度 L	允许叠差
L<1000	2	L≥2000	4
1000≤L<2000	3		

注：曲面和有特殊要求的中空玻璃的叠差由供需双方商定。

⑤ 中空玻璃的胶层厚度。中空玻璃外道密封胶宽度应≥5mm，复合材料间隔条的胶层宽度为 8mm±2mm，内道丁基胶层宽度应≥3mm，特殊规格和特殊要求的产品由供需双方商定。

(2) 外观质量

中空玻璃外观质量应符合表 2-106 的规定。

表 2-106 中空玻璃外观质量

项 目	要 求
边部密封	内道密封胶应均匀连续，外道密封胶应均匀整齐，与玻璃充分粘结，且不超出玻璃边缘
玻璃	宽度≤0.2mm、长度≤30mm 的划伤允许 4 条/m²，0.2mm<宽度≤1mm、长度≤50mm 的划伤允许 1 条/m²，其他缺陷应符合相应玻璃标准要求
间隔材料	无扭曲，表面平整光洁；表面无污痕、斑点及片状氧化现象
中空腔	无异物
玻璃内表面	无妨碍透视的污迹和密封胶流淌

(3) 露点

中空玻璃的露点应<−40℃。

(4) 耐紫外线辐照性能

试验后，试样内表面应无结雾、水汽凝结或污染的痕迹，且密封胶无明显变形。

(5) 水气密封耐久性能

水分渗透指数 I≤0.25，平均值 I_{av}≤0.20。

(6) 初始气体含量

充气中空玻璃的初始气体含量应≥85%（体积分数）。

(7) 气体密封耐久性能

充气中空玻璃经气体密封耐久性能试验后的气体含量应≥80%（体积分数）。

2.4.4.4 中空玻璃的生产

中空玻璃在门窗幕墙节能中起关键作用，提高门窗幕墙的节能性能指标必须使用性能良好的中空玻璃。目前，我国中空玻璃市场应用较多的为双道密封铝隔条式中空玻璃（图 2-13），本节将简述其生产工艺。

中空玻璃密封主要使用热熔性密封胶和弹性密封胶。热熔性密封胶主要有：聚异丁烯胶、热熔丁基胶；弹性密封胶主要使用：聚硫胶、硅酮胶。双道密封铝隔条式中空玻璃，其第一道密封（内层）采用热熔丁基密封胶，丁基胶透气率极低，具有良好的密封性能；第二道密封（外层）一般采用聚硫胶或硅酮密封胶。聚硫密封胶是传统的中空玻璃密封材料，密封性能良好，空气渗漏率低，有优异的结构强度和耐老化性能，可以保证中空玻璃的结构稳定性，且成本较低，是良好的密封材料。由于聚硫胶不能传力，因此，隐框或半隐框玻璃幕墙用中空玻璃，其第二道密封必须采用硅酮结构密封胶。铝隔条有效支撑并均匀隔开两片玻璃，铝隔条内填分子筛干燥剂，使玻璃层间形成有干燥气体的密封空间。

双道密封铝隔条式中空玻璃生产环境要求：
① 温度 15～30℃；
② 相对湿度 50%RH 以下；
③ 通风、干净、无尘。

密封胶使用前应按照国家有关标准，对其下垂度、拉伸粘结性、挤出性、相容性、表干时间、固化时间等进行抽检，合格后方可使用；生产前应先对密封胶、铝隔条、玻璃进行粘结性试验。

双道密封铝隔条式中空玻璃的生产工艺流程如图 2-15 所示。

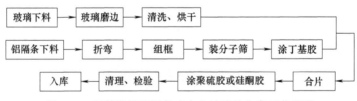

图 2-15 双道密封铝隔条式中空玻璃的生产工艺流程

(1) 玻璃下料、磨边

在玻璃切割机上进行。玻璃下料切割应符合尺寸精度要求。
① 玻璃的品种、规格及质量应符合国家现行产品标准的规定，并应有产品出厂合格证。
② 玻璃表面不得有划伤，玻璃内质要均匀，不得有气泡、夹渣等明显缺陷。
③ 为防止玻璃破裂，玻璃切割质量要高。下料后的玻璃必须进行磨边处理，倒角尺寸不小于 0.5mm×45°。

(2) 清洗、烘干

① 清洗前须保证玻璃无划伤。
② 玻璃清洗一定要采用机器清洗，且最好使用去离子水清洗。
③ 清洗后的玻璃要通过光照检验玻璃表面有无水珠、水渍及其他污渍。若有水珠、水渍及其他污渍，则需对机器运行速度、加热温度、风量、毛刷间隙进行调整，直到达到要求。
④ 清洗烘干后的玻璃应在 1h 之内组装成中空玻璃，另外要防止玻璃与玻璃之间的摩擦划伤。

(3) 铝隔条下料

在铝隔条下料机上进行。铝隔条要满足以下要求：

① 铝隔条必须经阳极氧化处理或去污处理，壁厚应在 0.30～0.35mm，厚度应均匀一致，透气孔分布均匀且不堵塞。

② 下料后无变形，两端无毛刺。

(4) 折弯、组框、装分子筛

在铝隔条折弯机和分子筛灌装机上进行。

铝隔条折弯组成框后，在分子筛灌装机上充装分子筛。所装分子筛的量约为铝隔条体积的 3/5～4/5。分子筛用料标准可参考表 2-107。

表 2-107　分子筛用料标准

隔条规格	6A	9A	12A	15A
分子筛用量/(g/m)	38	40	43	45

干燥剂质量、性能应符合相关标准，必须满足中空玻璃制造及性能要求，分子筛在空气中存放一般不超过 4h。

如果铝间隔框为插接式，则应保证插角和铝隔条接合紧密，相邻铝隔条间紧密接合无间隙。塑料插角表面要清理干净，周边涂一圈热丁基胶，插角与铝隔条的接合部位也必须涂热丁基胶。

(5) 涂丁基胶

涂丁基胶在丁基胶涂布机上进行。

① 工作前将设备提前预热，使丁基胶挤出机温度达到 110～130℃，接通压缩空气，调整设备高度、皮带传送速率和出胶率。

② 为使主机产生一定压力，使胶均匀挤出，机头的温度要求高于机筒温度，加温和降温应逐渐进行；涂胶开始前，应适当排气，以减少内部气泡和空隙，防止工作时产生气泡造成断胶。

③ 将丁基胶均匀、连续地涂在铝隔条组成的框架上，两侧线条粗细一致，左右均匀（玻璃压合时胶不出现在玻璃内侧），涂好的框架小心挂在挂架上，要避免相互粘结。热融丁基胶的用量以在玻璃合片后其有效接触宽度不小于 3mm 为宜。

④ 丁基胶涂胶要连续、不断线、无气泡产生，涂布不流淌。

丁基胶的用料标准可参考表 2-108。

表 2-108　丁基胶用料标准

隔条规格	6A	9A	12A	15A
丁基胶用量/(g/m)	5.6	8.4	11.2	14.1

(6) 合片、平压

① 将铝隔框和装饰条放在清洗干净的玻璃面上，各边距玻璃边缘均匀一致。

② 把另一块玻璃合上，注意要各边对齐。

③ 将合片后的玻璃进行平压，达到规定的尺寸。

④ 合片后玻璃和铝隔条接合紧密，第一道密封胶（丁基胶）无污染中空玻璃内部玻璃或铝隔条现象。

(7) 涂聚硫胶或硅酮密封胶

在涂布机上进行。

① 涂双组分聚硫胶时温度必须在 5℃以上。聚硫胶必须满足中空玻璃的要求，必须在有效期内使用。

② 按聚硫胶说明书中制定的配比准确混合达到均匀无色差。

③ 涂胶时应沿着一个方向涂敷，以防空气裹入腔内降低中空玻璃的密封性。在框转角处打胶时应特别注意：要仔细打满不能漏气；要与第一道密封胶完全接触粘结，且要连续均匀，防止气泡产生。

④ 涂胶后应水平放置，使胶与玻璃充分粘合。在室内温度 15℃ 左右时至少放置 24h 才能使用，室内温度越低放置时间越长。

⑤ 对面积大的中空玻璃要采用垂直封胶生产工艺，以避免水平封胶造成的表面内凹现象。

⑥ 如果密封胶固化前有缺陷，可用手少蘸肥皂水整理。固化后如发现有缺陷，应去污干燥后，采用原生产用胶修补。

⑦ 在第二道胶密封前，最好再用热丁基胶对插角部位进行密封处理，这样可显著提高中空玻璃的性能和使用寿命。

聚硫胶的用料标准可参考表 2-109。

表 2-109 聚硫胶用料标准

隔条规格	6A	9A	12A	15A
聚硫胶用量/(g/m)	56	84	112	141

中空玻璃制作过程中要注意以下问题：

① 玻璃清洗应使用机械清洗设备，避免污染；清洗后的玻璃要尽快合片。

② 丁基胶涂抹要均匀，胶面宽度 4～5mm，胶面不得间断，打胶温度控制在 （25±5）℃，打胶后要立即进行合片处理。

③ 间隔条采用分段制框工艺的，要注意四角铝框连接处的密封，推荐使用连续铝框生产工艺，减少铝框接口。

④ 干燥剂灌注后应尽快进行密封操作，建议在 1h 内完成。干燥剂长时间暴露在空气中会大量吸收水分，对中空玻璃寿命影响很大。

⑤ 中空玻璃合片时，要注意两片玻璃均匀压实，避免丁基胶虚粘或玻璃翘曲，这对大板块的中空玻璃制作尤为重要。

中空玻璃除应符合《中空玻璃》（GB/T 11944）的有关规定外，尚应符合下列要求：

① 中空玻璃的单片玻璃厚度相差不宜大于 3mm。

② 中空玻璃产地与使用地海拔高度相差超过 800m 时（两地大气压差约 10％），应加装金属毛细管，均衡玻璃压差。在安装地调整压差后做好密封。

2.4.4.5 中空玻璃失效原因及使用寿命

中空玻璃腔体内有目视可见的水汽产生，即为中空玻璃失效。中空玻璃失效，即为中空玻璃使用寿命的终止。中空玻璃的预期使用寿命至少应为 15 年。

中空玻璃的寿命问题是门窗幕墙节能的关键，中空玻璃失效主要有以下几方面因素：

① 玻璃清洗不好。

② 丁基胶不均匀或有间断。

③ 铝间隔框的接缝处理不当。

④ 玻璃压片不实。

⑤ 由于环境中的水汽会不断从中空玻璃的边部向中空腔内渗透，边部密封系统中的干燥剂会因不断吸附水分子而最终丧失水汽吸附能力，导致中空玻璃因中空腔内水汽含量升高而失效。

⑥ 由于环境温度的变化，中空玻璃中空腔内气体始终处于热胀或冷缩状态，使密封胶长期处于受力状态，同时环境中的紫外线、水和潮气的作用都会加速密封胶的老化，从而加快水汽进入中空腔内的速度，最终使中空玻璃失效。

影响中空玻璃使用寿命的因素有：

① 在中空玻璃构件中，间隔条、干燥剂、密封胶（或复合型材料）与玻璃形成了中空玻璃的边部密封系统。边部密封系统的质量决定了中空玻璃的使用寿命。

② 中空玻璃的使用寿命与边部材料（如间隔条、干燥剂、密封胶）的质量和中空玻璃的制作工艺有直接关系。

③ 中空玻璃使用寿命的长短，也受安装状况、使用环境的影响。

2.4.4.6 中空玻璃的光学现象和目视质量

中空玻璃在使用过程中，会出现布鲁斯特阴影、牛顿环、玻璃挠曲和外部冷凝等光学现象和目视质量问题，这些是由于使用环境的原因造成的，不属于中空玻璃缺陷。

(1) 布鲁斯特阴影

在中空玻璃表面几乎完全平行且玻璃表面质量高时，中空玻璃表面由于光的干涉和衍射会出现布鲁斯特阴影。这些阴影是直线，颜色不同，是由于光谱的分解产生的。如果光源来自太阳，颜色由红到蓝，这种现象不是缺陷，是中空玻璃结构所固有的。

选用不同厚度的两片玻璃制成的中空玻璃能够减轻这一现象。

(2) 牛顿环

中空玻璃由于制造或环境条件等原因，其两块玻璃在中心部相接触或接近接触时，会出现一系列由于光干涉产生的彩色同心圆环，这种光学效应称作牛顿环。其中心是在两块玻璃的接触点或接近的点。这些环基本上都是圆形的或椭圆形的。

(3) 由温度和大气压力变化引起的玻璃挠曲

由于温度、环境或海拔高度的变化，会使中空玻璃中空腔内的气体产生收缩或膨胀，从而引起玻璃的挠曲变形，导致反射影像变形。这种挠曲变形是不能避免的，随时间和环境的变化会有所变化。挠曲变形的程度既取决于玻璃的刚度和尺寸，也取决于间隙的宽度。

当中空玻璃尺寸小、中空腔薄、单片玻璃厚度大时，挠曲变形可明显减小。

(4) 外部冷凝

中空玻璃的外部冷凝在室内外均可发生。如果在室内，主要原因是室外温度过低，室内湿度过大；如果是在室外发生冷凝，主要是由于夜间通过红外线辐射使玻璃外表面上的热量散发到室外，使外片玻璃温度低于环境温度，加上外部环境湿度较大造成的。这些现象不是中空玻璃缺陷，而是由于气候环境和中空玻璃的结构造成的。

2.4.4.7 中空玻璃暖边技术

为改善中空玻璃四周部分热阻过小、容易结露结霜现象，中空玻璃暖边技术应运而生，并得到越来越广泛的应用。

中空玻璃暖边技术的研究方向集中在间隔条材质和间隔条形状的热性能上。采用热导率低的材料替代传统的铝质间隔条，能使内层玻璃周边温度比过去高，避免内层玻璃边缘处的结露。

对暖边系统给出了明确而权威定义的是德国标准 DIN V 4108-4：2002-02，定义式如下：

$$\sum d\lambda = d_1\lambda_1 + d_2\lambda_2 + \cdots + d_n\lambda_n \leqslant 0.007\text{W/K} \tag{2-4}$$

式中 d——所用材料的厚度；

λ——所用材料的热导率。

对一个间隔系统来说，若公式（2-4）成立，即计算结果不大于 0.007W/K，则称为暖边系统；若公式（2-4）不成立，即计算结果大于 0.007W/K，则定义为冷边系统。这个定义已成为欧洲标准和国际标准（详见 ENISO 10077-1：2006 和 ISO 10077-1：2006）。

根据这个定义，可以对间隔系统进行定量的判定。

目前，中空玻璃暖边间隔系统基本上可分为两大类：一类为低热导率的金属框与密封胶组成的刚性间隔系统；另一类是以高分子材料为主制成的非刚性间隔系统。

（1）刚性间隔系统

不锈钢的热导率大大低于铝合金，用不锈钢材料替代铝质间隔条，可改善中空玻璃边部热阻过小的状况。这种间隔系统用不锈钢带压制成槽形，在槽内铺上含分子筛的胶泥，在边部涂胶，折框，最后合片。

该间隔系统能提供足够的强度以保持玻璃片平整，防止绝缘气体外溢和湿气进入，其关键技术是密封胶。对密封胶的性能要求主要有与基材（玻璃、间隔条）的粘接能力、在使用环境下的耐水性、抗太阳光紫外线照射能力、耐高温性和耐低温性，要求密封材料在膨胀收缩的动态下不开裂老化。

TGI 间隔系统是由不锈钢和聚丙烯复合而成的，其中采用的聚丙烯是一种高强度、低导热的隔热材料。这两种材料的组合，使该产品在拥有低导热特性的同时还确保了它的气密性和水密性，起到了防水汽渗透的功能，具有显著的隔热效果。

（2）非刚性间隔系统

由于高分子材料热导率小，所以采用热固性材料做间隔条得到很大发展。

TruSeal 公司的 Swiggle 间隔系统由 100% 固体挤压成型的高质量、热塑性、连续带状柔性材料，密封剂，干燥剂和整体波浪形铝隔片组成。密封剂采用湿气透过率极低的丁基胶，可很好地保持中空玻璃内部气体不泄漏和不被湿气侵蚀。干燥剂采用定向吸附水及挥发气体的专用分子筛，保证中空玻璃内部干燥，延长中空玻璃的使用寿命。整体波浪形铝隔片嵌入到密封和干燥剂组成的制剂中，以控制两片玻璃间的距离，保持规定的空隙厚度和对湿气完全阻挡，隔片的波浪形或凹槽也会增加与玻璃的有效接触面积，控制中空玻璃的空隙尺寸。

Edgetech 公司的超级间隔条（super spacer）是挤出的连续的弹性微孔结构产品，挤出的基准材料是三元乙丙（EPDM）或硅酮，具有耐臭氧、耐候性、抗老化、耐水性和在低温状态下保持弹性的特点。间隔条的微孔结构具有良好的可呼吸性，其内在的分子筛具有快速吸附水汽的作用，使中空玻璃的露点和霜点都下降到很低。间隔条背面覆盖 10 层防水汽渗透的高聚酯材料，与第二道密封胶一起将水汽挡在中空玻璃之外，并将空气或惰性气体保留在中空玻璃间隔层内。

超级间隔条制作中空玻璃的密封工艺与双道密封铝隔条式中空玻璃相反。超级间隔条采用的结构密封胶预涂在间隔条的两侧，这种结构胶是压敏丙烯酸胶黏剂，是第一道密封胶，与超级间隔条背面涂的热熔丁基胶或其他水汽渗透性低的密封胶（第二道密封胶）共同构成中空玻璃的密封系统，使形成的中空玻璃达到优良的使用寿命和密封性能。这种中空玻璃在第二道密封后可立刻搬动运输。

超级间隔条式中空玻璃结构如图 2-16 所示。

2.4.4.8 中空玻璃惰性气体充气技术

为提高中空玻璃的保温性能，还可以在中空玻璃空气腔内填充惰性气体。用于中空玻璃填充的气体，密度要大于空气，这样可降低它们的对流速度，从而降低热传导。

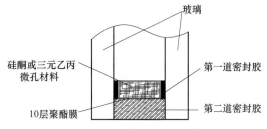

图 2-16　超级间隔条式中空玻璃示意图

目前，较广泛应用于中空玻璃填充的气体是氩气。氩气是一种无色、无味、无毒的气体。在温度为 0℃ 时，氩气的密度为 1.7836kg/m³，大于相同温度条件下的空气密度（1.2928kg/m³）；耐紫外线，不影响可见光透过；空气中含量 1%，是最经济的惰性气体。

其他可用于中空玻璃的惰性气体有氪气和氙气，但价格昂贵。在温度为 0℃ 时，密度分别是 4.56kg/m³ 和 2.86kg/m³，这两种惰性气体的稳定性和反应性与氩气类似。

中空玻璃内的充气量取决于中空玻璃的空腔内容积。一般，单位中空玻璃所需充气量为中空玻璃空腔内容积的 1.5 倍。由于充气气体的密度大于空气，所以，为保证充气质量（浓度）和缩短充气时间，正确的充气方法应该是充气孔在下，空气输出孔在上。

中空玻璃的惰性气体充气方法有两种，即人工充气法和全自动在线气幕充气法。人工充气法充气时，如果进速小于出速，则充气时间过长，降低生产效率；如果进速大于出速，则会造成空气层内气体湍流，要达到要求的浓度，时间也很长，且如果进速过快，会使内部气压大于正常大气压，造成玻璃破碎。全自动气幕式充气法充气时，两片玻璃是分开的，气体是从下向上，既可以保证充气速度，又可以保证充气浓度。

目前，国内还没有对中空玻璃充气检验的标准。国外中空玻璃检测标准的两大体系，欧标 EN1279 和美标 ASTM2188/89/90 中，只有欧标对中空玻璃充气质量检测进行了规定。

欧标 EN1279 的第 3 部分规定了中空玻璃氩气渗出速度和浓度公差的长期检测方法和要求，目的是确保中空玻璃空腔内充惰性气体的量在其寿命期内足以保证中空玻璃的热工性能或隔声性能；EN1279 的第 6 部分为生产过程的质量控制，规定了中空玻璃初始充气浓度的公差及数量。初始浓度为 85%，公差为 -5%～10%，亦即可接受浓度范围是 80%～95%。

EN1279 的第 3 部分和第 6 部分中规定，检测中空玻璃惰性气体浓度的手段，是使用气相色谱仪来分析从中空玻璃空腔内抽取的惰性气体样品。概括地说，采用此种方法检测中空玻璃的浓度，需要在中空玻璃制作时预先放置采样塞；检测时，将气密注射器插入中空玻璃构件的采样塞中，把间隔层中的气体抽入注射器，然后再把注射器里的气体推入间隔层，如此反复进行两次后，把气体试样抽入注射器，然后将注射器内气体注入气相色谱仪的吸附柱内，并记录色谱图。该方法的特点是精度高，范围广，可检测浓度在 5%～100% 的任意浓度；但缺点是：①检测属于破坏性的，经检测后的中空玻璃的密封性能已经破坏；②检测时间过长，一组 20 片充气中空玻璃的检测时间至少 8 天，根据 EN1279，最长达 4 天；③设备投资大，检测需要专业人员从事，且只能在实验室进行，不能对在施工现场或既有建筑窗玻璃检测。

2.4.5 真空玻璃

真空玻璃是基于保温瓶原理，将两片玻璃四周密封起来，将其间隙抽成真空并密封排气口。两片玻璃之间的间隙为 0.1～0.2mm。为使玻璃在真空状态下承受大气压力的作用，两片玻璃板之间放有支撑物，支撑物非常小，不会影响玻璃的透光性，如图2-17所示。

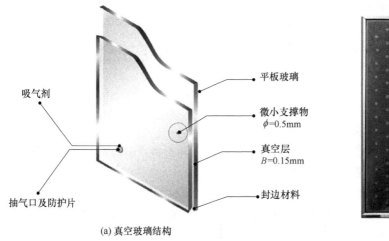

吸气剂

平板玻璃

微小支撑物
$\phi=0.5mm$

真空层
$B=0.15mm$

封边材料

抽气口及防护片

(a) 真空玻璃结构

(b) 真空玻璃立面

图 2-17　真空玻璃

真空玻璃可以与另一片玻璃，或者真空玻璃与真空玻璃组合成中空玻璃。其传热系数可以达到 $0.5W/(m^2 \cdot K)$ 以下。真空玻璃也可以与钢化、夹层、夹丝、黏膜等技术组合成具有防火、隔声、安全等功能的玻璃。

真空玻璃的优点：

① 真空玻璃的保温隔热性能好。真空玻璃的保温性能可达中空玻璃的 2 倍。

② 具有更好的防结露性能。结露温度更低，且不会发生"内结露"问题。

③ 具有良好的隔声性能。尤其是在中低频段，真空玻璃的隔声效果明显优于中空玻璃。

④ 长期稳定性好。由于使用环境温度和环境中水汽等原因，中空玻璃在使用一段时间后，在中空玻璃腔体内会产生可见的水汽，导致中空玻璃失效，而真空玻璃基本不会出现这种情况。

2.4.6　其他玻璃

2.4.6.1　半钢化玻璃

半钢化玻璃是通过控制加热和冷却过程，在玻璃表面引入永久压力层，使玻璃的机械强度和耐热冲击性能提高，并具有特定碎片状态的玻璃制品。半钢化玻璃的表面压应力在 24MPa 到 60MPa 之间，是介于平板玻璃和钢化玻璃之间的一个玻璃品种，兼有平板玻璃和钢化玻璃的部分优点，如强度较平板玻璃高，是平板玻璃的 2 倍，同时又回避了钢化玻璃平整度差、易自爆的缺点。

半钢化玻璃不属于安全玻璃的范畴，不能直接用于天窗和有可能发生人体撞击的部位，常用于公共建筑幕墙（保证安全情况下）、门窗等部位。半钢化玻璃产品应符合《半钢化玻璃》（GB 17841）的规定。

常规尺寸（mm）：2440×3660；最大尺寸（mm）：2440×18000。

2.4.6.2　纳米涂膜隔热玻璃

纳米涂膜隔热玻璃是指表面涂覆纳米隔热涂料，具有阻隔太阳辐射热功能的玻璃制品。可见光透射比保持率指纳米涂膜隔热玻璃耐紫外线老化试验后的可见光透射比与耐紫外线老化试验前的可见光透射比的比值。

纳米涂膜隔热玻璃按涂膜的使用部位分为两种类型：暴露型纳米涂膜隔热玻璃（B 型）是纳米隔热涂料涂层面直接暴露于可导致涂膜受损的外界环境下的涂膜隔热玻璃；非暴露型纳米涂膜隔热玻璃（F 型）是纳米隔热涂料涂层面不直接暴露于可导致涂膜受损的外界环境下的涂膜隔热玻璃。

纳米涂膜隔热玻璃按不同的遮蔽系数分为：Ⅰ型、Ⅱ型、Ⅲ型。

纳米玻璃隔热涂料中应含有纳米级功能材料，涂膜厚度不应小于 $15\mu m$，并且应符合 JG/T 338 的规定。所使用平板玻璃应符合 GB 11614；半钢化玻璃应符合 GB/T 17841；钢化玻璃应符合 GB 15763.3 的规定。

门窗幕墙用纳米涂膜隔热玻璃应符合《门窗幕墙用纳米涂膜隔热玻璃》（JG/T 384）的规定。

由于是在成品玻璃上涂覆纳米隔热涂料，其规格同相应的成品玻璃。

2.4.6.3　压花玻璃

压花玻璃又称花纹玻璃或滚花玻璃，有无色、有色、彩色数种，表面（一面或两面）压有深浅不同的各种花纹图案，具有一定的艺术装饰效果。另外，当光线通过时会产生漫射，具有透光不透明并使光线柔和的特点。压花玻璃采用压延方法制造。压花玻璃应符合《压花玻璃》（JC/T 511）的有关规定。压花玻璃强度有一些损失而易破损，设计计算中应考虑其强度折减。

根据建筑装饰效果的需要，压花玻璃可应用于建筑幕墙、门窗、采光顶、内装等需要透光而不透色的部位以及需要阻断视线的各种场合。

压花玻璃的常规尺寸（mm）：1800×2440；最大尺寸（mm）：1800×3000。

2.4.6.4　热弯玻璃

热弯玻璃是将平板玻璃在曲面坯体上靠自重或加配重等方法加热成型的曲面玻璃。按形状分为单弯热弯玻璃、折弯热弯玻璃和多曲面热弯玻璃。按工艺分为退火热弯玻璃和钢化热弯玻璃。热弯玻璃一般在电炉中进行加工。

热弯玻璃具有美观性，曲面形状中间无连接驳口，线条优美，可根据要求做成各种不规则弯曲面。热弯玻璃应符合《热弯玻璃》（JC/T 915）的规定。

热弯玻璃的原片应使用平板玻璃（压花玻璃除外）。玻璃热弯加工前应做磨边处理。热弯由于属于回火工艺，所以热弯玻璃易出现因强度不足导致的破损现象。

根据建筑曲面的需要，热弯玻璃可应用于建筑幕墙、门窗、采光顶、观光电梯、拱形走廊等。

热弯玻璃的常规尺寸（mm）：2134×3300；最大尺寸（mm）：2440×12000。

2.4.6.5　彩釉玻璃

彩釉玻璃是将玻璃釉料涂布在玻璃表面，经烘干和钢化或半钢化加工处理，在玻璃表面形成牢固釉层的玻璃产品。彩釉玻璃具有许多不同的颜色、花纹、图案，如条状、网状、点状图案等，也可以根据客户的不同需要另行设计花纹以满足不同的建筑装饰效果，同时隔热（遮阳）效果明显。

彩釉玻璃应符合《釉面钢化及釉面半钢化玻璃》（JC/T 1006）的规定。玻璃幕墙的采光用彩釉玻璃，釉料宜采用丝网印刷。玻璃片本身应符合幕墙用玻璃的规定。

根据建筑装饰效果的需要，彩釉玻璃可应用于建筑幕墙、门窗、窗间墙、采光顶、内装等部位。

彩釉玻璃常规尺寸（mm）：2440×3660；丝网印刷最大尺寸（mm）：3300×10000；

数码打印最大尺寸（mm）：3300×18000。

2.4.6.6 光致变色玻璃

光致变色（photochromic）玻璃是一种在太阳或其他光线照射时，颜色会随光线增强而变暗的玻璃，一般在温度升高时（如在阳光照射下）呈乳白色，温度降低时，又重新透明，变色温度的精确度能达到±1℃。

2.4.6.7 热致变色玻璃

热致变色（thermochromic）玻璃可以根据温度来改变透明性。目前正在研发的热致变色材料是在玻璃或塑料间使用凝胶夹层，它能够从低温时的透明状态转变为高温时的白色漫反射状态。当致变发生时，玻璃将丧失视野功能。玻璃的温度是太阳辐射强度和室内外温度的函数，热致变色能够调节进入储热设备的太阳能总量。热致变色玻璃尤其适合用于天窗，因其不透明状态不致影响视野。

2.4.6.8 电致变色玻璃

电致变色（electrochromic）玻璃镀层由夹在两个透明导体间的氧化镍或氧化钨金属涂层组成。当在两个导体间加上电压后，会建立一个分布电场。电场会驱使镀膜层上的各种有色离子（大部分为锂离子或氢离子）作反向移动，穿过离子导体（电解质）并进入到电致变色涂层。其效果就是使得玻璃从透明状态转换成普鲁士蓝，同时也不会降低视野效果，外观上类似于光致变色太阳镜。波音787客机已经使用可调电致变色玻璃舷窗。

2.4.6.9 气致变色玻璃

气致变色（gasochromic）玻璃能够产生类似于电致变色玻璃的效果，但是为了给玻璃上色，稀薄的氢（低于3%的燃烧极限）被引入到中空玻璃的空气腔中。暴露在氧气中，玻璃将回归原来的透明状态。气致变色玻璃的主动式光学组件是一个不到 $1\mu m$ 厚的多孔柱状氧化钨薄膜，这就免除了透明电极和离子导电层的必要性。薄膜厚度和氢气浓度的变化会影响颜色深度。

2.4.7 幕墙用玻璃的要求

① 幕墙玻璃宜采用安全玻璃。所采用的安全玻璃应满足相应规范与标准的要求。

② 幕墙玻璃的公称厚度应经过强度和刚度验算后确定，单片玻璃、中空玻璃的任一片玻璃厚度不宜小于6mm。夹层玻璃的单片玻璃厚度不宜小于5mm，夹层玻璃、中空玻璃两片玻璃厚度差不应大于3mm。

③ 幕墙玻璃边缘应进行磨边和倒角处理。

④ 幕墙玻璃的反射比不应大于0.3。

⑤ 幕墙采用中空玻璃时，除应满足《中空玻璃》（GB 11944）的有关规定外，还应符合下列规定：

a. 中空玻璃气体层厚度不应小于9mm。

b. 中空玻璃应采用双道密封。一道密封应采用丁基热熔密封胶；隐框、半隐框及点支承玻璃幕墙用中空玻璃的二道密封应采用硅酮结构密封胶，明框玻璃幕墙用中空玻璃的二道密封应采用聚硫类中空玻璃密封胶，也可采用硅酮密封胶。二道密封应采用打胶机进行混合、打胶。

c. 中空玻璃的间隔铝框可采用连续折弯型或插角型，不得使用热熔型间隔胶条。间隔铝框中的干燥剂宜采用专用设备装填。

d. 中空玻璃加工过程应采取相应措施，消除玻璃表面可能产生的凹凸现象。

⑥ 幕墙用钢化玻璃宜经过均质处理。

⑦ 玻璃幕墙采用夹胶玻璃时，应采用干法加工合成。

⑧ 玻璃幕墙采用单片低辐射镀膜玻璃时，应使用在线热喷涂低辐射镀膜玻璃；离线镀膜的低辐射镀膜玻璃宜加工成中空玻璃，且镀膜面朝向中空气体层。

⑨ 有防火要求的玻璃，应根据防火等级要求，采用单片防火玻璃及其制品。

2.4.8　单银、双银和三银 Low-E 玻璃

目前，离线低辐射镀膜按膜层结构可分为单银低辐射膜、双银低辐射膜和三银低辐射膜三种。

一般单银 Low-E 膜主要是依靠均匀分布在中间层的银层（Ag）来起到反射远红外热辐射作用，整个膜层厚度约 $45\sim75nm$。单银 Low-E 玻璃通常只含有一层功能层（银层），加上其他的金属及化合物层，膜层总数达到 5 层，如图 2-18 所示。

双银 Low-E 膜有两层银层均匀分布在其他起保护作用的金属氧化物之间，膜层中的银层（Ag）相隔重叠在中间层，银基膜层的厚度约在 $5\sim12nm$，形成金属层与绝缘层相互交叉的特殊薄膜结构。双银 Low-E 玻璃通常具有两层功能层（银层），加上其他的金属及化合物层，膜层总数达到 9 层，如图 2-19 所示。

三银 Low-E 膜有三层银膜均匀分布在其他起保护作用金属氧化物之间，三银 Low-E 玻璃具有三层功能层（银层），加上其他金属及化合物层，膜层总数达到 13 层。

双银 Low-E 玻璃、三银 Low-E 玻璃比单银 Low-E 玻璃具有更低的遮阳系数和传热系数，能够阻挡更多的太阳辐射热能，更大限度地将太阳光过滤成冷光源。

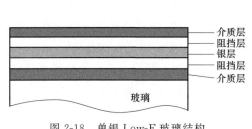

图 2-18　单银 Low-E 玻璃结构

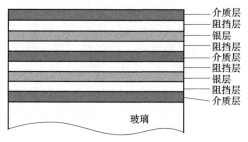

图 2-19　双银 Low-E 玻璃结构

2.4.9　镀膜玻璃膜面的判别

镀膜玻璃在深加工时，膜面放置方向会直接影响产品质量。

通常，镀膜玻璃膜面判别方法有如下几种：

① 仪器检测法。使用专业的膜面检测器。这种方法专业、方便、快捷、准确，在镀膜玻璃膜面密封的情况下（如中空、夹层组合），也能测出哪面为膜面。

② 感应检测法。用感应笔，一手触摸被测面，另一手拿感应笔，手指碰到感应笔电极上，并用笔尖碰触被测面，若看到灯亮或听到鸣叫声，可判断为膜面。

③ 经验观察法。a. 用手触摸玻璃表面，光滑面为玻璃面，非光滑面为膜面，但对优质镀膜玻璃，膜面和玻璃面都很光滑，很难判断准确。b. 借用灯光或打火机火光，对着玻璃一面往里看，若有两个光影、光影变红的为膜面，光影无变化的为玻璃面。c. 铅笔看影子

法。将削好头的铅笔，笔头接触被测面，倾斜（45°～60°为宜）放置，看出两个影子的面为膜面，另一面即为玻璃面，此方法尤其适用于热反射镀膜玻璃。d. 根据玻璃切割后边部迹象判断，边缘粗糙的一面为膜面，边缘平整的一面为玻璃面。

2.5 人造板材

随着新型建筑材料的飞速发展，越来越多性能优越、可设计性强的人造板材应用于建筑幕墙中。幕墙常用人造板材包括微晶玻璃、瓷板、陶板、石材蜂窝板、木纤维板和纤维水泥（GRC）板等。

(1) 微晶玻璃

微晶玻璃是由适当组成的玻璃颗粒经烧结和晶化，制成由结晶相和玻璃相组成的质地坚实、致密均匀的复相材料。

微晶玻璃按颜色基调分有白色、米色、灰色、蓝色、绿色、红色、黑色等；按形状分有普型板（P）和异型板（Y）；按表面加工程度分有镜面板（JM 表面呈镜面光泽的板）、亚光面板（YG 表面具有均匀细腻光漫反射能力的板）。微晶玻璃按板材的规格尺寸允许偏差、平面度公差、角度公差、外观质量、光泽度分为优等品（A）、合格品（B）两个等级。

幕墙用微晶玻璃应符合《建筑装饰用微晶玻璃》（JC/T 872）中外墙装饰用微晶玻璃的规定，公称厚度不应小于 20mm。在进行抗急冷急热试验时，尚应在试样表面均匀涂抹一层墨水，等待 5min 后，用干净抹布将表面擦拭干净，不应有目视可见的微裂纹。

(2) 陶瓷板

人们把用陶土制作成的在专门的窑炉中高温烧制的物品称作陶瓷，陶瓷是陶器和瓷器的总称。陶瓷的传统概念是指所有以黏土等无机非金属矿物为原料的人工工业产品，它包括由黏土或含有黏土的混合物经混炼、成型、煅烧而制成的各种制品，由最粗糙的土器到最精细的精陶和瓷器都属于它的范畴。其主要原料是取之于自然界的硅酸盐矿物（如黏土、石英等），因此与玻璃、水泥、搪瓷、耐火材料等工业同属于"硅酸盐工业"的范畴。

建筑幕墙用陶板是以天然陶土为主要原料，添加少量石英、浮石、长石及色料等其他成分，经过高压挤出成型、低温干燥及 1200℃ 的高温烧制而成，具有绿色环保、无辐射、色泽温和、不会带来光污染等特点。经过烧制的陶板因热胀冷缩会产生尺寸上的差异，经高精度机械切割后，检验合格方可供应市场。

幕墙用陶板应符合《建筑幕墙用陶板》（JG/T 324）的规定。

建筑幕墙用瓷板是指吸水率平均值 ε 不大于 0.5% 的干压瓷质板。幕墙用瓷板应符合《建筑幕墙用瓷板》（JG/T 217）的规定。

(3) 石材蜂窝复合板

石材蜂窝复合板是天然石材与铝蜂窝板、钢蜂窝板或玻璃纤维蜂窝板粘结而成的板材。幕墙用石材蜂窝板应符合《建筑装饰用石材蜂窝复合板》（JG/T 328）的规定。面板石材为亚光面或镜面时，石材厚度宜为 3～5mm；面板石材为粗面时，石材厚度宜为 5～8mm。石材表面应涂刷符合《建筑装饰用天然石材防护剂》（JG/T 973）规定的一等品及以上要求的饰面型石材防护剂，其耐碱性、耐酸性宜大于 80%。

(4) 玻璃纤维增强水泥（GRC）板

玻璃纤维增强水泥（glassfibre reinforced concrete，GRC）板是一种以耐碱玻璃纤维为增强材料、水泥砂浆为基体材料的纤维水泥复合材料。它的突出特点是具有很好的抗拉强度和抗折强度，以及较好的韧性，尤其适合制作装饰造型和用来表现强烈的质感。

幕墙用纤维水泥板应采用符合《外墙用非承重纤维增强水泥板》（JG/T 396）规定的外墙用涂装板，在未经表面防水处理和涂装处理状态下，板材的表观密度 D 不宜小于 $1.5g/cm^3$，吸水率不应大于 20%，强度等级不宜低于Ⅲ级，饱水状态抗折强度不宜小于 $18MPa$。

(5) 高压热固化木纤维板

高压热固化木纤维板是由普通型或阻燃型高压热固化木纤维（HPL）芯板与一个或两个装饰面层在高温高压条件下固化粘结形成的板材。

"千思板"是这种板材的一个知名品牌。千思板牌板材是一种漂亮的、多功能的室外、室内用建材，其板材品质高、无公害、清洁、安全，为人们创造了舒适的生活空间。

幕墙用木纤维板应符合《建筑幕墙用高压热固化木纤维板》（JG/T 260）阻燃型的规定。

2.6 密封材料

建筑幕墙用密封材料主要有密封胶和密封胶条等。密封材料的选取和使用对幕墙极为关键，应选用有较好的耐候性、抗紫外线和粘结性的密封材料。

2.6.1 密封胶

胶黏剂是指通过物理或化学作用，能使被粘物结合在一起的材料。结构型胶黏剂是指用于受力结构件胶接的，能长期承受使用应力、环境作用的胶黏剂。

密封胶是指以非成型状态嵌入接缝中，通过与接缝表面粘结而密封接缝的材料。

建筑幕墙用密封胶主要有硅酮结构密封胶、各类接缝密封胶、中空玻璃一道密封胶、中空玻璃二道密封胶、干挂石材幕墙用环氧树脂胶黏剂等，主要起结构粘结或接缝密封的作用。

建筑幕墙常用密封胶按化学组成分类，见表 2-110。

表 2-110　建筑幕墙用密封胶按化学组成分类

化学组成分类	特点	缺点	用途
硅酮胶	优异的耐老化性能；在较宽温度范围内可以保持弹性	表面不能刷漆(可以调配成客户需要的颜色)；普通硅酮胶容易吸附灰尘污染接缝附近的面板	隐框、半隐框幕墙的结构密封胶、各种幕墙的接缝密封胶、中空玻璃二道密封胶
聚氨酯胶	可以刷漆,不易吸附灰尘,气体透过率较低	不耐紫外老化,老化后表面出现裂纹,与玻璃粘结面被紫外线照射后会脱胶	石材幕墙接缝密封胶
有机硅改性聚醚密封胶	可以刷漆,不易吸附灰尘	不耐紫外老化,老化后表面出现裂纹,与玻璃粘结面被紫外线照射后会脱胶	石材幕墙接缝密封胶
热熔丁基胶	气体透过率极低	与界面属于物理粘结,弹性差	中空玻璃一道密封胶
聚硫胶	气体透过率较低	不耐紫外老化,与玻璃粘结面被紫外线照射后会脱胶	明框幕墙中空玻璃二道密封胶
环氧胶	粘接强度高,硬度高,不污染石材,抗水、防潮、耐候性能好	胶比较脆,弹性较差	干挂石材幕墙挂件与石材的粘结

2.6.1.1 硅酮密封胶

硅酮密封胶是指以聚硅氧烷为主要原料，添加交联剂、催化剂、偶联剂等助剂和填料而生产的一种密封胶，也叫有机硅密封胶。硅酮密封胶的高分子链主要由 Si—O—Si 链组成，在固化过程中交联形成网状的 Si—O—Si 骨架结构。Si—O 键键能（444kJ/mol）很高，不仅远大于其他聚合物键能，而且还大于紫外线能量（399kJ/mol）。硅酮密封胶的分子结构使得硅酮密封胶具有优异的耐高低温性能、耐候性能和耐紫外性能。

建筑幕墙用硅酮密封胶按组分个数可分为单组分和双组分两类。

单组分硅酮密封胶是通过与空气中的水分发生反应进行固化的，因此，需要有足够与空气接触的界面，固化过程由表面逐渐向深层进行，其深层固化速度相对较慢，深度太深较难固化，其固化速度不可调，对施工环境温度、湿度等有一定要求，受环境湿度影响较大。一般情况下，需要 5～7d 才具有一定的强度，达到最佳效果则需 7～21d。单组分因其使用简便等原因，一般适用于工地施工。

双组分硅酮密封胶有 A、B 两个组分，不需要与空气中的水反应即可固化，固化速度快，可以在密闭环境下固化，也可以深层固化，固化速度可调，受环境湿度影响小。使用时需要先将两个组分混合均匀，然后在一定的时间内将胶注入用胶部位，混合超过一定时间密封胶就会固化，无法使用。双组分一般需 2～5d 就能达到强度。双组分胶因其固化速度较快、可深层固化等特点，一般适用于中空玻璃密封。

硅酮结构密封胶是指在建筑幕墙中能够传递动态和静态荷载的、以聚硅氧烷高分子为基础的粘结密封材料，主要用于隐框、半隐框玻璃幕墙中空玻璃内片与外片、玻璃与铝合金附框的粘结密封。硅酮结构密封胶需要长期承受紫外线老化，并且长期承受风荷载、地震荷载、重力荷载以及由于主体结构变形或温差导致的内应力，因此对强度、粘结性、耐老化性、高低温条件下的性能都要求较高，对弹性也有一定要求。

用于全玻璃幕墙玻璃肋与面板粘结的硅酮结构密封胶应符合《建筑用硅酮结构密封胶》（GB 16776）的要求。该标准综合考虑了强度、粘结性和弹性指标，规定了粘接破坏面积和硅酮结构密封胶在各种条件下的拉伸粘结强度，以保障幕墙的安全性与耐久性。

用于隐框、半隐框幕墙玻璃与铝合金副框粘结的硅酮结构密封胶应符合《建筑幕墙用硅酮结构密封胶》（JG/T 475）的要求。该标准参照了欧洲 ETAG002《结构密封胶装配系统欧洲技术认可指南》中对硅酮结构密封胶的要求，与 GB 16776 相比，规定了标准状态下拉伸粘结强度应不小于 0.5MPa，同时规定了多种检测条件下拉伸粘结强度的保持率应不低于75%，且增加了多项检测指标，如盐雾条件下拉伸强度保持率、酸雾条件下拉伸强度保持率、剪切强度、高温剪切强度保持率、低温剪切强度保持率、撕裂强度保持率、疲劳循环强度保持率等，延长了水-紫外光照的时间至 1008h。

在弹性、粘结性、耐久性满足要求的情况下，结构胶的拉伸粘结强度越高，安全系数越高。

2.6.1.2 幕墙用硅酮密封胶的要求

(1) 幕墙用 硅酮结构密封胶应符合《建筑用硅酮结构密封胶》（GB 16776）和《建筑幕墙用硅酮结构密封胶》（JG/T 475）的相关规定

① 双组分产品两组分的颜色应有明显区别。

② 硅酮结构密封胶的物理性能应满足表 2-111 的要求。硅酮结构密封胶不应与聚硫密

封胶接触使用。

表 2-111 硅酮结构密封胶物理性能

检测项目		单位	技术指标
下垂度	垂直放置	mm	≤3
	水平放置	—	不变形
挤出性①		s	≤10
适用期②		min	≥20
表干时间		h	≤3
硬度（Shore A）		—	20~60
拉伸粘结性	拉伸粘结强度 23℃	N/mm²	≥0.60
	90℃	N/mm²	≥0.45
	−30℃	N/mm²	≥0.45
	浸水后	N/mm²	≥0.45
	水-紫外线光照后	N/mm²	≥0.45
	粘结破坏面积	%	≤5
	最大拉伸强度时伸长率（23℃）	%	≥100
热老化	热失重	%	≤10
	龟裂	—	无龟裂
	粉化	—	无粉化

① 仅适用于单组分产品。

② 仅适用于双组分产品。

③ 硅酮结构密封胶和硅酮建筑密封胶应具备产品合格证、有保质年限的质量保证书及相关性能检测报告。

④ 同一幕墙工程应采用同一品牌的单组分或双组分硅酮结构密封胶。同一幕墙工程应采取同一品牌的硅酮结构密封胶和硅酮耐候密封胶配套使用。用于石材幕墙的硅酮结构密封胶应有证明无污染的试验报告。

⑤ 硅酮结构密封胶和硅酮建筑密封胶必须在有效期内使用。

⑥ 硅酮结构密封胶使用前，应经国家认可的检验机构进行与其相接触材料的相容性和剥离粘结性试验，并对邵氏硬度、标准状态拉伸粘结性能进行复验。检验不合格的产品不得使用。进口硅酮结构密封胶应具有商检报告。

⑦ 隐框和半隐框玻璃幕墙，其玻璃与铝型材粘结必须采用中性硅酮结构密封胶；全玻璃幕墙和点支承幕墙采用镀膜玻璃时，不应采用酸性硅酮结构密封胶。酸性硅酮结构密封胶会与金属或玻璃镀膜层内的金属元素发生化学反应，导致粘接破坏。

⑧ 硅酮结构密封胶与配套使用的底漆应由同一生产厂配制。底漆应有明显的颜色识别，并提供使用说明书。必须严格按照使用说明书的要求操作。

⑨ 硅酮结构密封胶和硅酮建筑密封胶应标明如下内容：产品名称、产品标记、生产厂名称及厂址、生产日期、产品生产批号、贮存期、包装产品净容量、产品颜色、产品使用说明。

(2) 幕墙用硅酮建筑密封胶应符合《硅酮建筑密封胶》（GB/T 14683）的规定

密封胶的位移能力应符合设计要求，且不小于 20%，其性能应满足表 2-112 的要求。宜采用中性硅酮建筑密封胶。

2.6.1.3 中空玻璃用密封胶

中空玻璃用密封胶可分为热塑性和热固性两大类。热塑性中空玻璃密封胶有热熔丁基胶

（hot melt sealant）、实维高胶条（Swiggle）和聚异丁烯（PIB）等。热固性中空玻璃密封胶有聚硫胶、聚氨酯和硅酮胶等。

中空玻璃的第一道密封胶几乎都使用热熔丁基胶，它不透气、不透水，但没有强度。第二道密封胶有聚硫密封胶、聚氨酯密封胶和硅酮密封胶。聚硫密封胶在紫外线照射下容易老化，只能用在以镶嵌槽夹持法安装的中空玻璃；隐框幕墙、半隐框幕墙、全玻璃幕墙、点支承幕墙用中空玻璃的二道密封必须采用硅酮结构密封胶。

表 2-112　硅酮建筑密封胶的性能要求

项 目		技术指标			
		25HM	20HM	25LM	20LM
密度/(g/cm³)		规定值±1			
下垂度/mm	垂直	≤3			
	水平	无变形			
表干时间/h		≤3			
挤出性/(mL/min)		≥80			
弹性恢复率/%		≥80			
拉伸模量/MPa	23℃	＞0.4 或		≤0.4 或	
	−20℃	＞0.6		≤0.6	
定伸粘结性		无破坏			
紫外线辐照后粘结性		无破坏			
冷拉-热压后粘结性		无破坏			
浸水后定伸粘结性		无破坏			
质量损失率/%		≤10			

对于结构安装中空玻璃因要求密封系统具有极高的粘接力和抗紫外线能力，必须使用聚异丁烯（PIB）和硅酮结构胶双道密封。

《中空玻璃用硅酮结构密封胶》（GB 24266）中对空玻璃用硅酮结构密封胶的分类、要求、试验方法、检验规则等进行了规定；《中空玻璃用弹性密封胶》（GB/T 29755）和《建筑门高幕墙用中空玻璃弹性密封胶》（JG/T 471）对中空玻璃用弹性密封胶的分类、要求、试验方法、检验规则、标志、包装和贮存等进行了规定；《中空玻璃用丁基热熔密封胶》（JC/T 914）对中空玻璃用丁基热熔密封胶的分类、要求、试验方法、检验规则、标志、包装和贮存等进行了规定。

2.6.1.4　石材幕墙用密封胶

石材幕墙金属挂件与石材间粘接、固定和填缝胶应具有高机械性抵抗能力。环氧干挂石材胶主要用于石材幕墙的石材面板与金属挂件结构粘接。

干挂石材用环氧胶黏剂应符合《干挂石材幕墙用环氧胶粘剂》（JC 887）的相关规定，其物理力学性能应满足表 2-113 的要求。

表 2-113　环氧胶黏剂物理力学性能

项 目	单 位	技术指标	
		快固	普通
适用期	min	5～30	＞30～90
弯曲弹性模量	MPa	≥2000	
冲击强度	kJ/mm²	≥3.0	
拉剪强度(不锈钢-不锈钢)	MPa	≥8.0	

项　目			单　位	技　术　指　标	
				快固	普通
压剪强度	石材-石材	标准条件 48h	MPa	≥10.0	
		浸水 168h	MPa	≥7.0	
		热处理 80℃，168h	MPa	≥7.0	
		冻融循环 50 次	MPa	≥7.0	
	石材-不锈钢	标准条件 48h	MPa	≥10.0	

石材是多孔材料（如大理石、石灰石、砂石、花岗石），易受污染，且污染后难以清洗，无论是硅酮类还是聚氨酯类或聚硫类密封胶对石材均有不同程度的污染，使石材外观极为难看。石材污染的原因是密封胶中的小分子（如增塑剂）等非反应性物质从胶中渗出，渗入到石材的孔隙中，使石材表面出现油污和吸灰。密封胶中的增塑剂是用于改善密封胶的弹性及硬度的，为得到高质量的密封胶，绝大多数密封胶中均含有小分子类的增塑剂。

酸性密封胶不宜用于石材的接缝密封，因为许多石材含有碳酸盐及金属氧化物，与胶中的酸起反应，易出现粘结性问题，特别是浸水后粘结性差的问题。石材的污染问题还有其他多种造成因素，如底胶的使用、石材加工过程中使用的助剂、密封胶表面吸附的油污及灰尘、密封胶老化降解等因素均可能造成对石材的污染。用户在选用石材及密封胶时应做污染性试验，判断是否会产生污染现象。

2.6.1.5　防火阻燃密封胶

防火密封胶主要用于建筑幕墙防火、防烟封堵时承托板与主体结构、幕墙结构及承托板之间的缝隙、防火分区的接缝等缝隙部位，性能应符合《防火封堵材料》（GB 23864）中防火密封胶的要求和《建筑用阻燃密封胶》（GB/T 24267）的要求。

2.6.1.6　接缝用密封胶

建筑幕墙接缝用密封胶主要起密封接缝的作用，需要承受幕墙接缝的拉伸、压缩、剪切等变形，要求弹性好，对强度没有要求。接缝密封胶的弹性用位移能力来表示，《建筑密封胶分级和要求》（GB/T 22083）中将接缝密封胶分为 7.5、12.5P、12.5E、20、25、35、50、100/-50 八个级别，对应密封胶承受接缝宽窄变化的百分比（25 级就是能够承受胶缝宽度在 ±25% 之间变化），并且规定了各类位移能力级别的密封胶应满足的性能指标。建筑幕墙的接缝一般变形较大，应选用位移能力 20 级以上的接缝密封胶产品，并应符合设计要求。各种条件相同的情况下，所选接缝密封胶位移能力越高，接缝密封的耐久性也就越好。

玻璃幕墙用接缝密封胶应选用硅酮建筑密封胶，性能应符合《幕墙玻璃接缝用密封胶》（JC/T 882）或《建筑密封胶分级和要求》（GB/T 22083）中 G 类、20 级以上的要求或《硅酮和改性硅酮建筑密封胶》（GB/T 14683）中 SR 类的要求。其他种类的密封胶（如聚氨酯密封胶、有机硅改性聚醚密封胶等）不耐紫外老化，其与玻璃粘结面被紫外线照射后会脱胶。

石材幕墙及其他多孔型面板材料幕墙（如陶板、瓷板等）用接缝密封胶应选用石材专用密封胶，性能应符合《石材用建筑密封胶》（GB/T 23261）的要求，以防止密封胶中增塑剂扩散到石材中，对石材造成渗透污染。

其他无孔型面板幕墙的接缝用密封胶宜选用硅酮建筑密封胶，性能应符合《幕墙玻璃接缝用密封胶》（JC/T 882）或《建筑密封胶分级和要求》（GB/T 22083 中 F 类、20 级以上的要求和《硅酮和改性硅酮建筑密封胶》（GB/T 14683）中 SR 类的要求。

2.6.1.7　密封胶的选用

不同幕墙形式及不同部位所用密封胶，可参考表 2-114 选取。

表 2-114 密封胶的选用

幕墙形式	部位	密封胶种类	备注
玻璃幕墙玻璃采光顶	中空玻璃一道密封	中空玻璃用丁基热熔密封胶	
	中空玻璃二道密封（隐框幕墙、半隐框幕墙、全玻幕墙、点支承幕墙、明框幕墙）	中空玻璃用硅酮结构密封胶	WH 类
	中空玻璃二道密封（明框幕墙）	中空玻璃用弹性密封胶（硅酮、聚硫）	W 类
	玻璃与铝合金副框之间的结构粘结	建筑幕墙用硅酮结构密封胶	
	玻璃肋与面板之间的粘结（全玻幕墙）	建筑用硅酮结构密封胶	
	接缝密封	硅酮建筑密封胶	SR 类，G 类、20 级以上
金属幕墙	接缝密封	硅酮建筑密封胶	SR 类，F 类、20 级以上
石材幕墙	接缝密封	石材用建筑密封胶（硅酮、聚氨酯、改性聚醚）	
	干挂石材幕墙挂件与石材之间的粘结	干挂石材幕墙用环氧树脂胶黏剂	
其他幕墙	接缝密封（陶板、瓷板等多孔型材料面板）	石材用建筑密封胶（硅酮、聚氨酯、改性聚醚）	
	接缝密封（微晶玻璃、金属板等无孔型材料面板）	硅酮建筑密封胶	SR 类，F 类、20 级以上
各种幕墙	防火分区接缝密封	建筑用阻燃密封胶、防火封堵材料（硅酮、改性聚醚、聚硫、聚氨酯、丙烯酸、丁基）	

2.6.2 密封胶条

密封胶条主要用于建筑幕墙构件，如玻璃与框之间、幕墙单元板块之间的结合部位，能够防止内、外介质（雨水、空气、沙尘等）侵入，防止或减轻由于机械的振动、冲击所造成的影响，达到密封、隔声、隔热和减振等作用。

幕墙用密封胶条及其他橡胶制品应采用三元乙丙橡胶（EPDM）、氯丁橡胶（CR）及硅橡胶。密封胶条应为挤出成型，橡胶块应为压膜成型。

三元乙丙橡胶是乙烯、丙烯和少量第三单体的共聚物，综合性能优异，具有突出的抗阳光紫外线、耐候性、耐热老化、耐高低温性、耐臭氧性、耐化学介质性、耐水性、良好的电绝缘性和弹性以及其他物理力学性能；缺点是在一般矿物油和额外二酯系润滑油中膨胀量大。使用温度范围 $-60\sim150℃$。

氯丁橡胶具有较好的弹性和力学性能，优异的耐光、耐热、耐老化、耐油及耐化学药品腐蚀性，尤其是其耐臭氧性能、耐候性、耐燃性更突出，在非极性溶剂中有很大的稳定性；缺点是不耐寒，低温时易结晶硬化，贮存稳定性差，加工不易控制。使用温度范围 $-40\sim120℃$，可作为丁腈橡胶的代用品。

硅橡胶具有突出的耐高、低温特性，耐臭氧及耐天候老化性能，有极好的疏水性和适当的透气性，具有无与伦比的绝缘性能；缺点是机械强度在橡胶材料中是最差的，不耐油。使用温度范围为 $-100\sim300℃$。

幕墙用密封胶条应符合《建筑门窗、幕墙用密封胶条》（GB/T 24498）等标准和规范的要求。胶条表面应光滑、无裂纹、无起泡或凹凸、穿孔等缺陷。用手按压胶条，当手放松时，胶条能迅速恢复原状，弹力丰富、不粘手、手感好。截面形状符合设计要求。取一段胶条穿于铝型材相应的槽内，用手向不同的方向扯动，胶条应只在槽内滑动，而不脱出槽外。

橡胶密封材料应有良好的弹性和抗老化性能，低温时能保持弹性，不发生脆性断裂。

2.7 金属连接件与紧固件

幕墙用连接件、紧固件、组合配件宜选用不锈钢或铝合金材料，应符合国家现行标准的规定，并具备产品合格证、质量保证书及相关性能的检测报告。

铝合金结构焊接应符合《铝合金结构设计规范》（GB 50429）和《铝及铝合金焊丝》（GB/T 10858）的规定，焊丝宜选用 SAIMG-3 焊丝（Eur 5356）或 SAISi-1 焊丝（Eur 4043）。

紧固件把两个及以上的金属或非金属构件连接紧固在一起，连接方式分不可拆卸连接和可拆卸连接两类。铆接属于不可拆卸连接，螺纹连接属于可拆卸连接。

常用紧固件有普通螺栓、螺钉、螺柱和螺母，不锈钢螺栓、螺钉、螺柱和螺母以及抽芯铆钉、自攻螺钉等。

螺栓、螺钉、螺柱等的力学性能、化学成分应符合《紧固件机械性能》（GB/T 3098.1～3098.21）的规定。螺钉、螺栓、铆钉整体表面圆滑，镀锌面色泽均匀，表面没有腐蚀斑点，螺栓、螺钉与螺母配合适当。长度、直径、螺纹长度、螺母厚度应分别符合各有关规范、标准的要求。

2.7.1 螺栓

六角头螺栓应用普遍，产品等级分为 A 级、B 级和 C 级，A 级最精确，C 级最不精确。

(1) 六角头螺栓 C 级

C 级用于表面粗糙、装配精度要求不高的连接。常用规格见表 2-115。

表 2-115 六角头螺栓 C 级常用规格　　　　　　　　　单位：mm

螺纹规格 d		M5	M6	M8	M10	M12	M16	M20	M24
b 参考	$l \leqslant 125$	16	18	22	26	30	38	46	54
	$125 < l \leqslant 200$	—	—	28	32	36	44	52	60
	$l > 200$	—	—	—	—	—	57	65	73
l 公称		25～50	30～60	35～80	40～100	45～120	55～160	65～200	80～240

注：l 系列规格包括 25、30、35、40、45、60、65、70、80、90、100、110、120、130、140、150、160、180、200、220、240；b 参考指螺纹长度。

(2) 六角头螺栓-全螺纹 C 级

全螺纹 C 级用于表面粗糙、对精度要求不高但要求较长螺纹的连接。常用规格见表 2-116。

表 2-116 六角头螺栓-全螺纹 C 级常用规格　　　　　　　单位：mm

螺纹规格 d	M5	M6	M8	M10	M12	M16	M20	M24
l 公称	10～40	12～50	16～65	20～80	25～100	35～100	40～100	50～100

注：l 系列规格包括 10、12、16、20、25、30、40、45、50、55、60、65、70、80、90、100。

（3）六角头螺栓 A 级和 B 级

六角头螺栓 A 级和 B 级用于表面光洁、装配精度要求高以及受较大冲击、振动或变载荷的连接。

A 级适用于 $d \leqslant 24\text{mm}$ 和 $l \leqslant 10d$ 或 $\leqslant 150\text{mm}$（按较小值）的螺栓；B 级适用于 $d > 24\text{mm}$ 和 $l > 10d$ 或 $> 150\text{mm}$（按较小值）的螺栓。

（4）钢膨胀螺栓

钢膨胀螺栓用于构件与水泥基（墙）的连接。常用规格见表 2-117。

表 2-117　钢膨胀螺栓常用规格

螺纹规格 d	螺栓总长 L	胀管 外径 D	胀管 长度 L_1	被连接件厚度 H	钻孔 直径	钻孔 深度	允许承受拉(剪)力 静止状态 拉力	允许承受拉(剪)力 静止状态 剪力	允许承受拉(剪)力 悬吊状态 拉力	允许承受拉(剪)力 悬吊状态 剪力
		mm					N			
M6	65,75,85	10	35	L−55	10.5	35	2354	1765	1667	1226
M8	80,90,100	12	45	L−65	12.5	45	4315	3236	2354	1765
M10	95,110,125,130	14	55	L−75	14.5	55	6865	5100	4315	3236
M12	110,130,150,200	18	65	L−90	19	65	10101	7257	6865	5100
M16	150,175,200,220,250,300	22	90	L−120	23	90	19125	13730	10101	7257

注：被连接件厚度 H 计算方法举例，如螺栓规格为 M12×130，其 $H = L - 90 = 130 - 90 = 40$（mm）。

2.7.2　螺钉

常用螺钉型式有开槽螺钉、十字槽螺钉、内六角螺钉等。

（1）开槽螺钉

开槽螺钉包括开槽圆柱头螺钉、开槽沉头螺钉、开槽半沉头螺钉和开槽盘头螺钉等。

开槽螺钉用于两个构件的连接，与六角头螺栓的区别是头部用平头改锥拧动。常用规格见表 2-118。

（2）十字槽螺钉

十字槽螺钉包括十字槽沉头螺钉、十字槽半沉头螺钉、十字槽盘头螺钉和十字槽圆柱头螺钉。

十字槽螺钉用于两构件连接，与六角头螺栓的区别是头部用十字改锥拧动。常用规格见表 2-119。

表 2-118　开槽螺钉常用规格　单位：mm

螺纹规格 d		M2.5	M3	M4	M5	M6	M8	M10
$b_{\min}$	圆柱头	—	—	38	38	38	38	38
	盘头	25	25	38	38	38	38	38
	沉头	25	25	38	38	38	38	38
	半沉头	25	25	38	38	38	38	38
l公称		4~25	5~30	6~40	8~50	8~60	10~80	12~80

注：l 系列规格包括 4，5，6，8，10，12，14，16，20，25，30，40，45，50，55，60，65，70，75，80。

表 2-119　十字槽盘头螺钉、十字槽沉头螺钉和十字槽半沉头螺钉常用规格　单位：mm

螺纹规格 d	M2.5	M3	M4	M5	M6	M8	M10
$b_{\min}$	25	25	38	38	38	38	38
l公称	3~25	4~30	5~40	6~45	8~60	10~60	12~60

注：l 系列规格包括 3，4，5，6，8，10，12，14，16，20，25，30，35，40，45，50，55，60。

(3) 自攻螺钉

自攻螺钉包括开槽沉头自攻螺钉、开槽半沉头自攻螺钉开槽盘头自攻螺钉、六角头自攻螺钉、十字槽盘头自攻螺钉、十字槽沉头自攻螺钉、十字槽半沉头自攻螺钉。

自攻螺钉用于薄片（金属、塑料等）与金属基体的连接。常用规格见表 2-120。

表 2-120 自攻螺钉常用规格 单位：mm

螺纹规格 d	螺纹大径		螺距 p	对边宽度 s	十字槽号	螺杆长度 l					
	号码	$\leqslant$				十字槽自攻螺钉		开槽自攻螺钉			六角头自攻螺钉
						盘头	沉头、半沉头	盘头	沉头	半沉头	
ST2.2	2	2.24	0.8	3.2	0	4.5～16	4.5～16	4.5～16	4.5～16	4.5～16	4.5～16
ST2.9	4	2.19	1.1	5.0	1	6.5～19	6.5～19	6.5～19	6.5～19	6.5～19	6.5～19
ST3.5	6	3.53	1.3	5.5	2	9.5～25	9.5～25	6.5～22	9.5～25	9.5～22	6.5～22
ST4.2	8	4.22	1.4	7.0	2	9.5～32	9.5～32	9.5～25	9.5～32	9.5～25	9.5～25
ST4.8	10	4.80	1.6	8.0	2	9.5～38	9.5～32	9.5～32	9.5～32	9.5～32	9.5～32
ST5.5	12	5.46	1.8	8.0	3	13～38	13～38	13～32	13～38	13～32	13～32
ST6.3	14	6.25	1.8	10.0	3	13～38	13～38	13～38	13～38	13～38	13～38
ST8.0	16	8.00	2.1	13.0	4	16～50	16～50	16～50	16～50	16～50	16～50
ST9.5	20	9.65	2.1	16.0	4	16～50	16～50	16～50	16～50	16～50	16～50

2.7.3 螺母

螺母的型式有方螺母、六角螺母、异型螺母等，六角螺母应用普遍，一般用于螺栓承受剪力为主，或结构、位置要求紧凑的地方，分为 A 级、B 级和 C 级，与相应精度的螺栓配合使用。

幕墙连接常用螺母有 1 型六角螺母 C 级、1 型六角螺母 A 级和 B 级、2 型六角螺母 A 级和 B 级。

螺母与螺栓、螺柱配合使用，连接紧固构件。

C 级用于表面粗糙、对装配精度要求不高的连接，A 级用于螺纹直径≤16mm 的连接，B 级用于螺纹直径>16mm、表面光洁、对精度要求较高的连接。常用规格见表 2-121。

表 2-121 1 型和 2 型六角螺母常用规格 单位：mm

螺纹规格 D	对边宽度 s	螺母最大厚度		
		1 型	1 型	2 型
		C 级	A 级和 B 级	
M4	7	—	3.2	—
M5	8	5.6	4.7	5.1
M6	10	6.1	5.2	5.7
M8	13	7.9	6.8	7.5
M10	16	9.5	8.4	9.3
M12	18	12.2	10.8	12
M16	24	15.9	14.8	16.4
M20	30	18.7	18	20.3

2.7.4 抽芯铆钉

抽芯铆钉包括封闭型扁圆头抽芯铆钉、封闭型沉头抽芯铆钉、开口型扁圆头抽芯铆钉、开口型沉头抽芯铆钉，用

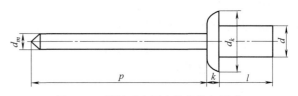

图 2-20 封闭型扁圆头抽芯铆钉尺寸

于金属结构上的金属件铆接。

(1) 封闭型扁圆头抽芯铆钉

封闭型扁圆头抽芯铆钉尺寸见图 2-20 和表 2-122。

表 2-122　封闭型扁圆头抽芯铆钉尺寸　　　　　　　　　　单位：mm

		公称	3.2	4	4.8	6.4
钉体	d	max	3.28	4.08	4.88	6.48
		min	3.05	3.85	4.65	6.25
	d_k	max	6.7	8.4	10.1	13.4
		min	5.8	6.9	8.3	11.6
	k	max	1.3	1.7	2.0	2.7
钉芯	d_m	max	1.85	2.35	2.77	3.71
	p	min	25		27	

铆钉长度 l		推荐的铆钉范围			
min(公称)	max				
8.0	9.0	0.5~3.5	—	1.0~3.5	—
9.5	10.5	3.5~5.0	1.0~5.0	—	—
11.0	12.0	5.0~6.5	—	3.5~6.5	—
11.5	12.5	—	5.0~6.5	—	—
12.5	13.5	—	6.5~8.0	—	1.5~7.0
14.5	15.5	—	—	6.5~9.5	7.0~8.5
18.0	19.0	—	—	9.5~13.5	8.5~10.0

(2) 封闭型沉头抽芯铆钉

封闭型沉头抽芯铆钉尺寸见图 2-21 和表 2-123。

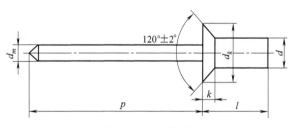

图 2-21　封闭型沉头抽芯铆钉尺寸

2.7.5　锚栓

锚栓是将被连接件锚固到基材上的锚固组件产品，分为机械锚栓和化学锚栓。门窗幕墙使用锚栓，用于转接件与主体结构的后锚固。

(1) 机械锚栓

机械锚栓是利用锚栓与锚孔之间的摩擦作用或锁键作用形成锚固的锚栓，按照其工作原理分为扩底型锚栓和膨胀型锚栓两类。

混凝土用机械锚栓性能应符合《混凝土用机械锚栓》（JG/T 160）和《混凝土结构后锚固技术规程》（JGJ 145）的有关规定。

机械锚栓的材质宜为碳素钢、合金钢、不锈钢或高抗腐不锈钢，应根据环境条件及耐久性要求选用。

钢膨胀螺栓用于构件与水泥基（墙）的连接，常用规格见表 2-124。

表 2-123　封闭型沉头抽芯铆钉尺寸　　　　　　　　　单位：mm

		公称	3.2	4	4.8	5	6.4
钉体	d	max	3.28	4.08	4.88	5.08	6.48
		min	3.05	3.85	4.65	4.85	6.25
	d_k	max	6.7	8.4	10.1	10.5	13.4
		min	5.8	6.9	8.3	8.7	11.6
	k	max	1.3	1.7	2	2.1	2.7
钉芯	d_m	max	1.85	2.35	2.77	2.8	3.71
	p	min	25			27	

铆钉长度 l		推荐的铆钉范围				
min(公称)	max					
8	9	2.0～3.5	2.0～3.5	—	—	—
8.5	9.5	—	—	2.5～3.5	—	
9.5	10.5	3.5～5.0	3.5～5.0	3.5～5.0	—	
11	12	5.0～6.5	5.0～6.5	5.0～6.5	—	
12.5	13.5	6.5～8.0	6.5～8.0	—	1.5～6.5	
13	14	—	—	6.5～8.0	—	
14.5	15.5	—	8～10	8.0～9.5	—	
15.5	16.5	—	—	—	6.5～9.5	
16	17	—	—	9.5～11.0	—	
18	19	—	—	11.0～13.0	—	
21	22	—	—	13.0～16.0	—	

表 2-124　钢膨胀螺栓常用规格

螺纹规格 d	螺栓总长 L/mm	胀管		被连接件厚度 H/mm	钻孔		允许承受拉(剪)力/N			
		外径 D/mm	长度 L_1/mm		直径/mm	深度/mm	静止状态		悬吊状态	
							拉力	剪力	拉力	剪力
M6	65,75,85	10	35	L-55	10.5	35	2354	1765	1667	1226
M8	80,90,100	12	45	L-65	12.5	45	4315	3236	2354	1765
M10	95,110,125,130	14	55	L-75	14.5	55	6865	5100	4315	3236
M12	110,130,150,200	18	65	L-90	19	65	10101	7257	6865	5100
M16	150,175,200,220,250,300	22	90	L-120	23	90	19125	13730	10101	7257

注：被连接件厚度 H 计算方法举例：如螺栓规格为 M12×130，其 $H=L-90=130-90=40$（mm）。

(2) 化学锚栓

化学锚栓由金属螺杆和锚固胶组成，是通过锚固胶形成锚固作用的锚栓。化学锚栓分为普通化学锚栓和特殊倒锥形化学锚栓。

化学锚栓性能应通过螺杆和锚固胶的匹配性试验确定，不得随意更换其组成部分。

化学膨胀栓螺杆及膨胀套（环）整体圆滑，镀锌面色泽均匀，表面没有腐蚀，规格、尺寸、螺杆长度、直径、螺纹长度、螺母的厚度应符合规范要求。

化学锚栓的锚固胶应根据使用对象和现场条件选用管装式或机械注入式。机械注入式锚固胶性能应符合《混凝土结构工程用锚固胶》（JG/T 340）的有关规定。化学锚栓的锚固胶应为改性环氧树脂类或改性乙烯基酯类材料。锚固胶必须在有效期内使用。

(3) 建筑幕墙框架与主体结构采用后加锚栓连接时，应符合下列规定：

① 产品应有出厂合格证。

② 碳素钢锚栓应经过防腐处理。

③ 应进行承载力现场试验，必要时应进行极限拉拔试验。

④ 每个连接节点不应少于 2 个锚栓。

⑤ 锚栓直径应通过承载力计算确定，并不应小于 10mm。

⑥ 不宜在与化学锚栓接触的连接件上进行焊接操作。

⑦ 锚栓承载力设计值不应大于其极限承载力的 50%。

⑧ 幕墙与建筑主体连接时，锚栓应设置在钢筋混凝土结构梁柱位置，轻质填充墙及砌体墙不应作为连接幕墙的支撑结构。

2.7.6 背栓

幕墙的石材面板采用背栓连接时，应根据其连接形式，采用恰当的设计计算方法和合理的构造措施；应通过试验确定承载力标准值并检验其可靠性。

背栓的性能应符合《紧固件机械性能 不锈钢螺栓、螺钉和螺柱》（GB/T 3098.6）的要求，其材质不宜低于组别为 A4 的奥氏体不锈钢。背栓的直径不宜小于 6mm，不应小于 4mm。背栓用连接件厚度不宜小于 3mm。

背栓的布置、使用还应符合《金属与石材幕墙工程技术规范》（JGJ 133）的要求。

背栓式石材幕墙用背栓的材料性质和力学性能应满足设计要求，并由有相应资质的检测机构出具检测报告。

2.8 其他材料

2.8.1 尼龙

聚酰胺（polyamide）俗称尼龙（nylon），简称 PA，是分子主链上含有重复酰胺基团—ﾃNHCOﾃ—的热塑性树脂总称，包括脂肪族 PA、脂肪-芳香族 PA 和芳香族 PA。其中，脂肪族 PA 品种多，产量大，应用广泛，其命名由合成单体具体的碳原子数而定。

尼龙的主要品种是尼龙 6（聚己内酰胺）和尼龙 66（聚己二酸己二胺），其次是尼龙 11、尼龙 12、尼龙 610、尼龙 612、尼龙 1010、尼龙 46、尼龙 7、尼龙 9、尼龙 13，新品种有尼龙 6I、尼龙 9T 和特殊尼龙 MXD6（阻隔性树脂）等，尼龙的改性品种数量繁多，如增强尼龙、单体浇铸尼龙（MC 尼龙）、反应注射成型（RIM）尼龙、芳香族尼龙、透明尼龙、高抗冲（超韧）尼龙、电镀尼龙、导电尼龙、阻燃尼龙、尼龙与其他聚合物共混物和合金等，满足不同特殊要求，广泛用作金属、木材等传统材料代用品，作为各种结构材料。

尼龙是最重要的工程塑料，产量在五大通用工程塑料中居首位。

由于 PA 强极性的特点，吸湿性强，尺寸稳定性差，但可以通过改性来改善。

(1) 玻璃纤维增强 PA

在 PA 加入 30% 的玻璃纤维，PA 的力学性能、尺寸稳定性、耐热性、耐老化性能有明显提高，耐疲劳强度是未增强前的 2.5 倍。玻璃纤维增强 PA 的成型工艺与未增强时大致相同，但因流动较增强前差，所以注射压力和注射速度要适当提高，机筒温度提高 10～40℃。由于玻璃纤维在注塑过程中会沿流动方向取向，引起力学性能和收缩率在取向方向上增强，导致制品变形翘曲，因此，在模具设计时，浇口的位置、形状要合理，工艺上可以提高模具的温度，制品取出后放入热水中让其缓慢冷却。另外，加入玻璃纤维的比例越大，其对注塑机的塑化元件的磨损越大，最好是采用双金属螺杆和机筒。

(2) 阻燃 PA

由于在 PA 中加入了阻燃剂，大部分阻燃剂在高温下易分解，释放出酸性物质，对金属具有腐蚀作用，因此，塑化元件（螺杆、过胶头、过胶圈、过胶垫圈、法兰等）需镀硬铬处理。在工艺方面，尽量控制机筒温度不能过高，注射速度不能太快，以避免因胶料温度过高而分解引起制品变色和力学性能下降。

(3) 透明 PA

具有良好的拉伸强度、耐冲击强度、刚性、耐磨性、耐化学性、表面硬度等性能，透光率高，与光学玻璃相近，加工温度为 300～315℃，成型加工时，需严格控制机筒温度，熔体温度太高会因降解而导致制品变色，温度太低会因塑化不良而影响制品的透明度。模具温度尽量取低些，模具温度高会因结晶而使制品的透明度降低。

(4) 耐候 PA

在 PA 中加入了炭黑等吸收紫外线的助剂，这些助剂使 PA 的自润滑性和对金属的磨损大大增强，成型加工时会影响下料和磨损机件。因此，需要采用进料能力强及耐磨性高的螺杆、机筒、过胶头、过胶圈、过胶垫圈组合。

聚酰胺具有良好的综合性能，包括力学性能、耐热性、耐磨损性、耐化学药品性和自润滑性，且摩擦系数低，有一定的阻燃性，易于加工，适于用玻璃纤维和其他填料填充增强改性、提高性能和扩大应用范围。

2.8.2 工程塑料

工程塑料一般是指可以作为结构材料承受机械应力，能在较宽的温度范围和较为苛刻的化学及物理环境中使用的塑料材料。

(1) 分类

工程塑料可分为通用工程塑料和特种工程塑料两大类。通用工程塑料通常是指已大规模工业化生产的、应用范围较广的 5 种塑料，即聚酰胺（尼龙、PA）、聚碳酸酯（聚碳、PC）、聚甲醛（POM）、聚酯（主要是 PBT）及聚苯醚（PPO）。而特种工程塑料则是指性能更加优异独特，但目前大部分尚未大规模工业化生产或生产规模较小、用途相对较窄的一些塑料，如聚苯硫醚（PPS）、聚酰亚胺（PI）、聚砜（PSF）、聚醚酮（PEK）、液晶聚合物（LCP）等。

工程塑料性能优良，可替代金属作结构材料，因而被广泛用于电子电气、交通运输、机械设备及日常生活用品等领域，在国民经济中的地位日益显著。

(2) 特性及用途

聚酰胺（PA）由于它独特的低密度、高抗拉强度、耐磨、自润滑性好、冲击韧性优异、具有刚柔兼备的性能而受到人们的重视，加之其加工简便、效率高、密度小（只有金属的1/7），可以加工成各种制品来代替金属，广泛用于汽车及交通运输业。典型的制品有泵叶轮、风扇叶片、阀座、衬套、轴承、各种仪表板、汽车电器仪表、冷热空气调节阀等零部件。

聚碳酸酯（PC）虽为热塑性树脂，但其既具有类似有色金属的强度，同时又兼备延展性及强韧性，它的冲击强度极高，用铁锤敲击不会被破坏，能经受住电视机荧光屏的爆炸。聚碳酸酯的透明度又极好，并可施以任何着色。由于聚碳酸酯的上述优良性能，已被广泛用于各种安全灯罩、信号灯，体育馆、体育场的透明防护板，采光玻璃，高层建筑玻璃，汽车反射镜、挡风玻璃板，飞机座舱玻璃，摩托车驾驶安全帽。

聚甲醛（POM）被誉为"超钢"，这是由于它具有优越的力学性能和化学性能，因此它可用作许多金属和非金属材料所不能胜任的材料，主要用作各种精密度高的小模数齿轮、几何面复杂的仪表精密件、自来水龙头及爆气管道阀门。

聚对苯二甲酸丁二醇酯（PBT）是一种热塑性聚酯，非增强型的 PBT 与其他热塑性工程塑料相比，加工性能和电性能较好。PBT 玻璃化温度低，模具温度在 50℃时即可迅速结晶，加工周期短。聚对苯二甲酸丁二醇酯（PBT）被广泛应用于电子、电气和汽车工业中。由于 PBT 的高绝缘性及耐温性，可用作电视机的回扫变压器、汽车分电盘和点火线圈、办公设备壳体和底座、各种汽车外装部件、空调机风扇、电子炉灶底座、办公设备壳件。

聚苯醚（PPO）树脂具有优良的物理力学性能、耐热性和电气绝缘性，且吸湿性低，强度高，尺寸稳定性好；高温下耐蠕变性是所有热塑性工程塑料中最优异的。可应用于洗衣机压缩机盖、吸尘器机壳、咖啡器具、头发定型器、按摩器、微波炉器皿等小型家电器具方面。改性聚苯醚还用于电视机部件、电传终点设备的连接器等方面。

2.8.3 聚氨酯发泡材料

发泡聚氨酯由双组分组成，甲组分为多元醇，乙组分为异氰酸酯。施工时两组分进入呈喷雾状，一分钟发泡凝固成型。多用于建筑保温。

幕墙宜采用聚氨酯发泡材料作为密封填缝材料。

（1）发泡聚氨酯的优点

① 保温性能好。热导率 0.025 左右，比聚苯板还好，是目前建筑保温较好的材料。

② 防水性能好。泡沫孔是封闭的，封闭率达 95%，雨水不会从孔间渗过去。

③ 因现场喷涂形成整体防水层，没有接缝，减少维修工作量。

④ 粘结性能好。能够与木材、金属、砖石、玻璃等材料粘结牢固。

⑤ 用于新作屋面或旧屋面维修都很适宜，特别是旧屋面返修，不必铲除原有的防水层、保温层，只需清除表面的灰、砂杂物，即可喷涂。

⑥ 施工简便，速度快。

⑦ 收头构造简单。喷涂发泡聚氨酯收头，不需特别处理，工艺大为简化。

⑧ 经济效益好。如果把保温层和防水层分开，不仅造价高，而且工期长，而发泡聚氨酯一次成活。

⑨ 耐老化好。耐老化年限可达 30 年之久。

（2）发泡聚氨酯的缺点

虽然发泡聚氨酯有很多的优点，但也存在缺点和不适宜之处：

① 在 10℃以下的温度，发泡率降低；因此使用受到季节的制约。

② 卫生间等只需防水不需保温的地方，不宜使用发泡聚氨酯。

③ 发泡聚氨酯喷涂成型速度快，不易喷得非常平整，凹凸不平属于正常的。用于屋面防水保温，平整度可放宽；但檐沟、天沟平整度不好，会影响排水流速。因此还需与其他防水材料配合使用。

2.8.4 隔热保温材料

建筑幕墙保温系统要求节能保温、使用安全、防火阻火和环境友好。幕墙保温系统首先要满足节能的要求，同时在施工、使用中不能对建筑物和幕墙的安全产生影响，在遇到火灾的情况下应具有一定的阻火传播能力，且不能对建筑中生活、工作的人产生不利影响。

幕墙的保温材料宜采用岩棉、矿棉、玻璃棉等不燃材料，其性能分级应符合《建筑材料及制品燃烧性能分级》（GB 8624）的规定，应具有阻挡火灾中火焰传播的能力。

岩棉制品应符合《建筑用岩棉绝热制品》（GB/T 19686）的有关规定，其酸度系数应不小于 1.8；玻璃棉制品应符合《建筑绝热用玻璃棉制品》（GB/T 17795）的有关规定。

建筑幕墙宜采用具有防潮性能的保温材料。面板后面的保温材料与面板内表面的间隙不宜小于 50mm，且宜设置透气孔。在严寒、寒冷和夏热冬冷地区，保温层靠近室内的一侧应设置隔汽层，隔汽层应完整、密封，穿透保温层、隔汽层处的支承连接部位应采取密封措施。

建筑幕墙保温材料的厚度应按照《建筑门窗玻璃幕墙热工计算规程》（JGJ/T 151）和《民用建筑热工设计规范》（GB 50176）的规定根据幕墙整体的传热系数计算确定。

《建筑设计防火规范》（GB 50016）的 6.7.6 条规定："除设置人员密集场所的建筑外，与基层墙体、装饰层之间有空腔的建筑外墙外保温系统，其保温材料应符合下列规定：1. 建筑高度大于 24m 时，保温材料的燃烧性能应为 A 级；2. 建筑高度不大于 24m 时，保温材料的燃烧性能不应低于 B_1 级。"

2.8.5 双面胶带

双面胶是以纸、布、塑料薄膜为基材，把弹性体型压敏胶或树脂型压敏胶均匀涂布在基材上制成的卷状胶粘带。

双面胶带应具有透气性，截面应为长方形或正方形。其外观应整体顺滑、不起节，没有明显的凹凸现象；肉眼观测没有明显的挤压现象，宽度尺寸允许偏差为 ±0.5mm，厚度允许偏差为 ±0.35mm。

双面胶带与铝型材和玻璃的粘结应牢靠，不易脱离。与单组分硅酮结构密封胶配合使用的低发泡间隔双面胶带，应具有透气性。中等强度的双面胶带，其厚度宜比结构胶厚度大 1mm。

2.8.6 泡沫棒

泡沫棒截面形状为正圆，整体顺滑，不起节，没有明显的椭圆现象或凹凸现象，颜色雪白，不应有杂色。泡沫棒弹力丰富，用手指按压后，能较快恢复原位。其密度不宜大于 $37kg/m^3$，直径应符合设计要求，允许偏差为 ±0.5mm。

玻璃幕墙宜采用聚乙烯泡沫棒做填充材料。

3

幕墙的建筑设计

幕墙设计包括建筑设计和结构设计，一般由建筑设计单位和幕墙设计单位共同完成。建筑设计单位的主要任务是确定幕墙立面的线条、色调、构图，确定幕墙与建筑整体、与环境的协调关系，对幕墙的类型、性能、材料和制作提出设计意图和要求。幕墙的详细设计工作则由幕墙设计单位完成。

幕墙设计服从于建筑设计，服务于建筑设计。建筑施工图、结构施工图是幕墙设计的主要依据。幕墙设计还要服从国家法规与行业管理要求，遵守技术标准与规范。

幕墙的建筑设计包括幕墙的立面设计、物理性能与功能设计、安全设计等。本章主要介绍幕墙的建筑设计。

3.1 幕墙建筑设计的基本原则

建筑幕墙应与建筑物整体及周围环境相协调。

① 建筑幕墙的选型。选型是幕墙建筑设计的重要内容，设计者不仅要考虑建筑物立面的新颖、美观，而且要考虑建筑的使用功能、立面设计、造价、环境、能耗、施工条件等诸多因素，经综合技术经济分析，选择其型式、构造和材料。

② 建筑幕墙的分格。分格是幕墙立面设计的重要内容，设计时除了考虑立面效果外，必须综合考虑室内空间组合、功能和视觉、建筑尺度、加工条件等多方面的要求。建筑幕墙立面的分格宜与室内空间组合相适应，不宜妨碍室内功能和视觉。在确定板块尺寸时，应有效提高板材的利用率，同时应适应生产设备的加工能力。

③ 建筑幕墙的性能设计应根据建筑物的类别、高度、体型以及建筑物所在地的地理、气候、环境等条件进行。

④ 建筑幕墙的构造设计应满足安全、实用、美观的原则，并应便于制作、安装、维护保养和局部更换。

⑤ 幕墙开启窗的设置，应满足使用功能和立面效果要求，并应启闭方便，避免设置在梁、柱、隔墙等位置。开启扇的开启角度不宜大于30°，开启距离不宜大于300mm。

⑥ 建筑幕墙的板块及其支承结构不应跨越主体结构的变形缝。与主体结构变形缝相对应部位的幕墙构造，应能适应主体结构的变形。

⑦ 建筑幕墙应便于维护和清洁。高度超过40m的幕墙工程宜设置清洗设备。

3.2 建筑幕墙的分格设计

幕墙的分格综合了建筑美学、人体工程学、施工工艺、材料规格与性能、同其他专业的配合等因素，是一项较为繁杂的工作。

(1) 幕墙分格类型

① 竖向型。给人以高大、挺拔的感觉。

② 横向型。给人以厚实、稳重的感觉。

③ 自由组合型。活泼自由，给人以韵律和动感。

(2) 幕墙分格的考虑因素

① 建筑设计效果要求；

② 建筑设计的性能和功能要求；

③ 结构设计要求；

④ 施工工艺技术和水平；

⑤ 材料规格和性能。

(3) 幕墙分格设计原则

① 满足幕墙的设计效果要求

a. 分格设计的基本原则。一般不修改原建筑设计的风格，幕墙设计师在不破坏整体建筑设计风格、尊重建筑师的意愿和认可下才能对幕墙分格进行改动。

b. 板块宽高比。根据黄金分割原则（比值 0.618＝1∶1.6），分格比例尽量对称协调。

一般竖明横隐幕墙，竖大横小；竖隐横明幕墙，竖小横大。细而高的建筑，横向线条可较少，竖向线条可稍多一些，显得挺拔；矮而粗的建筑则相反，分格要兼顾立面的丰富性。

c. 幕墙的胶缝。幕墙在分格时要保证胶缝横平竖直，各立面的水平胶缝要交圈。

d. 土建结构的特征。横向分格的布置与层高相协调，并考虑窗台及踢脚板返台位置；纵向分格的布置要考虑主体结构轴网、柱、门洞及室内隔墙的位置；转角及异形位置，考虑立柱自身长度及两边分格是否对称。建筑的伸缩缝处，必须设置分格，且不宜过大，应结合节点作特殊处理。

② 满足幕墙的安全性要求

a. 分格设计应与结构设计计算相结合。幕墙分格设计不是简单的分格，要考虑结构的安全性、可靠性，在满足结构安全性、可靠性要求的前提下做到美观大方。

b. 满足防火的要求。在幕墙设计中，必须对防火分区之间实行"横向、竖向"的防火封堵。竖向防火是指楼层与楼层之间，横向防火是指一个开间与另一个开间之间。

同一幕墙单元不宜跨越建筑物的两个防火分区。

幕墙在跨层有梁的位置应设置横向分格，以方便设置竖向防火层；在同层横向结构分区处（隔墙、柱位处）应设置竖向分格，以方便设置横向防火层。

③ 满足幕墙的使用功能要求

a. 在玻璃幕墙分格设计时，要考虑开启扇的位置、大小等。开启扇的位置应满足使用功能和立面效果要求，启闭方便，避免设置在梁、柱、隔墙等位置。开启扇高度根据栏杆的高度确定，一般离地面 800～1200mm 比较适宜，幼儿园及小学的建筑幕墙设计要更多考虑到安全因素，可以考虑幕墙的开启扇位置偏高些。开启扇大小应注意重量，保证启闭灵活方便。

幕墙开启窗大多数为外开上悬窗，开启扇面积不宜大于 1.5m²，超高层幕墙应采用通风换气装置，不宜设置开启扇。

b. 保证室内视线良好。离室内地面 1400～1800mm 的位置尽量不要设置横向分格，因为此高度正好是人的眼睛离地面的高度，在这个高度设置横向分格会影响人在室内观察室外的效果。

c. 采光的合理性。为了保证公共场所的良好视线效果，玻璃分格应尽可能加大。应特别注意公共场所的功能性，例如火车站站房（参考《铁路旅客车站细部设计》）设计：主入口门洞总高度应在 3600mm 以上，门扇的开启高度不应小于 3000mm，每樘门的最小宽度不应小于 2100mm；玻璃幕墙从楼地面向上的第一块的玻璃分格高度不应小于 2200mm。

d. 与室内空间组合相适应。在柱、墙的位置设立柱。在房间隔墙的位置设置竖向分格，这样有利于室内装修，可以很好地把两个房间分开，隔声效果好。

④ 满足幕墙的经济性

a. 材料的利用率。分格大小应充分利用材料的常用规格，尽量提高原材料的利用率，最大限度地发挥材料的力学性能，物尽其用（分格不宜太大，但也不是越小越好。非标材料应该详细询问材料厂家）。各种板材常规尺寸如下：

玻璃原片的常规尺寸为 2440mm×3660mm，分格时尺寸应向 1200mm 或 1800mm 靠近（分格大小必须同时考虑能适应钢化、镀膜、夹层等生产设备的加工能力）。

铝单板的常规尺寸为 1220mm×2440mm、1220mm×3040mm、1220mm×3660mm、1524mm×2440mm、1524mm×3040mm、1524mm×3660mm。长度方向一般可以定尺，但供货周期变长、价格高；考虑经济性，尽量保证板块的一个方向的尺寸小于 1500mm。超大尺寸的铝板，厂家可以进行铝焊加工。

石材短边尺寸在 600mm 以内称为工程板，价格是最经济的；短边尺寸为 600～800mm 的价格是比较适中的；当短边尺寸大于 800mm，其价格将会大幅上升，尺寸越大则价格越高，短边尺寸优先选用 600～800mm。花岗石单块面板的面积宜不大于 1.5m²，其他石材面板宜不大于 1.0m²。

陶土板常规宽度为 300mm、450mm、600mm，常规长度为 300mm、600mm、900mm、1200mm；陶土棒常规尺寸为 40mm×40mm、50mm×50mm。

蜂窝铝板常规宽度为 1000mm、1200mm、2500mm，常规长度为 1000mm、2000mm、2500mm、3500mm。合理的分格规格根据厚度（厚度一般为 15mm、20mm、25mm）的不同而不同。

铝型材常规最大尺寸为 6000mm（订料长度一般为 5850mm 以下，切口长度一般为 6mm，每支损耗最少为 50～80mm）。

钢材常规最大尺寸为 6000mm、9000mm、12000mm（切口长度一般为 10mm，每支损耗最少加 50～100mm，弧位两边各加 500mm）。

b. 互换性设计。在不破坏立面效果的前提下尽量等分，减少分格尺寸类型，提高加工、安装工作效率，降低工程成本。比如，石材分格应尽量减少品种，有的工地两三千平方米工程量，设计了十几种石材规格尺寸，给现场分类、安装带来很大的工作量。

c. 加工工艺要求。如玻璃的钢化、镀膜、夹层、磨边等，铝板的折边、表面喷涂处理，石材的切割、磨光等设备的加工尺寸要求。

幕墙的分格形式直接影响着建筑外立面装饰的效果，设计时要多考虑效果，与周围建筑的协调性，考虑各种不同材料交界、组合的处理方式。

3.3 建筑幕墙的性能及设计

建筑幕墙是重要的建筑外围护结构，是实现建筑声、光、热环境等物理性能的极其重要的功能性结构。建筑幕墙的性能对建筑功能的实现有着巨大影响，因此，建筑幕墙必须具有采光、通风、防风雨、保温、隔声、抗震、防火、防雷、防盗等性能和功能，才能为人们提供安全舒适的室内居住环境和办公环境。建筑幕墙的性能主要有抗风压性能、水密性能、气密性能、热工性能、空气声隔声性能和光学性能等。建筑幕墙的性能设计应根据建筑物类别、高度、体型、建筑物的功能要求以及建筑物所在地的地理、气候、环境等条件进行。

3.3.1 抗风压性能

幕墙的抗风压性能（wind load resistance performance）是指幕墙可开启部分处于关闭状态时，在风压作用下，幕墙变形不超过允许值且不发生结构损坏（如：裂纹、面板破损、局部屈服、粘结失效等）及五金件松动、开启困难等功能障碍的能力。

幕墙的抗风压性能以定级检测压力差值 p_3 作为分级指标值，《建筑幕墙》（GB/T 21086）对幕墙的抗风压性能分级进行了规定，分级自 1~9 分为 9 级，1 级最低，9 级最高，抗风压性能分级见表 3-1。

表 3-1 抗风压性能分级 单位：kPa

分级代号	1	2	3	4	5
分级指标值 p_3	$1.0 \leq p_3 < 1.5$	$1.5 \leq p_3 < 2.0$	$2.0 \leq p_3 < 2.5$	$2.5 \leq p_3 < 3.0$	$3.0 \leq p_3 < 3.5$
分级代号	6	7	8	9	
分级指标值 p_3	$3.5 \leq p_3 < 4.0$	$4.0 \leq p_3 < 4.5$	$4.5 \leq p_3 < 5.0$	$p_3 \geq 5.0$	

注：1. 9 级时需同时标注 p_3 的测试值，如：属 9 级（5.5kPa）。

2. 分级指标值 p_3 为正、负风压测试值绝对值的较小值。

幕墙的抗风压性能指标应根据幕墙所受的风荷载标准值 W_k 确定，其指标值不应低于 W_k，且不应小于 1.0kPa。W_k 的计算应符合 GB 50009 建筑结构荷载规范的规定。

在抗风压性能指标值作用下，幕墙的支承结构和面板的相对挠度和绝对挠度不应大于表 3-2 的规定。

表 3-2 幕墙支承结构、面板相对挠度和绝对挠度要求

支承结构类型		相对挠度（L 跨度）	绝对挠度/mm
构件式玻璃幕墙 单元式幕墙	铝合金型材	$L/180$	20(30)①
	钢型材	$L/250$	20(30)①
	玻璃面板	短边距/60	—
石材幕墙 金属板幕墙 人造板材幕墙	铝合金型材	$L/180$	—
	钢型材	$L/250$	—
点支承玻璃幕墙	钢结构	$L/250$	
	索杆结构	$L/200$	
	玻璃面板	长边孔距/60	
全玻幕墙	玻璃肋	$L/200$	
	玻璃面板	跨距/60	

① 括号内数据适用于跨距超过 4500mm 的建筑幕墙产品。

开放式建筑幕墙的抗风压性能应符合设计要求。

3.3.2 水密性能

幕墙的水密性能（watertightness performance）是指幕墙可开启部分为关闭状态时，在风雨同时作用下，阻止雨水渗漏的能力。

3.3.2.1 水密性能分级及要求

以未发生严重渗漏时的最高压力差值作为水密性能分级指标值，《建筑幕墙》（GB/T 21086）对幕墙的水密性能分级进行了规定，分级从1~5分为5级。幕墙的水密性能分级指标值应符合表 3-3 的规定。

表 3-3 水密性能分级

分级代号		1	2	3	4	5
分级指标值 Δp/Pa	固定部分	$500 \leqslant \Delta p < 700$	$700 \leqslant \Delta p < 1000$	$1000 \leqslant \Delta p < 1500$	$1500 \leqslant \Delta p < 2000$	$\Delta p \geqslant 2000$
	可开启部分	$250 \leqslant \Delta p < 350$	$350 \leqslant \Delta p < 500$	$500 \leqslant \Delta p < 700$	$700 \leqslant \Delta p < 1000$	$\Delta p \geqslant 1000$

注：5 级时需同时标注固定部分和开启部分 Δp 的测试值。

有水密性要求的建筑幕墙在现场淋水试验中，不应发生水渗漏现象。

开放式建筑幕墙的水密性能可不作要求。

3.3.2.2 水密性能设计

幕墙水密性能设计指标应按如下方法确定：

①《建筑气候区划标准》（GB 50178）中，ⅢA 和ⅣA 地区，即热带风暴和台风多发地区按公式（3-1）计算，且固定部分不宜小于 1000Pa，可开启部分与固定部分同级。

$$p = 1000 \mu_z \mu_c w_0 \tag{3-1}$$

式中　p——水密性能指标，Pa；

　　　μ_z——风压高度变化系数，应按 GB 50009 的有关规定采用；

　　　μ_c——风力系数，可取 1.2；

　　　w_0——基本风压，kN/m²，应按 GB 50009 的有关规定采用。

② 其他地区可按①条计算值的 75% 进行设计，且固定部分取值不宜低于 700Pa，可开启部分与固定部分同级。

水密性能的优劣直接影响建筑幕墙产品的正常使用。因此，必须合理设计幕墙结构，采取有效的结构防水和密封防水措施，保证水密性能满足设计要求。

(1) 幕墙结构设计

① 明框幕墙的接缝部位、单元玻璃幕墙的组件对插部位以及幕墙开启部位，宜按雨幕原理进行构造设计。

② 对可能渗入雨水和冷凝水的部位，采取合理的导、排水构造措施，保证导、排水系统畅通。

③ 幕墙的开启扇部分可设置多道密封，保证开启扇与框的搭接量，在开启扇水平缝隙上方设置披水板。

④ 提高幕墙支承结构的刚度，可开启部分采用多点锁紧装置，可有效提高幕墙的密封防水性能。

(2) 幕墙缝隙的密封

① 采用耐久性好并具有良好弹性的密封胶或密封胶条进行玻璃镶嵌密封和开启部分框

扇之间的密封，以保证长期的密封效果。

② 密封胶条应保证在四周的连续性，形成封闭的密封结构。

③ 幕墙型材构件连接处均会有装配缝隙，所有这些装配缝隙均应采取涂密封胶和采用防水密封垫片等密封防水措施。

除此之外，还要合理地进行幕墙的封顶和封底节点构造设计，有雨篷、压顶及其他突出幕墙面的建筑构造时，应注意完善其结合部位的防、排水构造设计。

3.3.3 气密性能

幕墙的气密性能（air permeability performance）是指幕墙的可开启部分在关闭状态时，可开启部分以及幕墙整体阻止空气渗透的能力。

单位开启缝长空气渗透量（volume of air flow through the unit joint length of the opening part）是指在标准状态下，单位时间通过幕墙试件单位开启缝长的空气量，单位为 $m^3/(m \cdot h)$。

单位面积空气渗透量（volume of air flow through a unit area）是指在标准状态下，单位时间通过幕墙试件单位面积的空气量，单位为 $m^3/(m^2 \cdot h)$。

国家标准《建筑幕墙》（GB/T 21086）对幕墙的气密性能分级进行了规定。幕墙开启部分气密性能以单位开启缝长空气渗透量 q_L 为分级指标值，分级指标应符合表 3-4 的要求。

表 3-4　建筑幕墙开启部分气密性能分级

分级代号	1	2	3	4
分级指标值 $q_L/[m^3/(m \cdot h)]$	$4.0 \geqslant q_L > 2.5$	$2.5 \geqslant q_L > 1.5$	$1.5 \geqslant q_L > 0.5$	$q_L \leqslant 0.5$

幕墙整体（含开启部分）气密性能以单位面积空气渗透量 q_A 为分级指标值，分级指标应符合表 3-5 的要求。

表 3-5　建筑幕墙整体气密性能分级

分级代号	1	2	3	4
分级指标值 $q_A/[m^3/(m^2 \cdot h)]$	$4.0 \geqslant q_A > 2.0$	$2.0 \geqslant q_A > 1.2$	$1.2 \geqslant q_A > 0.5$	$q_A \leqslant 0.5$

幕墙的气密性能会影响其保温性能，所以，幕墙的气密性能设计应符合建筑物所在地区建筑热工与建筑节能设计标准的具体规定。幕墙气密性能指标应符合 GB 50176、GB 50189、JGJ/T 132、JGJ 134、JGJ 26 的有关规定。一般情况可按表 3-6 确定。

表 3-6　建筑幕墙气密性能设计指标一般规定

地区分类	建筑层数、高度	气密性能分级	气密性能指标小于	
			开启部分 q_L /[m³/(m·h)]	幕墙整体 q_A /[m³/(m²·h)]
夏热冬暖地区	10 层以下	2	2.5	2.0
	10 层及以上	3	1.5	1.2
其他地区	7 层及以下	2	2.5	2.0
	7 层及以上	3	1.5	1.2

《公共建筑节能设计标准》（GB 50189）规定：建筑幕墙的气密性应符合《建筑幕墙》（GB/T 21086）中第 5.1.3 条的规定且不应低于 3 级。

《玻璃幕墙工程技术规范》（JGJ 102）规定：有采暖、通风、空气调节要求时，玻璃幕墙的气密性能不应低于 3 级。

开放式建筑幕墙的气密性能不作要求。

对于玻璃幕墙，妥善处理好幕墙玻璃镶嵌以及开启扇开启缝隙的密封，是提高幕墙气密性能的重要环节。因此，应合理设计玻璃幕墙的构造型式，提高玻璃幕墙缝隙空气渗透阻力：①采用耐久性好并具有良好弹性的密封胶或密封胶条进行玻璃镶嵌密封和开启扇框扇之间的密封，以保证良好、长期的密封效果。②应保证密封胶条在四周的连续性，形成封闭的密封结构。③幕墙构件连接部位和五金件装配部位，应采用密封材料进行妥善的密封处理。④幕墙开启扇采用多点锁闭五金系统，增加框扇之间的锁闭点，减少在风荷载或其他外力作用下杆件变形而引起的气密性下降。

3.3.4 热工性能

幕墙的热工性能是指幕墙对其所处环境中空气温度、太阳辐射等传递、阻抗和遮蔽的能力。幕墙的热工性能包括多个方面，比较重要的有保温性能和遮阳性能。

3.3.4.1 保温性能

保温性能是指幕墙的可开启部分在关闭状态时，幕墙内外两侧存在温差的情况下，幕墙阻抗热量从高温一侧向低温一侧传导的能力。

传热系数（thermal transmittance）是表示在稳定传热条件下，两侧环境温度差为 1K（℃）时，在单位时间内，通过单位面积的传热量，单位为 $W/(m^2 \cdot K)$。

（1）保温性能分级及要求

《建筑幕墙》（GB/T 21086）对幕墙的保温性能分级进行了规定，以幕墙的传热系数 K 值作为幕墙的保温性能指标表示，分级自 1～8 分为 8 级。

幕墙传热系数分级指标 K 应符合表 3-7 的要求。

表 3-7　建筑幕墙的保温性能分级

分级	1	2	3	4	5	6	7	8
分级指标值/ [W/(m²·K)]	$K \geqslant 5.0$	$5.0 > K \geqslant 4.0$	$4.0 > K \geqslant 3.0$	$3.0 > K \geqslant 2.5$	$2.5 > K \geqslant 2.0$	$2.0 > K \geqslant 1.5$	$1.5 > K \geqslant 1.0$	$K < 1.0$

建筑幕墙传热系数应按 GB 50176 的规定确定，并满足 GB 50189、JGJ/T 132、JGJ 134、JGJ 26 和 JGJ 75 的要求。

《公共建筑节能设计标准》（GB 50189）中规定公共建筑分类应符合下列规定：

① 单栋建筑面积大于 $300m^2$ 的建筑，或单栋建筑面积小于或等于 $300m^2$ 但总建筑面积大于 $1000m^2$ 的建筑群，应为甲类公共建筑；

② 单栋建筑面积小于或等于 $300m^2$ 的建筑，应为乙类公共建筑。

各代表城市的建筑热工设计分区应按表 3-8 确定。

表 3-8　各代表城市建筑热工设计分区

气候分区及气候子区		代 表 城 市
严寒地区	严寒 A 区	博克图、伊春、呼玛、海拉尔、满洲里、阿尔山、玛多、黑河、嫩江、海伦、齐齐哈尔、富锦、哈尔滨、牡丹江、大庆、安达、佳木斯、二连浩特、多伦、大柴旦、阿勒泰、那曲
	严寒 B 区	
	严寒 C 区	长春、通化、延吉、通辽、四平、抚顺、阜新、沈阳、本溪、鞍山、呼和浩特、包头、鄂尔多斯、赤峰、额济纳旗、大同、乌鲁木齐、克拉玛依、酒泉、西宁、日喀则、甘孜、康定

续表

气候分区及气候子区		代 表 城 市
寒冷地区	寒冷 A 区	丹东、大连、张家口、承德、唐山、青岛、洛阳、太原、阳泉、晋城、天水、榆林、延安、宝鸡、银川、平凉、兰州、喀什、伊宁、阿坝、拉萨、林芝、北京、天津、石家庄、保定、邢台、济南、德州、兖州、郑州、安阳、徐州、运城、西安、咸阳、吐鲁番、库尔勒、哈密
	寒冷 B 区	
夏热冬冷地区	夏热冬冷 A 区	南京、蚌埠、盐城、南通、合肥、安庆、九江、武汉、黄石、岳阳、汉中、安康、上海、杭州、宁波、温州、宜昌、长沙、南昌、株洲、永州、赣州、韶关、桂林、重庆、达县、万州、涪陵、南充、宜宾、成都、遵义、凯里、绵阳、南平
	夏热冬冷 B 区	
夏热冬暖地区	夏热冬暖 A 区	福州、莆田、龙岩、梅州、兴宁、英德、河池、柳州、贺州、泉州、厦门、广州、深圳、湛江、汕头、南宁、北海、梧州、海口、三亚
	夏热冬暖 B 区	
温和地区	温和 A 区	昆明、贵阳、丽江、会泽、腾冲、保山、大理、楚雄、曲靖、泸西、屏边、广南、兴义、独山
	温和 B 区	瑞丽、耿马、临沧、澜沧、思茅、江城、蒙自

《公共建筑节能设计标准》(GB 50189)根据建筑热工设计的气候分区、不同窗墙比和不同建筑体形系数规定了公共建筑维护结构不同部位的热工性能限制。

甲类公共建筑的围护结构热工性能应分别符合表 3-9~表 3-11 的规定。

表 3-9 严寒地区甲类公共建筑维护结构热工性能限值

地区	维护结构部位		体形系数≤0.3	0.3<体形系数≤0.4
			传热系数 $K/[W/(m^2 \cdot K)]$	
严寒地区 A 区、B 区	屋面		≤0.28	≤0.25
	外墙(包括非透光幕墙)		≤0.38	≤0.35
	底面接触室外空气的架空或外挑楼板		≤0.38	≤0.35
	地下车库与供暖房间之间的楼板		≤0.50	≤0.50
	非供暖楼梯间与供暖房间之间的隔墙		≤1.2	≤1.2
	单一立面外窗 (包括透光幕墙)	窗墙面积比≤0.20	≤2.7	≤2.5
		0.20<窗墙面积比≤0.30	≤2.5	≤2.3
		0.30<窗墙面积≤0.40	≤2.2	≤2.0
		0.40<窗墙面积比≤0.50	≤1.9	≤1.7
		0.50<窗墙面积比≤0.60	≤1.6	≤1.4
		0.60<窗墙面积比≤0.70	≤1.5	≤1.4
		0.70<窗墙面积比≤0.80	≤1.4	≤1.3
		窗墙面积比>0.80	≤1.3	≤1.2
	屋顶透光部分(屋顶透光部分面积≤20%)		≤2.2	
严寒地区 C 区	屋面		≤0.35	≤0.28
	外墙(包括非透光幕墙)		≤0.43	≤0.38
	底面接触室外空气的架空或外挑楼板		≤0.43	≤0.38
	地下车库与供暖房间之间的楼板		≤0.70	≤0.70
	非供暖楼梯间与供暖房间之间的隔墙		≤1.5	≤1.5
	单一立面外窗 (包括透光幕墙)	窗墙面积比≤0.20	≤2.9	≤2.7
		0.20<窗墙面积比≤0.30	≤2.6	≤2.4
		0.30<窗墙面积比≤0.40	≤2.3	≤2.1
		0.40<窗墙面积比≤0.50	≤2.0	≤1.7
		0.50<窗墙面积比≤0.60	≤1.7	≤1.5
		0.60<窗墙面积比≤0.70	≤1.7	≤1.5
		0.70<窗墙面积比≤0.80	≤1.5	≤1.4
		窗墙面积比>0.80	≤1.4	≤1.3
	屋顶透光部分(屋顶透光部分面积≤20%)		≤2.3	

表 3-10 寒冷地区甲类公共建筑维护结构热工性能限值

维护结构部位		体形系数≤0.3		0.3<体形系数≤0.4	
		传热系数 K /[W/(m²·K)]	太阳得热系数 SHGC（东、南、西向/北向）	传热系数 K /[W/(m²·K)]	太阳得热系数 SHGC（东、南、西向/北向）
屋面		≤0.45	—	≤0.40	—
外墙(包括非透光幕墙)		≤0.50	—	≤0.45	—
底面接触室外空气的架空或外挑楼板		≤0.50	—	≤0.50	—
地下车库与供暖房间之间的楼板		≤1.0	—	≤1.0	—
非供暖楼梯间与供暖房间之间的隔墙		≤1.5	—	≤1.5	—
单一立面外窗（包括透光幕墙）	窗墙面积比≤0.20	≤3.0	—	≤2.8	—
	0.20<窗墙面积比≤0.30	≤2.7	≤0.52/—	≤2.5	≤0.52/—
	0.30<窗墙面积比≤0.40	≤2.4	≤0.48/—	≤2.2	≤0.48/—
	0.40<窗墙面积比≤0.50	≤2.2	≤0.43/—	≤1.9	≤0.43/—
	0.50<窗墙面积比≤0.60	≤2.0	≤0.40/—	≤1.7	≤0.40/—
	0.60<窗墙面积比≤0.70	≤1.9	≤0.35/0.60	≤1.7	≤0.35/0.60
	0.70<窗墙面积比≤0.80	≤1.6	≤0.35/0.52	≤1.5	≤0.35/0.52
	窗墙面积比>0.80	≤1.5	≤0.30/0.52	≤1.4	≤0.30/0.52
屋顶透光部分(屋顶透光部分面积≤20%)		≤2.4	≤0.44	≤2.4	≤0.35

表 3-11 夏热冬冷地区、夏热冬暖地区以及温和地区甲类公共建筑维护结构热工性能限值

地区	维护结构部位		传热系数 K /[W/(m²·K)]	太阳得热系数 SHGC（东、南、西向/北向）
夏热冬冷地区	屋面	维护结构热惰性指标 $D≤2.5$	≤0.40	—
		维护结构热惰性指标 $D>2.5$	≤0.50	—
	外墙(包括非透光幕墙)	维护结构热惰性指标 $D≤2.5$	≤0.60	—
		维护结构热惰性指标 $D>2.5$	≤0.80	—
	底面接触室外空气的架空或外挑楼板		≤0.70	—
	单一立面外窗（包括透光幕墙）	窗墙面积比≤0.20	≤3.5	—
		0.20<窗墙面积比≤0.30	≤3.0	≤0.44/0.48
		0.30<窗墙面积比≤0.40	≤2.6	≤0.40/0.44
		0.40<窗墙面积比≤0.50	≤2.4	≤0.35/0.40
		0.50<窗墙面积比≤0.60	≤2.2	≤0.35/0.40
		0.60<窗墙面积比≤0.70	≤2.2	≤0.30/0.35
		0.70<窗墙面积比≤0.80	≤2.0	≤0.26/0.35
		窗墙面积比>0.80	≤1.8	≤0.24/0.30
	屋顶透光部分(屋顶透光部分面积≤20%)		≤2.6	≤0.30
夏热冬暖地区	屋面	维护结构热惰性指标 $D≤2.5$	≤0.50	—
		维护结构热惰性指标 $D>2.5$	≤0.80	—
	外墙(包括非透光幕墙)	维护结构热惰性指标 $D≤2.5$	≤0.80	—
		维护结构热惰性指标 $D>2.5$	≤1.5	—
	底面接触室外空气的架空或外挑楼板		≤1.5	—
		窗墙面积比≤0.20	≤5.2	≤0.52/—
		0.20<窗墙面积比≤0.30	≤4.0	≤0.44/0.52
		0.30<窗墙面积比≤0.40	≤3.0	≤0.35/0.44
		0.40<窗墙面积比≤0.50	≤2.7	≤0.35/0.40
		0.50<窗墙面积比≤0.60	≤2.5	≤0.26/0.35
		0.60<窗墙面积比≤0.70	≤2.5	≤0.24/0.30
		0.70<窗墙面积比≤0.80	≤2.5	≤0.22/0.26
		窗墙面积比>0.80	≤2.0	≤0.18/0.26
	屋顶透光部分(屋顶透光部分面积≤20%)		≤3.0	≤0.30

地区	维护结构部位		传热系数 K /[W/(m² • K)]	太阳得热系数 SHGC（东、南、西向/北向）
温和地区	屋面	维护结构热惰性指标 D≤2.5	≤0.50	—
		维护结构热惰性指标 D>2.5	≤0.80	
	外墙（包括非透光幕墙）	维护结构热惰性指标 D≤2.5	≤0.80	—
		维护结构热惰性指标 D>2.5	≤1.5	
	底面接触室外空气的架空或外挑楼板		≤1.5	—
	窗墙面积比≤0.20		≤5.2	—
	0.20<窗墙面积比≤0.30		≤4.0	≤0.44/0.48
	0.30<窗墙面积比≤0.40		≤3.0	≤0.40/0.44
	0.40<窗墙面积比≤0.50		≤2.7	≤0.35/0.40
	0.50<窗墙面积比≤0.60		≤2.5	≤0.35/0.40
	0.60<窗墙面积比≤0.70		≤2.5	≤0.30/0.35
	0.70<窗墙面积比≤0.80		≤2.5	≤0.26/0.35
	窗墙面积比>0.80		≤2.0	≤0.24/0.30
	屋顶透光部分(屋顶透光部分面积≤20%)		≤3.0	≤0.30

注：对于温和地区，传热系数 K 只适用于温和 A 区，对温和 B 区的传热系数 K 不作要求。

乙类公共建筑维护结构热工性能应符合表 3-12 和表 3-13 的规定。

表 3-12　乙类公共建筑屋面、外墙、楼板热工性能限值

维护结构部位	传热系数 K/[W/(m² • K)]				
	严寒 A 区、B 区	严寒 C 区	寒冷地区	夏热冬冷地区	夏热冬暖地区
屋面	≤0.35	≤0.45	≤0.55	≤0.70	≤0.90
外墙（包括非透光幕墙）	≤0.45	≤0.50	≤0.60	≤1.0	≤1.5
底面接触室外空气的架空或外挑楼板	≤0.45	≤0.50	≤0.60	≤1.0	—
地下车库与供暖房间之间的楼板	≤0.50	≤0.70	≤1.0	—	—

表 3-13　乙类公共建筑外窗（包括透光幕墙）热工性能限值

维护结构部位	传热系数 K/[W/(m² • K)]					太阳得热系数 SHGC		
	严寒 A 区、B 区	严寒 C 区	寒冷地区	夏热冬冷地区	夏热冬暖地区	寒冷地区	夏热冬冷地区	夏热冬暖地区
单一立面外窗（包括透光幕墙）	≤2.0	≤2.2	≤2.5	≤3.0	≤4.0	—	≤0.52	≤0.48
屋顶透光部分(屋顶透光部分面积≤20%)	≤2.0	≤2.2	≤2.5	≤3.0	≤4.0	≤0.44	≤0.35	≤0.30

幕墙传热系数应按相关规范进行设计计算。

对热工性能有较高要求的建筑，可进行现场热工性能试验。

《公共建筑节能设计标准》（GB 50189）规定：

外窗（包括透光幕墙）的传热系数应按现行国家标准《建筑热工设计规范》（GB 50176）的有关规定计算。

当公共建筑入口大堂采用全玻璃幕墙时，全玻璃幕墙中非中空玻璃的面积不应超过同一立面透光面积（门窗和玻璃幕墙）的 15%，且应按同一立面透光面积（含全玻璃幕墙面积）加权计算平均传热系数。

(2) 保温性能设计

为满足建筑幕墙的保温性能要求，需要从材料选择、结构构造等多方面采取措施。

① 玻璃的选择。对于玻璃幕墙的保温性能，玻璃的合理选用至关重要。采用中空玻璃是提高玻璃幕墙保温性能、降低建筑能耗最经济，也是最有效的途径之一；可以采用 Low-E 中空玻璃、中空玻璃内充惰性气体、三玻两腔不等厚的中空玻璃以及真空玻璃等，以进一步提高幕墙的保温性能。

② 铝合金型材的选择。隔热铝合金型材采用非金属材料将铝合金框材进行隔断，有效地解决了铝合金材料导热性强的问题。目前，我国幕墙用隔热铝合金型材主要采用穿条式（铝合金型材＋高强度增强尼龙 66 隔热条）。通过改变隔热条尺寸和形状，将能获得不同隔热性能的铝合金型材。

除了需要采用高性能的隔热铝合金型材和真空玻璃或 Low-E 中空玻璃外，结构设计上还需采取许多能进一步提高幕墙保温性能的措施，如设计更为合理的型材结构，中空玻璃采用暖边间隔条并内充氩气，窗间墙或死墙部分加保温岩棉等。

3.3.4.2 遮阳性能

玻璃幕墙的遮阳性能是指其在夏季阻隔太阳辐射热的能力。

遮阳系数（shading coefficient）是指在给定条件下，太阳辐射总能量透过玻璃等透光材料的能量与相同条件下通过相同面积的 3mm 厚透明玻璃的能量的比值。

(1) 遮阳性能分级及要求

《建筑幕墙》（GB/T 21086）对玻璃幕墙的遮阳性能分级进行了规定，玻璃幕墙的遮阳性能以其遮阳系数 SC 值作为分级指标值，分级自 1～8 分为 8 级。

玻璃幕墙遮阳系数分级指标 SC 应符合表 3-14 的要求。

表 3-14　玻璃幕墙遮阳性能分级

分级代号	1	2	3	4	5	6	7	8
分级指标值 SC	0.9≥SC >0.8	0.8≥SC >0.7	0.7≥SC >0.6	0.6≥SC >0.5	0.5≥SC >0.4	0.4≥SC >0.3	0.3≥SC >0.2	SC≤0.2

玻璃（或其他透明材料）幕墙遮阳系数应满足 GB 50189 和 JGJ 75 的要求。

玻璃幕墙的遮阳系数应按相关规范进行设计计算。

《公共建筑节能设计标准》（GB 50189）规定：

夏热冬暖、夏热冬冷、温和地区的建筑各朝向外窗（包括透光幕墙）均应采取遮阳措施；寒冷地区的建筑宜采取遮阳措施。当设置外遮阳时应符合下列规定：

① 东、西向宜设置活动外遮阳，南向宜设置水平外遮阳；

② 建筑外遮阳装置应兼顾通风及冬季日照。

当设置外遮阳构件时，外窗（包括透光幕墙）的太阳得热系数应为外窗（包括透光幕墙）本身的太阳得热系数与外遮阳构件的遮阳系数的乘积。外窗（包括透光幕墙）本身的太阳得热系数和外遮阳构件的遮阳系数应按《建筑热工设计规范》（GB 50176）的有关规定计算。

建筑立面朝向的划分应符合下列规定：

① 北向为北偏西 60°至北偏东 60°；

② 南向为南偏西 30°至南偏东 30°；

③ 西向为西偏北 30°至西偏南 60°（包括西偏北 30°和西偏南 60°）；

④ 东向为东偏北 30°至东偏南 60°（包括东偏北 30°和东偏南 60°）。

(2) 遮阳性能设计

夏热冬冷地区玻璃幕墙设计需兼顾冬季保温和夏季遮阳，夏热冬暖地区玻璃幕墙节能设计则主要应考虑夏季遮阳。在夏热冬暖地区，通过玻璃幕墙传入室内的热量中，玻璃得热是第一位的，其次是玻璃幕墙缝隙空气渗透传热，再次是支承结构所传热量。太阳辐射对建筑能耗影响很大，其通过幕墙进入室内的热量是造成夏季室内过热和加大空调能耗的主要原因，玻璃幕墙因太阳辐射得热远比因温差得热来得大。因此，对于炎热地区，提高玻璃幕墙遮阳性能是玻璃幕墙节能设计的首要任务。

提高玻璃幕墙遮阳性能的常用方法主要有：

① 采用能有效阻挡太阳能辐射的玻璃配置

a. 热反射镀膜玻璃，又称阳光控制镀膜玻璃，能将 40%～80% 的太阳辐射热阻隔在室外，同时减少眩光，使外观显现不同的色彩，还具有单向透视性，装饰效果好。

b. 遮阳型 Low-E 中空玻璃，具有很好的遮阳和阻隔温差热传导效果，冬季亦能保持室内热量，改善室内舒适度。采光、隔热、保温综合效果好，是炎热地区非常理想的幕墙玻璃。

② 设置遮阳效果良好的活动外遮阳（如：外卷帘、外百叶等）。为了有效阻挡太阳辐射，设置活动外遮阳是最直接有效的办法，其能遮挡约 90% 的太阳辐射热量。尤其在既要考虑夏季遮阳，又要在冬季尽可能多地利用太阳辐射热量的夏热冬冷地区，使用活动外遮阳节能效果更为明显。

③ 采用中空玻璃内置电动遮阳帘，遮阳效果好，功能多样，使用方便、灵活，且外观美观、简洁。

④ 采用内遮阳，如内卷帘、内百叶、隔热窗帘等。

3.3.5 空气声隔声性能

建筑幕墙空气声隔声性能指幕墙的可开启部分在关闭状态时，阻隔室外声音传入室内的能力。以计权隔声量 R_w 作为分级指标，应满足室内声环境的要求，符合 GB 50118 的规定。

建筑幕墙空气声隔声性能分级指标 R_w 应符合表 3-15 的要求。

表 3-15 建筑幕墙空气声隔声性能分级

分级代号	1	2	3	4	5
分级指标值 R_w/dB	$25{\leqslant}R_w{<}30$	$30{\leqslant}R_w{<}35$	$35{\leqslant}R_w{<}40$	$40{\leqslant}R_w{<}45$	$R_w{\geqslant}45$

注：5级时需同时标注 R_w 的测试值。

开放式建筑幕墙的空气声隔声性能应符合设计要求。

《民用建筑隔声设计规范》（GB 50118）中对室内允许噪声级的规定见表 3-16。

表 3-16 部分民用建筑室内允许噪声级

房间名称	允许噪声级(A声级)/dB			
住宅建筑				
项目	一般要求标准		高要求标准	
	昼间	夜间	昼间	夜间
卧室	≤45	≤37	≤40	≤30
起居室(厅)	≤45		≤40	
学校建筑				
语音教室、阅览室	≤40			
普通教室、实验室、计算机房	≤45			

续表

房间名称	允许噪声级(A声级)/dB
学校建筑	
音乐教室、琴房	≤45
舞蹈教室	≤50
教师办公室、休息室、会议室	≤45
教学楼中封闭的走廊、楼梯间	≤50
健身房	≤50

医院建筑

项目	高要求标准		低限标准	
	昼间	夜间	昼间	夜间
病房、医护人员休息室	≤40	≤35[①]	≤45	≤40
各类重症监护室	≤40	≤35	≤45	≤40
诊室	≤40		≤45	
手术室、分娩室	≤40		≤45	
洁净手术室	—		≤50	
人工生殖中心净化区	—		≤40	
听力测听室	—		≤25[②]	
化学室、分析实验室	—		≤40	
入口大厅、候诊室	≤50		≤55	

旅馆建筑

项目	特级		一级		二级	
	昼间	夜间	昼间	夜间	昼间	夜间
客房	≤35	≤30	≤40	≤35	≤45	≤40
办公室、会议室	≤40		≤45		≤45	
多用途厅	≤40		≤45		≤50	
餐厅、宴会厅	≤45		≤50		≤55	

办公建筑

项目	高要求标准	低限标准
单人办公室	≤35	≤40
多人办公室	≤40	≤45
电视电话会议室	≤35	≤40
普通会议室	≤40	≤45

商业建筑

项目	高要求标准	低限标准
商场、商店、购物中心、会展中心	≤50	≤55
餐厅	≤45	≤55
员工休息室	≤40	≤45
走廊	≤50	≤60

① 对特殊要求的病房,室内允许噪声级应小于或等于30dB。

注:表中听力测听室允许噪声级的数值,适用于采用纯音气导或骨导听阈测听法的听力测听室。采用声场测听法的听力测听室的允许噪声级另有规定。

对于玻璃幕墙,空气隔声性能主要取决于玻璃的隔声效果。单层玻璃的隔声效果较差,一般采用单层玻璃时幕墙的隔声性能只能达到29dB以下。提高玻璃幕墙隔声性能最有效的方法是采用隔声性能良好的中空玻璃或夹层玻璃,对于隔声性能要求高的幕墙,可采用三玻两腔不等距中空玻璃。

幕墙上的孔洞与缝隙对其隔声性能也有影响:孔洞越浅,缝隙越大,隔声性能越差。所以,幕墙设计时尽量不采用开放式幕墙结构,安装时要保证幕墙各连接处的密封。

另外,为了提高隔声性能,可以在幕墙外装饰面与墙体之间增设吸音材料。

3.3.6　平面内变形性能

建筑幕墙平面内变形性能（deformation performance in plane of curtain walls）是幕墙在楼层反复变位作用下保持其墙体及连接部位不发生危及人身安全的破损的平面内变形能力，用平面内层间位移角进行度量。

层间位移（lateral displacement between stories）是指在地震作用和风力作用下，建筑物相邻两个楼层间的相对水平位移。

层间位移角（drift angle between stories）是指层间位移值和层高之比。建筑幕墙的平面内变形性能以建筑幕墙层间位移角为性能指标。

在非抗震设计时，指标值应不小于主体结构弹性层间位移角控制值；在抗震设计时，指标值应不小于主体结构弹性层间位移角控制值的 3 倍。

主体结构楼层最大弹性层间位移角控制值可按表 3-17 的规定执行。

表 3-17　主体结构楼层最大弹性层间位移角

结构类型		建筑高度 H/m		
		$H \leqslant 150$	$150 < H \leqslant 250$	$H > 250$
钢筋混凝土结构	框架	1/550	—	—
	板柱-剪力墙	1/800	—	—
	框架-剪力墙、框架-核心筒	1/800	线性插值	—
	筒中筒	1/1000	线性插值	1/500
	剪力墙	1/1000	线性插值	—
	框支层	1/1000	—	—
多、高层钢结构		1/300		

注：1. 表中弹性层间位移角=Δ/h，Δ 为最大弹性层间位移量，h 为层高。

2. 线性插值是指建筑高度在 150~250m，层间位移取 1/800（1/1000）与 1/500 线性插值。

平面内变形性能分级指标 γ 应符合表 3-18 的要求。

表 3-18　建筑幕墙平面内变形性能分级

分级代号	1	2	3	4	5
分级指标值 γ	$\gamma < 1/300$	$1/300 \leqslant \gamma < 1/200$	$1/200 \leqslant \gamma < 1/150$	$1/150 \leqslant \gamma < 1/100$	$\gamma \geqslant 1/100$

注：表中分级指标为建筑幕墙层间位移角。

3.3.7　耐撞击性能

建筑幕墙的耐撞击性能是指幕墙对冰雹、大风时飞来物、人的动作、鸟的撞击等外力的耐力。

撞击能量 E 和撞击物体的降落高度 H 分级指标和表示方法应符合表 3-19 的要求。

表 3-19　建筑幕墙耐撞击性能分级

分级指标		1	2	3	4
室内侧	撞击能量 E/N·m	700	900	>900	—
	降落高度 H/mm	1500	2000	>2000	—
室外侧	撞击能量 E/N·m	300	500	800	>800
	降落高度 H/mm	700	1100	1800	>1800

注：1. 性能标注时应按室内侧定级值/室外侧定级值。例如：2/3 为室内 2 级，室外 3 级。

2. 当室内侧定级值为 3 级时标注撞击能量实际测试值，当室外侧定级值为 4 级时标注撞击能量实际测试值。例如：1200/1900 为室内 1200N·m，室外 1900N·m。

幕墙的耐撞击性能应满足设计要求。人员流动密度大或青少年、幼儿活动的公共建筑的建筑幕墙，耐撞击性能指标不应低于表 3-19 中的 2 级。

3.3.8 光学性能

玻璃幕墙光热性能（optical and thermal performance of glass curtain walls）是指与太阳辐射有关的玻璃幕墙光学及热工性能，以可见光透射比、透光折减系数、太阳光总透射比、遮阳系数、光热比、色差及颜色透射指数表征。

透光折减系数（transmitting rebate factor）是指可见光通过玻璃幕墙后减弱的系数。

建筑幕墙采光性能分级指标透光折减系数 T_T 应符合表 3-20 的要求。

表 3-20　建筑幕墙采光性能分级

分级代号	1	2	3	4	5
分级指标值 T_T	$0.2 \leqslant T_T < 0.3$	$0.3 \leqslant T_T < 0.4$	$0.4 \leqslant T_T < 0.5$	$0.5 \leqslant T_T < 0.6$	$T_T \geqslant 0.6$

注：5 级时需同时标注 T_T 的测试值。

有采光功能要求的幕墙，其透光折减系数不应低于 0.45；有辨色要求的幕墙，其颜色透视指数不宜低于 Ra80。

玻璃幕墙的光学性能应满足 GB/T 18091 的规定：

① 玻璃幕墙在满足采光、隔热和保温要求的同时，不应对周围环境产生反射光的影响。

② 玻璃幕墙产品应提供可见光透射比、可见光反射比、太阳光直接透射比、太阳光总透射比、遮阳系数、光热比及颜色透射指数。对紫外线有特殊要求的场所，使用的幕墙玻璃产品还应提供紫外线透射比。

③ 玻璃幕墙应采用可见光反射比不大于 0.30 的玻璃。

④ 在城市快速路、主干道、立交桥、高架桥两侧的建筑物 20m 以下及一般路段 10m 以下的玻璃幕墙，应采用可见光反射比不大于 0.16 的玻璃。

⑤ 在 T 形路口正对直线路段处设置玻璃幕墙时，应采用可见光反射比不大于 0.16 的玻璃。

⑥ 构成玻璃幕墙的金属外表面，不宜使用可见光反射比大于 0.30 的镜面和高光泽材料。

⑦ 道路两侧玻璃幕墙设计成凹形弧面时，应避免反射光进入行人与驾驶员的视场中，凹形弧面玻璃幕墙设计与设置应控制反射光聚焦点的位置。

⑧ 在居住建筑、医院、中小学校及幼儿园周边区域设置玻璃幕墙时，或在主干道路口和交通流量大的区域设置玻璃幕墙时，应进行玻璃幕墙反射光影响分析。

⑨ 玻璃幕墙反射光分析应选择典型日进行。

⑩ 玻璃幕墙反射光对周边建筑的影响分析应选择日出后至日落前太阳高度角不低于 10°的时段进行。

⑪ 与水平夹角 0°～45°的范围内，玻璃幕墙反射光照射在周边建筑窗台面的连续滞留时间不应超过 30min。

⑫ 在驾驶员前进方向垂直角 20°、水平角 ±30°、行车距离 100m 内，玻璃幕墙对机动车驾驶员不应造成连续有害反射光。

⑬ 当玻璃幕墙反射光对周边建筑和道路影响时间超出范围时，应采取控制玻璃幕墙面积或对建筑立面加以分隔等措施。

表 3-21 为常见幕墙玻璃的光热性能参数。

表 3-21 常见幕墙玻璃的光热性能参数

材料类型	规 格	可见光		太阳辐射		遮阳系数	光热比
		透射比	反射比	直接透射比	总透射比		
单层玻璃	6mm 普通白玻璃	0.89	0.08	0.80	0.84	0.97	1.06
	12mm 普通白玻璃	0.86	0.08	0.72	0.78	0.90	1.10
	6mm 超白玻璃	0.91	0.08	0.89	0.90	1.04	1.01
	12mm 超白玻璃	0.91	0.08	0.87	0.89	1.02	1.03
	6mm 浅蓝玻璃	0.75	0.07	0.56	0.67	0.77	1.12
	6mm 水晶玻璃	0.64	0.06	0.56	0.67	0.77	0.96
夹层玻璃	6C+1.52PVB+6C	0.88	0.08	0.72	0.78	0.89	1.14
	6C+0.76PVB+6C	0.87	0.08	0.72	0.78	0.89	1.14
	6F 绿+0.38PVB+6C	0.72	0.07	0.38	0.57	0.65	1.27
Low-E 中空玻璃	6 单银 Low-E+12A+6C	0.76	0.11	0.47	0.54	0.62	1.41
	6C +12A+6 单银 Low-E	0.67	0.13	0.46	0.61	0.70	1.10
	6 单银 Low-E+12A+6C	0.65	0.11	0.44	0.51	0.59	1.27
	6 单银 Low-E+12A+6C	0.57	0.18	0.36	0.43	0.49	1.34
	6 双银 Low-E+12A+6C	0.66	0.11	0.34	0.40	0.46	1.65
	6 双银 Low-E+12A+6C	0.68	0.11	0.37	0.41	0.47	1.65
	6 双银 Low-E+12A+6C	0.62	0.11	0.34	0.38	0.44	1.62
	6 三银 Low-E+12A+6C	0.48	0.15	0.22	0.26	0.30	1.85
	6 三银 Low-E+12A+6C	0.61	0.11	0.28	0.32	0.37	1.91
	6 三银 Low-E+12A+6C	0.66	0.11	0.29	0.33	0.38	2.00
热反射镀膜玻璃	6mm	0.64	0.18	0.59	0.66	0.76	0.97
在线低辐射镀膜玻璃	6mm	0.82	0.10	0.66	0.74	0.85	1.11
	8mm	0.81	0.10	0.62	0.67	0.77	1.21
	10mm	0.80	0.10	0.59	0.65	0.75	1.23
	12mm	0.80	0.10	0.57	0.64	0.73	1.26
	6mm(金色)	0.41	0.34	0.44	0.55	0.63	0.75
	8mm(金色)	0.39	0.34	0.42	0.53	0.61	0.73

注：1. 遮阳系数＝太阳能总透射比/0.87。

2. 光热比＝可见光透射比/太阳能总透射比。

3. 测试依据 GB/T 2680 和 ISO 9050 进行。

不同玻璃厂家玻璃的光热性能参数会有差异，使用时应根据厂家提供的光热性能参数进行选用。

3.3.9 承重性能

幕墙应能承受自重和设计时规定的各种附件的重量，并能可靠地传递到主体结构。

在自重标准值作用下，水平受力构件在单块面板两端跨距内的最大挠度不应超过该面板两端跨距的 1/500，且不应超过 3mm。

3.4 建筑幕墙的防雷

幕墙是附属于主体建筑的外围护结构，幕墙的金属框架一般不单独做防雷接地，而是利用主体结构的防雷体系，与建筑本身的防雷设计相结合。建筑幕墙的金属框架应与主体结构的防雷体系可靠连接，连接部位应清除非导电保护层，以保持导电畅通。建筑幕墙的防雷设计应符合《建筑物防雷设计规范》（GB 50057）的有关规定。

3.4.1 常用名词术语

建筑物防雷设计中，用到的名词术语很多，本节主要介绍建筑幕墙防雷设计时经常涉及的名词术语。

(1) **防雷装置**（lighting protection system，LPS）

用于减少闪击击于建（构）筑物上或建（构）筑物附近造成的物质性损害和人身伤亡，由外部防雷装置和内部防雷装置组成。

外部防雷装置（external lighting protection system）由接闪器、引下线和接地装置组成。

内部防雷装置（internal lighting protection system）由防雷等电位连接和与外部防雷装置的间隔距离组成。

(2) **接闪器**（air-termination system）

由拦截闪击的接闪杆、接闪带、接闪线、接闪网以及金属屋面、金属构件等组成。

(3) **引下线**（down-conductor system）

用于将雷电流从接闪器传导至接地装置的导体。

(4) **接地装置**（earth- termination system）

接地体和接地线的总和，用于传导雷电流并将其流散入大地。

(5) **接地体**（earth-electrode）

埋入土壤中或混凝土基础中作散流用的导体。

(6) **接地线**（earthing conductor）

从引下线断接卡或换线处至接地体的连接导体，或从接地端子、等电位连接带至接地体的连接导体。

(7) **直击雷**（direct lighting flash）

闪击直接击于建（构）筑物、其他物体、大地或外部防雷装置上，产生电效应、热效应和机械力的雷电。

(8) **闪电感应**（lighting induction）

闪电放电时，在附近导体上产生的雷电静电感应和雷电电磁感应，它可能使金属部件之间产生火花放电。

(9) **防雷等电位连接**（lighting equipotential bonding，LEB）

将分开的诸金属物体直接用连接导线或经电涌保护器连接到防雷装置上以减少雷电流引发的电位差。

(10) **等电位连接网络**（bonding network，BN）

将建（构）筑物和建（构）筑物内系统（带电导体除外）的所有导电物体互相连接组成的一个网。

(11) **接地系统**（earthing system）

将等电位连接网络和接地装置连在一起的整个系统。

(12) **防雷区**（lighting protection zone，LPZ）

划分雷击电磁环境的区，一个防雷区的区界面不一定要有实物界面，例如不一定要有墙壁、地板或天花板作为区界面。

(13) 静电感应

由于雷云先导的作用，使附近导体上感应出与先导通道符号相反的电荷。雷云主放电时，先导通道中的电荷迅速中和，在导体上的感应电荷得到释放，如不就近泄入地中，就会产生很高的电位。

3.4.2 建筑物的防雷设计原理

雷击是指闪电的一次放电。大气的流通形成了雷云，随着雷云下部的负电荷积累，其电场强度增加到极限值，于是开始向下梯级放电，称为下行先导放电。

在电气-几何模型中，雷先导的发展起初是不确定的，直至先导头部电压足以击穿它与地面目标间的间隙时，也即先导与地面目标的距离等于击距时，才受到地面影响而开始定向，在被保护的建筑物上安装接闪器，就是使它产生最强的先导和雷先导会合，从而防止建筑物受到雷击。

《建筑物防雷设计规范》（GB 50057）采用滚球法确定接闪器的保护范围。所谓滚球法是以 h_r 为半径的一球体沿需要防直接雷击的部位滚动，当球体只触及接闪器（包括被利用作为接闪器的金属物）或只触及接闪器和地面（包括与大地接触，并能承受雷击的金属物）而不触及需要保护的部位时，则该部位就得到接闪器的保护。用许多防雷导体（通常是垂直和水平导体）以下列方法盖住需要防雷的空间，即用一给定半径的球体滚过上述防雷导体时不会接触要防雷的空间。它是基于公式（3-2）的雷闪数学模型（电气-几何模型）：

$$h_r = 2I + 30(1 - e^{-I/6.8}) \tag{3-2}$$

简化为：

$$h_r \approx 9.4 I^{2/3}$$

所以电流 $I = (h_r/9.4)^{3/2}$，当 $h_r = 30$m 时，$I = 5.7$kA；当 $h_r = 45$m 时，$I = 10.5$kA；当 $h_r = 60$m 时，$I = 16.1$kA。

当雷电流小于上述数值时，雷闪有可能穿过接闪器击于被保护物上，而等于和大于上述数值时雷闪将击于接闪器上。

高层建筑物的接闪器与一般建筑物相比，由于建筑物高，闪击距离因而增大，接闪器的保护范围也相应增大。但如果建筑物的高度比设防的接闪距离 h_r 还要大时，对于某个雷先导，建筑物的接闪器可能处于它的闪接距离之外，而建筑物侧面的某处可能处于该先导的闪接距离之内，可能受到雷击。例如 150m 高的建筑，取其高度为滚球半径（$h_r = 150$m），其相对应的雷电流为 $(150/9.4)^{3/2} = 63.75$kA，也就是说，在距离建筑物屋顶周边 150m 的范围内大于（等于）63.75kA 的雷电流的雷击，被屋顶周边的接闪器吸引到自己身上，使建筑物不受此雷击，但是对于一个较近距离（例如相当于 $h_r = 45$m）的 10.5kA 的雷先导，接闪器不能把它吸引过来，在建筑物 45～150m 范围内的金属杆件，由于雷先导已进入到对它的闪击距离之内，于是受到雷击。而当在 45m 之内有一个小于 10.5kA 的雷先导可能使 45m 以下金属杆件受雷

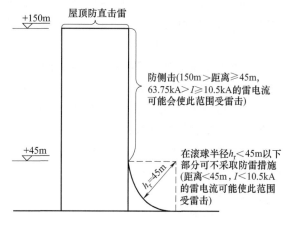

图 3-1 滚球法示意图

击。侧击雷具有短的吸引半径（即小的滚球半径），其相应的雷电流也是小的，高层建筑的结构通常能耐受这类小雷击电流的侧击，如图 3-1 所示。

3.4.3 建筑物的防雷分类

国家标准《建筑物防雷设计规范》（GB 50057）规定了建筑物的防雷类别。

建筑物根据其重要性、使用性质、发生雷电事故的可能性和后果，按防雷要求分为三类：

(1) 第一类防雷建筑物

对可能发生对地闪击的地区，遇到下列情况之一时，应划为第一类防雷建筑物：

① 凡制造、使用或贮存火炸药及其制品的危险建筑物，因电火花而引起爆炸、爆轰，会造成巨大破坏和人身伤亡者。

② 具有 0 区或 10 区爆炸危险环境的建筑物。

③ 具有 1 区或 21 区爆炸危险场所的建筑物，因电火花而引起爆炸，会造成巨大破坏和人身伤亡者。

(2) 第二类防雷建筑物

对可能发生对地闪击的地区，遇到下列情况之一时，应划为第二类防雷建筑物：

① 国家级重点文物保护的建筑物。

② 国家级的会堂、办公建筑物、大型展览和博览建筑物、大型火车站和飞机场、国宾馆、国家级档案馆、大型城市的重要给水泵房等特别重要的建筑物。

③ 国家级计算中心、国际通信枢纽等对国民经济有重要意义的建筑物。

④ 国家特级和甲级大型体育馆。

⑤ 制造、使用或贮存火炸药及其制品的危险建筑物，且电火花不易引起爆炸或不致造成巨大破坏和人身伤亡者。

⑥ 具有 1 区或 21 区爆炸危险场所的建筑物，且电火花不易引起爆炸或不致造成巨大破坏和人身伤亡者。

⑦ 具有 2 区或 22 区爆炸危险场所的建筑物。

⑧ 有爆炸危险的露天钢质封闭气罐。

⑨ 预计雷击次数大于 0.05 次/年的省、部级办公建筑物和其他重要或人员密集的公共建筑物以及火灾危险场所。

⑩ 预计雷击次数大于 0.05 次/年的住宅、办公楼等一般性民用建筑物或一般性工业建筑物。

(3) 对可能发生对地闪击的地区，遇到下列情况之一时，应划为第三类防雷建筑物

① 省级重点文物保护的建筑物及省级档案馆。

② 预计雷击次数大于或等于 0.01 次/年，且小于或等于 0.05 次/年的省、部级办公建筑物和其他重要或人员密集的公共建筑物，以及火灾危险场所。

③ 预计雷击次数大于或等于 0.05 次/年，且小于或等于 0.25 次/年的住宅、办公楼等一般性民用建筑物或一般性工业建筑物。

④ 在平均雷暴日大于 15 天/年的地区，高度在 15m 及以上的烟囱、水塔等孤立的高耸建筑物；在平均雷暴日小于或等于 15 天/年的地区，高度在 20m 及以上的烟囱、水塔等孤立的高耸建筑物。

3.4.4 建筑物的防雷措施规定

《建筑物防雷设计规范》（GB 50057）第 4 部分对各类防雷建筑物应采取的防雷措施进行了规定。

(1) 基本规定

① 各类防雷建筑物应设防直击雷的外部防雷装置，并应采取防闪电电涌侵入的措施。

第一类防雷建筑物和规范第 3.0.3 条第 5～7 款所规定的第二类防雷建筑物，尚应采取防闪电感应的措施。

② 各类防雷建筑物应设内部防雷装置，并应符合下列规定：

在建筑物的地下室或地面层处，建筑物金属体、金属装置、建筑物内系统和进出建筑物的金属管线与防雷装置做防雷等电位连接。

外部防雷装置与建筑物金属体、金属装置、建筑物内系统之间，尚应满足间隔距离的要求。

(2) 第一类防雷建筑物的防雷措施

① 第一类防雷建筑物防直击雷的措施，应装设独立接闪杆或架空接闪线或网。架空接闪网的网格尺寸不应大于 5m×5m 或 6m×4m。

② 第一类防雷建筑物的防闪电感应应符合下列规定：

建筑物内的设备、管道、构架、电缆金属外皮、钢屋架、钢窗等较大金属物和突出屋面的放散管、风管等金属物，均应接到防闪电感应的接地装置上。

金属屋面周边每隔 18～24m 应采用引下线接地一次。

(3) 第二类防雷建筑物的防雷措施

① 第二类防雷建筑物外部防雷措施，宜采用装设在建筑物上的接闪网、接闪带或接闪杆，也可采用由接闪网、接闪带或接闪杆混合组成的接闪器。接闪网、接闪带应按规范附录 B 的规定沿屋角、屋脊、屋檐和屋角宜受雷击的部位敷设，并应在整个屋面组成不大于 10m×10m 或 12m×8m 的网格；当建筑物高度超过 45m 时，首先应沿屋面周边敷设接闪带，接闪带应设在外墙外表面或屋檐垂直面上，也可设在外墙外表面或屋檐垂直面外，接闪器之间应互相连接。

② 专设引下线不应少于 2 根，并应沿建筑物四周和内庭四周均匀对称布置，其间距沿周长计算不宜大于 18m。当建筑物的跨度较大，无法在跨中设引下线时，应在跨距两端设引下线并减小与其他引下线间距，专设引下线的平均间距不应大于 18m。

③ 外部防雷装置的接地应和防闪电感应、内部防雷装置、电气和电子系统等接地共用接地装置，并应与引入的金属管线做等电位连接。专设的外部防雷装置宜围绕建筑物敷设成环形接地体。

④ 利用建筑物的钢筋作为防雷装置时，应符合下列规定：

a. 建筑物宜利用钢筋混凝土屋顶、梁、柱、基础内的钢筋作为引下线。

b. 构件内有箍筋连接的钢筋或成网状的钢筋，其箍筋与钢筋、钢筋与钢筋应采用土建施工的绑扎法、螺栓、对焊或搭焊连接。单根钢筋、圆钢或外引预埋连接板、线与构件内钢筋应焊接或采用螺栓紧固的卡夹器连接。构件之间必须连接成电气通路。

(4) 第三类防雷建筑物的防雷措施

① 第三类防雷建筑物外部防雷措施，宜采用装设在建筑物上的接闪网、接闪带或接闪

杆，也可采用由接闪网、接闪带或接闪杆混合组成的接闪器。接闪网、接闪带应按规范附录B的规定沿屋角、屋脊、屋檐和屋角宜受雷击的部位敷设，并应在整个屋面组成不大于 $20m \times 20m$ 或 $24m \times 16m$ 的网格；当建筑物高度超过45m时，首先应沿屋面周边敷设接闪带，接闪带应设在外墙外表面或屋檐垂直面上，也可设在外墙外表面或屋檐垂直面外，接闪器之间应互相连接。

② 专设引下线不应少于2根，并应沿建筑物四周和内庭四周均匀对称布置，其间距沿周长计算不宜大于25m。当建筑物的跨度较大，无法在跨中设引下线时，应在跨距两端设引下线并减小与其他引下线间距，专设引下线的平均间距不应大于25m。

(5) 建筑物的外部防雷装置

通常由接闪器、引下线和接地装置组成。专门敷设的接闪器应由下列的一种或多种组成：

① 独立接闪杆。

② 架空接闪线或架空接闪网。

③ 直接装设在建筑物上的接闪杆、接闪带或接闪网。

专门敷设的接闪器，其布置应符合表3-22的规定。布置接闪器时，可单独或任意组合采用接闪杆、接闪带、接闪网。

表 3-22　接闪器布置 单位：m

建筑物防雷类别	滚球半径 h_r	接闪网网格尺寸
第一类防雷建筑物	30	$\leqslant 5 \times 5$ 或 $\leqslant 6 \times 4$
第二类防雷建筑物	45	$\leqslant 10 \times 10$ 或 $\leqslant 12 \times 8$
第三类防雷建筑物	60	$\leqslant 20 \times 20$ 或 $\leqslant 24 \times 16$

3.4.5　建筑幕墙的防雷构造设计

建筑幕墙是附属于主体建筑的围护结构，当建筑幕墙围护建筑物后，由于建筑幕墙的屏蔽效应，建筑物原防雷装置不能直接起到防雷作用，闪电对建筑物的雷击，往往变成了对建筑幕墙的直接雷击，因此，建筑幕墙的防雷设计是非常重要的。

建筑幕墙的防雷应按建筑物的防雷分类采取防直击雷、侧击雷、雷电感应及等电位连接措施。

3.4.5.1　幕墙的防雷设计要求

《玻璃幕墙工程技术规范》（JGJ 102）规定：玻璃幕墙的防雷设计应符合《建筑物防雷设计规范》（GB 50057）和《民用建筑电气设计规范》（JGJ/T 16）的有关规定。幕墙的金属框架应与主体结构的防雷体系可靠连接，连接部位应清除非导电保护层。

《金属与石材幕墙工程技术规范》（JGJ 133）规定：金属与石材幕墙的防雷设计除应符合《建筑物防雷设计规范》（GB 50057）的有关规定外，还应符合下列规定：

① 在幕墙结构中应自上而下地安装防雷装置，并应与主体结构的防雷装置可靠连接；

② 导线应在材料表面的保护膜除掉部位进行连接；

③ 幕墙的防雷装置设计及安装应经建筑设计单位认可。

3.4.5.2　建筑幕墙的防雷设计

幕墙的防雷框架应按不大于 $100m^2$ 划分网格，网格角点与防雷系统连接，形成电气贯通。建筑幕墙防雷系统常见节点间距见表 3-23。

表 3-23 建筑幕墙防雷系统常见节点间距　　　　　　单位：m

建筑物防雷分类	屋面接闪器网格尺寸≤	立面30m及以上水平接闪带垂直间距≤	等电位连接环垂直间距≤		接地线水平间距≤
第一类	5×5 6×4	6	12	12	建筑每柱或角柱与每隔1柱
第二类	10×10 12×8	—	3层	18	角柱与每隔1柱
第三类	20×20 24×16	—	3层	25	角柱与每隔2柱

通常，玻璃幕墙的铝合金立柱在不大于10m范围内宜有一根柱采用柔性导线上、下连通，铜质导线截面积不宜小于25mm²，铝质导线截面积不宜小于30mm²。在主体建筑有水平均压环的楼层，对应导电通路立柱的预埋件或固定件应采用圆钢或扁钢与水平均压环焊接连通，形成防雷通路，焊缝和连线应涂防锈漆。扁钢截面不宜小于5mm×40mm，圆钢直径不宜小于12mm。

由于高层建筑物高度高，雷闪击中建筑物顶层周边的雷电流可能会很大，金属幕墙如果位于女儿墙外侧时就属于屋面周边，属于易受雷击部位，尤其是转角处为雷击率最高部位，因此，此处的防雷很重要。当女儿墙与金属幕墙间采用金属板封修时，可利用其作接闪器，要求封修板的厚度大于3mm，金属板之间采用搭接时，其搭接长度不应小于100mm，金属板应无绝缘被覆层，并保证金属板与女儿墙上的防雷装置有效连通。

兼有防雷功能的幕墙压顶板宜采用厚度不小于3mm的铝合金板制造，压顶板截面不宜小于70mm²（幕墙高度大于等于150m时）或50mm²（幕墙高度小于150m时）。幕墙压顶板体系与主体结构屋顶的防雷系统应有效地连通。

(1) 构件式幕墙防雷构造注意事项

① 隔热断桥型材内外侧的金属型材均应连接成电气通路。

② 幕墙横、竖构件的连接，相互间的接触面积应不小于50mm²，形成良好的电气贯通。

③ 幕墙立柱套芯上下、幕墙与建筑物主体结构之间，应按导体连接材料截面的规定连接或跨接。

④ 构件连接处有绝缘层材料覆盖的部位，应采取措施形成有效的防雷电气通路。

⑤ 金属幕墙的外露金属面板或金属部件应与支承结构有良好的电气贯通，支承结构应与主体结构防雷体系连通。

⑥ 利用自身金属材料作为防雷接闪器的幕墙，其压顶板宜选用厚度不小于3mm的铝合金单板，截面积应不小于70mm²。

构件式幕墙的典型防雷系统如图3-2所示。

(2) 单元式幕墙防雷构造注意事项

单元幕墙防雷与构件式幕墙防雷原理相同，不同的是单元幕墙单元板块之间一般采用插接连接，插接公母框及上下框之间一般采用胶条密封，使单元间电导通不畅，应用通电导线将上下左右单元连接成一个良好的电气通路，整体形成避雷网格再与主体防雷体系有效连接。

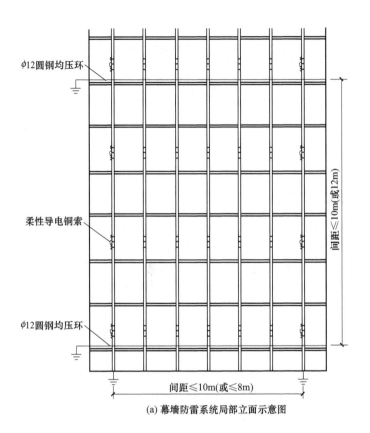

(a) 幕墙防雷系统局部立面示意图

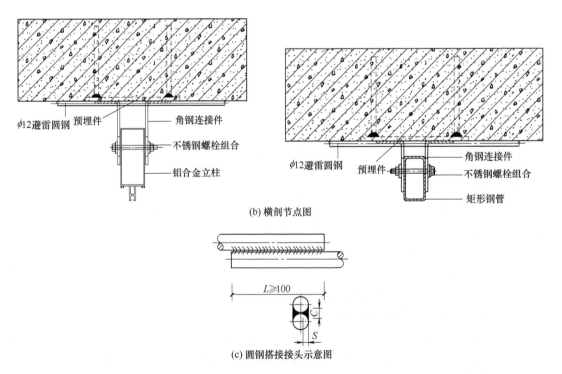

(b) 横剖节点图

(c) 圆钢搭接接头示意图

图 3-2 构件式幕墙典型防雷系统

① 有隔热构造的幕墙型材应对其内外侧金属材料采用金属导体连接，每一单元板块的连接不少于一处，宜采用等电位金属材料连接成良好的电气通路。

② 幕墙单元板块插口拼装连接和与主体结构连接处应按规定形成防雷电气通路。对幕墙横、竖两方向单元板块之间橡胶接缝连接处，应采用等电位金属材料跨接，形成良好的电气通路。

单元幕墙典型防雷构造如图 3-3 所示。

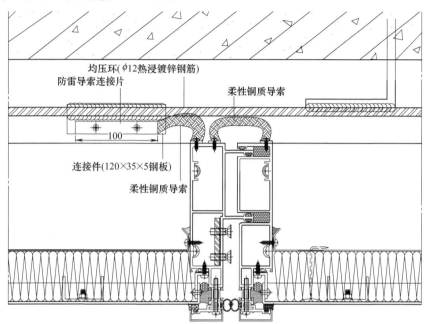

(a) 单元幕墙防雷横剖节点图

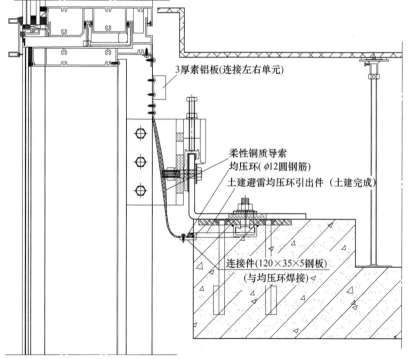

(b) 单元幕墙防雷竖剖节点图

图 3-3

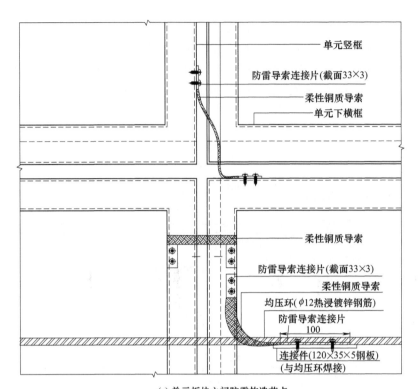

(c) 单元板块之间防雷构造节点

图 3-3　单元幕墙典型防雷构造图

3.4.6　建筑幕墙防雷设计图

建筑幕墙的防雷设计图一般有防雷平面布置图（图 3-4）、防雷网格图（图 3-5）和防雷构造图（图 3-2、图 3-3、图 3-6）。

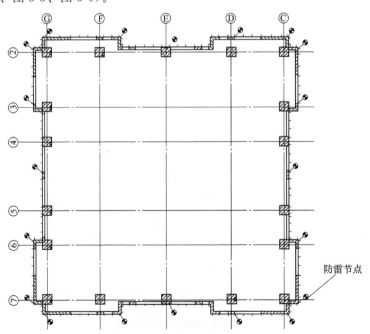

图 3-4　幕墙防雷平面布置图

图 3-5　幕墙防雷网格图

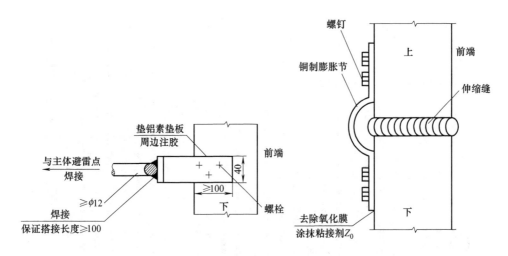

图 3-6　幕墙防雷构造图

3.5　建筑幕墙的防火

　　幕墙的防火设计是一个关系到人民生命、财产安全的重要问题。垂直幕墙与水平楼板之间往往存在缝隙，如果缝隙未经处理或处理不合理，火灾初起时，浓烟即可通过缝隙向上层扩散，引起窜烟（图 3-7）；火焰也可通过缝隙向上窜到上一层楼层，引起窜火（图 3-8）；当幕墙面板材料开裂掉落，火焰从幕墙外侧窜至上层墙面烧裂上层幕墙面板后，窜入上层室内，引起卷火（图 3-9）。玻璃幕墙当受到火烧或受热时，玻璃面板易破碎，甚至造成大面积破碎，出现所谓的"引火风道"，造成火势迅速蔓延，酿成大火灾，危害人身和财产的安全。建筑外墙保温材料耐火性能达不到要求也是造成大型火灾的主要原因。美国安底斯大楼火灾，大面积玻璃幕墙成为火势向上蔓延的主要途径。1988 年洛杉矶第一洲际银行大楼（62 层）起火后，由于幕墙玻璃很快破裂，火焰沿外墙上卷燃烧，造成十分惨重的损失。1994 年 1 月 30 日，上海沪西文化宫二楼火灾，由于外墙面为玻璃幕墙，无防火设施，10～15min 时间，杆件熔化掉落，玻璃炸裂，二、三层全部受灾。2009 年 2 月 9 日晚 21 时，在建的中央电视台电视文化中心（又称央视新址北配楼）发生特大火灾。大火持续燃烧 6h，建筑物过火、过烟面积 21333m²，造成直接经济损失 1.6 亿元。燃烧主要集中在外墙钛锌合金下面的保温层，大楼使用的外墙保温材料挤塑聚苯板成为"帮凶"。2010 年 11 月 15 日 14 点 30 分左右，上海市静安区 28 层教师公寓大楼着火。火灾原因是：在装修作业施工中，电焊工违规操作失火；起火点在 10～12 层，引燃外墙保温层聚氨酯，脚手架上毛竹片、尼龙织网，此次事故造成 58 人遇难，70 多人受伤。2010 年 6 月 30 日 15 时，在南通有"第一高楼"之称的超高层建筑，在进行外部装修时，大楼西南角幕墙的保温层由于电焊引起火灾，大火从 33 层分别向上向下蔓延至 40 层和 14 层。

　　幕墙作为建筑的外围护结构，是建筑整体中的一部分，在一些重要的部位应具有一定的耐火性，而且应与建筑的整体防火要求相适应。防火封堵是目前建筑幕墙设计中应用比较广泛的防火、隔烟方法，是通过在缝隙间填塞不燃或难燃材料或由此形成的系统，以达到防止火焰和高温烟气在建筑内部扩散的目的。

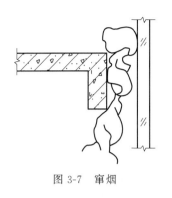

图 3-7 窜烟

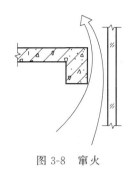

图 3-8 窜火

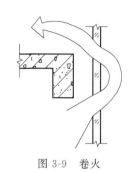

图 3-9 卷火

3.5.1 防火设计要求

建筑幕墙的防火设计应符合《建筑设计防火规范》（GB 50016）的有关规定。

《建筑设计防火规范》（GB 50016）中的 6.1.3、6.2.5 和 6.2.6 条对建筑外墙和建筑幕墙的防火做了规定。

① 建筑外墙为难燃性或可燃性墙体时，防火墙应凸出墙的外表面 0.4m 以上，且防火墙两侧的外墙均应为宽度不小于 2.0m 的不燃性墙体，其耐火极限不应低于外墙的耐火极限。

建筑外墙为不燃性墙体时，防火墙可不凸出墙的外表面，紧靠防火墙两侧的门、窗、洞口之间最近边缘的水平距离不应小于 2.0m；采取设置乙级防火窗等防止火灾水平蔓延的措施时，该距离不限。

② 除规范另有规定外，建筑外墙上、下层开口之间应设置高度不小于 1.2m 的实体墙或挑出宽度不小于 1.0m、长度不小于开口宽度的防火挑檐；当室内设置自动喷水灭火系统时，上、下层开口之间的实体墙高度不应小于 0.8m；当上、下层开口之间设置实体墙确有困难时，可设置防火玻璃墙，但高层建筑的防火玻璃墙的耐火完整性不应低于 1.00h，单、多层建筑的防火玻璃墙的耐火完整性不应低于 0.50h。外窗的耐火完整性不应低于防火玻璃墙的耐火完整性要求。

住宅建筑外墙上相邻户开口之间的墙体宽度不应小于 1.0m；小于 1.0m 时，应在开口之间设置突出外墙不小于 0.6m 的隔板。

实体墙、防火挑檐和隔板的耐火极限和燃烧性能，均不应低于相应耐火等级建筑外墙的要求。

③ 建筑幕墙应在每层楼板外沿处采取符合规范 6.2.5 条（上述②）规定的防火措施，幕墙与每层楼板、隔墙处的缝隙应采用防火封堵材料封堵，如图 3-10 所示。

④ 供消防救援人员进入的窗口的净高度和净宽度均不应小于 1.0m，下沿距室内地面不宜大于 1.2m，间距不宜大于 20m 且每个消防分区不应小于 2 个，设置位置应与消防车登高操作场地相对应。窗口的玻璃应易于破碎，并应设置可在室外易于识别的明显标志。

《玻璃幕墙工程技术规范》（JGJ 102）对幕墙防火的规定：

玻璃幕墙的防火设计除了应符合现行国家标准《建筑设计防火规范》（GB 50016）的有关规定外，还应符合以下规定：

① 玻璃幕墙与其周边防火分隔构件间的缝隙、与楼板或隔墙外沿间的缝隙、与实体墙

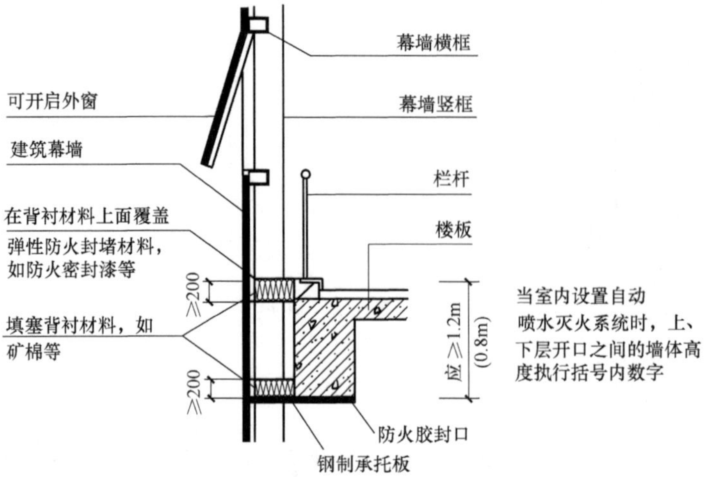

图 3-10　幕墙的防火封堵示意图

壁面洞口边缘的缝隙等，应进行防火封堵。

② 玻璃幕墙的防火封堵构造系统，在正常使用条件下，应具有伸缩变形能力、密封性和耐久性；在遇火状态下，应在规定的耐火时限内，不发生开裂或脱落，保持相对稳定性。

③ 玻璃幕墙防火封堵构造系统的填充系统的填充料及其保护性面层材料，应用耐火极限符合设计要求的不燃烧材料或难燃烧材料。

④ 无窗槛墙的玻璃幕墙，应在每层楼板外沿设置耐火极限不低于 1.0h、高度不低于 0.8m 的不燃烧实体裙墙或防火玻璃裙墙。

《金属与石材幕墙工程技术规范》（JGJ 133）对幕墙防火的规定：

金属与石材幕墙的防火设计除了应符合现行国家标准《建筑设计防火规范》（GB 50016）的有关规定外，还应符合以下规定：

① 防火层应采取隔离措施，并应根据防火材料的耐火极限，决定防火层的厚度和宽度，且应在楼板处形成防火带；

② 幕墙的防火层必须采用经防腐处理且厚度不小于 1.5mm 的耐热钢板，不得采用铝板；

③ 防火层的密封材料应采用防火密封胶；防火密封胶应有法定检测机构的防火检验报告。

3.5.2　幕墙的防火构造设计

① 建筑幕墙的防火封堵应采用厚度不小于 200mm 的岩棉、矿棉等耐高温、不燃烧的材料填充密实，并由厚度不小于 1.5mm 的镀锌钢板承托，其缝隙应进行防火密封。竖向应双面封堵。

② 当建筑要求防火分区间设置通透隔断时，可采用防火玻璃，其耐火极限应符合设计要求。

③ 同一块幕墙玻璃板块不应跨越建筑物上下、左右相邻的防火分区。

④ 楼层间的防火封堵位置宜位于梁底，并与幕墙的横梁或立柱相连接。严禁直接用胶粘结在幕墙玻璃内侧。

⑤ 当金属幕墙采用铝塑复合板时，防火构造宜在每层楼板外沿部位和防火分区纵向分隔部位设置不小于0.8m的隔离带，隔离带处外墙面板用不燃烧材料。

⑥ 紧靠建筑物内防火分隔墙两侧的玻璃幕墙之间应设置水平距离不小于2.0m、耐火极限不低于1.0h的实体墙或防火玻璃墙。

⑦ 建筑物内的防火墙设置在转角处时，内转角两侧的玻璃幕墙之间应设置水平距离不小于4.0m、耐火极限不低于1.0h的实体墙或防火玻璃墙。

⑧ 消防排烟用的幕墙开启窗与相邻防火分区隔墙的距离应不小于1.0m，宜采用外倒下悬窗，开启角度不宜小于70°，并与消防报警系统联动。高层建筑采用外倒下悬窗时，应在构造上有可靠的窗扇防脱落措施。

⑨ 泄爆窗在安装前应经压力测试。泄爆窗被气浪冲开后，幕墙结构应保持完整。

⑩ 消防登高立面不宜采用大面积的玻璃幕墙。当采用时，应在建筑高度100m范围内设置应急击碎玻璃，并符合以下规定：

a. 设置应急击碎玻璃每层不少于2块，间距不大于20m。

b. 每块应急击碎的玻璃净宽度和净高度不应小于1.0m，下沿距室内地面不宜大于1.2m，并应设置明显的警示标志。应急击碎玻璃应采用普通玻璃，不得采用夹层玻璃、钢化玻璃、半钢化玻璃。

c. 应急击碎玻璃不宜布置在建筑物直通室外的出入口上方。确需布置时，应设置宽度不小于1.0m的防护挑檐。

玻璃幕墙的典型防火节点如图3-11所示。

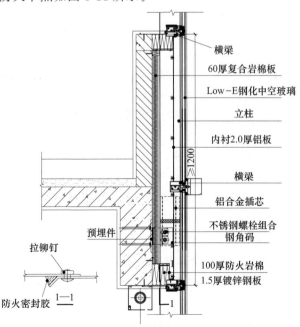

图 3-11　玻璃幕墙的典型防火节点

3.6 建筑幕墙的抗震

地震是一种自然现象，地壳中岩层发生断裂或错动，以及火山爆发都可能导致地面发生程度不同的震动，这种现象称为地震。地震是一种突发性自然灾害，目前科学技术还达不到控制地震发生的水平，但是可以预防和减轻地震灾害。人类在长期与地震灾害的斗争中，积累了丰富的经验，随着科学技术的发展，人们通过地震台网监测纪录和现场调查，积累了不少地震资料，通过对这些资料的分析和经验总结，人们对地震作用规律有了初步认识。

3.6.1 地震震级和烈度

地震震级 M 是对地震大小的相对度量。它是根据地震时释放出的能量多少来划分的，地震释放的能量越多，震级越高，每一次地震只有一个震级。《地震震级的规定》（GB/T 17740）规定了地震震级的测定方法和使用规定。各国和各地区的地震分级标准不尽相同，我国使用的震级标准是国际通用的地震震级标准——里氏震级。

地震烈度是指地震引起的地面震动及其影响的强弱程度。显然，对于距震中远近不同的地区，所受的震害是不同的。一般说来，距震中越远，地震烈度就越低。

震级和烈度的关系可用以下公式来描述：

震中烈度 $$I_0 = 0.24 + 1.26M \tag{3-3}$$

影响烈度 $$I_{X(X=1,2,3,\cdots)} = 0.92 + 1.63M - 3.49\lg R \tag{3-4}$$

式中　M——震级；

　　　R——距震中距离的半径，km；

　　　X——1，2，3，…（取 $R/100$ 的整数）。

《中国地震烈度表》（GB/T 17742）规定，地震烈度划分为 12 个等级，分别用罗马数字 Ⅰ、Ⅱ、Ⅲ、Ⅳ、Ⅴ、Ⅵ、Ⅶ、Ⅷ、Ⅸ、Ⅹ、Ⅺ 和 Ⅻ 表示。根据人的感觉、房屋震害程度、其他震害现象、水平向地震动参数（峰值加速度、峰值速度）进行地震烈度评定。根据表 3-24 进行地震烈度评定。

房屋破坏等级分为基本完好、轻微破坏、中等破坏、严重破坏和毁坏五类，其定义和对应的震害指数 d 如下：

① 基本完好：承重和非承重构件完好，或个别非承重构件轻微损坏，不加修理可继续使用。对应的震害指数范围为 $0.00 \leqslant d < 0.10$。

② 轻微破坏：个别承重构件出现可见裂缝，非承重构件有明显裂缝，不需要修理或稍加修理即可继续使用。对应的震害指数范围为 $0.10 \leqslant d < 0.30$。

③ 中等破坏：多数承重构件出现轻微裂缝，部分有明显裂缝，个别非承重构件破坏严重，需要一般修理后方可使用。对应的震害指数范围为 $0.30 \leqslant d < 0.55$。

④ 严重破坏：多数承重构件破坏较严重，非承重构件局部倒塌，房屋修复困难。对应的震害指数范围为 $0.55 \leqslant d < 0.85$。

⑤ 毁坏：多数承重构件严重破坏，房屋结构濒于崩溃或已倒毁，已无修复可能。对应的震害指数范围为 $0.85 \leqslant d < 1.00$。

表 3-24 中国地震烈度表

地震烈度	人的感觉	房屋震害			其他震害现象	水平向地震动参数	
		类型	震害程度	平均震害指数		峰值加速度 /(m/s²)	峰值速度 /(m/s)
Ⅰ	无感	—	—	—	—	—	—
Ⅱ	室内个别静止中的人有感觉	—				—	—
Ⅲ	室内少数静止中的人有感觉	—	门、窗轻微作响		悬挂物微动	—	—
Ⅳ	室内多数人、室外少数人有感觉。少数人梦中惊醒	—	门、窗作响		悬挂物明显摆动,器皿作响	—	—
Ⅴ	室内绝大多数、室外多数人有感觉,多数人梦中惊醒	—	门窗、屋顶、屋架颤动作响,灰土掉落,个别房屋墙体抹灰出现细微裂缝,个别屋顶烟囱掉砖		悬挂物大幅度晃动,不稳定器物摇动或翻倒	0.31 (0.22~0.44)	0.03 (0.02~0.04)
Ⅵ	多数人站立不稳,少数人惊逃户外	A	少数中等破坏,多数轻微破坏和/或基本完好	0.00~0.11	家具和物品移动,河岸和松软土出现裂缝,饱和砂层出现喷砂冒水,个别独立砖烟囱轻度裂缝	0.63 (0.45~0.89)	0.06 (0.05~0.09)
		B	个别中等破坏,少数轻微破坏,多数基本完好				
		C	个别轻微破坏,大多数基本完好	0.00~0.08			
Ⅶ	大多数人惊逃户外,骑自行车的人有感觉,行驶中的汽车驾乘人员有感觉	A	少数毁坏和/或严重破坏,多数中等和/或轻微破坏	0.09~0.31	物体从架子上掉落,河岸出现塌方,饱和砂层常见喷水冒砂,松软土地上地裂缝较多,大多数独立砖烟囱中等破坏	1.25 (0.90~1.77)	0.13 (0.10~0.18)
		B	少数中等破坏,多数轻微破坏和/或基本完好				
		C	少数中等和/或轻微破坏,多数基本完好	0.07~0.22			

续表

地震烈度	人的感觉	房屋震害			其他震害现象	水平向地震动参数	
		类型	震害程度	平均震害指数		峰值加速度 /(m/s²)	峰值速度 /(m/s)
Ⅷ	多数人摇晃颠簸，行走困难	A	少数毁坏，多数严重和/或中等破坏	0.29~0.51	干硬土上出现裂缝，饱和砂层绝大多数喷砂冒水，大多独立砖烟囱严重破坏	2.50 (1.78~3.53)	0.25 (0.19~0.35)
		B	个别毁坏，少数严重破坏，多数中等和/或轻微破坏				
		C	少数严重和/或中等破坏，多数轻微破坏	0.20~0.40			
Ⅸ	行动的人摔倒	A	多数严重破坏或/和毁坏	0.49~0.71	干硬土上多出现裂缝；可见基岩裂缝、错动；滑坡塌方常见；独立砖烟囱多数倒塌	5.00 (3.54~7.07)	0.50 (0.36~0.71)
		B	少数毁坏，多数严重和/或中等破坏				
		C	少数毁坏和/或严重破坏，多数中等和/或轻微破坏	0.38~0.60			
Ⅹ	骑自行车的人会摔倒，处不稳状态的人会摔离原地，有抛起感	A	绝大多数毁坏	0.69~0.91	山崩和地震断裂出现；基岩上拱桥破坏；大多数独立砖烟囱从根部破坏或倒毁	10.00 (7.08~14.14)	1.00 (0.72~1.41)
		B	大多数毁坏				
		C	多数毁坏和/或严重破坏	0.58~0.80			
Ⅺ		A	绝大多数毁坏	0.89~1.00	地震断裂延续很大，大量山崩滑坡		
		B					
		C		0.78~1.00			
Ⅻ	—	A	几乎全部毁坏	1.00	地面剧烈变化，山河改观	—	—
		B					
		C					

注：表中给出的"峰值加速度"和"峰值速度"是参考值，括弧内给出的是变动范围。

评定地震烈度时，Ⅰ~Ⅴ度应以地面上以及底层房屋中的人的感觉和其他震害现象为主；Ⅵ~Ⅹ度应以房屋震害为主，参照其他震害现象，当用房屋震害程度与平均震害指数评定结果不同时，应以震害程度评定结果为主，并综合考虑不同类型房屋的平均震害指数；Ⅺ和Ⅻ度应综合房屋震害和地表震害现象。

3.6.2 抗震设防烈度与设计基本地震加速度

抗震设防烈度（seismic fortification intensity）是按国家规定的权限批准作为一个地区抗震设防依据的地震烈度。一般情况下，取 50 年内超越概率 10%的地震烈度。

设计基本地震加速度（design basic acceleration of ground motion）是指 50 年设计基准期超越概率 10%的地震加速度设计值。

《建筑抗震设计规范》（GB 50011）有以下规定：

抗震设防烈度为 6 度及以上地区的建筑，必须进行抗震设计。

《建筑抗震设计规范》适用于抗震设防烈度为 6 度、7 度、8 度和 9 度地区建筑工程的抗震设计以及隔震、消能减震设计。抗震设防烈度大于9度地区的建筑及行业有特殊要求的工业建筑，其抗震设计应按有关专门规定执行。

抗震设防烈度为6度时，除规范有具体规定外，对乙、丙、丁类建筑可不进行地震作用计算。

抗震设防烈度必须按国家规定的权限审批、颁发的文件（图件）确定。一般情况下，建筑的抗震设防烈度应采用根据中国地震动参数区划图确定的地震基本烈度（规范中设计基本地震加速度值所对应的烈度值）。

抗震设防烈度和设计基本地震加速度取值的对应关系，应符合表3-25的规定。设计基本地震加速度为0.15g和0.30g地区内的建筑，除了规范另有规定外，应分别按抗震设防烈度7度和8度的要求进行设计。

表3-25 抗震设防烈度和设计基本地震加速度值的对应关系

抗震设防烈度	6	7	8	9
设计基本地震加速度	$0.05g$	$0.10(0.15)g$	$0.20(0.30)g$	$0.40g$

我国主要城镇（县级及县级以上城镇）中心地区的抗震设防烈度、设计基本地震加速度和所属的设计地震分组，可按《建筑抗震设计规范》附录A采用。

3.6.3 建筑工程抗震设防分类和设防标准

抗震设防分类（seismic fortification category for structures）是根据建筑遭遇地震破坏后，可能造成人员伤亡、直接和间接经济损失、社会影响的程度及其在抗震救灾中的作用等因素，对各类建筑所做的设防类别划分。

抗震设防标准（seismic fortification criterion）是衡量抗震设防要求高低的尺度，由抗震设防烈度或设计地震动参数及建筑抗震设防类别确定。

《建筑工程抗震设防分类标准》（GB 50223）对建筑抗震设防类别划分作了规定。

(1) 建筑抗震设防类别划分原则

建筑抗震设防类别划分，应根据下列因素的综合分析确定：

① 建筑破坏造成的人员伤亡、直接和间接经济损失及社会影响的大小。

② 城镇的大小、行业的特点、工矿企业的规模。

③ 建筑使用功能失效后，对全局的影响范围大小、抗震救灾影响及恢复的难易程度。

④ 建筑各区段的重要性有显著不同时，可按区段划分抗震设防类别。下部区段的类别不应低于上部区段。

⑤ 不同行业的相同建筑，当所处地位及地震破坏所产生的后果和影响不同时，其抗震设防类别可不相同。

注：区段指由防震缝分开的结构单元、平面内使用功能不同的部分或上下使用功能不同的部分。

(2) 建筑工程的抗震设防类别

根据建筑抗震设防类别划分原则，建筑工程可分为甲类、乙类、丙类和丁类四个抗震设防类别。

① 特殊设防类。指使用上有特殊设施，涉及国家公共安全的重大建筑工程和地震时可能发生严重次生灾害等特别重大灾害后果，需要进行特殊设防的建筑，简称甲类。

② 重点设防类。指地震时使用功能不能中断或需尽快恢复的生命线相关建筑，以及地震时可能导致大量人员伤亡等重大灾害后果，需要提高设防标准的建筑，简称乙类。

③ 标准设防类。指大量的除①、②、④款以外按标准要求进行设防的建筑，简称丙类。

④ 适度设防类。指使用上人员稀少且震损不致产生次生灾害，允许在一定条件下适度降低要求的建筑，简称丁类。

(3) 各抗震设防类别建筑的抗震设防标准

各抗震设防类别建筑的抗震设防标准应符合下列要求：

① 标准设防类，应按本地区抗震设防烈度确定其抗震措施和地震作用，达到在遭遇高于当地抗震设防烈度的预估罕遇地震影响时不致倒塌或发生危及生命安全的严重破坏的抗震设防目标。

② 重点设防类，应按高于本地区抗震设防烈度1度的要求加强其抗震措施；但抗震设防烈度为9度时应按比9度更高的要求采取抗震措施；地基基础的抗震措施，应符合有关规定。同时，应按本地区抗震设防烈度确定其地震作用。

③ 特殊设防类，应按高于本地区抗震设防烈度提高1度的要求加强其抗震措施；但抗震设防烈度为9度时应按比9度更高的要求采取抗震措施。同时，应按批准的地震安全性评价的结果且高于本地区抗震设防烈度的要求确定其地震作用。

④ 适度设防类，允许比本地区抗震设防烈度的要求适当降低其抗震措施，但抗震设防烈度为6度时不应降低。一般情况下，仍应按本地区抗震设防烈度确定其地震作用。

注：对于划为重点设防类而规模很小的工业建筑，当改用抗震性能较好的材料且符合抗震设计规范对结构体系的要求时，允许按标准设防类设防。

(4) 公共建筑和居住建筑的抗震设防类别

《建筑工程抗震设防分类标准》（GB 50223）中列出了防灾救灾建筑、基础设施建筑、公共建筑和居住建筑、工业建筑、仓库类建筑的抗震设防烈度类别。其中，公共建筑和居住建筑的规定如下：

对于体育建筑、影剧院、博物馆、档案馆、商场、展览馆、会展中心、教育建筑、旅馆、办公建筑、科学实验建筑等公共建筑，应根据其人员密集程度、使用功能、规模、地震破坏所造成的社会影响和直接经济损失的大小划分抗震设防类别。

① 体育建筑中，规模分级为特大型的体育场，大型、观众席容量很多的中型体育场和体育馆（含游泳馆），抗震设防类别应划为重点设防类。

② 文化娱乐建筑中，大型的电影院、剧场、礼堂、图书馆的视听室和报告厅、文化馆的观演厅和展览厅、娱乐中心建筑，抗震设防类别应划为重点设防类。

③ 商业建筑中，人流密集的大型多层商场抗震设防类别应划为重点设防类。当商业建筑与其他建筑合建时应分别判断，并按区段确定其抗震设防类别。

④ 博物馆和档案馆中，大型博物馆，存放国家一级文物的博物馆，特级、甲级档案馆，抗震设防类别应划为重点设防类。

⑤ 会展建筑中，大型展览馆、会展中心，抗震设防类别应划为重点设防类。

⑥ 教育建筑中，幼儿园、小学、中学的教学用房以及学生宿舍和食堂，抗震设防类别应不低于重点设防类。

⑦ 科学实验建筑中，研究、中试生产和存放具有高放射性物品以及剧毒的生物制品、化学制品、天然和人工细菌、病毒（如鼠疫、霍乱、伤寒和新发高危险传染病等）的建筑，抗震设防类别应划为特殊设防类。

⑧ 电子信息中心的建筑中，省部级编制和贮存重要信息的建筑，抗震设防类别应划为

重点设防类。国家级信息中心建筑的抗震设防标准应高于重点设防类。

⑨ 高层建筑中，当结构单元内经常使用人数超过 8000 人时，抗震设防类别宜划为重点设防类。

居住建筑（住宅、宿舍、公寓等）的抗震设防类别不应低于标准设防类。

3.6.4 建筑幕墙的抗震要求及设计

(1) 建筑幕墙的抗震要求

建筑幕墙的抗震性能应满足 GB 50011 的要求。

建筑幕墙应满足所在地抗震设防烈度的要求。对有抗震设防要求的建筑幕墙，其试验样品在设计的试验峰值加速度条件下不应发生破坏。

幕墙具备下列条件之一时，应进行振动台抗震性能试验或其他可行的验证试验：

① 面板为脆性材料，且单块面板面积或厚度超过现行标准或规范的限制；

② 面板为脆性材料，且与后部支撑结构的连接体系为首次应用；

③ 应用高度超过标准或规范规定的高度限制；

④ 所在地区为 9 度以上（含 9 度）设防烈度。

(2) 建筑幕墙抗震设计原则

建筑幕墙的抗震设计遵循"小震不坏，中震可修，大震不倒"的设计原则。按照《建筑抗震设计规范》进行抗震设计的建筑，其基本的抗震设防目标是：

① 当遭受低于本地区抗震设防烈度的多遇地震影响时，主体结构不受损坏或不需修理可继续使用；

② 当遭受相当于本地区抗震设防烈度的设防地震影响时，可能发生破坏，但经一般性修理仍可继续使用；

③ 当遭受高于本地区抗震设防烈度的罕遇地震影响时，不倒塌或发生危及生命的严重破坏。

按照以上要求，建筑幕墙抗震设计的一般原则是：

① 当遭受低于本地区抗震设防烈度的多遇地震影响时，幕墙不能被破坏，应保持完好；

② 当遭受相当于本地区抗震设防烈度的设防地震影响时，幕墙不应有严重破坏，一般只允许部分面板破碎，经修理后仍可以使用；

③ 当遭受高于本地区抗震设防烈度的罕遇地震影响时，幕墙虽严重破坏，但幕墙骨架不得脱落。

非抗震设计或抗震设防烈度为 6 度、7 度、8 度和 9 度地区的幕墙，抗震设计按相应类型幕墙工程技术规范进行设计。

对于抗震设防烈度大于 9 度的地区或行业有特殊要求的幕墙，抗震设计应按有关专门规定慎重设计。

(3) 幕墙结构抗震设计应考虑的问题

① 具有明确计算简图和合理的地震作用传递途径。

② 宜有多道抗震防线，避免因部分结构或构件破坏，导致整个体系丧失抗震能力或对重力的承载能力。

③ 应具备必要的强度、良好的变形能力。

④ 宜具有合理的刚度和强度分布，避免局部产生过大的应力集中或塑性变形，对可能

出现的薄弱部位应采取措施提高抗震能力。

⑤ 构造点的承载力不应低于其连接构件的承载力。

⑥ 由于幕墙构件不能承受过大的位移，只能通过活动连接件来避免主体结构过大对侧移的影响。所以，幕墙与主体结构之间，必须采用弹性活动连接。

⑦ 由于地震是动力作用，对连接节点会产生较大的影响，使连接发生震害甚至使幕墙脱落倒塌，所以，除计算地震作用力外，构造上还必须予以加强。

(4) 建筑物抗震部位特殊结构

通常，建筑物主体结构专门设计抗震缝、伸缩缝、沉降缝等结构来增加主体结构的抗变形能力，因此，要求外幕墙设计要有相应的结构，既要保持幕墙本身的完整性，又要保证其变形的功能。

建筑物主体结构中装饰性部位，如女儿墙、挑檐、门脸等部位，布置幕墙承力点时要慎重，最好能与土建结构工程师预先研究幕墙固定方案，校核原结构是否可靠。挑檐部位最好用重量较轻的铝单板或者铝复合板。

建筑物抗震缝部位幕墙结构如图 3-12 所示。

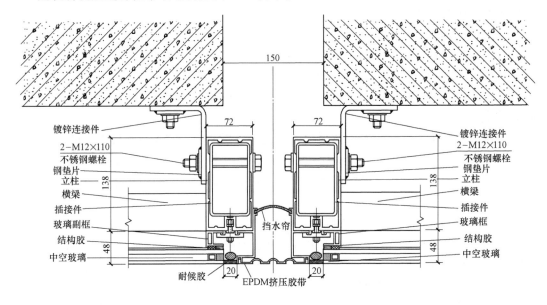

图 3-12　建筑物抗震缝部位幕墙结构示意图

3.7 建筑幕墙的通风

通风可以保持室内空气清新，保持适宜的空气湿度和温度，为人们提供舒适的工作和生活环境。通风设计是幕墙设计必须考虑的因素之一。在幕墙通风设计时，既要保证整个幕墙的完整性和密封性，也要保证降低能耗、节约能源。

幕墙的通风量是指单位时间内通过幕墙某一截面的空气总量。

幕墙的通风形式有自然通风和机械通风两种。

自然通风即利用室内外空气温度和密度不同，以及迎风面和背风面风压的不同，进行换气的通风方式；常用外开上悬窗、平推窗来实现幕墙的自然通风。机械通风是利用机械系统进行换气的通风方式，常用百叶窗、通风器来实现幕墙机械通风。

幕墙采用外开上悬窗时，开启扇的开启角度不宜大于30°，开启距离不宜大于300mm，外开上悬窗角度调整范围小，通风量相对较小，但其能够满足幕墙的通风需要，而且还可以很好地保持幕墙的完整性和密封性，外饰效果好，所以其在构件式幕墙和单元式幕墙中均有广泛应用，是目前幕墙上使用最广的自然通风手段。

平推窗的推出距离可以通过五金件的规格尺寸确定。同样的开启距离，平推窗的通风效果比外开上悬窗的效果好，不仅能够满足幕墙的通风需要，很好地保持幕墙的完整性、密封性和装饰效果，而且能够更好地满足消防排烟的要求，是近几年兴起的一种新型幕墙通风方式。

百叶窗的通风量不仅与自然通风状态下百叶窗的通风面积和空气流速有关，而且受叶片倾斜角度、百叶间隙和风机吸力大小的影响。叶片倾斜角度越大，通风量越小；百叶间隙越大，通风量越大；风机吸力越大，通风量越大。百叶窗的通风量相对来说也较小，设计上可以根据其使用位置，通过增大百叶间隙或增大百叶窗面积，来增加通风量。由于百叶窗对于幕墙外饰面起到装饰作用，而且对于幕墙的排风系统、排烟系统、空调系统均起到关键作用，所以其在构件式幕墙和单元式幕墙中都有广泛应用。

通风器的通风量不仅与自然通风状态下百叶窗的通风面积和空气流速有关，而且受通风器叶片倾斜角度和间隙的影响。叶片倾斜角度越大，通风量越小；叶片间隙越大，通风量越大。通风器外形美观，安装方便，通风量可以调整，送风角度也可以调整，而且对外饰效果无影响，在单元式幕墙上有较多应用。

幕墙通风量计算公式：

$$Q = AV \tag{3-5}$$

式中　Q——通风量，m^3/s；
　　　A——通风面积，m^2；
　　　V——空气流速，m/s。

3.8 建筑幕墙的安全设计

新建玻璃幕墙要综合考虑城市景观、周边环境以及建筑性质和使用功能等因素，按照建筑安全、环保和节能等要求，合理控制玻璃幕墙的类型、形状和面积。鼓励使用轻质节能的外墙装饰材料，从源头上减少玻璃幕墙安全隐患。

新建住宅、党政机关办公楼、医院门诊急诊和病房楼、中小学校、托儿所、幼儿园、老年人建筑，不得在二层及以上采用玻璃幕墙。

人员密集、流动性大的商业中心，交通枢纽，公共文化体育设施等场所，临近道路、广场及下部为出入口、人员通道的建筑，严禁采用全隐框玻璃幕墙，以上建筑在二层及以上安装玻璃幕墙的，应在幕墙下方周边区域合理设置绿化带或裙房等缓冲区域，也可采用挑檐、防冲击雨篷等防护设施。对使用中易于受到人体或物体碰撞的幕墙部位，应设置明显的警示标志，并采取防撞措施。

玻璃幕墙宜采用明框或半隐框（一般宜采用横明竖隐）幕墙。如采用隐框玻璃幕墙，应有可靠的安全技术措施。斜玻璃幕墙不宜采用隐框幕墙形式。

玻璃幕墙宜采用夹层玻璃、均质钢化玻璃或超白玻璃。临街幕墙玻璃使用钢化玻璃或半钢化玻璃时，应有防玻璃自爆坠落构造。钢化玻璃、夹层玻璃的最大许用面积应符合表3-26的规定。

表 3-26　钢化玻璃、夹层玻璃的最大许用面积

玻璃种类	公称厚度/mm	最大许用面积/m²
钢化玻璃	6	3.0
	8	4.0
	10	5.0
	12	6.0
夹层玻璃	6.38,6.76,7.52	3.0
	8.38,8.76,9.52	5.0
	10.38,10.76,11.52	7.0
	12.38,12.76,13.52	8.0

楼层外缘无实体墙的玻璃部位应设置防撞设施和醒目的警示标志。设置固定护栏时，护栏高度应符合《民用建筑设计通则》（GB 50352）的规定。

特别重要的幕墙建筑，或建筑设计有抗爆要求的幕墙建筑，应进行抗爆设计。

新建玻璃幕墙应依据国家法律法规和标准规范，加强方案设计、施工图设计和施工方案的安全技术论证，并在竣工前进行专项验收。

4

建筑幕墙的构造与设计

建筑幕墙按支承结构形式不同，可分为构件式幕墙、单元式幕墙、点支承玻璃幕墙、全玻璃幕墙和双层幕墙等多种形式。不同形式的幕墙在构造上有相同之处，也有不同之处。本章主要介绍各类幕墙的基本构造。

4.1 构件式幕墙的构造

构件式幕墙在工厂制作的是一根根独立的支承杆件（横梁、立柱）和一块块面板（或面板组件），然后将这些杆件、面板（面板组件）运到施工现场，立柱通过连接件安装在主体结构上，横梁安装在立柱上，形成幕墙的支承框架，然后在支承框架上安装固定面板（面板组件）。

根据面板材料的不同可以分为构件式玻璃幕墙、构件式石材幕墙、构件式金属幕墙等。

4.1.1 构件式玻璃幕墙

构件式玻璃幕墙根据横梁和立柱在室外是否可见，可分为明框玻璃幕墙、隐框玻璃幕墙、半隐框玻璃幕墙。

玻璃幕墙的支承框架（横梁、立柱）大多采用铝合金型材，一些分格尺寸较大的玻璃幕墙也会采用型钢作为主要支承框架。采用型钢作为支承框架时，玻璃面板首先镶嵌在铝合金型材副框上，然后再将铝合金型材副框与支承框架连接固定。

4.1.1.1 玻璃幕墙开启扇

玻璃幕墙上悬开启窗按现有形式基本可分为铰链式和挂钩式两种（如图 4-1～图 4-4 所示）。铰链式是通过五金件实现开启功能，铰链内外侧分别通过螺钉与开启扇和开启框连接，达到开启目的。挂钩式是通过开启扇和框上分别做出挂钩和轴，相互咬合实现开启功能。挂钩位置的不完全闭合、使用不当可能会造成挂钩的脱落，挂钩式开启扇必须有防脱落措施。被悬挂的上横梁应校核自重作用下的挠度，挠度值应不大于跨度的 1/500，且不大于 3mm。

幕墙开启窗的布置和面积应按建筑设计和通风要求确定，开启窗面积不满足要求时，应设通风换气装置。超高层建筑不宜设置开启窗；高层建筑不应采用外平开窗、平行平推窗及外倒下悬窗，特殊情况下使用此类窗时，应在构造上有可靠的窗扇防脱落措施。

幕墙开启窗可采用上悬窗、内倒下悬窗等开启形式，开启角度不大于 30°，开启距离不大于 300mm，开启扇面积不宜超过 1.5m²，开启扇的宽度宜不小于窗扇高度的 1/3。

幕墙开启窗与幕墙框架的连接部位宜有隔热措施。幕墙开启窗与型材框架的连接宜采用搭接形式，搭接处应密封处理。开启窗周边缝隙应采用三元乙丙橡胶或硅橡胶密封条密封，

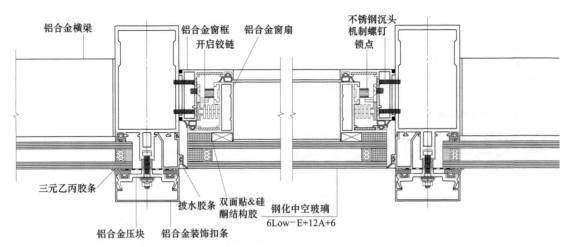

铝合金横梁　　　　铝合金窗框　　铝合金窗扇　　　　不锈钢沉头
机制螺钉
开启铰链　　　　　　　　　　　锁点

三元乙丙胶条

披水胶条　　双面贴&硅
酮结构胶
铝合金压块　铝合金装饰扣条　钢化中空玻璃
6Low-E+12A+6

图 4-1　明框玻璃幕墙开启扇横剖节点（铰链式）

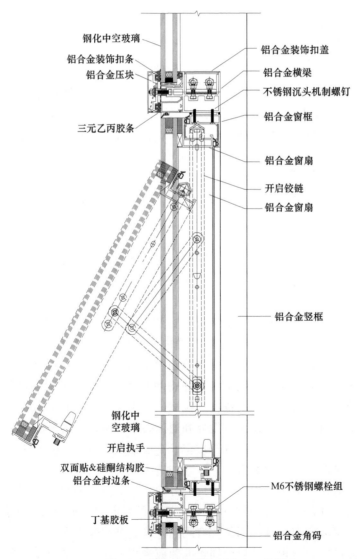

钢化中空玻璃　　　　　　铝合金装饰扣盖
铝合金装饰扣条　　　　　铝合金横梁
铝合金压块　　　　　　　不锈钢沉头机制螺钉

三元乙丙胶条　　　　　　铝合金窗框

铝合金窗扇

开启铰链
铝合金窗扇

铝合金竖框

钢化中
空玻璃
开启执手

双面贴&硅酮结构胶
铝合金封边条　　　　　　M6不锈钢螺栓组

丁基胶板

铝合金角码

图 4-2　明框玻璃幕墙开启扇纵剖节点（铰链式）

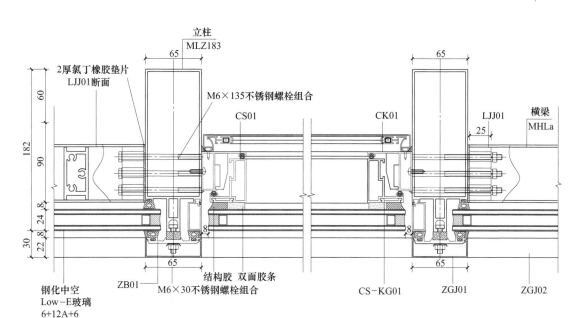

图 4-3　明框玻璃幕墙开启扇横剖节点（挂钩式）

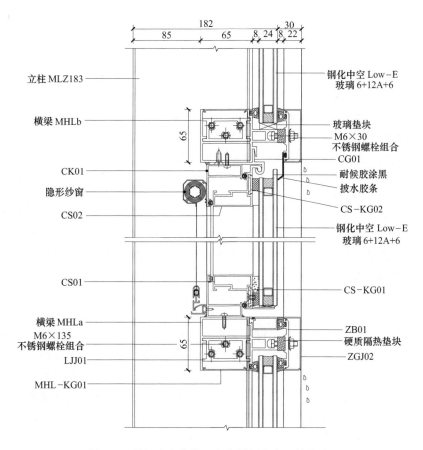

图 4-4　明框玻璃幕墙开启扇纵剖节点（挂钩式）

胶条邵氏硬度宜不大于 50。开启窗的框、扇、角的组合连接、接缝宜采用细缝密封胶或薄橡胶垫片等填充材料密封。

开启窗构造设计应符合雨幕原理，窗框型材内外高差不宜小于 50mm。对容易渗入雨水或形成冷凝水的部位，在构造上应有导排水措施。

幕墙开启窗的窗扇与窗框的连接件（合页、铰链等）采用螺钉直接固定时，型材孔壁的局部厚度不应小于螺钉的公称直径。不满足上述条件时，应增加不锈钢材质的垫衬片，并攻螺纹对夹，紧固定位。外露螺钉头与型材的结合应有密封措施。

当开启扇面积大于 $1.5m^2$、滑撑长度小于所在边框长度的 $1/2$ 时，应设置两侧对称配置限位撑挡。开启窗面积大于 $1.0m^2$ 时应设置多点锁。锁点可根据计算确定，锁点距离宜不大于 500mm。

开启窗宜采用隔热型材。五金件应安装在隔热条内侧的框、扇型材上，并有防松脱措施。

开启窗玻璃采用隐框形式安装时，中空玻璃的第二道密封应使用硅酮结构密封胶，结构胶宽度经计算确定。

4.1.1.2　明框玻璃幕墙

明框玻璃幕墙采用镶嵌槽夹持方法安装玻璃面板。玻璃面板镶嵌在支承框架的玻璃镶嵌槽内，幕墙完成后横梁和立柱在室外可见。其基本构造如图 4-5、图 4-6 所示。

明框玻璃幕墙典型节点构造如图 4-7～图 4-13 所示。

4.1.1.3　隐框玻璃幕墙

隐框幕墙采用结构胶将玻璃面板与铝合金附框粘结在一起形成玻璃组件，然后通过夹持或压紧铝合金附框，将玻璃组件安装在横梁、立柱组成的支承框架上。幕墙完成后横梁和立柱在室外不可见，其基本构造如图 4-14、图 4-15 所示。

隐框玻璃幕墙玻璃与附框粘结后形成的玻璃组件与主杆件（横梁、立柱）在外侧安装有四种常见的连接方式，即全压板外装式、外挂外装式、外顿外装式、小单元式。这四种连接方式各有不同特点，在使用时应根据工程实际灵活应用。

（1）全压板外装式

全压板外装式玻璃组件通过螺栓、螺钉或自攻螺钉在附框四周几点用压板将板块附框连接到立柱和横梁上（图 4-16、图 4-17）。全压板外装式幕墙加工简单，适应性强，容易实现转角、圆弧、异形及其他造型复杂的幕墙。但其安装时，需将一圈压板均紧固，较为费时；且安装时还需要有人扶持附框板块，以防板块掉落，又较为费工。它的安装质量受现场施工人员影响较大，如压板的间距、螺纹连接的拧紧力很难做到——检测，而这两项对幕墙的安全和质量又是很重要的，控制不好容易出现由于压紧力不均而造成的安装应力，出现玻璃的自爆现象。更危险的是在压紧力不够、紧固件质量不好、压板和附框型材截面设计不合理等情况下，在遇到较大负风压的作用下，板块有可能被破坏。

（2）外挂外装式

外挂外装式与立柱的连接和全压板外装式基本相同，而与横梁则采用和小单元式幕墙横梁相似或相同的结构，安装时将板块附框的挂钩挂插在横梁插槽上。如图 4-18 附框可见，其横梁下插槽的位置为避开附框比小单元式幕墙横梁提高了一些。外挂外装式在制作横梁弯弧的圆弧幕墙时较全压板外装式困难，这是因为板块的挂钩与横梁上的插槽通长配合，在弯弧时横梁插槽和附框的挂钩易发生变形，它们的曲率易有差异，这都会造成安装时插入困难。但外挂外装式安装速度比全压板外装式要快，在板块挂好后不需要人员扶持，节约人力；而且其采用上挂式安装结构，使板块处于悬挂受拉状态，可避免因重力影响而产生的铝板中部"鼓包"和玻璃变形失真的现象。

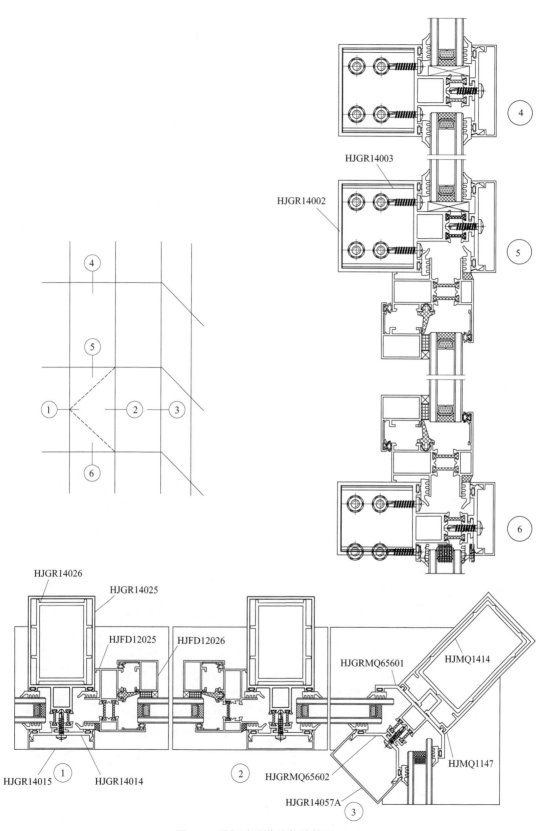

图 4-5　明框玻璃幕墙构造简图（一）

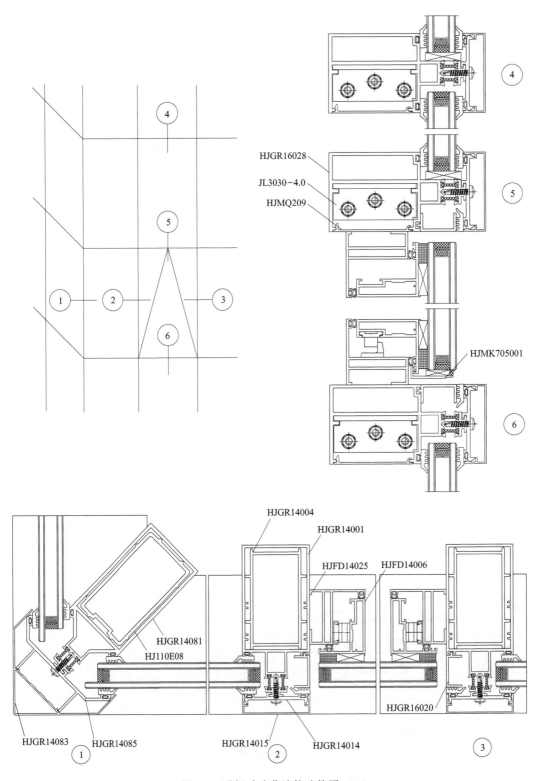

图 4-6　明框玻璃幕墙构造简图（二）

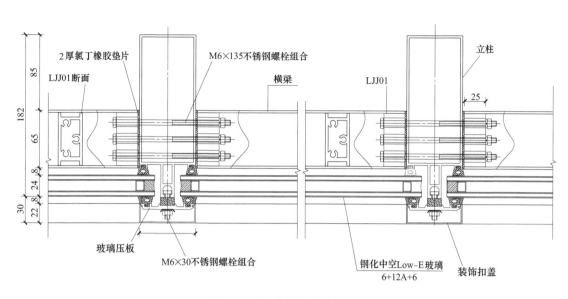

图 4-7 明框玻璃幕墙横剖节点

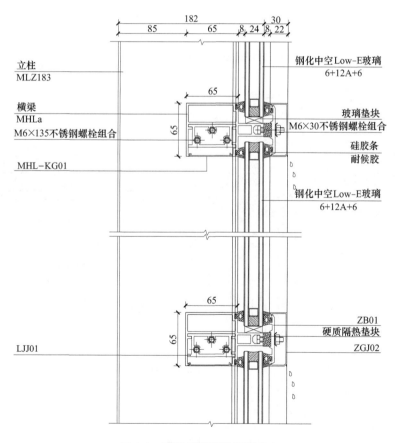

图 4-8 明框玻璃幕墙纵剖节点

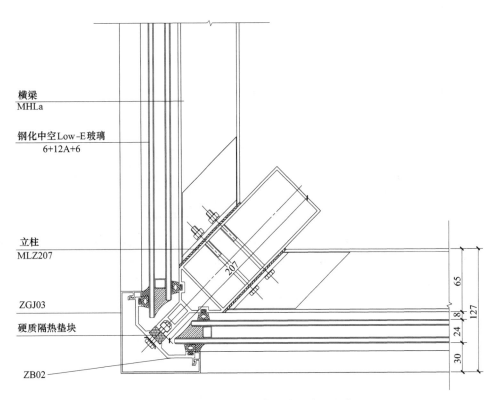

图 4-9　明框玻璃幕墙转角连接节点（阳角）

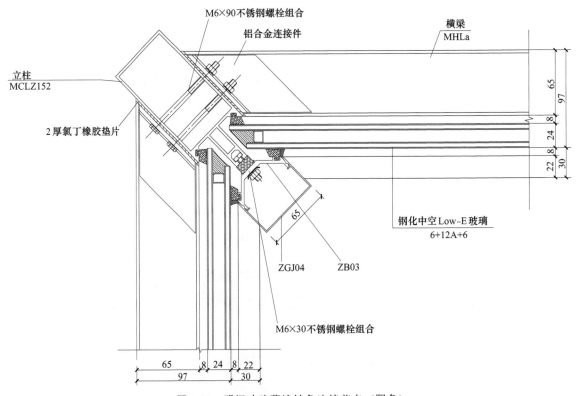

图 4-10　明框玻璃幕墙转角连接节点（阴角）

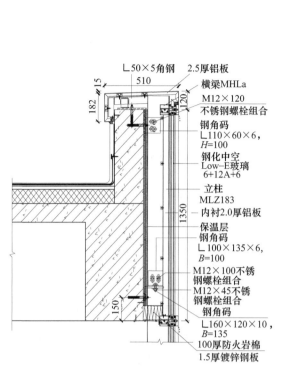

图 4-11　明框玻璃幕墙顶部连接大样

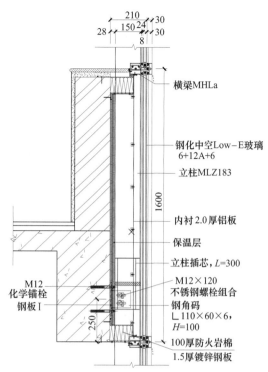

图 4-12　明框玻璃幕墙层间连接大样

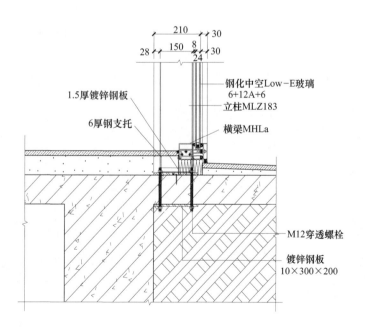

图 4-13　明框玻璃幕墙底部连接大样

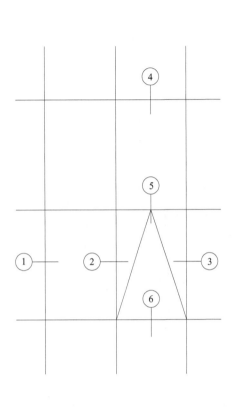

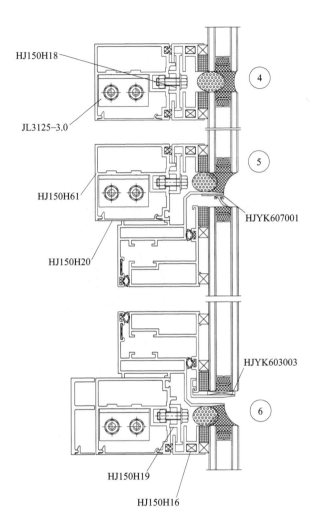

HJ150H18

JL3125-3.0

4

HJ150H61

5

HJYK607001

HJ150H20

HJYK603003

6

HJ150H19

HJ150H16

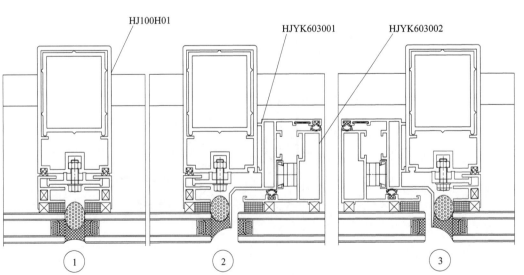

HJ100H01

HJYK603001

HJYK603002

1

2

3

图 4-14　隐框玻璃幕墙构造简图（一）

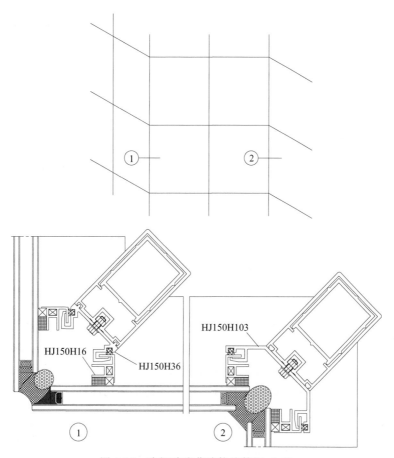

图 4-15　隐框玻璃幕墙构造简图（二）

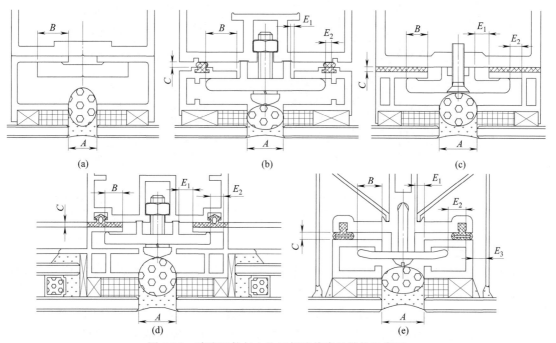

图 4-16　玻璃组件与立柱压板连接常见结构示意图

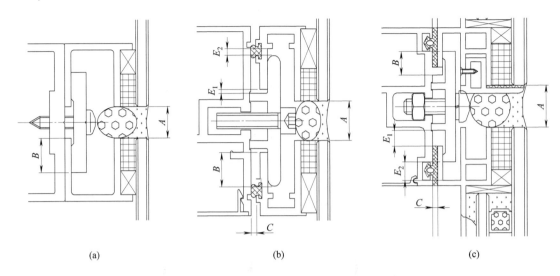

(a)   (b)   (c)

图 4-17　玻璃组件与横梁压板连接常见结构示意图

(3) 外顿外装式

外顿外装式安装时有些类似于推拉窗，先将板块上附框插槽斜插入在横梁伸出的下牛腿上后，将板块扶正放下，下附框插槽座在横梁伸出的上牛腿上（图 4-19），因此板块的高度不能太小。外顿外装式与立柱的连接也与全压板外装式（图 4-16）基本相同，它制作圆弧幕墙和安装速度上与外挂外装式的特点接近。以上两种幕墙均同样存在压板的间距、螺纹连接的拧紧力不好控制的问题。

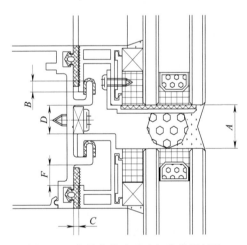

图 4-18　外挂外装式玻璃组件横梁插接
结构示意图

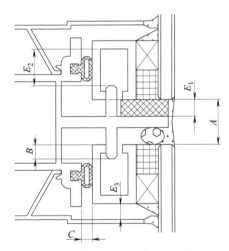

图 4-19　外顿外装式玻璃组件横梁
插接结构示意图

(4) 小单元式

小单元式板块与横梁和立柱的连接均是通过插接实现的，安装时将板块上下附框的挂钩置于横梁的插槽口之上，对好后放下，根据结构左移或右移将板块左右附框的挂钩推入立柱的插槽口之内（图 4-20、图 4-21），之后安装限位装置，以防板块从主杆件的插槽内脱出。小单元式幕墙靠主杆件本身定位，一般采用上挂式安装结构，完全取消了压板连接方式，使得其有了与其他连接方式无法比拟的优势：安装简便，易于调整，容易实现无序安装，安装速度快，施工周期短，维修和更换简单易行；同时使连接由点接触变为线接触，强度更加趋于合理，消除了人为因素产生的安全隐患，更加安全可靠；更容易控制幕墙的安装质量。但小单元最大的问题：一是制造圆弧幕墙困难（其原因同外挂外装式）；二是加工复杂，安装和加工时有方向性，否则将无法安装。

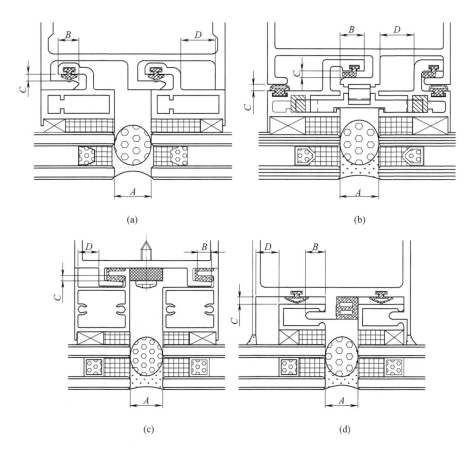

图 4-20　玻璃组件与立柱插接常见结构示意图

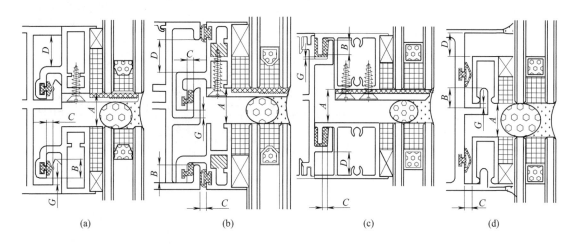

图 4-21　小单元式横梁插接结构示意图

隐框玻璃幕墙的典型节点构造如图 4-22～图 4-30 所示。

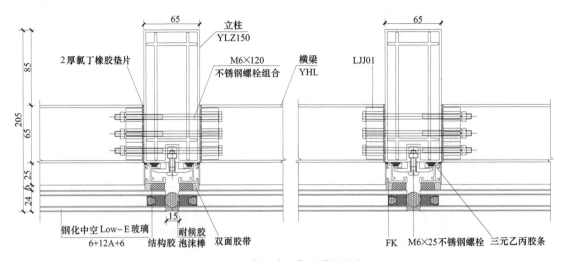

图 4-22　隐框玻璃幕墙横剖节点

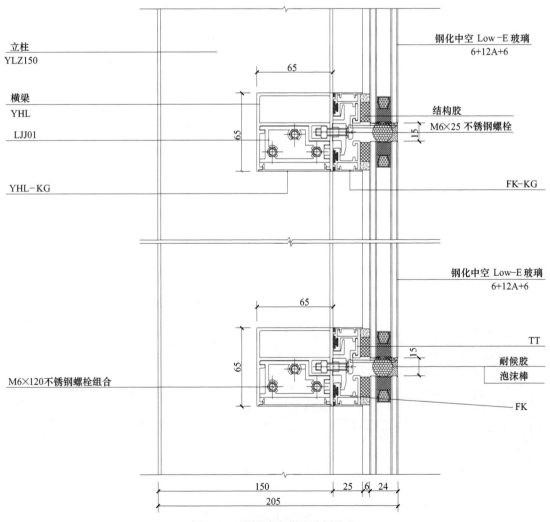

图 4-23　隐框玻璃幕墙纵剖节点

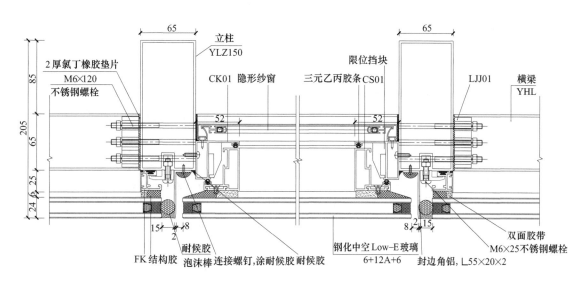

图 4-24　隐框玻璃幕墙开启扇横剖节点

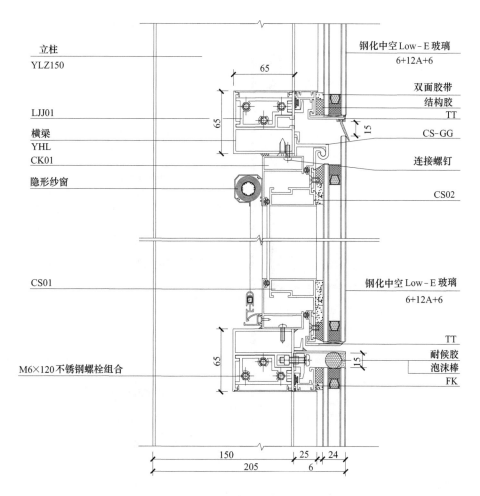

图 4-25　隐框玻璃幕墙开启扇纵剖节点

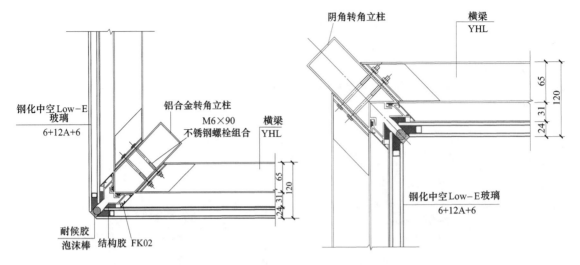

图 4-26　隐框玻璃幕墙 90°阳角连接节点　　　　　图 4-27　隐框玻璃幕墙 90°阴角连接节点

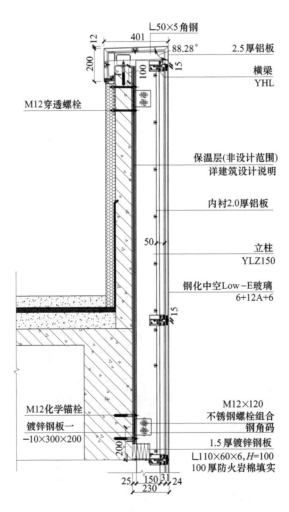

图 4-28　隐框玻璃幕墙顶部连接大样

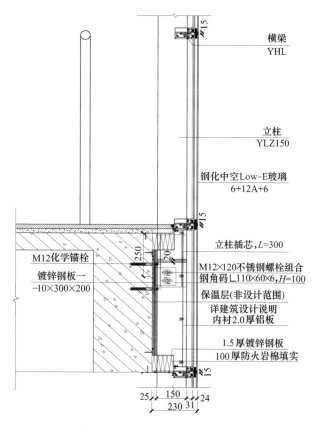

图 4-29　隐框玻璃幕墙层间连接大样

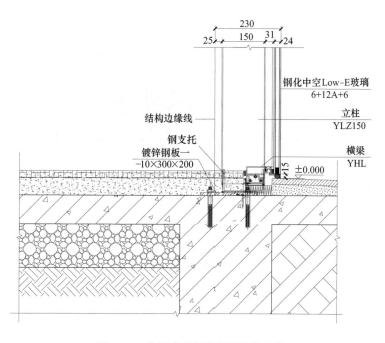

图 4-30　隐框玻璃幕墙底部连接大样

4.1.1.4 半隐框玻璃幕墙

半隐框玻璃幕墙根据横梁和立柱在室外是否可见，可以分为竖明横隐玻璃幕墙和横明竖隐玻璃幕墙。

(1) 竖明横隐玻璃幕墙

竖明横隐玻璃幕墙是在工厂将玻璃面板的上、下两横边用结构胶粘结在铝合金型材副框上，在施工现场将横向铝合金型材副框固定在横梁上，将玻璃面板的两竖边固定在立柱的镶嵌槽中。幕墙完成后在室外只能看到立柱。其典型节点构造如图 4-31～图 4-34 所示。

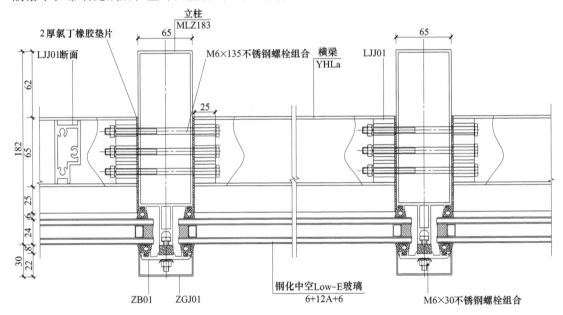

图 4-31 竖明横隐玻璃幕墙横剖节点

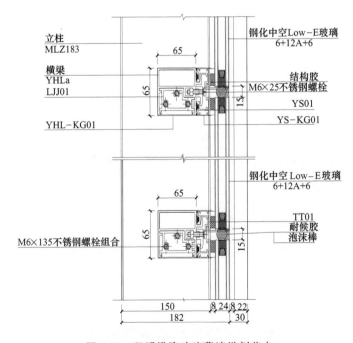

图 4-32 竖明横隐玻璃幕墙纵剖节点

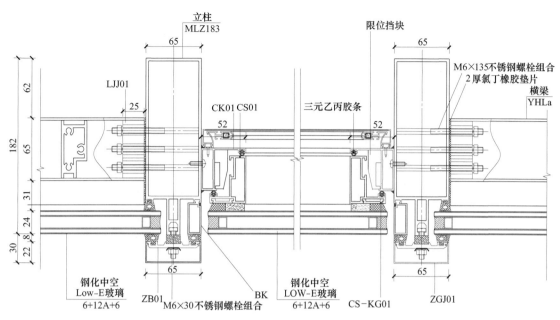

图 4-33 竖明横隐玻璃幕墙开启扇横剖节点

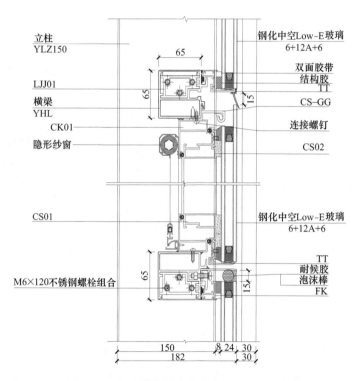

图 4-34 竖明横隐玻璃幕墙开启扇纵剖节点

(2) 横明竖隐玻璃幕墙

横明竖隐玻璃幕墙是在工厂将玻璃面板的两竖边用结构胶粘结在铝合金型材副框上，在施工现场将竖向铝合金型材副框固定在立柱上，将玻璃面板的上、下横边固定在横梁的镶嵌槽中。幕墙完成后在室外只能看到横梁。其典型节点构造如图 4-35～图 4-38 所示。

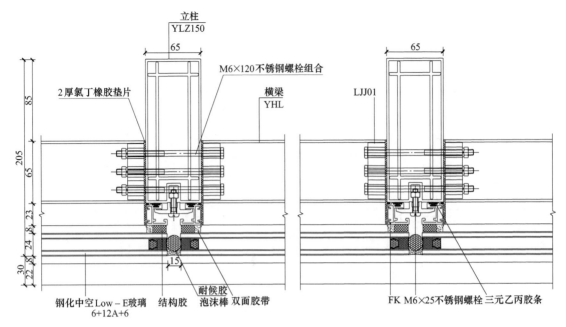

立柱
YLZ150

65

M6×120不锈钢螺栓组合

横梁
YHL

2厚氯丁橡胶垫片

LJJ01

85

205

65

23

24 8

30 22 8

15

钢化中空Low－E玻璃
6+12A+6

结构胶

耐候胶
泡沫棒 双面胶带

FK M6×25不锈钢螺栓 三元乙丙胶条

图 4-35　横明竖隐玻璃幕墙横剖节点

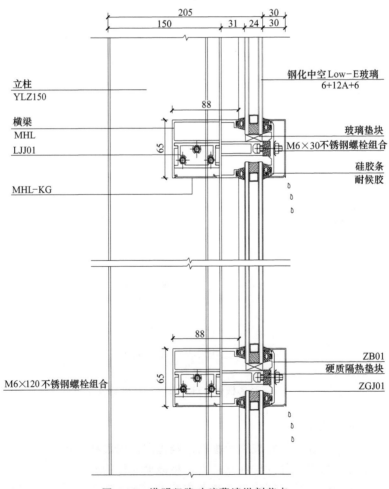

205
150 31 24 30
30

钢化中空Low－E玻璃
6+12A+6

立柱
YLZ150

88

玻璃垫块

横梁
MHL
LJJ01

65

M6×30不锈钢螺栓组合

硅胶条
耐候胶

MHL-KG

88

ZB01
硬质隔热垫块

M6×120不锈钢螺栓组合

65

ZGJ01

图 4-36　横明竖隐玻璃幕墙纵剖节点

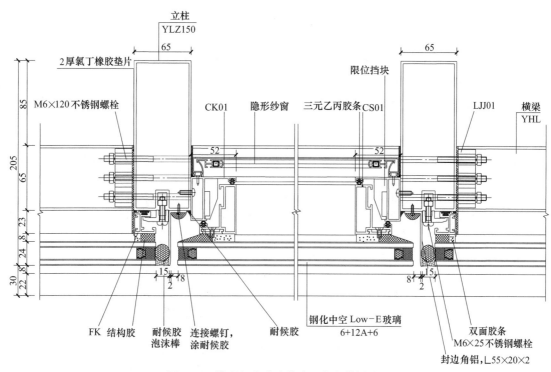

图 4-37 横明竖隐玻璃幕墙开启扇横剖节点

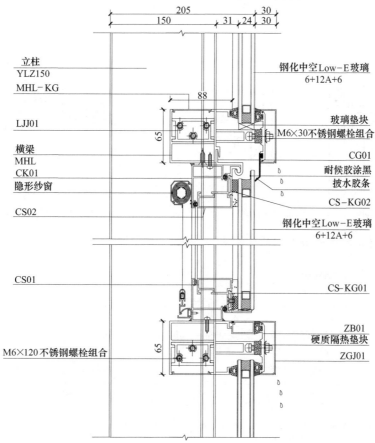

图 4-38 横明竖隐玻璃幕墙开启扇纵剖节点

4.1.2 构件式石材幕墙

构件式石材幕墙采用金属挂件将石材面板挂在金属框架上。按照石材面板挂件形式不同，可分为钢销式、短槽式、通槽式、背栓式等。

石材防坠落要求水平悬挂、倾斜挂装或安装高度超过80m时，板块的连接和支撑应予加强，石材板块应有防止石材碎裂坠落的可靠措施。

4.1.2.1 短槽式石材幕墙

短槽式石材幕墙是在幕墙石材侧边中间开短槽，用金属挂件挂接支承石板的做法。短槽式做法的构造简单、技术成熟，目前应用较多。

槽式连接用挂件可采用1Cr18Ni9或0Cr19Ni9不锈钢，其厚度不应小于3mm。当采用铝板冲压成型钩时，宜选用3003或3A21 H26（H16）单层铝板；当采用挤压成型钩时，宜选用6061T5或6063T5铝合金，其厚度不宜小于4mm。

槽式连接挂件的挂钩型式有L型、SE型。

L型挂件，一只L型钩只固定每块石板的上端或下端一端，即每块石板上下各有一L型挂件固定，这样就可以个别更换任何一块需要更换的石板，石板下端L型钩可以设计成与横梁连成一体，仅石材板上端L型钩在石材定位后插入石板槽沟并与横梁插接，此时要注意插接件防脱。在使用L型钩时，下部挂钩是与横梁整体连接，上部挂钩是活动的，在上部挂钩安装定位后要采用限位装置，保证其在振动时不脱落，如图4-39所示。

SE型挂件与L型挂件相似，钩的形状为板下端连接用S型，上端连接用E型，由于SE型挂件与横梁均为插接，上下都要采取防脱措施，如图4-40所示。

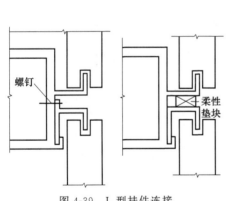

图4-39 L型挂件连接

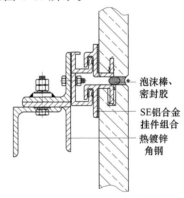

图4-40 SE型挂件连接

短槽式石材幕墙典型节点构造如图4-41～图4-45所示。

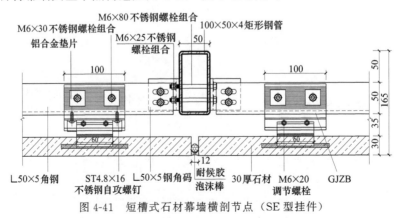

图4-41 短槽式石材幕墙横剖节点（SE型挂件）

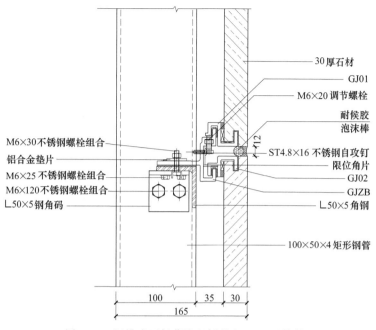

图 4-42　短槽式石材幕墙竖剖节点（SE 型挂件）

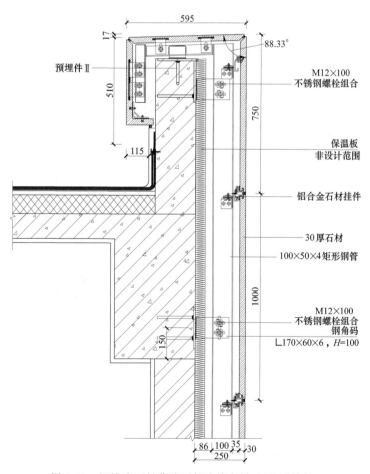

图 4-43　短槽式石材幕墙顶部连接大样（SE 型挂件）

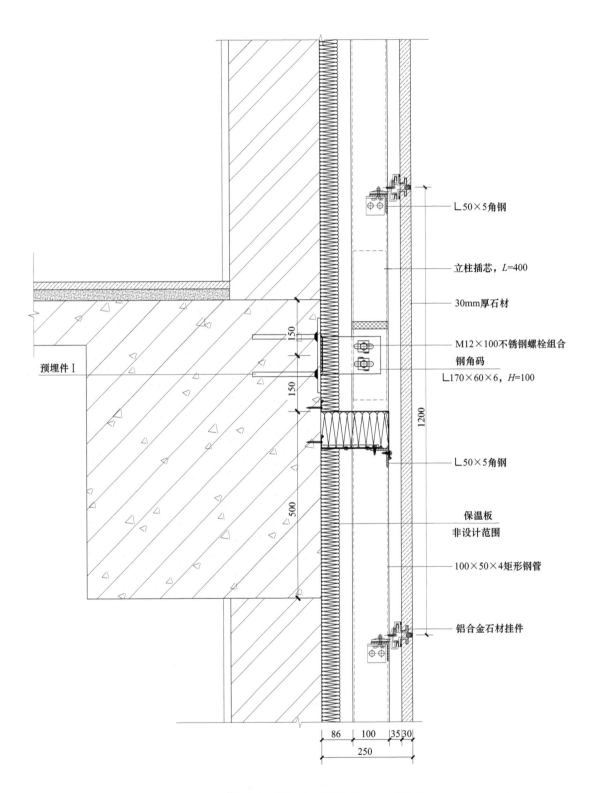

图 4-44 短槽式石材幕墙层间连接大样（SE 型挂件）

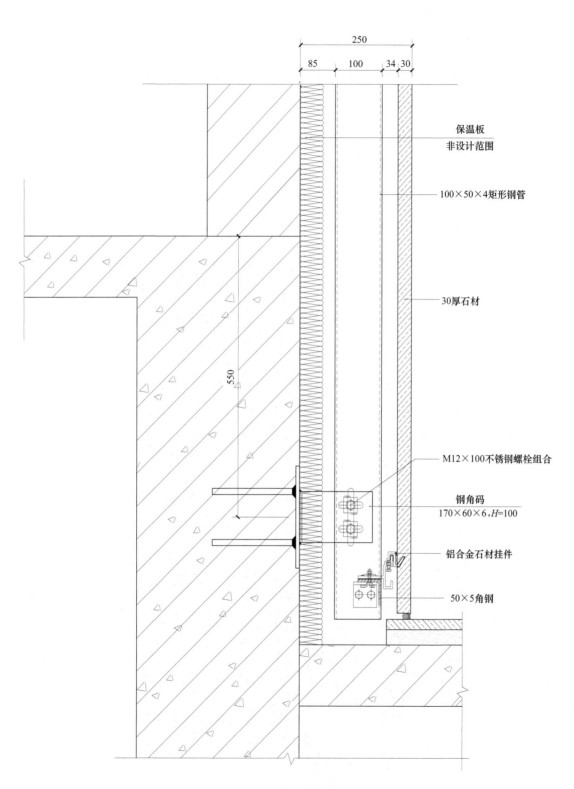

图 4-45　短槽式石材幕墙底部连接大样（SE 型挂件）

4.1.2.2 背栓式石材幕墙

背栓式石材幕墙是在幕墙石材背面开背栓孔，将背栓植入背栓孔后在背栓上安装连接件，通过连接件与幕墙结构体系连接。背栓式石材幕墙是近几年出现的石材幕墙新做法，它受力合理、更换和维修方便，应用越来越多。其典型节点构造如图 4-46～图 4-49 所示。

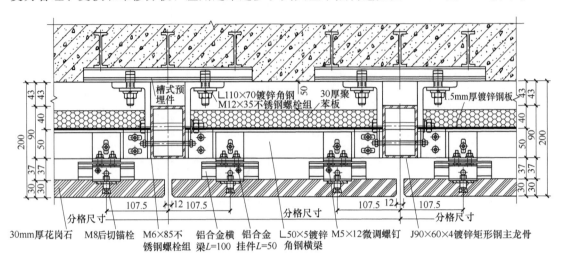

图 4-46 背栓式石材幕墙横剖节点

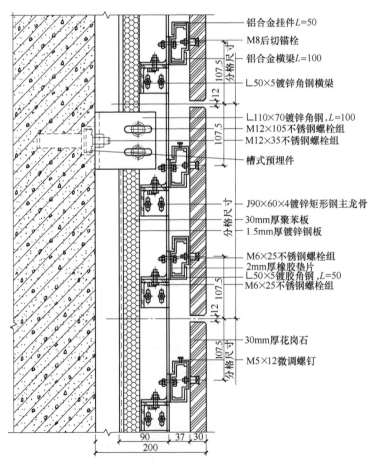

图 4-47 背栓式石材幕墙竖剖节点

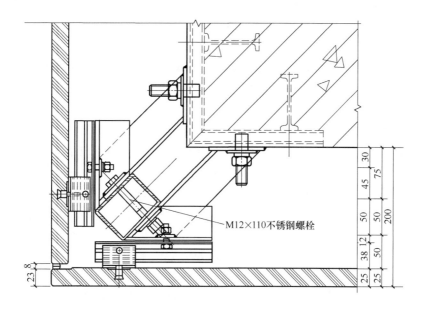

图 4-48 背栓式石材幕墙阳角节点

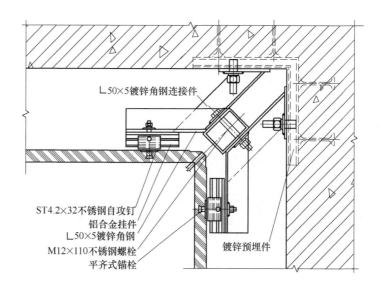

图 4-49 背栓式石材幕墙阴角节点

4.1.3 构件式金属幕墙

构件式金属幕墙按照面板材质的不同,可以分为单层铝板幕墙、蜂窝铝板幕墙、铝塑复合板幕墙、不锈钢板幕墙等。

4.1.3.1 单层铝板幕墙

单层铝板幕墙面板基材一般选用防锈铝板 3×××系列或 5×××系列(8×××系列)

H14（24）单层铝板，不能选用2×××系列（如2A11T42、2A12T42）或7×××系列（7A04T62、7A09T62）单层铝板，不宜选用1×××系列（如1100H14）单层铝板。

铝板外表面应采用氟碳涂层，涂层厚度应根据幕墙所在地区环境条件和建筑需要分别采用二涂、三涂、四涂（内表面可采用树脂漆一涂）。

单层铝板成型板可以折边，也可采用不折边平板。

（1）折边铝板

折边铝板是将铝板基材冲压成型，折弯加工时，外圆弧半径不应小于板厚的1.5倍，角开口处应用密封胶密封。可按需要设置加筋肋，肋与板的连接可采用螺接〔电栓焊，见图4-50（a）〕或结构胶胶接〔见图4-50（b）〕，采用电栓焊固定螺栓时，固定加筋肋的铝螺栓用电栓焊焊接于铝板上，将角铝（槽铝）套上螺栓并紧固，如图4-50（a）所示，要确保铝板外表面不变形、不褪色，保证固定牢固。

加筋肋与折边或副框要可靠连接，因为肋作为板的支承梁，要有自己的支座，将它承受的由板传来的荷载通过支座传给幕墙框架体系（图4-51）。如果肋未与折边或副框边接，肋所受荷载又通过端部的连接件传给面板，这一段板成为肋的支座，该区格板上的荷载传给肋后通过端部板块传给折边再传给幕墙框格体系，这一部分板在承受比设计小得多的荷载时就会由于负担太重提前破坏（图4-52）。

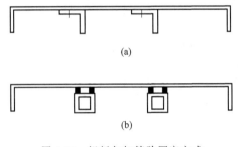

(a)

(b)

图4-50　铝板与加筋肋固定方式

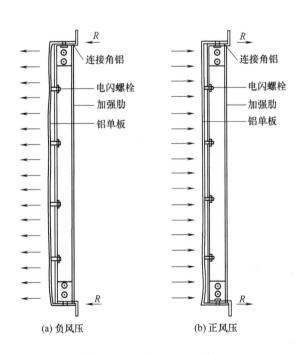

(a) 负风压　　　　　　　(b) 正风压

图4-51　加筋肋与折边连接受力后变形情况

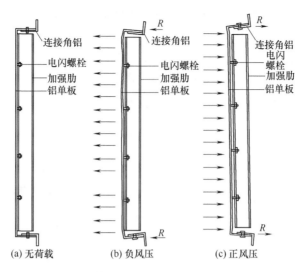

图 4-52 加筋肋未与折边连接受力后变形情况

(2) 不折边铝板（平板）

由于冲压折边，铝板中部会隆起，外表面平整度受影响，现在有些工程也采用不折边平板，它是在周边铝板用电栓焊固定螺栓，用螺栓将单层铝板固定到副框上，副框与铝板连接部位有凹槽，槽内填密封胶，将铝板与副框连接（实际上开成一种复合连接），再将副框用外插式连接固定在立柱（横梁）上，横向用装饰条装饰，如图 4-53 所示。

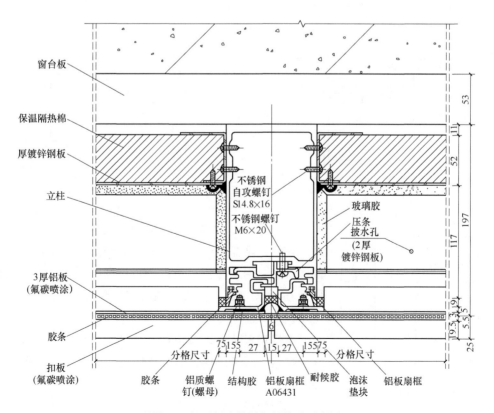

图 4-53 不折边单层铝板构造示意图

(3) 单层铝板与其他类型幕墙共用框架体系时典型节点构造

① 内嵌式。玻璃用密封胶固定在副框上，形成一个组件，再将组件固定在主框架上，铝板将折弯边加长，直接固定在主框上，如图 4-54 所示。

② 外挂内装固定式。玻璃用密封胶固定在副框上形成一个组件，在组件内侧安装固定件，固定在主框上；铝板上安装连接件，用固定件在内侧固定在主框上，如图 4-55 所示。

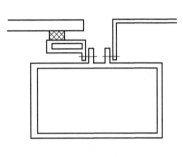

图 4-54　内嵌式

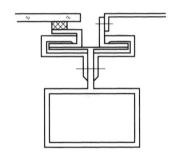

图 4-55　外挂内装固定式

③ 外挂外装固定式。玻璃用密封胶固定在副框上形成一个组件，用固定件在外侧将组件固定在主框上；铝板上安装连接件，在外侧用固定件固定在主框上，如图 4-56 所示。

④ 外顿外装固定式。与外挂外装固定式的区别仅横框改挂为顿，竖向构造完全相同，铝板上加一个连接件放在横梁上，如图 4-57 所示。

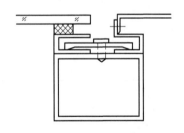

图 4-56　外挂外装固定式

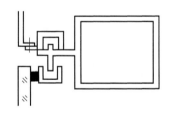

图 4-57　外顿外装固定式

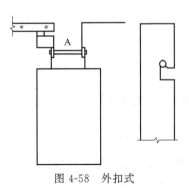

图 4-58　外扣式

⑤ 外扣式。将玻璃用密封胶固定在副框上形成一个组件，在组件副框的框脚上开一开口长圆槽，扣在主框设置的圆管上，铝板在折边上设开口长圆槽（其位置与主框上圆管位置对应），扣在主框设置的圆管上，如图 4-58 所示。

单层铝板幕墙铝板组件与立柱（横梁）的连接可采用耳子螺接、耳子压接、卡口等固定。固定用耳子可采用焊接、螺接、铆接，耳子也可用直接冲压成型。

单层铝板幕墙典型节点构造如图 4-59～图 4-65 所示。

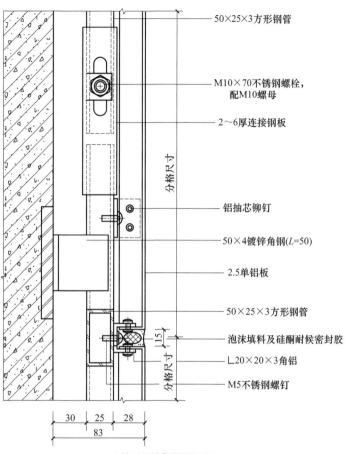

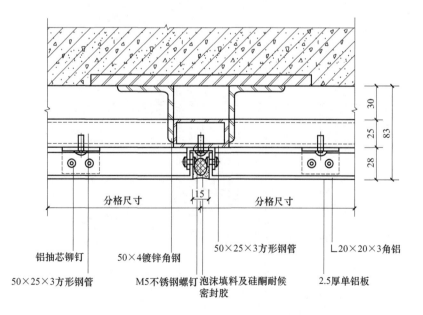

图 4-59 单层铝板幕墙竖剖与横剖节点（连接角铝）

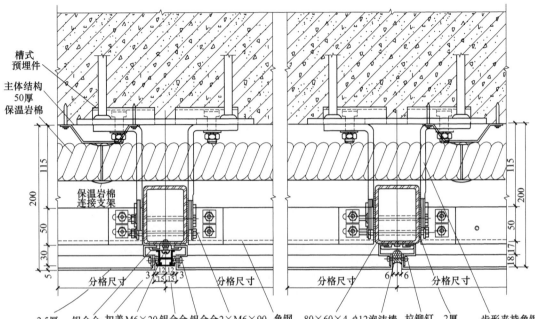

槽式预埋件

主体结构
50厚保温岩棉

115

200

50

30

5

保温岩棉连接支架

分格尺寸　　　　　　　　　　分格尺寸　　　　　　　　　　分格尺寸　　　　　　　　　　分格尺寸

2.5厚　　铝合金　铝合金M6×20　铝合金　铝合金2×M6×90　角钢　80×60×4　φ12泡沫棒　拉铆钉　2厚　　齿形夹持角钢
铝单板　　压块　　底座　螺栓　　扣盖　边框　连接螺栓　L50×5　方钢立柱　硅酮密封胶　　柔性垫片　L70×150

图4-60　单层铝板幕墙横剖节点（副框）

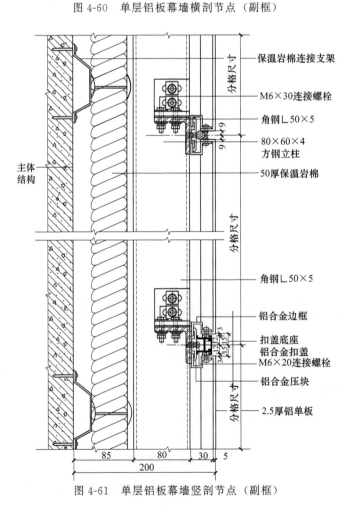

保温岩棉连接支架

M6×30连接螺栓

角钢L50×5

80×60×4
方钢立柱

主体结构

50厚保温岩棉

角钢L50×5

铝合金边框

扣盖底座
铝合金扣盖
M6×20连接螺栓

铝合金压块

2.5厚铝单板

85　　　80　　　30　5

200

图4-61　单层铝板幕墙竖剖节点（副框）

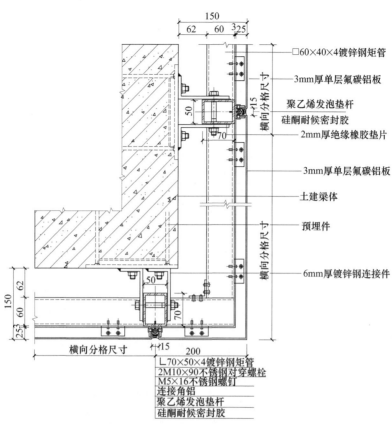

图 4-62 单层铝板幕墙阳角节点

右侧标注（自上而下）：
- □60×40×4镀锌钢矩管
- 3mm厚单层氟碳铝板
- 聚乙烯发泡垫杆
- 硅酮耐候密封胶
- 2mm厚绝缘橡胶垫片
- 3mm厚单层氟碳铝板
- 土建梁体
- 预埋件
- 6mm厚镀锌钢连接件

底部标注：
- L70×50×4镀锌钢矩管
- 2M10×90不锈钢对穿螺栓
- M5×16不锈钢螺钉
- 连接角铝
- 聚乙烯发泡垫杆
- 硅酮耐候密封胶

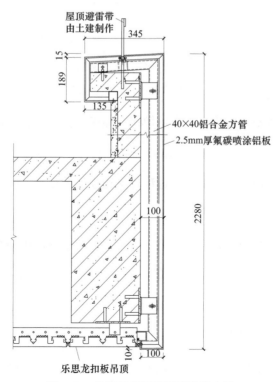

图 4-63 单层铝板幕墙顶部连接大样

图中标注：
- 屋顶避雷带由土建制作
- 40×40铝合金方管
- 2.5mm厚氟碳喷涂铝板
- 乐思龙扣板吊顶

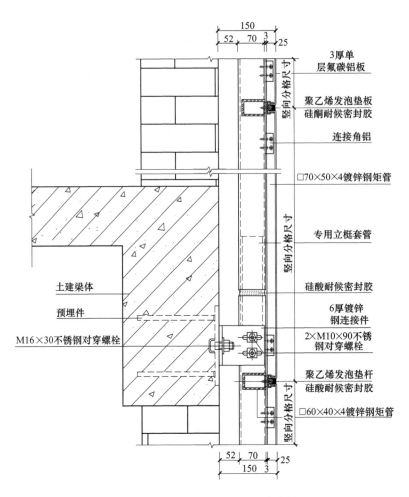

图 4-64　单层铝板幕墙层间连接大样

4.1.3.2　铝塑复合板幕墙

铝塑复合板与幕墙主框架的连接可采用铆接、螺接、折弯接、扣接、结构装配或复合式等型式。

（1）铆接

将铝塑复合板用铆钉固定在副框上。这种连接比较牢固可靠，铆钉铆头外露，影响墙面美观，一般不采用，如图 4-66 所示。

（2）螺接

将铝塑复合板用埋头螺栓固定在副框上。这种连接没有突出铝塑复合板表面的螺头，连接也较牢固可靠，但在铝塑复合板表面有异于板面色彩的螺头，与已喷涂处理的表面不匹配，如图 4-67 所示。

（3）折弯接

将铝塑复合板四边折弯成槽形板，嵌入主框后用螺钉固定，如图 4-68 所示。

（4）扣接

在主框上用螺栓固定 8mm 圆铝管于主框的铝脊上，在槽形铝塑复合板的折边相应的位置上冲出开口长圆形槽［图 4-69（b）］，将槽板扣在主框圆管上，如图 4-69（a）所示。

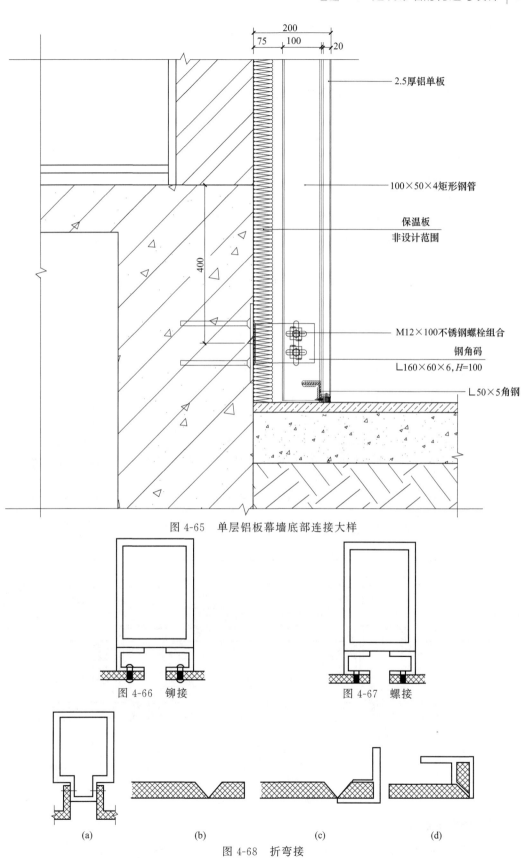

图 4-65　单层铝板幕墙底部连接大样

图 4-66　铆接

图 4-67　螺接

图 4-68　折弯接

折弯接和扣接时，由于铝塑复合板折弯处的外层铝板仅 0.5mm 厚，在承受风荷载等作用时，可靠程度差。

（5）结构装配式

采用结构胶将铝塑复合板与副框粘接成结构装配组件，再用机械固定方法固定在主框上，其做法与结构玻璃装配组件相似。胶缝计算亦与结构玻璃装配组件相同，如图 4-70 所示。

（6）复合式

复合式是既将折边与副框用螺钉（铆钉）连接，又用结构装配方法连接的安装方法。它有两种形式，一种是单折边 [图 4-71（a）]，一种是双折边 [图 4-71（b）]。安装时，一方面将铝塑复合板当作一个整体，用结构胶与副框组合成组件，同时又考虑到铝板与夹层塑料粘结可靠问题，将外层铝板折边与副框锚固，如图 4-71 所示。

（7）槽夹法

类似玻璃幕墙的镶嵌槽法，通常与半隐框玻璃幕墙匹配使用，如图 4-72 所示。

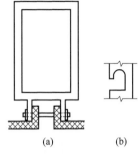

图 4-69　扣接

铝塑复合板幕墙的典型节点构造如图 4-73、图 4-74 所示。

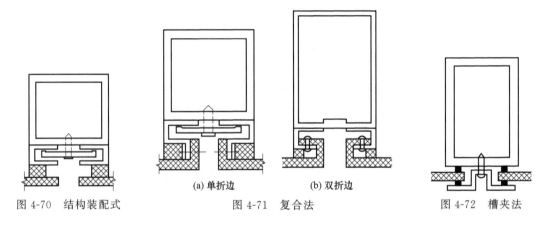

图 4-70　结构装配式　　　　图 4-71　复合法　　　　图 4-72　槽夹法

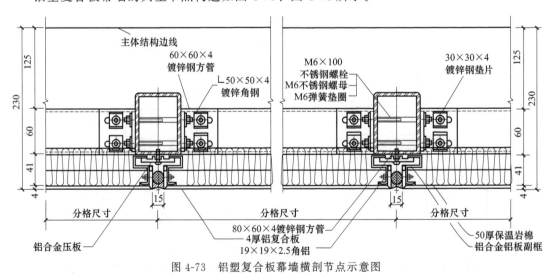

图 4-73　铝塑复合板幕墙横剖节点示意图

4.1.3.3　蜂窝铝板幕墙

蜂窝铝板幕墙的蜂窝铝板制成成型板时，将边部内层板及蜂窝铣掉后将面板折边，并折

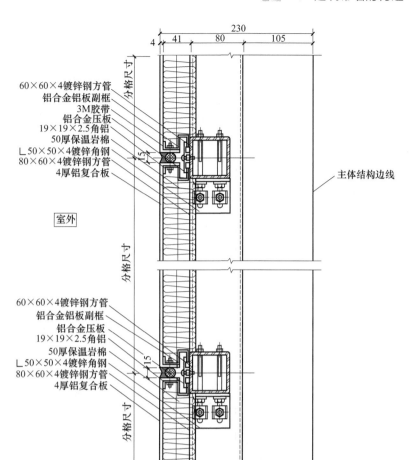

60×60×4镀锌钢方管
铝合金铝板副框
3M胶带
铝合金压板
19×19×2.5角铝
50厚保温岩棉
∟50×50×4镀锌角钢
80×60×4镀锌钢方管
4厚铝复合板

室外

主体结构边线

60×60×4镀锌钢方管
铝合金铝板副框
铝合金压板
19×19×2.5角铝
50厚保温岩棉
∟50×50×4镀锌角钢
80×60×4镀锌钢方管
4厚铝复合板

图 4-74　铝塑复合板幕墙竖剖节点示意图

出与幕墙框架连接的耳子。然后采用螺钉固定压板压耳子的方法,将面板组件安装在横梁、立柱组成的支承骨架上。其典型节点构造如图 4-75、图 4-76 所示。

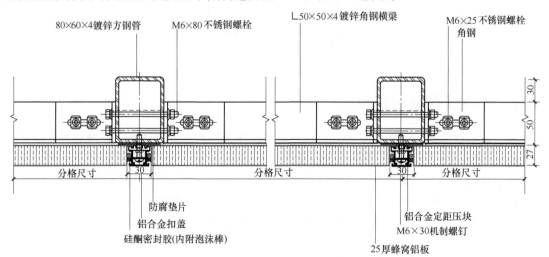

80×60×4镀锌方钢管　　M6×80不锈钢螺栓　　∟50×50×4镀锌角钢横梁　　M6×25不锈钢螺栓
角钢

分格尺寸　　　　　　分格尺寸　　　　　　分格尺寸

防腐垫片
铝合金扣盖
硅酮密封胶(内附泡沫棒)

铝合金定距压块
M6×30机制螺钉
25厚蜂窝铝板

图 4-75　蜂窝铝板幕墙横剖节点

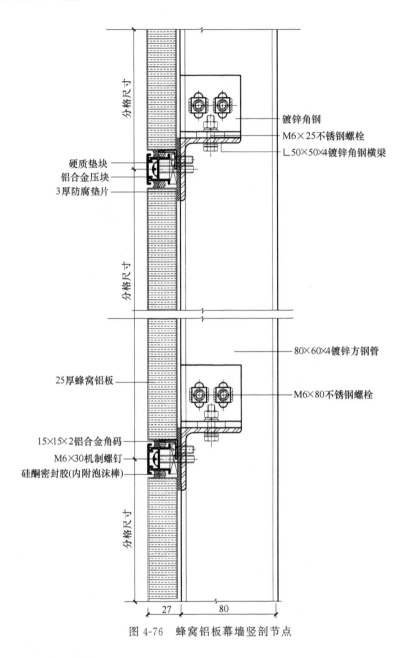

图 4-76 蜂窝铝板幕墙竖剖节点

4.2 全玻璃幕墙的构造

全玻璃幕墙由玻璃肋与玻璃面板组成，玻璃肋作为幕墙的骨架体系。玻璃肋与玻璃面板采用结构胶粘结的连接方式。玻璃幕墙玻璃面板与支承框架均为玻璃，是一种全透明、全视野的玻璃幕墙，一般用于厅堂和商店橱窗。

按照全玻幕墙面板玻璃支承形式不同，可分为吊挂式全玻璃幕墙和落地式全玻璃幕墙。

玻璃面板支承在玻璃框架上的形式有后置式、骑缝式、平齐式、突出式。

（1）后置式

玻璃肋置于玻璃面板的后部，用结构胶与玻璃面板粘接成一个整体，如图 4-77 所示。

（2）骑缝式

玻璃肋位于玻璃面板后部，两块玻璃面板接缝处用结构胶将三块玻璃连接在一起，并用密封胶将两块面玻璃之间的缝隙密封，如图 4-78 所示。

图 4-77　后置式　　　　　　　　　图 4-78　骑缝式

（3）平齐式

玻璃肋位于两块玻璃面板之间，玻璃肋的一边与玻璃面板表面平齐，玻璃肋与两块玻璃面板间用结构胶粘接并密封。这种型式由于玻璃面板与玻璃肋侧面透光厚度不一样，会在视觉上产生色差，如图 4-79 所示。

（4）突出式

见图 4-80，玻璃肋位于两块玻璃面板之间，两侧均突出大片玻璃表面，玻璃肋与玻璃面板间用结构胶粘接并密封。

图 4-79　平齐式　　　　　　　　　图 4-80　突出式

全玻璃幕墙一般只用于一个楼层内，也有跨层使用。

当层高较低时，玻璃（玻璃肋）安在下部镶嵌槽内，上部镶嵌槽槽底与玻璃之间留有伸缩的间隙。玻璃与镶嵌槽之间的空隙可采用干式装配、湿式装配或混合装配。但外侧最好采用湿式装配，即用密封胶固定并密封，以提高气密性和水密性。

当层高较高时，由于玻璃较高，长细比较大，搁置在下部镶嵌槽时，玻璃自重使玻璃变形，容易发生压屈，导致玻璃破坏，因此，较高的全玻璃幕墙玻璃面板和玻璃肋需采用吊挂形式，即在玻璃上端设置专用夹具，将玻璃吊挂在主体上部水平结构上。镶嵌槽用干式（湿式、混合）装配，玻璃与槽底留有伸缩空隙。

4.2.1　吊挂式全玻璃幕墙

吊挂式全玻璃幕墙由玻璃吊挂装置、下金属夹槽、玻璃面板、玻璃肋等组成。

玻璃面板和玻璃肋的上端通过设置在上部的专用吊挂装置吊挂连接在主体结构上，下端镶嵌在金属夹槽的槽口内，金属夹槽与玻璃之间留有间隙，使玻璃可以在槽口内自由伸缩。玻璃面板和玻璃肋的重量全部由吊挂装置承担。其典型节点构造如图 4-81 和图 4-82 所示。

4.2.2　落地式全玻璃幕墙

落地式全玻璃幕墙由上下金属夹槽、玻璃面板、玻璃肋等组成。

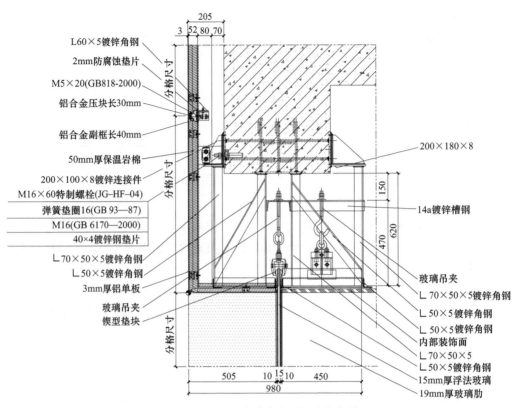

L60×5镀锌角钢
2mm防腐蚀垫片
M5×20(GB818-2000)
铝合金压块长30mm
铝合金副框长40mm
50mm厚保温岩棉
200×100×8镀锌连接件
M16×60特制螺栓(JG-HF-04)
弹簧垫圈16(GB 93—87)
M16(GB 6170—2000)
40×4镀锌钢垫片
∟70×50×5镀锌角钢
∟50×5镀锌角钢
3mm厚铝单板
玻璃吊夹
锲型垫块

200×180×8
14a镀锌槽钢
玻璃吊夹
∟70×50×5镀锌角钢
∟50×5镀锌角钢
∟50×5镀锌角钢
内部装饰面
∟70×50×5
∟50×5镀锌角钢
15mm厚浮法玻璃
19mm厚玻璃肋

图 4-81　吊挂式全玻幕墙顶部连接大样

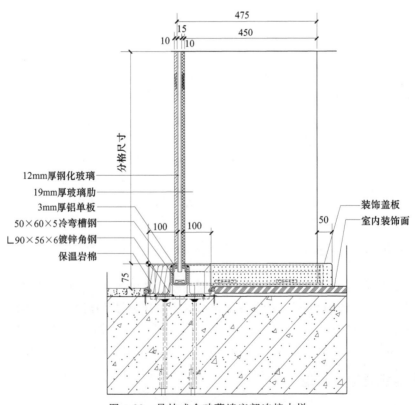

12mm厚钢化玻璃
19mm厚玻璃肋
3mm厚铝单板
50×60×5冷弯槽钢
∟90×56×6镀锌角钢
保温岩棉

装饰盖板
室内装饰面

图 4-82　吊挂式全玻幕墙底部连接大样

　　玻璃面板和玻璃肋的上下端均镶嵌在金属夹槽的槽口内，玻璃直接支撑在下端夹槽内的支座上，上端镶嵌玻璃的金属夹槽与玻璃之间留有间隙，使玻璃可以在槽口内伸缩。其典型节点构造如图 4-83 和图 4-84 所示。

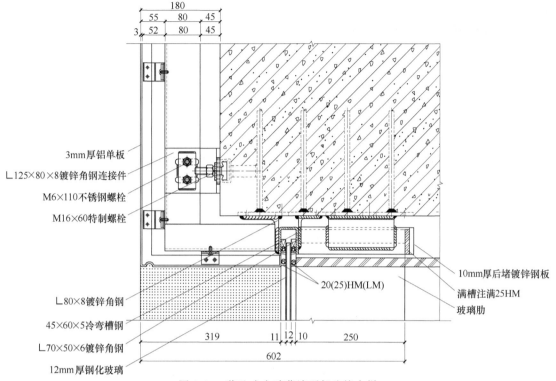

图 4-83　落地式全玻幕墙顶部连接大样

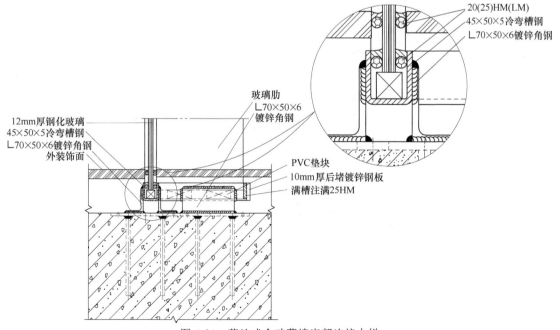

图 4-84　落地式全玻幕墙底部连接大样

　　落地式（下端支承）全玻璃幕墙的最大高度应符合表 4-1 的规定。

表 4-1 落地式（下端支承）全玻璃幕墙的最大高度

玻璃厚度/mm	10,12	15	19
最大高度/m	4	5	6

4.3 点支承玻璃幕墙的构造

点支承玻璃幕墙由玻璃面板、点支承装置和支承结构组成。玻璃面板由点支承装置的驳接头夹持，通过转接件与支承结构连接。驳接头分为浮头式和沉头式。

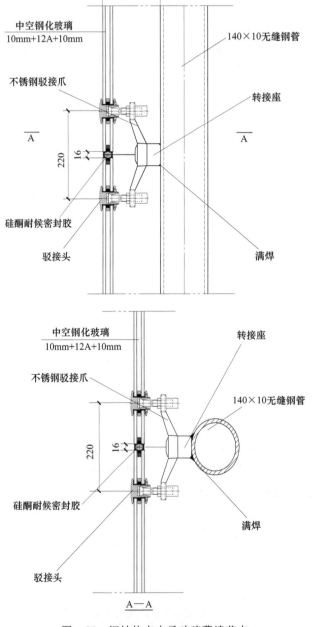

图 4-85 钢结构点支承玻璃幕墙节点

按照面板支承形式的不同，点支承玻璃幕墙可分为钢结构点支承玻璃幕墙、索结构点支承玻璃幕墙和玻璃肋点支承玻璃幕墙。

4.3.1 钢结构点支承玻璃幕墙

钢结构点支承玻璃幕墙采用钢结构梁或桁架作为支承结构，在钢结构梁上安装（一般用焊接）转接件，面板玻璃开孔安装驳接头，通过驳接爪连接到转接件上。

钢结构点支承玻璃幕墙典型节点构造如图 4-85～图 4-87 所示。

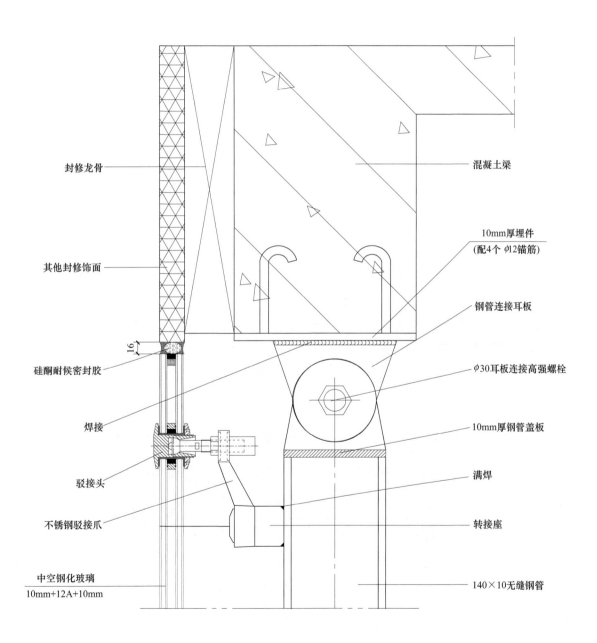

图 4-86　钢结构点支承玻璃幕墙顶部连接大样

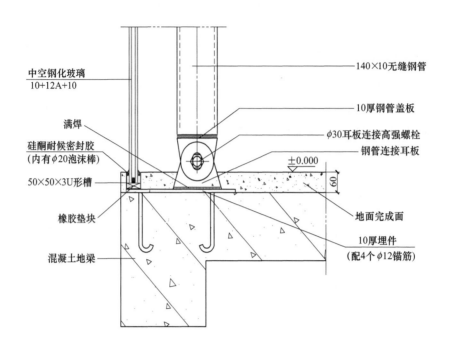

中空钢化玻璃
10+12A+10

满焊

硅酮耐候密封胶
(内有φ20泡沫棒)

50×50×3U形槽

橡胶垫块

混凝土地梁

140×10无缝钢管

10厚钢管盖板

φ30耳板连接高强螺栓

钢管连接耳板

±0.000

地面完成面

10厚埋件
(配4个φ12锚筋)

图 4-87　钢结构点支承玻璃幕墙底部连接大样

4.3.2　索结构点支承玻璃幕墙

索结构点支承玻璃幕墙采用预应力索（杆）结构作为支承结构。

索结构点支式幕墙可分为拉索（杆）点支承玻璃幕墙、单层索网点支承玻璃幕墙、张拉自平衡索杆结构点支承玻璃幕墙。

拉索（杆）点支承玻璃幕墙其典型节点构造如图 4-88～图 4-91 所示。

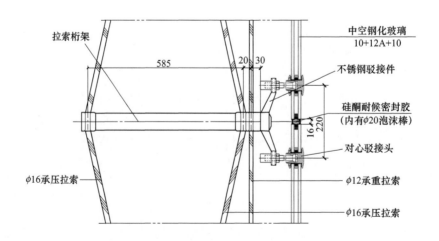

拉索桁架

585

20 30

中空钢化玻璃
10+12A+10

不锈钢驳接件

硅酮耐候密封胶
(内有φ20泡沫棒)

对心驳接头

φ16承压拉索

φ12承重拉索

φ16承压拉索

图 4-88　拉索点支承玻璃幕墙节点

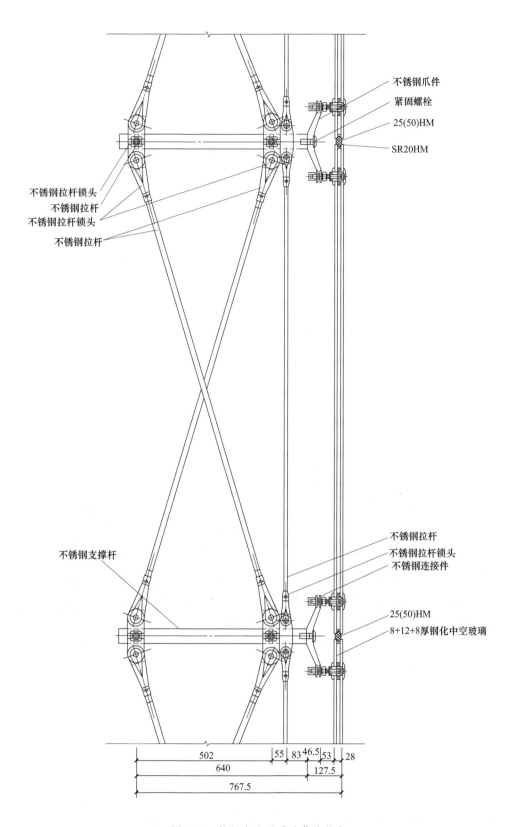

不锈钢爪件
紧固螺栓
25(50)HM
SR20HM

不锈钢拉杆锁头
不锈钢拉杆
不锈钢拉杆锁头
不锈钢拉杆

不锈钢支撑杆

不锈钢拉杆
不锈钢拉杆锁头
不锈钢连接件

25(50)HM
8+12+8厚钢化中空玻璃

502 55 83 46.5 53 28
640 127.5
767.5

图 4-89 拉杆点支承玻璃幕墙节点

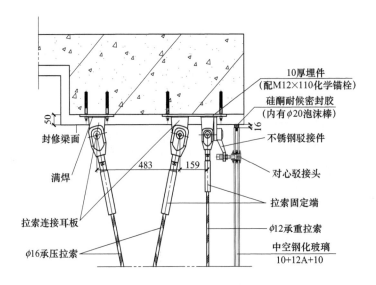

图 4-90　拉索结构点支承玻璃幕墙顶部连接大样

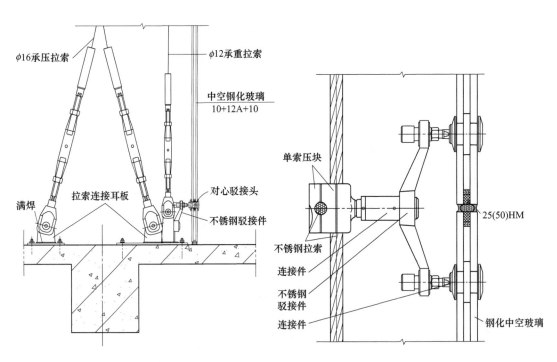

图 4-91　拉索结构点支承玻璃
幕墙底部连接大样

图 4-92　单层索网点支承玻璃幕墙节点

单层索网点支承玻璃幕墙典型节点构造如图 4-92 所示。

张拉索杆点支承璃幕墙是将玻璃面板用驳接件固定在张拉索杆结构上。它由三个部分组成：玻璃面板、张拉索杆结构、锚定结构。

张拉自平衡索杆结构点支承玻璃幕墙典型节点构造如图 4-93 和图 4-94 所示。

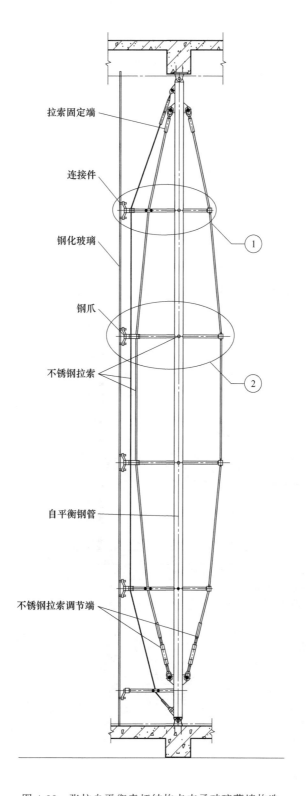

图 4-93　张拉自平衡索杆结构点支承玻璃幕墙构造

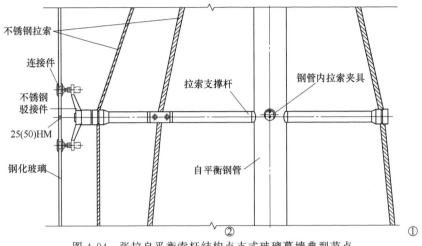

图 4-94　张拉自平衡索杆结构点支式玻璃幕墙典型节点

4.3.3　玻璃肋点支承玻璃幕墙

玻璃肋点支承玻璃幕墙采用玻璃肋作为支承结构。其典型节点构造如图 4-95～图 4-98 所示。

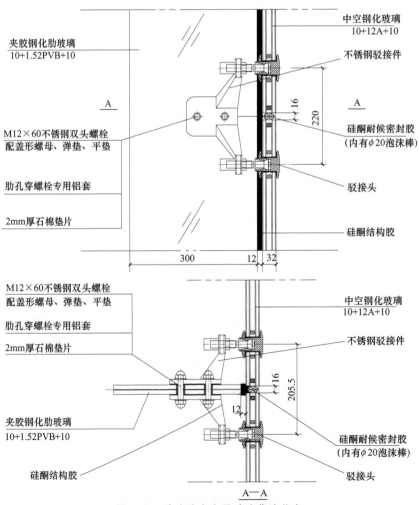

图 4-95　玻璃肋点支承玻璃幕墙节点

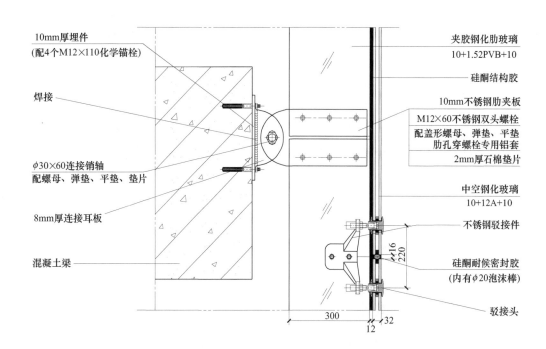

图 4-96　玻璃肋点支承玻璃幕墙连接大样

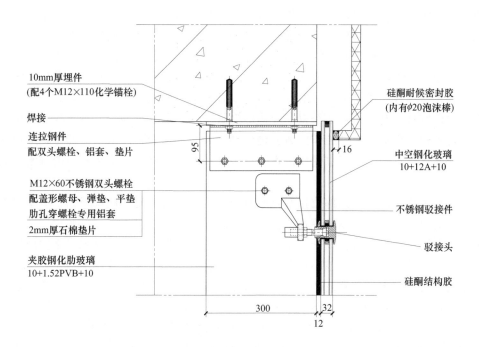

图 4-97　玻璃肋点支承玻璃幕墙顶部连接大样

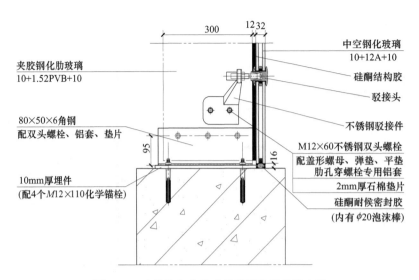

中空钢化玻璃
10+12A+10

硅酮结构胶

驳接头

不锈钢驳接件

M12×60不锈钢双头螺栓
配盖形螺母、弹垫、平垫
肋孔穿螺栓专用铝套

2mm厚石棉垫片

硅酮耐候密封胶
(内有φ20泡沫棒)

夹胶钢化肋玻璃
10+1.52PVB+10

80×50×6角钢
配双头螺栓、铝套、垫片

10mm厚埋件
(配4个M12×110化学锚栓)

图 4-98　玻璃肋点支承玻璃幕墙底部连接大样

4.4　单元式幕墙的构造

单元式幕墙在工厂制作完成单元组件。立柱与横梁组成支承框架，面板安装在支承框架上，形成至少一个楼层高度的单元组件，然后将这些单元组件运至施工现场，进行整体吊装，直接安装在主体结构上。

相邻两单元组件之间通过单元组件框的插接、对接或连接等方式完成对接。

按照单元组件间接口形式不同，单元式幕墙可分为插接型单元式幕墙、对接型单元式幕墙和连接型单元式幕墙。目前，比较常用的是插接型单元式幕墙。插接型单元式幕墙根据上下左右四个相邻单元组件之间接缝处封堵方式的不同，又可分为横滑型和横锁型。

根据面板材质不同可分为单元式玻璃幕墙、单元式石材幕墙、单元式金属幕墙等。

单元式幕墙组件的插接部位、对接部位以及开启部位应按等压腔和雨幕原理进行构造设计。单元构件宜选用有 2 个或 2 个以上腔体的型材。单元组合后的左、右立柱腔体中，前腔的水不应排入顶、底横梁组件腔体的后腔内。易渗入雨水和凝聚冷凝水的部位，应设计导排水构造；导排水构造中应无积水现象。水平构件腹板面上不宜开导排水孔。内排水方式宜采用同层排水。

单元式幕墙板块间的对插部位铝型材应有导插构造。对插时不应出现铝合金型材上配置的密封胶条错位带出或造成损坏等现象。

单元式幕墙板块插接接缝设计：①单元式幕墙的插接接缝处，单元部位之间应有一定的搭接长度，立柱的搭接长度宜不小于10mm，顶、底横梁的搭接长度宜不小于15mm，且能协调温度及地震作用下的位移。②单元板块宽度大于 3m 时的左右立柱搭接长度、单元板块高度大于 5m 时的顶底横梁的搭接长度可通过计算确定。③过桥型材的长度不宜小于150mm，过桥型材宜设置一端固定、另一端可滑动的连接形式，与顶横梁间应有一定的间隙并用硅酮密封胶密封，如图 4-99 所示。④相邻四块单元板块纵、横缝相交处，端部应使用硅酮密封胶封口，防止雨水渗漏；靠室内侧，宜在型材内采用不透气不透水的柔性材料封堵，柔性材料的可压缩量应能满足单元板块的位移要求。

　　单元式幕墙的对接接缝设计：相邻单元板块间的可变形量应符合设计要求。密封条在最小压缩量状态下的弹性应能满足气密性的要求。对接型相邻板块的横梁、立柱，宜选用能控制横梁、立柱错位变形的对插构件或构造措施，并校核对插构件和节点的强度和刚度。靠近室内侧的最后一道密封条的搭接宽度 l_w 应大于左、右立柱在不同荷载作用下的变形差，如图 4-100 所示。

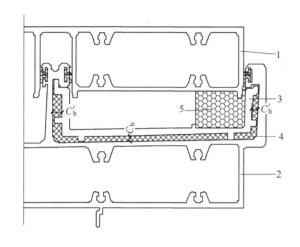

图 4-99　过桥型材与顶横梁配合示意图
1—底横梁；2—顶横梁；3—过桥型材；
4—硅酮密封胶；5—闭孔海绵

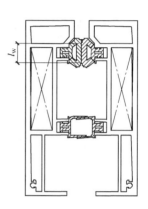

图 4-100　对接型材密封
胶条的搭接宽度

4.4.1　横滑型单元式幕墙

　　横滑型单元式幕墙是在左右相邻的单元组件上框中设置封口板，通过封口板将上下左右四个单元组件接缝处的空洞封堵。封口板除了具有封堵功能外，还是积水槽和分隔板（分隔上下竖框）。封口板嵌在下单元上框的滑槽内，它比上单元下框的槽大，上单元下框可以在封口板槽内自由滑动，只能用于相邻两单元180°对插。其典型节点构造如图 4-101～图4-107所示。

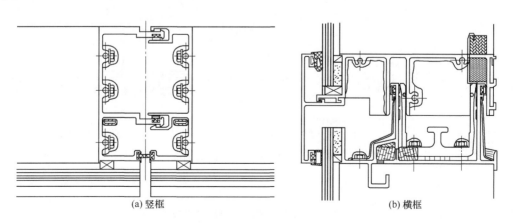

(a) 竖框　　　　　　　(b) 横框

图 4-101　横滑型单元式幕墙节点示意图

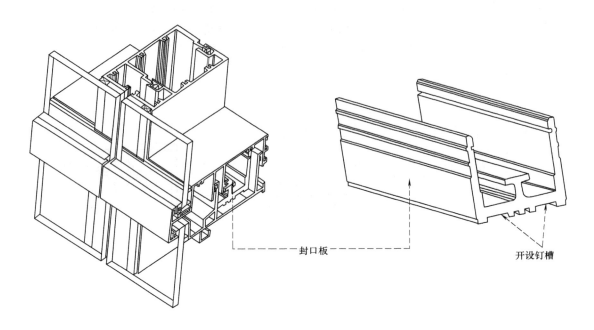

图 4-102　横滑型单元式幕墙三维节点示意图

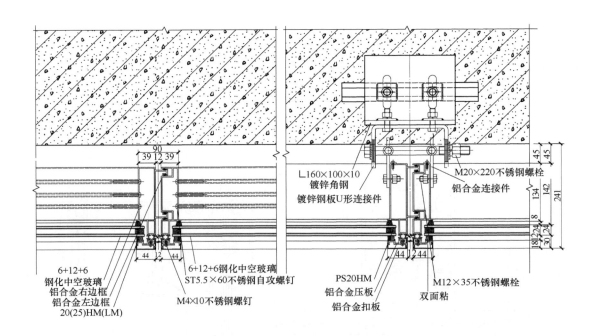

图 4-103　横滑型单元式幕墙横剖节点

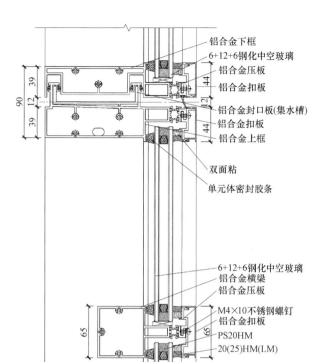

图 4-104　横滑型单元式幕墙竖剖节点

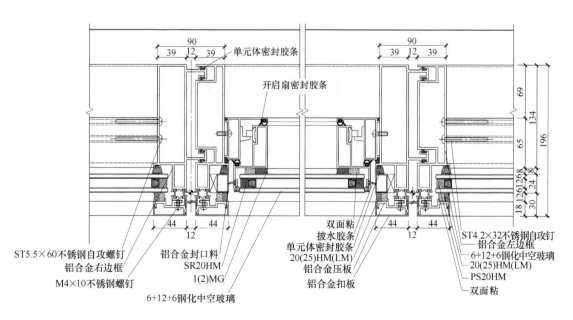

图 4-105　横滑型单元式幕墙开启扇横剖节点

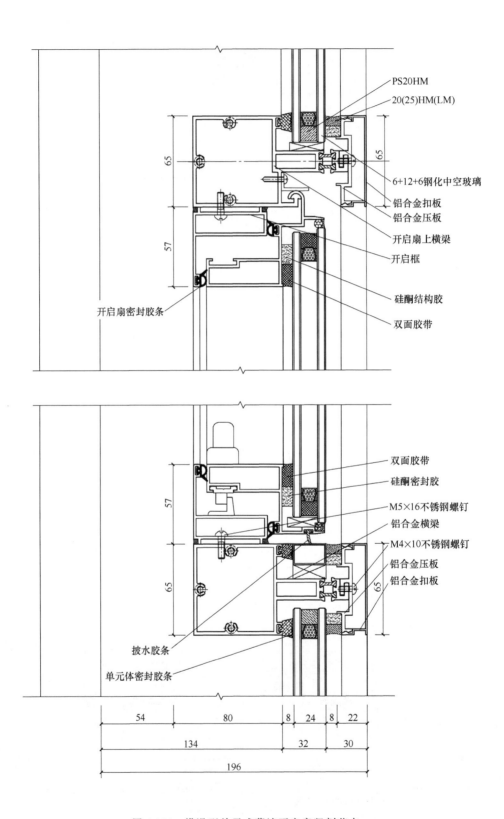

图 4-106　横滑型单元式幕墙开启扇竖剖节点

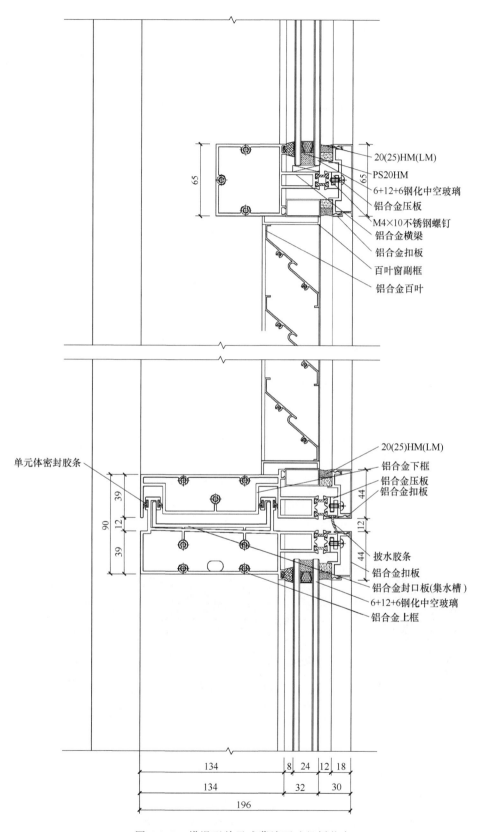

图 4-107　横滑型单元式幕墙百叶竖剖节点

4.4.2　横锁型单元式幕墙

横锁型单元式幕墙是在相邻上下两单元组件竖框内设开口铸铝插芯 [插芯由两部分组成，即对插的封口部分和一个向上开口其他五面封闭的集水壶；对插部分位于单元交接处，集水壶位于下部，具有封口、集水、分隔（分隔左右横梁）的作用]。铸铝插芯也互相对插，将接缝处空洞封堵，由于上下单元竖框用铸铝插芯插接，上下单元形成横向锁定，即上下单元组件不能在上下单元组件上框中滑动。其典型节点构造如图 4-108～图 4-111 所示。

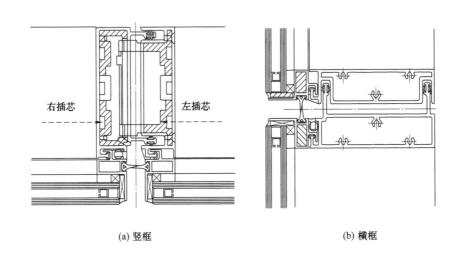

(a) 竖框　　　　　　　　　　　　　　(b) 横框

图 4-108　横锁型单元式幕墙节点示意图

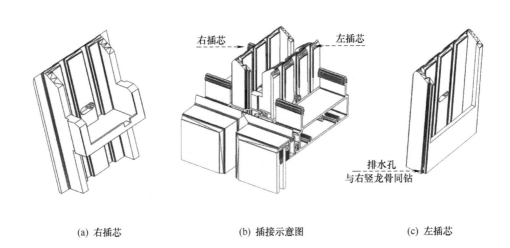

(a) 右插芯　　　　　(b) 插接示意图　　　　　(c) 左插芯

图 4-109　横锁型单元式幕墙三维节点示意图

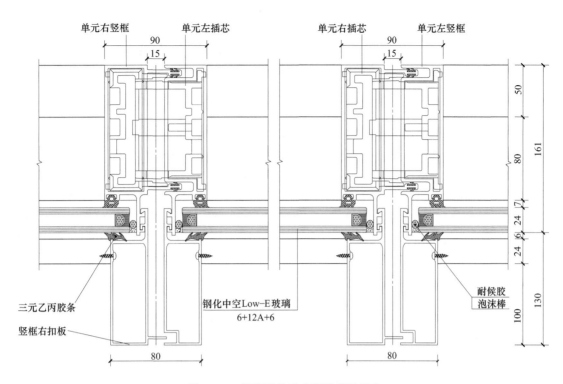

图 4-110 横锁型单元式幕墙横剖节点

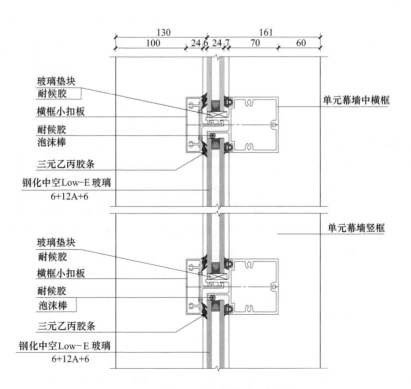

图 4-111 横锁型单元式幕墙竖剖节点

4.4.3 单元幕墙的防水构造设计

不同于构件式幕墙接缝打胶密封防漏处理，单元式幕墙均通过插接连接，插接位置胶条密封处理，因此，在实际工程中，很多单元式幕墙存在漏水渗水现象，所以单元幕墙的防水问题就是一大焦点问题。

4.4.3.1 防水原理

幕墙要产生渗漏现象必须有三个条件：①幕墙表面上有缝隙；②缝隙周围有水；③要有使水通过缝隙进入幕墙内部的动力，即幕墙内外存在压差。这三个必要条件中如果缺少一项，渗漏将不会发生。同样，如果将这三个条件的效应减少到最低程度，则渗漏也可降低到最低程度。

在构件式幕墙的设计中，一般采用封堵法防水，即采用密封胶和胶条等密封材料对所有幕墙面上的缝隙进行封堵以达到防水作用，其目的就是消除渗漏必要条件中的缝隙。但这种防水方式并不可靠，它依赖于密封材料的质量寿命、变形能力和相容性、施工条件和施工工艺等等，需要控制的因素非常多，一旦一个环节出了问题，幕墙面没有缝隙这一点就无法保证，必然也就会导致幕墙渗漏。

单元式幕墙是通过插接连接的，缝隙是客观存在的，雨水也不可避免，只有通过控制"使水通过缝隙的动力，也就是压力差来达到防水目的"，这就是所谓的等压原理。

由此可见，消除压力差是单元式幕墙防水设计的关键。如果室内的压力与室外压力相等，甚至大于室外压力，即使有缝隙存在，水分也不会进入幕墙内部。为了达到等压，我们将部分或所有接缝维持开放，但是等压腔并不是一个通气的空间，它必须限制一定范围的通气空间，才能有效地产生等压效应。为了达到完全等压效应，"等压腔"内的压力必须随时维持大于或等于室外的压力。我们知道建筑物表面压力因风速而随时变化，不会永久不变，建筑物愈高愈大，压力差程度也就愈明显。接近地面的风压比高处风压小，立面角落风压比中央风压大，再加上其他因素影响，使得等压效应的设计更加复杂困难。实际上形成等压腔的条件是比较困难的。因此，为最大限度实现等压的效果，单元幕墙就引入了多腔体、多层次的梯次减压设计方法。

4.4.3.2 防水构造设计

由4.4.1和4.4.2节中单元幕墙的节点图可以看出，目前单元幕墙多是由三道胶条密封线构成的多腔体设计。胶条从室外到室内分别为：

① 尘密线。它是单元幕墙为阻挡灰尘设计的一道密封线，一般由相邻单元的胶条相互搭接实现，起到阻挡灰尘的作用，大部分的雨水也被阻止。

② 水密线。它是单元幕墙的重要防线，通过尘密线的少量漏水可以越过这条线，进入单元幕墙的等压腔；通过合理的结构设计，进入等压腔的水被有组织地排出，没有继续进入室内的能力，达到阻水的目的。有时为了提高幕墙的水密性能，也可能同时设置多道水密线。

③ 气密线。它也是单元幕墙的重要防线，由于水密线和气密线之间的等压腔和室外基本上是相通（有时在连通孔上放置防止灰尘的滤水海绵）的，因此水密线不能阻止空气的渗透，阻止空气渗透的任务由最后一道防线——气密线来完成。

在单元式幕墙中，正是运用了这种多道密封、多腔体分层梯次减压的构造措施以尽可能地实现等压的原理，在设计上使等压腔的压力等于或接近室外压力，即水密线两侧的风压基本相等，消除或减轻了风压的作用，使水不通过或很少通过尘密线和水密线进入等压腔。再加上合理的组织排水，使进入等压腔的水有组织地排出到室外幕墙表面，就不会发生渗漏，从而使单元式幕墙对插部位具有良好的防水能力。

在压力差的作用下,等压腔不可避免会有水渗进来。在等压腔内采用集水槽连接左右幕墙单元,在横(竖)向接缝的外侧设置披水胶条并粘接在上横梁,避免雨水流入立柱竖腔。同时在上横梁的水密线插接翅底部位置铣泄水孔并封堵海绵,起到透气排水的作用。由于等压腔的外倾形式,渗透水在自重作用下会经由泄水孔流出等压腔,然后排出到幕墙表面。单元幕墙的排水构造如图 4-112 所示。

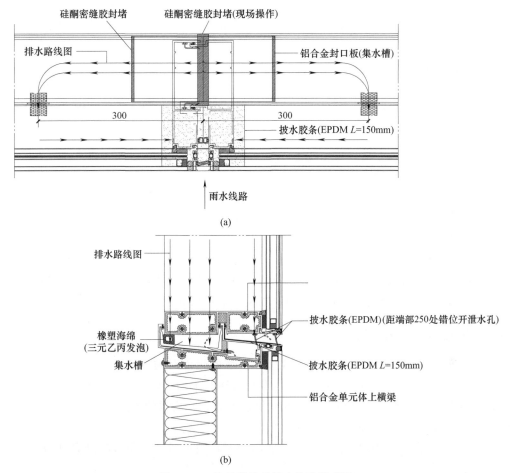

图 4-112 单元幕墙的排水构造示意图

4.5 建筑幕墙构造设计原则

建筑幕墙的节点构造设计,应满足安全、实用、美观的原则,并应便于制作、安装、维修保养和局部更换。

4.5.1 构造设计一般原则

(1) 安全性

无论在什么情况下,安全性都是最重要的。幕墙设计指标应当满足建筑的用途、性能和一定的使用寿命,并遵守国家和行业相应的标准与规范。作为外围护结构的幕墙应选择适当的材料、结构和足够的强度，抵御风荷载、雪荷载、自重、地震作用及特殊情况下外力造成的冲击荷载，并应采用有效措施保证幕墙的可靠性和耐久性。

(2) 浮动连接

幕墙主要的连接设计除与主体结构的连接外均应采用浮动连接，并留下足够的间隙，以便吸收主体沉降及位移、热应力及地震作用；应采用合理的密封材料或构造，对所留间隙进行密封，必须保证水密性和适当的气密性。

(3) 经济性

经济适用是一条不可忽视的原则。在保证安全和使用性能要求的前提下，应尽量节约材料，降低成本。

(4) 等性能设计

幕墙主要的物理性能包括气密性、水密性、保温性、隔声性、光学性等。进行幕墙设计时应采用等性能设计。等性能设计有两个含义：一是根据幕墙不同部位的使用功能和用途，采用与其相适应的性能设计；二是在使用功能和用途相同的条件下，不同部位的性能应该相同。

(5) 可加工性、可安装性

幕墙在结构设计阶段就应当考虑加工性和安装性。加工性和安装性好，有利于组织生产和现场施工管理，可缩短工期，节约人力、设备运行及管理成本。

(6) 可维护性

幕墙设计必须考虑安装以后的维修和保养问题。如幕墙面板应采用可拆卸结构，幕墙主杆件可采用可拆卸结构，以便在面板破损及其他情况下进行更换；又如双层幕墙热通道须留有足够的空间进人，内侧设置可开启结构，以便清洁和保养。

4.5.2 构造设计基本要求

① 明框玻璃幕墙的接缝部位、单元式玻璃幕墙的组件对插部位以及幕墙开启部位，宜按雨幕原理进行构造设计。对可能渗入雨水和形成冷凝水的部位，应采取导排构造措施。

② 玻璃幕墙的非承重胶缝应采用硅酮建筑密封胶。开启扇的周边缝隙宜采用氯丁橡胶、三元乙丙橡胶或硅橡胶密封条制品密封。

③ 有雨篷、压顶及其他突出玻璃幕墙墙面的建筑构造时，应完善其结合部位的防、排水构造设计。

④ 玻璃幕墙应选用具有防潮性能的保温材料或采取隔汽、防潮构造措施。

⑤ 单元式玻璃幕墙，单元间采用对插式组合构件时，纵横缝相交处应采取防渗漏封口构造措施。

⑥ 幕墙玻璃之间的拼接胶缝宽度应能满足玻璃和胶的变形要求，并不宜小于 10mm。

⑦ 幕墙玻璃表面和周边与建筑内、外装饰物之间的缝隙不宜小于 5mm，可采用柔性材料嵌缝。

⑧ 全玻璃幕墙的板面不得与其他刚性材料直接接触。板面与装修面或结构面之间的空隙不应小于 8mm，且应采用密封胶密封。

⑨ 明框玻璃幕墙下边缘与下边框槽底之间应采用硬橡胶垫块衬托，垫块数量应为 2 个，厚度不应小于 5mm，每块长度不应小于 100mm。

⑩ 明框玻璃幕墙平面内变形性能靠玻璃边缘与镶嵌槽之间的间隙来调整。玻璃四边应

留有间隙，框架允许水平变形量应大于因楼层变形引起的框架变形量。

明框幕墙的玻璃边缘至边框槽底的间隙应符合下式要求：

$$2c_1\left(1+\frac{l_1}{l_2}\times\frac{c_1}{c_2}\right)\geqslant u_{\lim} \tag{4-1}$$

式中　$u_{\lim}$——由主体结构层间位移引起的分格框的变形限值，mm；

　　　l_1——矩形玻璃板块竖向边长，mm；

　　　l_2——矩形玻璃板块横向边长，mm；

　　　c_1——玻璃与左、右边框的平均间隙，mm，取值时应考虑 1.5mm 的施工偏差；

　　　c_2——玻璃与上、下边框的平均间隙，mm，取值时应考虑 1.5mm 的施工偏差。

注：非抗震设计时，$u_{\lim}$ 应根据主体结构弹性层间位移角限值确定；抗震设计时，$u_{\lim}$ 应根据主体结构弹性层间位移角限值的 3 倍确定。

⑪ 幕墙的钢框架结构应设温度变形缝。

⑫ 上下钢销支撑的石材幕墙，应在石板的两个侧面或在石板背面的中心区域另采取安全措施，并考虑维修方便。

⑬ 上下通槽式或上下短槽式石材幕墙，均宜有安全措施，并应考虑维修方便。

⑭ 小单元幕墙的每一块金属板构件、石板构件都应是独立的，且应安装和拆卸方便，同时不影响上下、左右构件。

⑮ 幕墙的连接部位，应采取措施防止产生摩擦噪声。构件式幕墙的立柱与横梁连接处应避免刚性接触，可设置柔性垫片或预留 1～2mm 的间隙，间隙内填胶；隐框幕墙采用挂钩式连接固定玻璃组件时，挂钩接触面宜设置柔性垫片。

⑯ 除不锈钢外，幕墙中不同金属材料接触处，应合理设置绝缘垫片或采取其他防腐蚀措施。

⑰ 主体结构的抗震缝、伸缩缝、沉降缝等部位的幕墙设计应保证外墙面的功能性和完整性。幕墙的单元板块不应跨越主体建筑的变形缝，其与主体建筑变形缝相对应的构造缝的设计，应能够适应主体建筑变形的要求。

5

建筑幕墙结构设计与计算

建筑结构的可靠性直接关系到人民生命财产安全，是建筑结构设计必须首先解决的问题。结构的可靠性是指结构在规定的时间（设计使用年限）内，在规定的条件（正常设计、施工、使用、维护）下，完成预定功能的能力。

建筑幕墙是建筑的外围护结构，进行建筑幕墙结构设计时，也必须使其在规定的时间内、规定的条件下完成预定的如下功能：

① 安全性。在正常施工和正常使用时，能够承受可能出现的各种作用（如风雪荷载、地震作用、温度变化）。

② 适用性。幕墙正常使用过程中，应保持良好的工作性能。构件应有足够的刚度，避免产生过大的振动和变形，使人产生不适的感觉。

③ 耐久性。幕墙在正常维护状态下，在设计使用年限内应能够满足安全、适用的要求。

④ 稳定性。在设计规定的偶然事件（如撞击、爆炸）发生后，仍能保持必需的整体稳定性。

设计使用年限是指设计规定的结构或结构构件，不需要进行大修即可按其预定目的使用的时期。结构的设计使用年限如表 5-1 所示。

表 5-1　结构的设计使用年限

类别	设计使用年限/年	示　例
1	5	临时性结构
2	25	易于替换的结构构件
3	50	普通房屋和构筑物
4	100	纪念性建筑和特别重的建筑构件

注：幕墙的设计使用年限为 25 年。

设计基准期是为确定可变荷载代表值而选用的时间参数。它不等同于建筑结构的设计使用年限。

为了使建筑幕墙在规定的时间内、规定的条件下完成预定的功能，建筑幕墙的结构设计采用极限状态设计法。幕墙结构设计应涵盖构件和结构在最不利工况条件下极限状态的验算。对建筑转角部位，平立面凸变部位的构件和连接应做专项验算。

5.1　极限状态设计

极限状态是指整个结构或结构的一部分超过某一特定状态就不能满足设计规定的某一功能要求，此特定状态为该功能的极限状态。

极限状态可分为下列两类：

① 承载能力极限状态。这种极限状态对应于结构或结构构件达到最大承载能力或不适于继续承载的变形的状态。

当结构或结构构件出现下列状态之一时，应认为超过了承载能力极限状态：

a. 整个结构或结构的一部分作为刚体失去平衡（如倾覆等）；

b. 结构构件或连接因超过材料强度而破坏（包括疲劳破坏），或因过度变形而不适于继续承载；

c. 结构转变为机动体系；

d. 结构或结构构件丧失稳定（如压屈等）；

e. 地基丧失承载能力而破坏（如失稳等）。

② 正常使用极限状态。这种极限状态对应于结构或结构构件达到正常使用或耐久性能的某项规定限值。

当结构或结构构件出现下列状态之一时，应认为超过了正常使用极限状态：

a. 影响正常使用或外观的变形；

b. 影响正常使用或耐久性能的局部损坏（包括裂缝）；

c. 影响正常使用的振动；

d. 影响正常使用的其他特定状态，如基础产生过大的不均匀沉降。

建筑结构设计时，应根据结构在施工和使用中的环境条件和影响，区分下列三种设计状况：

① 持久状况。在结构使用过程中一定出现、其持续期很长的状况，持续期一般与设计使用年限为同一数量级。

② 短暂状况。在结构施工和使用过程中出现概率较大，而与设计使用年限相比，持续期很短的状况，如施工和维修等。

③ 偶然状况。在结构使用过程中出现概率很小，且持续期很短的状况，如火灾、爆炸、撞击等。

对于不同的设计状况，可采用相应的结构体系、可靠度水准和基本变量等。

建筑结构的三种设计状况应分别进行下列极限状态设计：

① 对三种设计状况，均应进行承载能力极限状态设计；

② 对持久状况，尚应进行正常使用极限状态设计；

③ 对短暂状况，可根据需要进行正常使用极限状态设计。

建筑结构设计时，对所考虑的极限状态，应采用相应的结构作用效应的最不利组合：

① 进行承载能力极限状态设计时，应考虑作用效应的基本组合，必要时尚应考虑作用效应的偶然组合。

② 进行正常使用极限状态设计时，应根据不同设计目的，分别选用下列作用效应的组合：

a. 标准组合。主要用于当一个极限状态被超越时，将产生严重的永久性损害的情况。

b. 频遇组合。主要用于当一个极限状态被超越时，将产生局部损害、较大变形或短暂振动等情况。

c. 准永久组合。主要用于当长期效应是决定性因素时的一些情况。

对偶然状况，建筑结构可采用下列原则之一，按承载能力极限状态进行设计：

① 按作用效应的偶然组合进行设计或采取防护措施，使主要承重结构不致因出现设计规定的偶然事件而丧失承载能力；

② 允许主要承重结构因出现设计规定的偶然事件而局部破坏，但其剩余部分具有在一段时间内不发生连续倒塌的可靠度。

结构的极限状态应采用下列极限状态方程描述：

$$g(X_1, X_2, \cdots, X_n) = 0 \tag{5-1}$$

式中　　　　　$g(\cdot)$——结构的功能函数；

$X_i(i=1, 2, \cdots, n)$——基本变量，指结构上的各种作用和材料性能、几何参数等，进行结构可靠度分析时，也可采用作用效应和结构抗力作为综合的基本变量，基本变量应作为随机变量考虑。

结构按极限状态设计应符合下列要求：

$$g(X_1, X_2, \cdots, X_n) \geqslant 0 \tag{5-2}$$

当仅有作用效应和结构抗力两个基本变量时，结构按极限状态设计应符合下列要求：

$$R - S \geqslant 0 \tag{5-3}$$

式中　S——结构的作用效应；

　　　R——结构的抗力。

建筑结构设计要解决的根本问题是在结构的可靠与经济之间选择一种合理的平衡，力求以最经济的途径，使设计建造的结构以适当的可靠度满足各种预定的功能要求。

5.2　结构上的作用

建筑幕墙要承受外界施加给它的各种作用。

作用是指能使结构产生效应（内力、变形、应力、应变、裂缝等）的各种原因的总称。

结构上的作用包括直接作用和间接作用。直接作用是指施加在结构上的集中力或分布力，也称为荷载，如结构自重、风荷载、雪荷载、楼面活荷载等；间接作用是指引起结构外加变形或约束变形的原因，如温度变化、地震作用、基础沉降、焊接变形等。间接作用不是以直接施加在结构上的形式出现的，但同样使结构产生效应。

过去习惯上将直接作用和间接作用统称为荷载，这样容易混淆两种不同性质的作用。目前，对直接作用可按照《建筑结构荷载规范》（GB 50009）的规定采用；对间接作用，除了地震作用按照《建筑抗震设计规范》（GB 50011）的规定采用，其余间接作用暂时还未有相应规范规定。

考虑到工程技术人员的现状和习惯，目前工程上对两种作用没有严格划分，经常将它们笼统地称为荷载。

5.2.1　荷载的分类

结构上的荷载可按随时间的变异、随空间位置的变异和结构的反应特点进行分类。

(1) 按照随时间变异分类

① 永久荷载。在设计基准期内，其量值不随时间变化，或其变化与平均值相比可以忽略不计的作用，如自重、土压力、预应力等。

② 可变荷载。在设计基准期内，其量值随时间变化，且其变化与平均值相比不可忽略

的作用，如风荷载、雪荷载、温度变化等。

③ 偶然荷载。在设计基准期内不一定出现，而一旦出现其量值很大且持续时间很短的作用，如地震、龙卷风等。

(2) 按随空间位置的变异分类

① 固定荷载。在结构空间位置上具有固定分布的作用，如结构构件自重等。

② 自由荷载。在结构上一定范围内可以任意分布的作用，如楼面活荷载、吊车荷载等。

(3) 按结构的反应特点分类

① 静态荷载。使结构产生的加速度可以忽略不计的作用，如自重、楼面活荷载等。

② 动态荷载。使结构产生的加速度不可忽略不计的作用，如地震、作用在高耸结构上的风荷载等。

5.2.2 荷载代表值

荷载代表值是指设计中用以验算极限状态所采用的荷载量值，如标准值、组合值、频遇值和准永久值。

建筑结构设计时，对不同荷载应采用不同的荷载代表值。永久荷载应采用标准值作为代表值；可变荷载应采用标准值、组合值、频遇值或准永久值作为代表值；偶然荷载应根据试验资料，结合工程经验确定其代表值。

(1) 标准值

荷载的基本代表值，为设计基准期内最大荷载统计分布的特征值（如均值、众值、中值或某个分位值）。

永久荷载的标准值对结构自重，应按结构构件的设计尺寸与构件材料单位体积的自重计算确定；对于某些自重变异较大的材料和构件，自重标准值应根据对结构的不利状态取上限值或下限值。可变荷载的标准值则要根据设计基准期内最大概率分布的某一分位数来确定。

(2) 组合值

对可变荷载，使组合后的荷载效应在设计基准期内的超越概率，能与该荷载单独出现时的相应概率趋于一致的荷载值；或使组合后的结构具有统一规定的可靠指标的荷载值。

当结构上作用两种或两种以上的可变荷载时，由于其同时达到最大值的可能性较小，因此，在按承载能力极限状态设计或按正常使用极限状态的短期效应组合设计时，采用荷载组合值作为可变荷载的代表值。

可变荷载的组合值应为可变荷载标准值乘以荷载组合系数。

(3) 频遇值

对可变荷载，在设计基准期内，其超越的总时间为规定的较少比率或超越的频率为规定频率的荷载值。

可变荷载频遇值应取可变荷载标准值乘以荷载频遇值系数。

(4) 准永久值

对可变荷载，在设计基准期内，其超越的总时间为设计基准期一半的荷载值。

可变荷载准永久值应取可变荷载标准值乘以荷载准永久值系数。

(5) 荷载设计值

荷载代表值与荷载分项系数的乘积。

承载能力极限状态设计或正常使用极限状态按标准组合设计时，对可变荷载应按组合规定采用标准值或组合值为代表值。正常使用极限状态按频遇组合设计时，应采用频遇值、准永久值为可变荷载的代表值；按准永久组合设计时，应采用准永久值为可变荷载的代表值。

5.2.3 荷载组合

建筑结构设计时，为保证结构的可靠性，应根据使用过程中在结构上可能同时出现的荷载，按承载能力极限状态和正常使用极限状态分别进行荷载组合，并取各自最不利的组合进行设计。

5.2.3.1 承载能力极限状态设计时的荷载组合

对于承载能力极限状态，应按荷载的基本组合或偶然组合计算荷载组合的效应设计值，并采用公式（5-4）的设计表达式进行设计：

$$\gamma_0 S_d \leqslant R_d \tag{5-4}$$

式中　γ_0——结构重要性系数，应按照各有关建筑结构设计规范的规定确定，一般对安全等级为一级、二级和三级的结构构件，可分别取 1.1、1.0 和 0.9，幕墙构件取 1.0；

　　　S_d——荷载组合效应设计值；

　　　R_d——结构构件抗力设计值，应按照各有关建筑结构设计规范的规定确定。

基本组合是指在承载能力极限状态计算时，永久荷载和可变荷载的组合。

偶然组合是指在承载能力极限状态计算时，永久荷载、可变荷载和一个偶然荷载的组合，以及偶然事件发生后受损结构整体稳固性验算时，永久荷载和可变荷载的组合。

(1) 荷载基本组合

① 荷载基本组合的效应设计值。荷载基本组合的效应设计值 S_d，应从以下荷载组合值中取用最不利的效应设计值确定：

a. 由可变荷载控制的效应设计值，应按公式（5-5）进行计算：

$$S_d = \sum_{j=1}^{m} \gamma_{G_j} S_{G_{jk}} + \gamma_{Q_1} \gamma_{L_1} S_{Q_{1k}} + \sum_{i=2}^{n} \gamma_{Q_i} \gamma_{L_i} \psi_{c_i} S_{Q_{ik}} \tag{5-5}$$

式中　γ_{G_j}——第 j 个永久荷载的分项系数；

　　　γ_{Q_i}——第 i 个可变荷载的分项系数，其中 γ_{Q_1} 为主导可变荷载 Q_1 的分项系数；

　　　γ_{L_i}——第 i 个可变荷载考虑设计使用年限的调整系数，其中 γ_{L_1} 为主导可变荷载 Q_1 考虑设计使用年限的调整系数；

　　　$S_{G_{jk}}$——第 j 个永久荷载标准值 G_{jk} 计算的荷载效应值；

　　　$S_{Q_{ik}}$——第 i 个可变荷载标准值 Q_{ik} 计算的荷载效应值，其中 $S_{Q_{1k}}$ 为诸可变荷载效应起控制作用者；

　　　ψ_{c_i}——第 i 个可变荷载 Q_i 的组合系数；

　　　m——参与组合的永久荷载数；

　　　n——参与组合的可变荷载数。

b. 由永久荷载控制的效应设计值，应按公式（5-6）进行计算：

$$S_d = \sum_{j=1}^{m} \gamma_{G_j} S_{G_{jk}} + \sum_{i=1}^{n} \gamma_{Q_i} \gamma_{L_i} \psi_{c_i} S_{Q_{ik}} \tag{5-6}$$

当对 S_{Q1k} 无法明确判断时，应轮次以可变荷载效应作为 S_{Q1k}，并选取其中最不利的荷载组合的效应设计值。

② 基本组合的荷载分项系数

a. 永久荷载的分项系数。当永久荷载效应对结构不利时，对由可变荷载效应控制的组合应取 1.3，对由永久荷载效应控制的组合应取 1.35；当永久荷载效应对结构有利时，不应大于 1.0。

b. 可变荷载的分项系数。对于标准值大于 $4kN/m^2$ 的工业房屋楼面活荷载，应取 1.3；其他情况，应取 1.5。

c. 对结构的倾覆、滑移或漂浮验算，荷载分项系数应满足有关的建筑结构设计规范的规定。

③ 可变荷载考虑设计使用年限的调整系数

a. 楼面和屋面活荷载考虑设计使用年限的调整系数 γ_{Li} 取值应符合表 5-2 的规定。

表 5-2 楼面和屋面活荷载考虑设计使用年限的调整系数 γ_{Li} 取值

结构设计使用年限/年	5	50	100
γ_{Li}	0.9	1.0	1.1

注：1. 当设计使用年限不为表中数值时，调整系数取值 γ_{Li} 可按线性内插确定。

2. 对于荷载标准值可控制的活荷载，设计使用年限的调整系数 γ_{Li} 取 1.0。

b. 对雪荷载和风荷载，应取重现期为设计使用年限，并按照《建筑荷载设计规范》（GB 50009）的规定确定基本雪压和基本风压。

(2) 荷载偶然组合

荷载偶然组合的效应设计值 S_d，应按以下规定采用：

① 用于承载能力极限状态计算的效应设计值，可按公式（5-7）进行计算：

$$S_d = \sum_{j=1}^{m} S_{Gjk} + S_{A_d} + \psi_{f_1} S_{Gjk} + \sum_{i=2}^{n} \psi_{qi} S_{Qik} \tag{5-7}$$

式中　S_{A_d}——按偶然荷载标准值 A_d 计算的荷载效应值；

　　　ψ_{f_1}——第 1 个可变荷载的频遇值系数；

　　　ψ_{qi}——第 i 个可变荷载的准永久系数。

② 用于偶然事件发生后受损结构整体稳固性验算的效应设计值，应按公式（5-8）进行计算：

$$S_d = \sum_{j=1}^{m} S_{Gjk} + \psi_{f_1} S_{Qjk} + \sum_{i=2}^{n} \psi_{qi} S_{Qik} \tag{5-8}$$

5.2.3.2　正常使用极限状态设计时的荷载组合

对于正常使用极限状态，应根据不同的设计要求，采用荷载标准组合、频遇组合或准永久组合，并采用公式（5-9）的设计表达式进行设计：

$$S_d \leqslant C \tag{5-9}$$

式中，C 为结构或结构构件达到正常使用要求的规定限值，如变形、裂纹、振幅、加速度、应力等的限值，应按照各有关建筑结构设计规范的规定采用。

① 荷载标准组合的效应设计值 S_d 应按公式（5-10）进行计算：

$$S_\mathrm{d} = \sum_{j=1}^{m} S_{G_{jk}} + S_{Q_{1k}} + \sum_{i=2}^{n} \psi_{ci} S_{Q_{ik}} \tag{5-10}$$

② 荷载频遇组合的效应设计值 S_d 应按公式（5-11）进行计算：

$$S_\mathrm{d} = \sum_{j=1}^{m} S_{G_{jk}} + \psi_{f1} S_{Q_{1k}} + \sum_{i=2}^{n} \psi_{qi} S_{Q_{ik}} \tag{5-11}$$

③ 荷载准永久组合的效应设计值 S_d 应按公式（5-12）进行计算：

$$S_\mathrm{d} = \sum_{j=1}^{m} S_{G_{jk}} + \sum_{i=2}^{n} \psi_{qi} S_{Q_{ik}} \tag{5-12}$$

本节介绍的荷载效应组合中的设计值仅适用于荷载与荷载效应为线性的情况。

5.2.4 幕墙设计时的荷载组合

幕墙应按围护结构进行设计。幕墙及其连接件应具有足够的承载能力、刚度、稳定性和相对于主体结构的位移能力。采用螺栓连接的幕墙构件，应有可靠的防松、防滑措施；采用挂接或插接的幕墙构件，应有可靠的防脱、防滑措施。

幕墙悬挂于主体结构上，相对于主体结构有一定的位移能力，不分担主体结构所承受的荷载和作用。在进行幕墙结构设计计算时，只考虑幕墙自身所承受的荷载与作用。作用于幕墙上的荷载主要有自重荷载、风荷载、地震作用、温度作用等。由于大多数情况下，在幕墙结构设计时，在构造上会采取措施消除温度作用对构件的影响，这种情况下，进行幕墙结构计算时，不需考虑温度作用效应的影响。

对于幕墙结构构件，应进行承载能力极限状态（承载力）和正常使用极限状态设计（挠度）。幕墙结构设计时，应根据构件的承受荷载和作用的情况，选取最不利的组合，进行计算。

5.2.4.1 承载能力极限状态（承载力）设计时的荷载组合

幕墙构件的承载力应符合公式（5-13）的要求：

$$\gamma_0 S \leqslant R \tag{5-13}$$

式中　S——荷载效应组合的设计值；

R——构件承载力设计值；

γ_0——结构构件重要性系数，幕墙构件可取 1.0。

对幕墙构件进行承载能力极限状态设计时，其荷载与作用效应的组合可按下列公式进行计算。

(1) 持久设计状况、短暂设计状况的效应组合

可按公式（5-14）计算：

$$S = \gamma_G S_{Gk} + \gamma_w \psi_w S_{Wk} + \gamma_T \psi_T S_{Tk} \tag{5-14}$$

(2) 地震设计状况的效应组合

可按公式（5-15）计算：

$$S = \gamma_G S_{Gk} + \gamma_w \psi_w S_{Wk} + \gamma_E \psi_E S_{Ek} \tag{5-15}$$

式中　　S——荷载与作用效应组合的设计值；

　　　　S_{Gk}——永久荷载（重力荷载）效应标准值；

　　　　S_{Wk}——风荷载效应标准值；

　　　　S_{Ek}——地震作用效应标准值；

　　　　S_{Tk}——温度作用效应标准值，对变形不受约束的结构及构件，可取 0；

　　　　γ_G——永久荷载分项系数；

　　　　γ_W——风荷载载分项系数；

　　　　γ_E——地震作用分项系数；

　　　　γ_T——温度作用分项系数；

　　　　ψ_W——风荷载组合系数；

　　　　ψ_E——地震作用组合系数；

　　　　ψ_T——温度作用组合系数。

(3) 荷载与作用分项系数取值

① 一般情况下，永久荷载、风荷载、地震荷载、温度作用的分项系数 γ_G、γ_W、γ_E、γ_T 应分别取 1.3、1.5、1.3、1.5。

② 当永久荷载的效应起控制作用时，其分项系数 γ_G 应取 1.35；当永久荷载效应对结构有利时，其分项系数 γ_G 的取值不应大于 1.0。

(4) 可变荷载与作用组合系数的取值

当两个及以上的可变荷载或作用（风荷载、地震作用和温度作用）效应参加组合时，第一个可变荷载或作用效应的组合系数应按 1.0 采用；第二个可变荷载或作用的组合系数可按 0.6 采用；第三个可变荷载或作用的组合系数可按 0.2 采用。

① 持久设计状况、短暂设计状况且风荷载效应起控制作用时，风荷载的组合系数 ψ_W 应取 1.0，温度作用组合系数 ψ_T 应取 0.6；

② 持久设计状况、短暂设计状况且温度作用效应起控制作用时，风荷载的组合系数 ψ_W 应取 0.6，温度作用组合系数 ψ_T 应取 1.0；

③ 持久设计状况、短暂设计状况且永久荷载效应起控制作用时，风荷载的组合系数 ψ_W 和温度作用组合系数 ψ_T 均应取 0.6；

④ 地震设计状况时，地震作用的组合系数 ψ_E 取 1.0，风荷载的组合系数 ψ_W 应取 0.2。

5.2.4.2　正常使用极限状态（挠度）设计时的荷载组合

幕墙构件在荷载作用方向上的挠度应满足公式（5-16）的要求：

$$d_f \leqslant d_{f,\,lim} \tag{5-16}$$

式中　　d_f——荷载标准值作用下的挠度值；

　　　　$d_{f,\,lim}$——构件挠度限值。

对于双向受弯构件，两个方向的挠度应分别进行计算，且均应满足公式（5-16）的要求。

对幕墙构件进行挠度验算时，一般不必单独进行地震作用下结构的变形验算。在风荷载或永久荷载作用下，幕墙构件的挠度应符合挠度限值要求；挠度计算时，风荷载分项系数 γ_W 和永久荷载分项系数 γ_G 均应取 1.0，且水平方向和垂直方向的荷载与作用的变形效应不应进行组合，应分别进行验算。

5.3 荷载计算

5.3.1 风荷载

风载荷是作用于幕墙上的一种主要直接作用。

(1) 风荷载标准值

垂直于建筑物表面的风荷载标准值的计算：

① 计算主要受力结构时，风荷载标准值按照公式（5-17）计算：

$$w_k = \beta_z \mu_s \mu_z w_0 \tag{5-17}$$

式中　w_k——风荷载标准值，kN/m^2；

　　　β_z——高度 z 处的风振系数；

　　　μ_s——风荷载体形系数；

　　　μ_z——高度 z 处的风压高度变化系数；

　　　w_0——基本风压，kN/m^2。

② 计算维护结构时，风荷载标准值应按照公式（5-18）计算：

$$w_k = \beta_{gz} \mu_{s1} \mu_z w_0 \tag{5-18}$$

式中　β_{gz}——高度 z 处的阵风系数；

　　　μ_{s1}——风荷载局部体形系数。

建筑幕墙属于建筑外围护结构，垂直于其表面上的风荷载标准值，应采用维护结构风荷载标准值的计算公式，且不应小于 $1.0kN/m^2$。

幕墙的风荷载标准值可按风洞试验结果确定；幕墙高度大于 200m 或体型、风荷载环境复杂时，宜进行风洞试验，确定风荷载。

风荷载设计值：$w = 1.4 w_k$。

(2) 基本风压

基本风压 w_0 是根据当地气象台站历年来的最大风速记录，按基本风速的标准要求，将不同风速仪高度和时次时距的年最大风速，统一换算为离地 10m 高，自记 10min 平均年最大风速数据，经统计分析确定重现期为 50 年的最大风速，作为当地的基本风速 v_0（m/s），再按伯努利方程 $w_0 = \frac{1}{2} \rho v_0^2$ 计算得到。方程中的 ρ 是空气密度。

全国各城市的基本风压值应按《建筑结构荷载规范》（GB 50009）附录 E 中表 E.5 重现期 R 为 50 年的值采用，但不得小于 $0.3kN/m^2$。对于高层建筑、高耸结构以及对风荷载比较敏感的其他结构，基本风压取值应适当提高，并符合有关结构设计规范的规定。

当城市或建设地点的基本风压值在规范附录 E.5 中没有给出时，基本风压值应按照规范附录 E 规定的方法，根据基本风压的定义和当地年最大风速资料，通过统计分析确定，分析时应考虑样本数量的影响。当地没有风速资料的，可根据附近地区的基本风压或长期资料，通过气象和地形条件的对比分析确定；也可根据规范附录 E.6.3 全国基本风压分布图近似确定。

风荷载的组合值系数、频遇值系数和准永久值系数可分别取 0.6、0.4 和 0。

(3) 地面粗糙度

地面粗糙度是指风达到建筑物以前吹越过 2km 范围内的地面时，描述该地面上不规则障碍物分布状况的等级。

《建筑结构荷载规范》(GB 50009)将地面粗糙度类别分为 A、B、C、D 四类：

A 类指近海海面和海岛、海岸、湖岸及沙漠地区；

B 类指田野、乡村、丛林、丘陵以及房屋比较稀疏的乡镇；

C 类指有密集建筑群的城市市区；

D 类指有密集建筑群且房屋较高的城市市区。

在计算幕墙的风荷载标准值时，须按建筑所处的地区和位置确定其地面粗糙度类别。

（4）风压高度变化系数 μ_z

在大气边界层内，风速随离地面高度的增加而增大。当气压场随高度不变时，风速随高度增大的规律，主要取决于地面粗糙度和温度垂直梯度。通常认为在离地面高度为 300～500m 时风速不再受地面粗糙度的影响，也即达到所谓"梯度风速"，该高度称为梯度风高度 H_G。地面粗糙度等级低的地区，其梯度风高度比等级高的地区低。

可以根据地面粗糙度指数及梯度风高度计算风压高度变化系数 μ_z：

$$\mu_z^A = 1.284\left(\frac{z}{10}\right)^{0.24}$$

$$\mu_z^B = 1.000\left(\frac{z}{10}\right)^{0.30}$$

$$\mu_z^C = 0.544\left(\frac{z}{10}\right)^{0.44}$$

$$\mu_z^D = 0.262\left(\frac{z}{10}\right)^{0.60}$$

风压高度变化系数 μ_z 也可以查表 5-3。

表 5-3　风压高度变化系数 μ_z

离地面或海平面高度/m	地面粗糙度类别			
	A	B	C	D
5	1.09	1.00	0.65	0.51
10	1.28	1.00	0.65	0.51
15	1.42	1.13	0.65	0.51
20	1.52	1.23	0.74	0.51
30	1.67	1.39	0.88	0.51
40	1.79	1.52	1.00	0.60
50	1.89	1.62	1.10	0.69
60	1.97	1.71	1.20	0.77
70	2.05	1.79	1.28	0.84
80	2.12	1.87	1.36	0.91
90	2.18	1.93	1.43	0.98
100	2.23	2.00	1.50	1.04
150	2.46	2.25	1.79	1.33
200	2.64	2.46	2.03	1.58
250	2.78	2.63	2.24	1.81
300	2.91	2.77	2.43	2.02
350	2.91	2.91	2.60	2.22

续表

离地面或	地面粗糙度类别			
海平面高度/m	A	B	C	D
400	2.91	2.91	2.76	2.40
450	2.91	2.91	2.91	2.58
500	2.91	2.91	2.91	2.74
≥550	2.91	2.91	2.91	2.91

对于标准未列出的高度对应的 μ_z，可按照线性插值法计算得到。

(5) 风荷载局部体形系数 μ_{s1}

风荷载体形系数 μ_s 是指风作用在建筑物表面一定面积范围内所引起的平均压力（或吸力）与来流风的速度压的比值。它主要与建筑物的体形和尺度有关，也与周围环境和地面粗糙度有关。房屋和构筑物的风荷载体形系数 μ_s 可按照《建筑结构荷载规范》(GB 50009) 8.3.1 的规定采用。

通常情况下，作用于建筑物表面的风压分布并不均匀，在角隅、檐口、边棱处和附属结构的部位（如阳台、雨篷等外挑结构），局部风压会超过规范中 8.3.1 所得的平均风压。局部风压体形系数 μ_{s1} 是考虑建筑物表面风压不均匀而导致局部部位的风压超过全表面平均风压的实际情况做出的调整。

计算围护构件及其连接的风荷载时，风荷载局部体形系数 μ_{s1} 可按照以下规定采用：

① 封闭式矩形平面房屋的墙面及屋面按照《建筑结构荷载规范》(GB 50009) 表 8.3.3 的规定采用；

② 檐口、雨篷、遮阳板、边棱处的装饰条等突出构件，取 −2.0；

③ 其他房屋和构筑物按《建筑结构荷载规范》(GB 50009) 的 8.3.1 体形系数的 1.25 倍取值。

计算非直接承受风荷载的围护构件风荷载时，风荷载局部体形系数 μ_{s1} 可按构件的从属面积折减，折减系数按照下列规定采用：

① 当从属面积不大于 $1m^2$ 时，折减系数取 1.0。

② 当从属面积大于或等于 $25m^2$ 时，对墙面折减系数取 0.8，对局部体形系数绝对值大于 1.0 的屋面区域折减系数取 0.6，对其他屋面区域折减系数取 1.0。

③ 当从属面积大于 $1m^2$ 小于 $25m^2$ 时，墙面和绝对值大于 1.0 的屋面局部体形系数可采用对数插值，按公式（5-19）计算：

$$\mu_{s1}(A) = \mu_{s1}(1) + [\mu_{s1}(25) - \mu_{s1}(1)]\lg A / 1.4 \qquad (5-19)$$

计算围护构件风荷载时，建筑物内部压力的局部体形系数可按以下规定采用：

① 封闭式建筑物，按其外表面风压的正负情况取 −0.2 或 0.2。

② 仅一面墙有主导洞口的建筑物，按下列规定采用：

a. 当开洞率大于 0.02 且小于或等于 0.10 时，取 $0.4\mu_{s1}$；

b. 当开洞率大于 0.10 且小于或等于 0.30 时，取 $0.6\mu_{s1}$；

c. 当开洞率大于 0.30 时，取 $0.8\mu_{s1}$。

③ 其他情况，应按开放式建筑物的 μ_{s1} 取值。

注：主导洞口的开洞率是指单个主导洞口面积与该墙面全部面积之比。μ_{s1} 应取主导洞口对应位置的值。

(6) 高度 z 处的阵风系数 β_{gz}

对于围护结构，由于其刚性一般较大，在结构效应中可不必考虑其共振分量，仅在平均风压的基础上，近似考虑脉动风瞬间的增大因素。

计算围护结构风荷载时的阵风系数应按表 5-4 确定。

表 5-4 阵风系数 β_{gz}

离地面高度/m	地面粗糙度类别			
	A	B	C	D
5	1.65	1.70	2.05	2.40
10	1.60	1.70	2.05	2.40
15	1.57	1.66	2.05	2.40
20	1.55	1.63	1.99	2.40
30	1.53	1.59	1.90	2.40
40	1.51	1.57	1.85	2.29
50	1.49	1.55	1.81	2.20
60	1.48	1.54	1.78	2.14
70	1.48	1.52	1.75	2.09
80	1.47	1.51	1.73	2.04
90	1.46	1.50	1.71	2.01
100	1.46	1.50	1.69	1.98
150	1.43	1.47	1.63	1.87
200	1.42	1.45	1.59	1.79
250	1.41	1.43	1.57	1.74
300	1.40	1.42	1.54	1.70
350	1.40	1.41	1.53	1.67
400	1.40	1.41	1.51	1.64
450	1.40	1.41	1.50	1.62
500	1.40	1.41	1.50	1.60
550	1.40	1.41	1.50	1.59

5.3.2 雪载荷

雪荷载是玻璃采光顶主要荷载之一。

在我国寒冷地区及其他大雪地区，玻璃采光顶对雪荷载更为敏感，因雪压导致玻璃采光顶破坏的事故常有发生，合理确定雪荷载的大小及其在玻璃采光顶上的分布，将直接影响玻璃采光顶的安全性、适用性和经济性。

屋面水平投影面上的雪荷载标准值，应按公式（5-20）计算：

$$S_k = \mu_r S_0 \tag{5-20}$$

式中 S_k——雪荷载标准值，kN/m^2；

μ_r——屋面积雪分布系数；

S_0——基本雪压，kN/m^2。

(1) 基本雪压 S_0

基本雪压一般按当地空旷平坦地面上积雪自重的观测数据，经概率统计由得出的 50 年一遇的最大值确定。

基本雪压应按《建筑结构荷载规范》（GB 50009）规定的方法确定的 50 年重现期的雪压；对雪荷载敏感的结构，应采用 100 年重现期的雪压。

全国各城市的基本雪压值应按照《建筑结构荷载规范》（GB 50009）附录 E.5 重现期 R 为 50 年的值采用。

当城市或建设地点的基本雪压值在《建筑结构荷载规范》（GB 50009）附录 E.5 中没有

给出时，基本雪压值应按照规范附录 E 规定的方法，根据当地年最大雪压或雪深资料，按照基本雪压的定义，通过统计分析确定，分析时应考虑样本数量的影响。当地没有雪压或雪深资料时，可根据附近地区规定的基本雪压或长期资料，通过气象和地形条件的对比分析确定；也可根据规范附录 E.6.1 全国基本雪压分布图近似确定。

山区的雪荷载应通过实际调查后确定。当无实测资料时，可按当地邻近空旷平坦地面的雪荷载值乘以系数 1.2 采用。

雪荷载的组合值系数、频遇值系数和准永久值系数见表 5-5。

表 5-5　雪荷载的组合值系数、频遇值系数和准永久值系数

雪荷载分区	组合值系数	频遇值系数	准永久值系数
Ⅰ			0.5
Ⅱ	0.7	0.6	0.2
Ⅲ			0

雪荷载分区可按规范附录 E.5 或附图 E.6.2 的规定采用。

(2) 屋面积雪分布系数 μ_r

屋面积雪分布系数就是屋面水平投影面积上的雪荷载与基本雪压 S_0 的比值，实际也就是地面基本雪压换算为屋面雪荷载的换算系数。它与屋面形式、朝向及风力等有关。

屋面积雪分布系数应根据不同类别的屋面形式，按《建筑结构荷载规范》(GB 50009) 表 7.2.1 采用。

设计建筑结构及屋面的承重构件时，应按下列规定采用积雪的分布情况：

① 屋面板和檩条按积雪不均匀分布的最不利情况采用；

② 屋架和拱壳应分别按全跨积雪的均匀分布、不均匀分布和半跨积雪的均匀分布采用，按最不利情况采用；

③ 框架和柱可按全跨积雪的均匀分布情况采用。

5.3.3　地震作用

① 作用于幕墙的水平地震作用标准值应按公式 (5-21) 计算：

$$q_{Ek} = \beta_E \alpha_{max} G_k / A \qquad (5-21)$$

式中　q_{Ek}——作用于幕墙的水平地震作用标准值，kN/m^2；

　　　β_E——动力放大系数，可取 5.0；

　　　α_{max}——水平地震影响系数最大值，应按表 5-6 采用；

　　　G_k——幕墙构件（包括面板和框架）的重力荷载标准值，kN；

　　　A——幕墙平面面积，m^2。

表 5-6　水平地震影响系数最大值 α_{max}

抗震设防烈度	6 度	7 度	8 度	9 度
α_{max}	0.04	0.08(0.12)	0.16(0.24)	0.32

注：7 度、8 度时括号内的数值分别用于设计地震加速度为 0.15g 和 0.30g 的地区。

② 作用于幕墙的竖向地震作用标准值可按公式 (5-22) 计算：

$$p_{Ek} = \beta_E \alpha_{max} G_k \qquad (5-22)$$

式中，p_{Ek} 为作用于幕墙的竖向地震作用标准值，kN/m^2。

幕墙的支承结构以及连接件、锚固件所承受的地震作用标准值，应包括幕墙面板传来的地震作用标准值和其自身重力荷载标准值产生的地震作用。

5.3.4 自重与活荷载

(1) 自重

构件的自重是建筑幕墙的主要永久荷载。

建筑幕墙结构自重标准值可按结构构件的设计尺寸与材料单位体积的自重计算确定。

《建筑结构荷载规范》(GB 50009) 附录 A 列出了常用材料和构件的自重,可查表采用。对于在附录 A 中未列出的材料或构件的自重,应根据生产厂家提供的资料或设计经验确定。

对于玻璃幕墙,其自重一般可按单位面积玻璃自重增大 20%～30%采用。

(2) 活荷载

采光顶上的活荷载是指在其水平投影面上的活荷载,并假定为垂直于地面的均匀分布值,可取 $500N/m^2$。

屋面均布活荷载不应与雪荷载同时考虑。

不上人屋面活荷载的组合值、频遇值和准永久值系数可分别取为 0.7、0.5 和 0。

5.3.5 温度作用

温度作用是指结构或构件内温度的变化,对结构或构件产生的作用效应。

当幕墙(采光顶)构件受到温度变化影响时,它的长度将发生变化,这种变化可按式(5-23)计算:

$$\Delta L = L\alpha_T \Delta T \tag{5-23}$$

式中　ΔL——材料长度变化值;

　　　L——材料设计长度;

　　　α_T——材料线胀系数;

　　　ΔT——温度变化值,当缺乏必要资料时可取 80℃。

温度变化值 ΔT 可按公式(5-24)计算确定。

$$\Delta T = t_{max} - t_{min} + \rho_1 I/\alpha_e \tag{5-24}$$

式中　t_{max}——基本气温最高值;

　　　t_{min}——基本气温最低值;

　　$\rho_1 I/\alpha_e$——太阳辐射热当量温度;

　　　ρ_1——吸收系数,铝型材时,银白色 0.75、古铜色 0.85,玻璃时,白片玻璃 0.16、吸热玻璃 0.64、热反射玻璃 0.36;

　　　I——太阳辐射热,W/m^2;

　　　α_e——外表面换热系数,取 $19W/(m^2 \cdot K)$。

全国各城市的基本气温可按《建筑结构荷载规范》(GB 50009) 表 E.5 采用。

当城市或建设地点的基本气温值在规范附录 E.5 中没有给出时,基本气温值可根据当地气象台站记录的气温资料,按规范附录 E 规定的方法通过统计分析确定。当地没有气温资料时,可根据附近地区规定的基本气温,通过气象和地形条件的对比分析确定;也可根据规范附录 E 中图 E.6.4 和图 E.6.5 近似确定。

当幕墙(采光顶)构件的伸长(缩短)受到阻碍时,产生的应力可以根据公式(5-25)计算:

$$\sigma_T = \alpha_T E \Delta T \tag{5-25}$$

由于幕墙构件规格较大,材料线胀系数较高,使得幕墙构件在温度作用下产生的长度变化十分明显，产生的应力也很大。所以幕墙结构设计时应在构造上采取有效措施来减少或消除温度作用效应，如采用可调节点、设置温度缝等。

5.4 材料性能

(1) 铝合金材料的强度设计值

铝合金材料的强度设计值等于强度标准值除以抗力分项系数。

根据《铝合金结构设计规范》(GB 50429) 的规定，铝合金结构构件的抗力分项系数 r_R 在抗拉、抗压和抗弯情况下取 1.2，所以，相应的铝合金型材抗拉、压、弯的强度设计值为：

$$f_a = \frac{f_{ak}}{r_R} = \frac{f_{ak}}{1.2} \qquad (5-26)$$

式中　f_a——铝合金型材强度设计值，N；

　　　f_{ak}——铝合金型材强度标准值，N，取铝合金型材的规定非比例延伸强度 $R_{p0.2}$；

　　　r_R——抗力分项系数。

抗剪强度设计值为：

$$f_v = f_a / 3^{1/2} \qquad (5-27)$$

铝合金材料的强度设计值可按表 5-7 采用。

表 5-7　铝合金材料的强度设计值

铝合金牌号	状态		壁厚/mm	抗拉、抗压、抗弯强度 f_a/(N/mm²)	抗剪强度 f_v/(N/mm²)	局部承压强度 f_{ce}/(N/mm²)
6005		T5	≤6.3	200	115	300
	T6	实心型材	≤5	185	105	310
		空心型材	≤5	175	100	295
6060	T5		≤5	100	55	185
	T6		≤3	125	70	220
6061	T4		所有	90	55	210
	T6		所有	200	115	305
6063	T5		所有	90	55	185
	T6		所有	150	85	240
6063A	T5		≤10	135	75	220
	T6		≤10	160	90	255
6463	T5		≤50	90	55	170
	T6		≤50	135	75	225
6463A	T5		≤12	90	55	170
	T6		≤3	140	80	240

(2) 钢材的强度设计值

按表 5-8 采用。

表 5-8　钢材的强度设计值

钢材牌号	厚度或直径 d/mm	抗拉、抗压、抗弯强度 f_s/(N/mm²)	抗剪强度 f_v/(N/mm²)	端面承压强度 f_{ce}/(N/mm²)
Q235	$d \leq 16$	215	125	325
	$16 < d \leq 40$	205	120	
	$40 < d \leq 60$	200	115	
	$60 < d \leq 100$	190	110	

钢材牌号	厚度或直径 d/mm	抗拉、抗压、抗弯强度 f_s/(N/mm²)	抗剪强度 f_v/(N/mm²)	端面承压强度 f_{ce}/(N/mm²)
Q345	$d \leqslant 16$	310	180	400
	$16 < d \leqslant 35$	295	170	
	$35 < d \leqslant 50$	265	155	
	$50 < d \leqslant 100$	250	145	
Q390	$d \leqslant 16$	350	205	415
	$16 < d \leqslant 35$	335	190	
	$35 < d \leqslant 50$	315	180	
	$50 < d \leqslant 100$	295	170	

注：表中厚度是指计算点的钢材厚度，对轴心受力构件是指截面中较厚板件的厚度。

（3）耐候钢的强度设计值

按表 5-9 采用。

表 5-9　耐候钢的强度设计值

钢号	厚度 t/mm	屈服强度 σ_s/(N/mm²)	抗拉强度 f_s/(N/mm²)	抗剪强度 f_v/(N/mm²)	抗承压强度 f_{ce}/(N/mm²)
Q235NH	$\leqslant 16$	235	216	125	295
	$>16 \sim 40$	225	207	120	295
	$>40 \sim 60$	215	198	115	295
	>60	215	198	115	295
Q295NH	$\leqslant 16$	295	271	157	344
	$>16 \sim 40$	285	262	152	344
	$>40 \sim 60$	275	253	147	344
	$>60 \sim 100$	255	235	136	344
Q355NH	$\leqslant 16$	355	327	189	402
	$>16 \sim 40$	345	317	184	402
	$>40 \sim 60$	335	308	179	402
	$>60 \sim 100$	325	299	173	402
Q460NH	$\leqslant 16$	460	414	240	451
	$>16 \sim 40$	450	405	235	451
	$>40 \sim 60$	440	396	230	451
	$>60 \sim 100$	430	387	224	451
Q295GNH（热轧）	$\leqslant 6$	295	271	157	320
	>6	295	271	157	320
Q295GNHL（热轧）	$\leqslant 6$	295	271	157	353
	>6	295	271	157	353
Q345GNH（热轧）	$\leqslant 6$	345	317	184	361
	>6	345	317	184	361
Q345GNHL（热轧）	$\leqslant 6$	345	317	184	394
	>6	345	317	184	394
Q390GNH（热轧）	$\leqslant 6$	390	359	208	402
	>6	390	359	208	402
Q295GNH（冷轧）	$\leqslant 2.5$	260	239	139	320
Q295GNHL（冷轧）	$\leqslant 2.5$	260	239	139	320
Q345GNHL（冷轧）	$\leqslant 2.5$	320	294	171	369

（4）不锈钢材料的强度设计值

不锈钢材料的抗拉、抗压、抗弯强度设计值 f_s 应按其屈服强度标准值 $\sigma_{0.2}$ 除以系数 1.15 采用，其抗剪强度设计值可按其抗拉强度设计值的 0.58 倍采用。

常用不锈钢铸件的强度设计值可按表 5-10 采用。

表 5-10 不锈钢铸件的强度设计值

牌　号	抗拉、抗压、抗弯强度 f_s/(N/mm^2)	抗剪强度 f_v/(N/mm^2)	端面承压强度 f_{ce}/(N/mm^2)
ZG03Cr18Ni10	130	75	270
ZG03Cr18Ni10N	170	95	310
ZG07Cr19Ni9	130	75	270
ZG03Cr19Ni11Mo2	130	75	270
ZG03Cr19Ni11Mo2N	170	95	310
ZG15Cr13	250	145	330
ZG20Cr13	285	165	360
ZG15Cr13Ni1	330	190	360

常用不锈钢型材和棒材的强度设计值可按表 5-11 采用。

表 5-11 不锈钢型材和棒材的强度设计值

统一数字代号	牌　号	规定非比例延伸强度 $R_{p0.2}$	抗拉强度 f_s/(N/mm^2)	抗剪强度 f_v/(N/mm^2)	端面承压(刨平顶紧)强度 f_{ce}/(N/mm^2)
S30408	06Cr19Ni10(0Cr18Ni9)	205	180	100	250
S30458	06Cr19Ni10N(0Cr19Ni9N)	275	240	140	315
S30403	022Cr19Ni10(00Cr19Ni10)	175	155	90	220
S30453	022Cr19Ni10N(00Cr18Ni10N)	245	215	125	280
S31608	06Cr17Ni12Mo2(0Cr17Ni12Mo2)	205	180	100	250
S31658	06Cr17Ni12Mo2N(0Cr17Ni12Mo2N)	275	240	140	315
S31603	022Cr17Ni12Mo2(00Cr17Ni12Mo2)	175	155	90	220
S31653	022Cr17Ni12Mo2N(00Cr17Ni12Mo2)N	245	215	125	280

常用不锈钢板材和带材的强度设计值可按表 5-12 采用。

表 5-12 不锈钢板材和带材的强度设计值

统一数字代号	牌　号	规定非比例延伸强度 $R_{p0.2}$	抗拉强度 f_s/(N/mm^2)	抗剪强度 f_v/(N/mm^2)	端面承压(刨平顶紧)强度 f_{ce}/(N/mm^2)
S30408	06Cr19Ni10(0Cr18Ni9)	205	180	100	250
S31608	06Cr17Ni12Mo2(0Cr17Ni12Mo2)	205	180	100	250
S31708	06Cr19Ni13Mo3(0Cr19Ni13Mo3)	205	180	100	250

(5) 点支式玻璃幕墙的拉杆、拉索的强度设计值

按下列规定采用：

① 不锈钢拉杆的抗拉强度设计值应按其屈服强度标准值 $\sigma_{0.2}$ 除以系数 1.4 采用。

② 高强度绞线或不锈钢绞线的抗拉强度设计值应按其极限抗拉承载力标准值除以系数 1.8 采用，并按其等效面积换算后采用。当已知钢绞线极限抗拉承载力标准值时，其抗拉承载力设计值应该取该值除以系数 1.8 采用。

③ 拉杆和拉索的不锈钢锚固件、连接件的抗拉和抗压强度设计值 f_s 应按其屈服强度标准值 $\sigma_{0.2}$ 除以系数 1.15 采用，其抗剪强度设计值可按其抗拉强度设计值的 0.58 倍采用。

(6) 螺栓连接的强度设计值

按表 5-13 采用。

表 5-13　螺栓连接的强度设计值　　　　　　　　　单位：N/mm²

螺栓的性能等级、锚栓和构件钢材的牌号		普通螺栓						锚栓	承压型连接高强度螺栓		
		C 级螺栓			A 级、B 级螺栓						
		抗拉 f_t^b	抗剪 f_v^b	承压 f_c^b	抗拉 f_t^b	抗剪 f_v^b	承压 f_c^b	抗拉 f_t^b	抗拉 f_t^b	抗剪 f_v^b	承压 f_c^b
普通螺栓	4.6 级、4.8 级	170	140	—	—	—	—	—	—	—	—
	5.6 级	—	—	—	210	190	—	—	—	—	—
	8.8 级	—	—	—	400	320	—	—	—	—	—
锚栓	Q235	—	—	—	—	—	—	140	—	—	—
	Q345	—	—	—	—	—	—	180	—	—	—
承压型连接高强度螺栓	8.8 级	—	—	—	—	—	—	—	400	250	—
	10.9 级	—	—	—	—	—	—	—	500	310	—
构件	Q235	—	—	305	—	—	405	—	—	—	470
	Q345	—	—	385	—	—	510	—	—	—	590
	Q390	—	—	400	—	—	530	—	—	—	615
	Q420	—	—	425	—	—	560	—	—	—	655

注：1. A 级螺栓用于公称直径 d 不大于 24mm、螺杆公称长度不大于 $10d$ 且不大于 150mm 的螺栓。

2. B 级螺栓用于公称直径 d 大于 24mm、螺杆公称长度大于 $10d$ 或大于 150mm 的螺栓。

3. A、B 级螺栓孔的精度和孔壁表面粗糙度，C 级螺栓孔允许偏差和孔壁表面粗糙度，均应符合现行国家标准《钢结构工程施工质量验收规范》（GB 50205）的要求。

(7) 不锈钢螺栓连接的强度设计值

按表 5-14 采用。

表 5-14　不锈钢螺栓连接的强度设计值　　　　　　单位：N/mm²

类别	组别	性能等级	σ_b	抗拉强度 f_s	抗剪强度 f_v
奥氏体（A）	A1、A2、A3、A4、A5	50	500	230	175
		70	700	320	245
		80	800	370	280
马氏体（C）	C1	50	500	230	175
		70	700	320	245
		110	1100	510	385
	C3	80	800	370	280
	C4	50	500	230	175
		70	700	320	245
铁素体（F）	F1	45	450	210	160
		60	600	275	210

(8) 抽芯铆钉承载力的强度设计值

按表 5-15 采用。

表 5-15　抽芯铆钉承载力的强度设计值

性能等级	铆钉铆体材料种类	载荷	铆钉体直径/mm				
			3	(3.2)	4	5	6
10	铝合金	抗剪/N	370	410	660	995	1455
		抗拉/N	460	520	790	1185	1580
11		抗剪/N	525	590	900	1440	2200
		抗拉/N	675	760	1210	1920	2890
30	碳素钢	抗剪/N	790	900	1280	2075	3140
		抗拉/N	950	1070	1625	2610	3900
50	不锈钢	抗剪/N	930	1450	2245	3300	5050
		抗拉/N	1050	1835	2835	4315	6865

(9) 焊缝的强度设计值

按表 5-16 采用。

表 5-16　焊缝的强度设计值

焊接方法和焊条型号	构件钢材		对接焊缝				角焊缝
	牌号	厚度或直径 d/mm	抗压 f_c^W /(N/mm²)	抗拉和抗弯受拉 f_t^W/(N/mm²)		抗剪 f_v^W /(N/mm²)	抗拉、抗压和抗剪 f_f^W/(N/mm²)
				一级、二级	三级		
自动、半自动焊和 E43 型焊条的手工焊	Q235	$d \leqslant 16$	215	215	185	125	160
		$16 < d \leqslant 40$	205	205	175	120	
		$40 < d \leqslant 60$	200	200	170	115	
		$60 < d \leqslant 100$	190	190	160	110	
自动、半自动焊和 E50 型焊条的手工焊	Q345	$d \leqslant 16$	310	310	265	180	200
		$16 < d \leqslant 35$	295	295	250	170	
		$35 < d \leqslant 50$	265	265	225	155	
		$50 < d \leqslant 100$	250	250	210	145	
自动焊、半自动焊和 E55 型焊条的手工焊	Q390	$d \leqslant 16$	350	350	300	205	220
		$16 < d \leqslant 35$	335	335	285	190	
		$35 < d \leqslant 50$	315	315	270	180	
		$50 < d \leqslant 100$	295	295	250	170	

注：1. 表中的一级、二级、三级是指焊缝质量等级，应符合现行国家标准《钢结构工程施工质量验收规范》（GB 50205）的规定。厚度小于 8mm 钢材的对接焊缝，不宜采用超声波探伤确定焊缝质量等级。

2. 自动焊和半自动焊所采用的焊丝和焊剂，应保证其熔敷金属的力学性能不低于现行国家标准《埋弧焊用碳钢焊丝和焊剂》（GB/T 5293）和《埋弧焊用低合金钢焊丝和焊剂》（GB/T 12470）的相关规定。

3. 表中厚度是指计算点的钢材厚度，对轴心受力构件是指截面中较厚板件的厚度。

(10) 玻璃的强度设计值

按表 5-17 和表 5-18 采用。

在短期荷载作用下，平板玻璃、半钢化玻璃和钢化玻璃的强度设计值可按表 5-17 采用。

表 5-17　短期荷载作用下玻璃的强度设计值

种　　类	厚度/mm	中部强度 f_g /(N/mm²)	边部强度 f_g /(N/mm²)	断面强度 f_g /(N/mm²)
平板玻璃	5~12	28	22	20
	15~19	24	19	17
	≥20	20	16	14
半钢化玻璃	5~12	56	44	40
	15~19	48	38	34
	≥20	40	32	28
钢化玻璃	5~12	84	67	59
	15~19	72	58	51
	≥20	59	47	42

在长期荷载作用下，平板玻璃、半钢化玻璃和钢化玻璃的强度设计值可按表 5-18 采用。

表 5-18　长期荷载作用下玻璃的强度设计值

种　　类	厚度/mm	中部强度 f_g /(N/mm²)	边部强度 f_g /(N/mm²)	断面强度 f_g /(N/mm²)
平板玻璃	5~12	9	7	6
	15~19	7	6	5
	≥20	6	5	4
半钢化玻璃	5~12	28	22	20
	15~19	24	19	17
	≥20	20	16	14

种　　类	厚度/mm	中部强度 f_g /(N/mm²)	边部强度 f_g /(N/mm²)	断面强度 f_g /(N/mm²)
钢化玻璃	5～12	42	34	30
	15～19	36	29	26
	≥20	30	24	21

注：1. 钢化玻璃强度设计值可达浮法玻璃强度设计值的 2.5～3 倍，表中数值是按 3 倍取的；如达不到 3 倍，可按 2.5 倍取值，也可根据实测结果予以调整。

2. 半钢化玻璃强度设计值可达浮法玻璃强度设计值的 1.6～2 倍，表中数值是按 2 倍取的；如达不到 2 倍，可按 1.6 倍取值，也可根据实测结果予以调整。

(11) 单层铝合金板的强度设计值

可按表 5-19 采用。

表 5-19　单层铝合金板的强度设计值　　　　　　单位：N/mm²

牌号	状态	规定非比例延伸应力 $\sigma_{p0.2}$/(N/mm²)	抗拉强度 f_t/(N/mm²)	抗剪强度 f_v/(N/mm²)
1060	H14、H24	70	54	32
1050	H14、H24	75	58	34
1100	H14、H24	95	74	43
3003	H14	125	97	56
3003	H24	115	89	52
3004	O	60	47	27
5005	H14	120	93	54
	H24、H34	110	86	50
5052	O	65	50	29

(12) 铝塑复合板和蜂窝铝板的强度设计值

可按表 5-20 采用。

表 5-20　铝塑复合板和蜂窝铝板的强度设计值

材料	板厚 t /mm	抗拉强度 f_t /(N/mm²)	抗剪强度 f_v /(N/mm²)
铝塑复合板	4	70	20
蜂窝铝板	20	10.5	1.4

(13) 瓷板、陶板、微晶玻璃、木纤维板和纤维水泥板的强度设计值

可按表 5-21 采用。

表 5-21　瓷板、陶板、微晶玻璃、木纤维板和纤维
水泥板的强度设计值

材料种类	抗弯强度 f/(N/mm²)			抗剪强度 f_v/(N/mm²)		
瓷板	15.0			7.0		
陶板	AⅠ类	AⅡa类	AⅡb类	AⅠ类	AⅡa类	AⅡb类
	10.0	6.2	4.5	2.0	1.2	0.9
微晶玻璃	16.0			3.2		
木纤维板	56.0			—		
纤维水泥板	11.5			2.3		

(14) 硅酮结构胶的强度设计值

可按表 5-22 采用。

表 5-22　硅酮结构胶的强度设计值　　　　　　　单位：N/mm²

项目	强度设计值	项目	强度设计值
短期荷载作用下强度设计值 f_1	0.20	长期荷载作用下强度设计值 f_2	0.01

(15) 材料的弹性模量

按表 5-23 采用。

表 5-23　材料的弹性模量　　　　　　　单位：10^5 N/mm²

材　料		E	材　料	E
玻　璃		0.72	石灰石板	0.45
铝合金		0.70	玻璃纤维板	0.23～0.29
钢、不锈钢		2.06	瓷板	0.60
单层铝板		0.70	陶板	0.20
铝塑复合板	4mm	0.20	微晶玻璃	0.81
	6mm	0.30	木纤维板	0.09
蜂窝铝板	10mm	0.35	纤维水泥板	0.14
	15mm	0.27	消除应力的高强钢丝	2.05
	20mm	0.21	不锈钢绞线	1.20～1.50
花岗石板		0.80	高强钢绞线	1.95
砂岩石板		0.55	钢丝绳	0.80～1.00

注：钢绞线弹性模量可按实测值采用。

(16) 常用材料的线胀系数

可按表 5-24 采用。

表 5-24　常用材料的线胀系数　　　　　　　单位：10^{-5}/℃

材　料	材料线胀系数 α	材　料	材料线胀系数 α
轻骨料混凝土	0.70	陶板	0.70
普通混凝土	1.00	花岗石板	0.80
砌体	6.00～1.00	瓷板	0.60
钢、锻铁、铸铁	1.20	微晶玻璃	0.61
不锈钢	1.80	木纤维板	2.20
铝、铝合金	2.35	玻璃纤维板	0.85
玻璃	1.00	纤维水泥板	1.00

(17) 常用材料的泊松比

可按表 5-25 采用。

表 5-25　常用材料的泊松比

材　料	υ	材　料	υ
玻璃	0.20	陶板	0.13
铝合金	0.30	瓷板	0.60
钢、不锈钢	0.30	微晶玻璃	0.20
高强度钢丝、钢绞线	0.30	木纤维板	0.30
铝塑复合板	0.25	玻璃纤维板	0.30
蜂窝铝板	0.25	纤维水泥板	0.25
花岗石板	0.13	石材蜂窝板	0.30

(18) 常用重力密度

可按表 5-26 采用。

表 5-26 材料的重力密度

材　料	$\gamma_g/(kN/m^3)$	材　料	$\gamma_g/(kN/m^3)$
普通玻璃、夹层玻璃、钢化玻璃、半钢化玻璃	25.6	瓷板	22.5～23.5
夹丝玻璃	26.5	陶板	20.0～24.0
钢材	78.5	微晶玻璃	27.0
铝合金	28.0	木纤维板	12.7
矿棉	1.2～1.5	玻璃纤维板	16.0～22.0
玻璃棉	0.5～1.0	纤维水泥板	14.7～16.7
岩棉	0.5～2.5	铝蜂窝芯	0.38～0.39
花岗石、大理石	28.0		

5.5 面板设计计算

　　幕墙面板的计算力学模型要根据其实际的支承形式不同进行简化。通常情况下，框支承幕墙面板的计算力学模型可以简化为四边支承板；点支承幕墙可以简化为三点、四点、六点支承板；面板玻璃通过胶缝与玻璃肋连结的全玻璃幕墙，玻璃面板可以简化为对边支承板。

　　面板的计算可以根据简化的力学模型分别采用有限元法或解析法进行计算。对于支承形式和形状规则的矩形板可以采用解析法计算；而对于支承形式和形状复杂的板，则可以采用有限元法进行计算。解析法是指采用经典解析公式进行计算。

5.5.1 玻璃面板设计计算

　　本节介绍的计算方法是《玻璃幕墙工程技术规范》（JGJ 102）中采用的，在弹性小挠度情况下推导出的计算公式基础上，考虑一个折减系数 η 进行修正，从而使计算公式也适合于大挠度的情况。

5.5.1.1 框支承玻璃幕墙玻璃设计计算

　　框支承玻璃幕墙单片玻璃的厚度不应小于 6mm，夹层玻璃单片玻璃的厚度不宜小于 5mm。夹层玻璃和中空玻璃的单片玻璃厚度相差不宜大于 3mm。

　　框支承玻璃幕墙玻璃面板在风荷载和地震作用下，可以按四边支承板进行计算。

(1) 单片玻璃

　　单片玻璃在垂直于玻璃幕墙平面的风荷载和地震作用下，产生的最大应力可按公式（5-28）计算：

$$\sigma = \frac{6mqa^2}{t^2}\eta \tag{5-28}$$

$$\theta = \frac{q_k a^4}{Et^4} \tag{5-29}$$

式中　σ——风载荷、地震作用对玻璃产生的最大应力，N/mm^2；

　　q——垂直于玻璃幕墙平面的风载荷、地震作用效应组合的设计值，N/mm^2；

　　q_k——垂直于玻璃幕墙平面的风载荷、地震作用效应组合的标准值，N/mm^2；

　　a——矩形玻璃面板短边边长，mm；

　　t——玻璃的厚度，mm；

　　E——玻璃的弹性模量，N/mm^2；

m——弯矩系数，查表 5-27；

η——折减系数，查表 5-28；

θ——参数。

玻璃面板最大应力不应超过玻璃大面强度设计值 f_g，即 $\sigma \leqslant f_g$。

表 5-27　四边支承（玻璃）板弯矩系数 m

a/b	0.00	0.25	0.33	0.40	0.50	0.55	0.60	0.65	0.70
m	0.125	0.123	0.118	0.1115	0.1	0.0934	0.0868	0.0804	0.0742
a/b	0.75	0.80	0.85	0.90	0.95	1.00			
m	0.0683	0.0628	0.0576	0.0528	0.0483	0.0442			

表 5-28　四边支承（玻璃）折减系数 η

θ	≤5.0	10.0	20.0	40.0	60.0	80.0	100.0
η	1.00	0.96	0.92	0.84	0.78	0.73	0.68
θ	120.0	150.0	200.0	250.0	300.0	350.0	≥400.0
η	0.65	0.61	0.57	0.54	0.52	0.51	0.50

单片玻璃在风荷载作用下，跨中挠度应按公式（5-30）计算：

$$d_f = \frac{\mu w_k a^4}{D} \eta \tag{5-30}$$

$$D = \frac{Et^3}{12(1-\nu^2)} \tag{5-31}$$

式中　d_f——玻璃在风荷载作用下产生的最大挠度，mm；

w_k——垂直于玻璃幕墙平面的风荷载标准值，N/mm^2；

μ——挠度系数，查表 5-29；

η——折减系数，查表 5-28；

D——玻璃面板的刚度，N·mm；

t——玻璃的厚度，mm；

ν——泊松比，玻璃取 0.20。

表 5-29　四边支承（玻璃）板挠度系数 μ

a/b	0.00	0.20	0.25	0.33	0.50	0.55	0.60	0.65
μ	0.01302	0.01297	0.01282	0.01223	0.01013	0.0094	0.00867	0.00796
a/b	0.70	0.75	0.80	0.85	0.90	0.95	1.00	
μ	0.00727	0.00663	0.00603	0.00547	0.00496	0.00449	0.00406	

风荷载作用下，四边支承玻璃的挠度应小于其挠度限值 $d_{f,\lim}$，挠度限值按玻璃短边边长的 1/60 采用，即 $d_f \leqslant a/60$。

（2）夹层玻璃

在风荷载、地震作用下，夹层玻璃的两片玻璃应分别按照公式（5-28）和公式（5-30）进行应力和挠度计算，但需要对作用在两片玻璃上的风荷载和地震作用进行分配。

作用于夹层玻璃上的风载荷和地震作用可按公式（5-32）～公式（5-35）分配到两片玻璃上：

$$w_{k1} = w_k \frac{t_1^3}{t_1^3 + t_2^3} \tag{5-32}$$

$$w_{k2} = w_k \frac{t_2^3}{t_1^3 + t_2^3} \tag{5-33}$$

$$q_{Ek1} = q_{Ek} \frac{t_1^3}{t_1^3 + t_2^3} \tag{5-34}$$

$$q_{Ek2} = q_{Ek} \frac{t_2^3}{t_1^3 + t_2^3} \tag{5-35}$$

式中　　w_k——作用于夹层玻璃上的风荷载标准值，N/mm²；

w_{k1}，w_{k2}——分配到各单片玻璃上的风荷载标准值，N/mm²；

q_{Ek}——作用于夹层玻璃上的地震作用标准值，N/mm²；

q_{Ek1}，q_{Ek2}——分配到各单片玻璃上的地震作用标准值，N/mm²；

t_1，t_2——各单片玻璃的厚度，mm。

夹层玻璃在计算玻璃刚度 D 时，应采用等效厚度 t_e，t_e 可按公式（5-36）计算：

$$t_e = \sqrt[3]{t_1^3 + t_2^3} \tag{5-36}$$

(3) 中空玻璃

风荷载、地震作用下，中空玻璃的两片玻璃应分别按照公式（5-28）和公式（5-30）进行应力和挠度计算，但需要对作用在两片玻璃上风荷载和地震作用进行分配。

作用于中空玻璃上的风载荷可按公式（5-37）、公式（5-38）分配到两片玻璃上。

① 直接承受风载荷作用的单片玻璃：

$$w_{k1} = 1.1 w_k \frac{t_1^3}{t_1^3 + t_2^3} \tag{5-37}$$

② 不直接承受风载荷作用的单片玻璃：

$$w_{k2} = w_k \frac{t_2^3}{t_1^3 + t_2^3} \tag{5-38}$$

作用于中空玻璃上的地震作用标准值 q_{Ek1}、q_{Ek2} 可根据各单片玻璃的自重，按公式（5-21）计算。

中空玻璃在计算玻璃刚度 D 时，应采用等效厚度 t_e，t_e 可按公式（5-39）计算：

$$t_e = 0.95 \sqrt[3]{t_1^3 + t_2^3} \tag{5-39}$$

斜玻璃幕墙计算承载力时，应计入永久荷载、雪荷载、雨水荷载等重力荷载及施工荷载在垂直于玻璃平面方向作用所产生的弯曲应力。施工荷载应根据施工情况决定，但不应小于 2.0kN，且按最不利位置考虑。

5.5.1.2 点支承玻璃幕墙玻璃设计计算

点支承玻璃幕墙的矩形面板可采用四点支承，必要时也可采用六点支承；三角形面板可采用三点支承。支承结构可选用刚性杆件系统、玻璃肋、钢管桁架、索杆桁架或索网。驳接系统可选用钻孔式或无孔式。玻璃面板支承孔边缘与板边的距离宜不小于 70mm。

采用浮头式连接件的幕墙玻璃厚度不应小于 6mm，采用沉头式连接件的幕墙玻璃厚度不应小于 8mm。安装连接件的夹层玻璃和中空玻璃，其单片玻璃厚度也应符合上述要求。

玻璃之间的间隙宽度不应小于 10mm，且应采用硅酮建筑密封胶嵌缝。

点支承玻璃支承孔周边应进行可靠的密封。当点支承玻璃为中空玻璃时，其支承孔周边应采取多道密封措施。

根据支承点数量的不同，玻璃面板可以简化为四点支承板、六点支承板、三点支承板。

在垂直于幕墙平面的风载荷和地震作用下，四点支承玻璃面板的最大应力和最大挠度可以按公式（5-40）和公式（5-41）计算：

$$\sigma = \frac{6mqb^2}{t^2}\eta \tag{5-40}$$

$$d_f = \frac{\mu w_k b^4}{D}\eta \tag{5-41}$$

$$\theta = \frac{q_k b^4}{Et^4} \tag{5-42}$$

式中 σ——风载荷、地震作用对玻璃产生的最大应力，N/mm^2；

   q——垂直于玻璃幕墙平面的风载荷、地震作用效应组合的设计值，N/mm^2；

   q_k——垂直于玻璃幕墙平面的风载荷、地震作用效应组合的标准值，N/mm^2；

   b——支承点间玻璃面板长边边长，mm；

   t——玻璃的厚度，mm；

   E——玻璃的弹性模量，N/mm^2；

   m——弯矩系数，查表5-30；

   η——折减系数，查表5-28；

   μ——挠度系数，查表5-31；

   D——玻璃面板的刚度，$N \cdot mm$，可按公式（5-31）计算；

   θ——参数。

表 5-30　四点支承玻璃板的弯矩系数（m）

a/b	0.00	0.20	0.30	0.40	0.50	0.55	0.60	0.65
m	0.125	0.126	0.127	0.129	0.13	0.132	0.134	0.136
a/b	0.70	0.75	0.80	0.85	0.90	0.95	1.00	
m	0.138	0.140	0.142	0.145	0.148	0.151	0.154	

注：a 为支承点之间的短边边长。

表 5-31　四点支承玻璃板挠度系数（μ）

a/b	0.00	0.20	0.30	0.40	0.50	0.55	0.60	0.65
μ	0.01302	0.01317	0.01335	0.01367	0.01417	0.01451	0.01496	0.01555
a/b	0.70	0.75	0.80	0.85	0.90	0.95	1.00	
μ	0.01630	0.01725	0.01842	0.01984	0.02157	0.02363	0.02603	

注：a 为支承点之间的短边边长。

玻璃面板的最大应力不应超过玻璃大面强度设计值 f_g，即 $\sigma \leqslant f_g$。

风荷载作用下，四点支承玻璃面板的挠度应小于其挠度限值 $d_{f,lim}$，挠度限值按玻璃支承点间长边边长的 1/60 采用，即 $d_f \leqslant b/60$。

点支式幕墙玻璃面板采用夹层玻璃和中空玻璃时，两片玻璃应分别按照公式（5-40）和公式（5-41）进行应力和挠度计算，面板上的荷载采用框支承幕墙夹层玻璃和中空玻璃的荷载分配原则进行分配。

5.5.1.3　全玻璃幕墙玻璃设计计算

(1) 面板设计计算

全玻璃幕墙面板玻璃厚度不宜小于 10mm，夹层玻璃单片厚度不应小于 8mm。

面板玻璃通过胶缝与玻璃肋相联结时，面板可作为支承于玻璃肋的单向简支板设计。玻璃面板的应力和挠度可分别按框支承玻璃幕墙玻璃的公式（5-28）和公式（5-30）进行计算。公式中 a 值应取为玻璃面板的跨度，弯矩系数 m 取 0.125，挠度系数 μ 取 0.013。

面板为点支承玻璃时，按点支承玻璃幕墙玻璃设计计算。

面板为夹层玻璃或中空玻璃时，两片玻璃应分别按照相应公式进行应力和挠度计算，面板上的荷载采用框支承幕墙夹层玻璃和中空玻璃的荷载分配原则进行分配。

通过胶缝与玻璃肋连接的面板，在风荷载作用下，其挠度限值 $d_{f,\mathrm{lim}}$ 取其跨度的 1/60；点支承面板的挠度限值 $d_{f,\mathrm{lim}}$ 取其支承点间较大边长的 1/60。

（2）玻璃肋设计计算

全玻璃幕墙玻璃肋的截面厚度不应小于 12mm，截面高度不应小于 100mm。

全玻璃幕墙的玻璃肋是幕墙的支承结构，玻璃面板将所承受的风荷载和地震作用传递到玻璃肋上。玻璃肋的截面尺寸应保证其承载力和刚度的要求。

① 全玻璃幕墙玻璃肋的截面高度 h_r 可按公式（5-43）和公式（5-44）进行计算：

$$h_\mathrm{r}=\sqrt{\frac{3qlh^2}{4f_\mathrm{g}t}}（单肋） \tag{5-43}$$

$$h_\mathrm{r}=\sqrt{\frac{3qlh^2}{8f_\mathrm{g}t}}（双肋） \tag{5-44}$$

式中　h_r——玻璃肋截面高度，mm；

q——玻璃肋所受荷载设计值，N/mm^2；

l——两肋之间的玻璃面板跨度，mm；

f_g——玻璃侧面强度设计值，N/mm^2；

t——玻璃肋截面厚度，mm；

h——玻璃肋上、下支点的距离，即计算跨度，mm。

② 全玻璃幕墙玻璃肋在载荷标准值作用下的挠度 d_f 可按公式（5-45）和公式（5-46）进行计算：

$$d_f=\frac{5}{32}\times\frac{q_\mathrm{k}lh^4}{Eth_\mathrm{r}^3}（单肋） \tag{5-45}$$

$$d_f=\frac{5}{16}\times\frac{q_\mathrm{k}lh^4}{Eth_\mathrm{r}^3}（双肋） \tag{5-46}$$

式中　q_k——玻璃肋所受荷载标准值，N/mm^2；

E——玻璃的弹性模量，N/mm^2。

夹层玻璃肋的等效截面厚度取两片玻璃厚度之和。

玻璃肋的挠度限值 $d_{f,\mathrm{lim}}$ 取其计算跨度的 1/200。

高度大于 8m 的玻璃肋，宜考虑平面外的稳定验算；高度大于 12m 的玻璃肋，应进行平面外稳定验算，必要时应采取防止侧向失稳的构造措施。

采用金属件连接的玻璃肋，其连接金属件的厚度不应小于 6mm。连接螺栓宜采用不锈钢螺栓，其直径不应小于 8mm。连接接头应能承受截面的弯矩和剪力。接头应进行螺栓受剪和玻璃孔壁承压计算，玻璃验算应取侧面强度设计值。

5.5.2　金属板设计计算

单层铝板、蜂窝铝板、铝塑复合板和不锈钢板作为幕墙面板构件时，四周需要折边。金属板应按照需要设置边肋和中肋等加强肋，铝塑复合板折边处应设边肋。加强肋可采用金属方管、槽钢或角钢等型材。加强肋应与金属板可靠连接，且应有防腐措施。

金属板由肋分割成一个或多个区格。由肋所形成的金属板的区格，其四边支承形式应符合下列规定：①沿板材四周边缘为简支边；②中肋支承线为固定边。

根据支承条件不同，区格可以简化成四边简支（A）、三边简支一边固定（B）、对边简支对边固定（C）、邻边简支邻边固定（D）、一边简支三边固定（E）、四边固定（F），如图 5-1 所示。

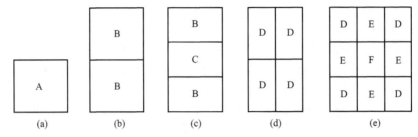

图 5-1 板块不同边界条件的区格形式（不同加肋方式的板）

① 单板的计算。在风荷载和地震作用下的最大应力和最大挠度应分别按照公式（5-47）和公式（5-48）进行计算：

$$\sigma = \frac{6mql^2}{t^2}\eta \tag{5-47}$$

$$d_f = \frac{\mu q_k l^4}{D}\eta \tag{5-48}$$

$$\theta = \frac{q_k l^4}{Et^4} \tag{5-49}$$

式中 σ——风载荷、地震作用对金属板产生的最大应力，N/mm^2；

d_f——风载荷、地震作用对金属板产生的最大挠度，N/mm^2；

q——垂直于幕墙平面的风载荷、地震作用效应组合的设计值，N/mm^2；

q_k——垂直于幕墙平面的风载荷、地震作用效应组合的标准值，N/mm^2；

l——金属板区格计算边长，mm；

t——金属板的厚度，mm；

E——金属板的弹性模量，N/mm^2；

m——弯矩系数，可查《采光顶与金属屋面技术规程》（JGJ 255—2012）附录C；

η——折减系数，查表 5-32，在大挠度（挠度大于板厚）计算时，考虑折减系数 η；

μ——挠度系数，可查《采光顶与金属屋面技术规程》（JGJ 255—2012）附录C；

D——金属板的刚度，$N \cdot mm$，可按公式（5-31）计算；

θ——参数。

弯矩系数 m 与挠度系数 μ 可由《采光顶与金属屋面技术规程》（JGJ 255—2012）附录C中的相关表格查得。

表 5-32 折减系数 （η）

θ	≤5.0	10.0	20.0	40.0	60.0	80.0	100.0
η	1.00	0.95	0.90	0.81	0.74	0.69	0.64
θ	120.0	150.0	200.0	250.0	300.0	350.0	≥400.0
η	0.61	0.54	0.50	0.46	0.43	0.41	0.40

② 铝塑复合板、蜂窝铝板计算时，厚度取板的总厚度。

③ 金属板的挠度限值 $d_{f,lim}$ 取计算区格短边边长 $1/100$。

5.5.3 石材面板设计计算

石材幕墙石材宜选用火成岩，石材吸水率应小于 0.8%。花岗石板材的弯曲强度不应小于 $8.0MPa$；在寒冷和严寒地区，幕墙用石材面板的抗冻系数不应小于 0.8。

石材面板厚度应经强度计算确定。磨光石材面板的厚度，花岗岩应不小于 $25mm$，火烧石板的厚度应比抛光石板厚 $3mm$；其他石材应不小于 $35mm$。高层建筑、重要建筑及临街建筑立面，花岗石面板厚度宜不小于 $30mm$。花岗石单块面板的面积宜不大于 $1.5m^2$，其他石材面板宜不大于 $1.0m^2$。

在幕墙上使用较软质地的石材时，为满足石材的强度和安全性需要，一般需要在石材的背侧做加固处理。通常，使用尼龙纤维网背网粘胶或不锈钢背网粘胶处理方式。玻璃纤维网粘接采用一布二胶做法：石材在刷胶前，先将板面的浮灰、杂质及油污用粗砂纸清除干净；刷胶时要注意边角部位一定要刷到；刷完头遍胶后，在铺贴玻璃纤维布时要从一边用刷子赶平，铺平后刷二遍胶；刷子沾胶不宜过多，保证胶铺满玻璃纤维布即可。

5.5.3.1 钢销支承石板计算

钢销式石材幕墙可以应用在非抗震设计或抗震设计为 6 度、7 度的幕墙中。幕墙高度不宜大于 $20m$，石板面积不宜大于 $1.0m^2$。

钢销和连接板应采用不锈钢。连接板截面尺寸不宜小于 $40mm \times 4mm$。

(1) 石板的计算边长 a_0、b_0

当石板为两侧连接时，支承边的计算边长取两钢销之间的距离，非支承边的计算边长为石板边长，如图 5-2（a）所示。

当石板为四侧连接时，计算长度可取边长减去钢销到板边的距离，如图 5-2（b）所示。

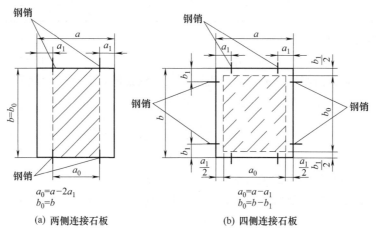

$$a_0 = a - 2a_1$$
$$b_0 = b$$

（a）两侧连接石板

$$a_0 = a - a_1$$
$$b_0 = b - b_1$$

（b）四侧连接石板

图 5-2 钢销连接石板的计算边长 a_0、b_0

(2) 石板抗弯计算

钢销支承的石板按计算边长为 a_0、b_0 的四点支承板计算。

垂直于面板的风荷载、水平地震作用对石板产生的最大弯曲应力可按公式（5-50）计算。荷载作用下，石板的最大弯曲应力应不大于石板的抗弯强度设计值。

$$\sigma = \frac{6mqb_0{}^2}{t^2} \tag{5-50}$$

式中 σ——风载荷、地震作用对石板产生的最大弯曲应力，N/mm^2；

q——垂直于幕墙平面的风载荷、地震作用效应组合的设计值，N/mm^2；

b_0——四点支承板的计算长边边长，mm；

t——石板厚度，mm；

m——弯矩系数，见表 5-33。

表 5-33 四点支承矩形石板弯矩系数 $(\mu=0.125)$

计算边长比 $\frac{a_0}{b_0}$	m_{ac}	m_{bc}	m_{a0}	m_{b0}
0.50	0.0180	0.1221	0.0608	0.1303
0.55	0.0236	0.1212	0.0682	0.1320
0.60	0.0301	0.1202	0.0759	0.1338
0.65	0.0373	0.1189	0.0841	0.1360
0.70	0.0453	0.1177	0.0928	0.1383
0.75	0.0540	0.1163	0.1020	0.1408
0.80	0.0634	0.1149	0.1117	0.1435
0.85	0.0735	0.1133	0.1220	0.1463
0.90	0.0845	0.1117	0.1327	0.1494
0.95	0.0961	0.1100	0.1440	0.1526
1.00	0.1083	0.1083	0.1559	0.1559

(3) 钢销抗剪计算

垂直于面板的风荷载、水平地震作用对钢销产生的剪应力设计值可按公式（5-51）和公式（5-52）计算。对钢销产生的最大剪应力应不大于钢销的抗剪强度设计值。

两侧连接：
$$\tau_p = \frac{qab\beta}{2nA_p} \tag{5-51}$$

四侧连接：
$$\tau_p = \frac{q(2b-a)a\beta}{4nA_p} \tag{5-52}$$

式中 τ_p——荷载对钢销产生的最大剪应力，N/mm^2；

q——垂直于幕墙平面的风载荷、地震作用效应组合的设计值，N/mm^2；

b，a——石板的长边、短边边长，mm；

A_p——钢销截面面积，mm^2；

n——一个连接边上的钢销数量，四侧连接时一个长边上的钢销数量；

β——应力调整系数，可按表 5-34 查得。

表 5-34 应力调整系数

每块板材钢销个数	4	8	12
β	1.25	1.3	1.32

（4）钢销对石板产生的剪应力计算

垂直于面板的风荷载、水平地震作用下由钢销对石板产生的剪应力可按公式（5-53）和公式（5-54）进行计算。荷载对石板产生的剪应力应不大于石板的抗剪强度设计值。

两侧连接：
$$\tau = \frac{qab\beta}{2n(t-d)h} \tag{5-53}$$

四侧连接：
$$\tau = \frac{q(2b-a)a\beta}{4n(t-d)h} \tag{5-54}$$

式中　τ——荷载对石板产生的最大剪应力设计值，N/mm^2；

　　　q——垂直于幕墙平面的风载荷、地震作用效应组合的设计值，N/mm^2；

　b，a——石板的长边、短边边长，mm；

　　　t——石板厚度，mm；

　　　d——钢销孔深度，mm；

　　　h——钢销入孔长度，mm；

　　　n——一个连接边上的钢销数量，四侧连接时一个长边上的钢销数量；

　　　β——应力调整系数，可按表 5-34 查得。

5.5.3.2　短槽支承石板计算

① 短槽支承石板的不锈钢挂钩厚度不应小于 3mm，铝合金挂钩的厚度不应小于 4.0mm，挂钩长度应不小于 50mm。荷载对其产生的剪应力可按公式（5-51）和公式（5-52）计算。

② 短槽支承的石板按四点支承板计算。垂直于面板的风荷载、水平地震作用对石板产生的最大弯曲应力计算同钢销支承式，可按照公式（5-50）计算。

③ 槽口边抗剪计算。垂直于面板的风荷载、水平地震作用下挂钩对石板槽口边产生的剪应力可按公式（5-55）和公式（5-56）计算。荷载对石板槽口边产生的最大剪应力应不大于石板的抗剪强度设计值。

对边开槽：
$$\tau = \frac{qab\beta}{n(t-c)s} \tag{5-55}$$

四边开槽：
$$\tau = \frac{q(2b-c)a\beta}{2n(t-c)s} \tag{5-56}$$

式中　τ——荷载作用下挂钩对石板槽口产生的最大剪应力，N/mm^2；

　　　q——垂直于幕墙平面的风载荷、地震作用效应组合的设计值，N/mm^2；

　b，a——石板的长边、短边边长，mm；

　　　t——石板厚度，mm；

　　　c——槽口宽度，mm；

　　　s——单个槽底总长度，mm，矩形槽的槽底总长度取槽长加上槽深的 2 倍，弧形槽取圆弧总长度；

　　　β——应力调整系数，可按表 5-34 查得。

5.5.3.3　通槽支承石板计算

通槽支承石板的不锈钢挂钩厚度不应小于 3mm，铝合金挂钩的厚度不应小于 4.0mm。

对边通长挂钩支承的石板按对边简支板计算；四边通槽通长挂钩支承的石板按四边简支板计算。

（1）石板抗弯计算

垂直于面板的风荷载、水平地震作用对石板产生的最大弯曲应力可按公式（5-57）计算。在荷载作用下，对石板产生的最大弯曲应力应不大于石板的抗弯强度设计值。

$$\sigma = 0.75 \frac{ql^2}{t^2} \tag{5-57}$$

式中　σ——风载荷、地震作用对石板产生的最大弯曲应力，N/mm^2；

　　　q——垂直于幕墙平面的风载荷、地震作用效应组合的设计值，N/mm^2；

　　　l——石板的跨度，即支承边间的距离，mm；

　　　t——石板厚度，mm。

（2）挂钩抗剪计算

垂直于面板的风荷载、水平地震作用对挂钩产生的剪应力可按公式（5-58）进行计算。荷载对挂钩产生的剪应力应不大于挂钩板的抗剪强度设计值。

$$\tau = \frac{ql}{2t_p} \tag{5-58}$$

式中　τ——风载荷、地震作用对挂钩产生的最大剪应力，N/mm^2；

　　　q——垂直于幕墙平面的风载荷、地震作用效应组合的设计值，N/mm^2；

　　　l——石板的跨度，即支承边间的距离，mm；

　　　t_p——挂钩厚度，mm。

（3）石板槽口处抗剪计算

垂直于面板的风荷载、水平地震作用对石板槽口处产生的剪应力可按公式（5-59）进行计算。荷载对石板产生的剪应力应不大于石板的抗剪强度设计值。

$$\tau = \frac{ql}{t-c} \tag{5-59}$$

式中　τ——风载荷、地震作用对石板槽口产生的最大剪应力，N/mm^2；

　　　q——垂直于幕墙平面的风载荷、地震作用效应组合的设计值，N/mm^2；

　　　l——石板的跨度，即支承边间的距离，mm；

　　　t——石板厚度，mm；

　　　c——槽口宽度，mm。

（4）石板槽口处抗弯计算

垂直于面板的风荷载、水平地震作用对石板槽口处产生的最大弯曲应力可按公式（5-60）计算。在荷载作用下，对石板槽口处产生的最大弯曲应力应不大于石板抗弯强度设计值的 0.7 倍。

$$\sigma = \frac{8qlh}{(t-c)^2} \tag{5-60}$$

式中　σ——风载荷、地震作用对石板槽口处产生的最大弯曲应力，N/mm^2；

　　　q——垂直于幕墙平面的风载荷、地震作用效应组合的设计值，N/mm^2；

　　　l——石板的跨度，即支承边间的距离，mm；

　　　t——石板厚度，mm；

　　　c——槽口宽度，mm；

　　　h——槽口受力一侧深度，mm。

花岗石板的抗弯强度设计值，应依据其弯曲强度试验弯曲强度平均值 f_{gm} 决定，抗弯强度设计值取 $f_{gm}/2.15$，抗剪强度设计值取 $f_{gm}/4.30$。

5.3.3.4　有四边金属框的隐框式石板计算

有四边金属框的隐框式石板按四边简支板计算板中最大弯曲应力。

垂直于面板的风荷载、水平地震作用对石板产生的最大弯曲应力可按公式（5-61）计算。在荷载作用下，对石板产生的最大弯曲应力应不大于石板抗弯强度设计值。

$$\sigma = \frac{6mqa^2}{t^2} \tag{5-61}$$

式中　σ——风载荷、地震作用对石板产生的最大弯曲应力，N/mm^2；

　　　　q——垂直于幕墙平面的风载荷、地震作用效应组合的设计值，N/mm^2；

　　　　a——石板短边边长，mm；

　　　　t——石板厚度，mm；

　　　　m——板的跨中弯矩系数，按表 5-35 查取。

表 5-35　四边简支石板的跨中弯矩系数（$\mu = 0.125$）

a/b	0.50	0.55	0.60	0.65	0.70	0.75	0.80	0.85	0.90	0.95	1.00
m	0.0987	0.0918	0.0850	0.0784	0.0720	0.0660	0.0603	0.0550	0.0501	0.0456	0.0414

5.5.3.5　背栓连接石板计算

石材幕墙用背栓的性能应符合《紧固件机械性能　不锈钢螺栓、螺钉和螺柱》（GB/T 3098.6）的要求，其材质不宜低于组别为 A4 的奥氏体型不锈钢，背栓直径不宜小于 6mm。背栓连接件的材质可采用不锈钢材或铝合金型材，不锈钢材厚度不宜小于 3mm，铝合金型材不应小于 4mm。

背栓孔中心线与石材面板边缘的距离不宜大于 180mm，也不宜小于 50mm；背栓孔底到板面保留厚度不宜小于 8mm；背栓孔之间的距离不宜大于 600mm，且宜符合式（5-62）和式（5-63）的要求（图 5-3）。背栓与背栓孔间宜采用尼龙等弹性间隔材料，防止硬性接触。

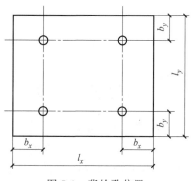

$$l_x/5 \leqslant b_x \leqslant l_x/4 \tag{5-62}$$

$$l_y/5 \leqslant b_y \leqslant l_y/4 \tag{5-63}$$

背栓连接时，连接同一块石材的连接点数量通常不少于 3 个，以保证可靠性和平整度。当石材板块尺寸较小时，有时仅采用一点或两点连接，此时，应采取可靠的附

图 5-3　背栓孔位置

加措施，确保连接的安全性。例如，可在面板内侧附加尼龙顶紧螺栓等。

(1) 石板抗弯计算

背栓连接的石板为多点支承板，通常为带单向或双向悬挑的四点支承板。由于支承条件和悬挑情况比较复杂，局部应力集中现象明显，应优先采用适合的有限元方法进行分析计算。

四点支承矩形石板，在垂直于面板的风荷载、水平地震作用下的最大弯曲应力可按公式（5-64）近似计算。在垂直于面板的风荷载、水平地震作用下，对石板产生的最大弯曲应力应不大于石板抗弯强度设计值。

$$\sigma = \frac{6mql^2}{t^2} \tag{5-64}$$

式中　σ——风载荷、地震作用对石板产生的最大弯曲应力，N/mm^2；

　　　　q——垂直于幕墙平面的风载荷、地震作用效应组合的设计值，N/mm^2；

　　　　l——l_x、l_y中较大者，mm，如图 5-3 所示；

　　　　t——石板厚度，mm；

m——板的跨中弯矩系数，按表 5-35 查取。

（2）背栓的抗拉计算

背栓连接的总安全系数取 3.0，背栓的承载力设计值应取其承载力标准值除以不小于 2.15 的系数。在垂直于面板的风荷载、水平地震作用下，背栓承受的拉力不应大于背栓的受拉承载力。

在垂直于面板的风荷载、水平地震作用下，背栓承受的拉力可按公式（5-65）计算。

$$N = \frac{1.25ql^2}{n} \tag{5-65}$$

式中　N——风载荷、地震作用下，背栓承受的拉力，N；

　　　q——垂直于幕墙平面的风载荷、地震作用效应组合的设计值，N/mm^2；

　　　l——l_x、l_y 中较大者，mm，如图 5-3 所示；

　　　n——背栓个数。

（3）背栓的抗剪计算

单个背栓承受的剪力可按公式（5-66）计算。

$$V = \frac{1.35\beta G_k}{n} \tag{5-66}$$

式中　V——重力作用下，背栓承受的剪力，N；

　　　G_k——石板的重力标准值，N/mm^2；

　　　n——背栓个数；

　　　β——应用调整系数，根据背栓的数量查表 5-34 确定。

5.6　杆件设计计算

横梁、立柱是幕墙的主要受力杆件。

横梁、立柱可以采用铝合金型材或钢型材，铝合金型材的表面处理应符合规范要求。钢型材宜采用高耐候钢，采用碳素钢时应采取热镀锌或其他有效防腐措施，焊缝应涂防锈涂料，处于严重腐蚀条件下的钢型材，应预留腐蚀厚度。

横梁、立柱承受的主要荷载有水平方向上的风荷载、地震作用和竖直方向上的自重荷载。风荷载、水平地震作用以均布荷载的形式作用在幕墙面板上，通过面板传递到横梁、立柱上。

5.6.1　荷载分布与传递

幕墙面板承受的荷载可按以下"就近分配原则"传递到横梁、立柱上。

（1）四边形板

正方形、矩形和梯形这类四边形板，可由四角引角平分线，角平分线和角平分线交点连线把受荷单元分成四块，每块面积所承受的风荷载传递给其相邻杆件，如图 5-4 所示。

（2）三角形、多边形板

三角形、多边形板可由图形重心引连线到各顶点，划分荷载面积，每块面积所承受的风荷载传递给其相邻杆件，如图 5-5 所示。

从以上分配原则可以看出，分配到横梁、立柱上的荷载主要是三角形荷载和梯形荷载的形式。在实际工程设计中，为了简化计算，并留有一定安全储备，可以将受力杆件上梯形荷载简化为按最大值的矩形均布荷载考虑。

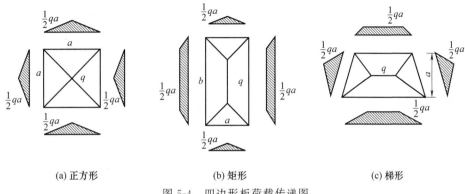

(a) 正方形　　　　　　　(b) 矩形　　　　　　　(c) 梯形

图 5-4　四边形板荷载传递图

5.6.2　横梁与立柱的壁厚

　　横梁、立柱的截面形状、尺寸、壁厚应满足设计计算要求，其主要受力部位的最小壁厚还应满足相关规范的规定。

　　① 横梁截面主要受力部位的厚度

　　a. 玻璃幕墙：当横梁跨度不大于 1.2m 时，铝合金型材截面主要受力部位的厚度不应小于 2.0mm；当横梁跨度大于 1.2m 时，其截面主要受力部位的厚度不应小于

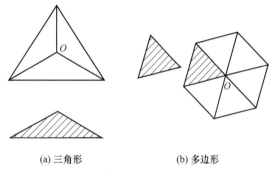

(a) 三角形　　　　　(b) 多边形

图 5-5　三角形和多边形的荷载传递图

2.5mm。钢型材截面主要受力部位的厚度不应小于 2.5mm。

　　b. 金属与石材幕墙：当横梁跨度不大于 1.2m 时，铝合金型材截面主要受力部位的厚度不应小于 2.5mm；当横梁跨度大于 1.2m 时，其截面主要受力部位的厚度不应小于 3mm。钢型材截面主要受力部位的厚度不应小于 3.5mm。

　　② 立柱截面主要受力部位的厚度

　　a. 玻璃幕墙：铝型材截面开口部位的厚度不应小于 3.0mm，闭口部位的厚度不应小于 2.5mm，钢型材截面主要受力部位的厚度不应小于 3.0mm。

　　型材孔壁与螺钉之间直接采用螺纹连接时，其局部壁厚不应小于螺钉的公称直径。

　　b. 金属与石材幕墙：铝型材截面主要受力部位的厚度不应小于 3.0mm，钢型材截面主要受力部位的厚度不应小于 3.5mm。

　　③ 横梁、立柱采用螺纹连接时，螺纹连接的部位截面厚度不应小于螺钉的公称直径。

　　④ 横梁截面自由挑出部位和双侧加劲部位的宽厚比、偏心受压立柱截面的宽厚比（b_0/t）限值见表 5-36。

表 5-36　截面宽厚比限值

截面部位	铝型材				钢型材	
	6063-T5 6063-T4	6063A-T5	6063-T6 6063A-T6	6061-T6	Q235	Q345
自由挑出	17	15	13	12	15	12
双侧加劲	50	45	40	35	40	33

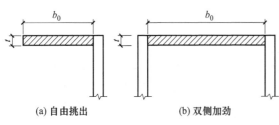

(a) 自由挑出   (b) 双侧加劲

图 5-6 横梁的截面部位示意图

横梁的截面部位示意图见图 5-6。

5.6.3 横梁的承载力计算

横梁通过角码、螺钉或螺栓与立柱连接。横梁以立柱为支承，两立柱之间的距离为横梁的计算跨度，构造上保证横梁与立柱的连接形式满足简支梁条件。所以，通常把横梁简化成简支梁计算模型。

横梁需要承受两个方向的荷载作用，属于双向受弯构件：①水平方向上的风载荷和地震作用，分布在横梁的上、下两侧；②竖直方向上面板和横梁的自重荷载，分布在横梁的上侧。

对横梁进行计算校核时，横梁上的荷载应根据板材在横梁上的支承状况确定。例如，作用在明框玻璃幕墙横梁上的竖向自重荷载为集中荷载，而作用在横隐玻璃幕墙上的竖向自重荷载为均布荷载。

(1) 横梁截面受弯承载力计算

横梁截面受弯承载力应符合公式（5-67）的要求：

$$\frac{M_x}{\gamma W_{nx}} + \frac{M_y}{\gamma W_{ny}} \leqslant f \tag{5-67}$$

式中 M_x——平行于幕墙平面方向的载荷产生的弯矩，N·mm；

M_y——垂直于幕墙平面方向的载荷产生的弯矩，N·mm；

W_{nx}——横梁截面绕截面 x 轴（幕墙平面内方向）的净截面抵抗矩，mm³；

W_{ny}——横梁截面绕截面 y 轴（垂直于幕墙平面方向）的净截面抵抗矩，mm³；

γ——塑性发展系数，可取 1.05；

f——横梁型材抗弯强度设计值，MPa。

(2) 横梁截面受剪承载力计算

横梁截面受剪承载力应符合公式（5-68）和公式（5-69）的要求：

$$\frac{V_x S_x}{I_x t_x} \leqslant f_v \tag{5-68}$$

$$\frac{V_y S_y}{I_y t_y} \leqslant f_v \tag{5-69}$$

式中 V_x——横梁水平方向（x 轴）的剪力设计值，N；

V_y——横梁竖直方向（y 轴）的剪力设计值，N；

S_x——横梁截面绕 x 轴（幕墙平面内方向）的毛截面面积矩，mm³；

S_y——横梁截面绕 y 轴（垂直于幕墙平面方向）的毛截面面积矩，mm³；

I_x——横梁截面绕 x 轴的毛截面惯性矩，mm⁴；

I_y——横梁截面绕 y 轴的毛截面惯性矩，mm⁴；

t_x——横梁截面垂直于 x 轴腹板的截面总宽度，mm；

t_y——横梁截面垂直于 y 轴腹板的截面总宽度，mm；

f_v——横梁型材抗剪强度设计值，N/mm²。

(3) 横梁抗扭承载力计算

当玻璃在横梁上偏置使横梁产生较大扭矩时，应进行横梁抗扭承载力计算。

$$M_t = qe \tag{5-70}$$

式中　M_t——作用在横梁上的偏心荷载产生的扭矩，N·mm；

　　　　q——作用于横梁上偏心的荷载设计值，N；

　　　　e——荷载的偏心距，mm。

5.6.4　立柱的承载力计算

立柱通过连接件与主体结构的预埋件连接。

立柱与主体结构连接形式不同，其受力方式和计算力学模型也不同。

对立柱进行计算校核时，应根据立柱的实际支承条件，进行力学模型的简化；然后分别按单跨简支梁、双跨梁或多跨铰接连续梁计算由风荷载或地震作用产生的弯矩、剪力，并按其支承条件计算轴向力。

（1）单跨简支梁

幕墙立柱每层仅有一处连接件与主体结构连接，每层立柱在连接处向上悬挑一小段，上层立柱下端用插芯连接支承在下层立柱的悬挑处，可简化为单跨简支梁计算模型，如图5-7（a）所示。

（2）双跨梁

幕墙立柱每层有两处连接件与主体结构连接，每层立柱在连接处向上悬挑一小段，上层立柱下端用插芯连接支承在下层立柱的悬挑处，可简化为双跨梁计算模型，如图5-7（b）所示。

幕墙立柱的悬挑尺寸较大时，就形成典型的带悬臂梁结构形式，如图5-7（c）、（d）所示。

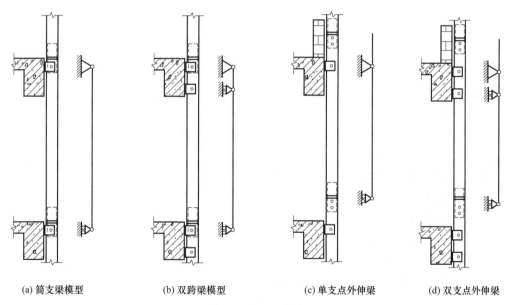

(a) 简支梁模型　　　　(b) 双跨梁模型　　　　(c) 单支点外伸梁　　　　(d) 双支点外伸梁

图5-7　立柱的力学模型

（3）多跨铰接连续梁

立柱按照简支梁和双跨梁力学模型进行计算，都是忽略立柱的悬挑结构将模型进行的简化，与工程实际有一定的偏差，尤其是立柱悬挑尺寸较大的带悬臂梁结构形式。

根据立柱的实际结构，可以将立柱简化成多跨铰接连续梁力学模型。

立柱作为连续梁考虑时，需要在构造上对立柱与立柱之间的连接部位进行处理，以满足连续梁的条件。立柱作为连续梁，应满足以下两个条件：

① 立柱与立柱之间的连接芯柱插入上、下立柱的长度不小于 $2h_c$，h_c 为立柱截面高度；

② 芯柱的惯性矩不小于立柱的惯性矩。

立柱承受弯矩、剪力和轴力作用。弯矩和剪力由水平作用的风荷载和地震作用产生，轴力由重力产生。

由于立柱为细长杆件，为避免失稳，实际工程中宜将立柱设计成偏心受拉构件，即立柱的上端悬挂支承；尽量避免将立柱设计成下端支承的偏心受压构件。当不得不将立柱设计成偏心受压构件时，需要对其进行稳定性验算。

① 承受轴拉力和弯矩作用的立柱，其承载力应符合公式（5-71）的要求：

$$\frac{N}{A_n} + \frac{M}{\gamma W_n} \leq f \qquad (5-71)$$

式中　N——作用在立柱上的轴力设计值，N；

$\quad\quad M$——作用在立柱上的弯矩设计值，N·mm；

$\quad\quad A_n$——立柱的净截面面积，mm^2；

$\quad\quad W_n$——弯矩作用方向上的净截面抵抗矩，mm^3；

$\quad\quad \gamma$——塑性发展系数，可取 1.05；

$\quad\quad f$——立柱型材抗弯强度设计值，N/mm^2。

② 承受轴压力和弯矩作用的立柱，其在弯矩作用方向的稳定性应符合公式（5-72）的要求：

$$\frac{N}{\varphi A} + \frac{M}{\gamma W(1-0.8N/N_E)} \leq f \qquad (5-72)$$

$$N_E = \frac{\pi^2 EA}{1.1\lambda^2} \qquad (5-73)$$

式中　N——作用在立柱上的轴压力设计值，N；

$\quad\quad M$——作用在立柱上的弯矩设计值，N·mm；

$\quad\quad \varphi$——弯矩作用平面内的轴心受压稳定系数，可按表 5-37 采用；

$\quad\quad A$——立柱的毛截面面积，mm^2；

$\quad\quad W$——弯矩作用方向上的毛截面抵抗矩，mm^3；

$\quad\quad \lambda$——长细比；

$\quad\quad N_E$——临界轴压力，N；

$\quad\quad E$——材料弹性模量，N/mm^2；

$\quad\quad \gamma$——塑性发展系数，可取 1.05；

$\quad\quad f$——立柱型材抗弯强度设计值，N/mm^2。

表 5-37　轴心受压柱的稳定系数

长细比 λ	钢型材		铝型材		
	Q235	Q345	6063-T5 6061-T4	6063-T6 6063A-T5 6063A-T6	6061-T6
20	0.97	0.96	0.98	0.96	0.92
40	0.90	0.88	0.88	0.84	0.80
60	0.81	0.73	0.81	0.75	0.71

续表

长细比 λ	钢型材		铝型材		
	Q235	Q345	6063-T5 6061-T4	6063-T6 6063A-T5 6063A-T6	6061-T6
80	0.69	0.58	0.70	0.58	0.48
90	0.62	0.50	0.63	0.48	0.40
100	0.56	0.43	0.56	0.38	0.32
110	0.49	0.37	0.49	0.34	0.26
120	0.44	0.32	0.41	0.30	0.22
130	0.39	0.28	0.33	0.26	0.19
140	0.35	0.25	0.29	0.22	0.16
150	0.31	0.21	0.24	0.19	0.14

承受轴压力和弯矩作用的立柱，其长细比 λ 不宜大于150。

③ 立柱截面受剪承载力应符合公式（5-74）的要求：

$$\frac{VS_s}{It} \leqslant f_v \tag{5-74}$$

式中 V——作用在立柱上的剪力设计值，N；

    S_s——验算截面形心轴以上面积对形心轴面积矩，mm^3；

    I——截面惯性矩，mm^4；

    t——验算截面腹板的截面总宽度，mm；

    f_v——立柱型材抗剪强度设计值，N/mm^2。

5.6.5 弯矩、剪力和挠度计算

荷载对横梁、立柱产生的弯矩、剪力和挠度，可以根据其实际简化的力学模型，按照《建筑结构静力计算手册》中的计算公式进行计算。

本节仅列出几种不同形式均布荷载作用下，简支梁的最大弯矩、剪力和挠度计算公式，见表5-38。

表5-38 简支梁的最大弯矩（M）、剪力（V）和挠度（d_f）计算公式

荷载形式	弯矩(M) /(N·mm)	剪力(V) /N	挠度(d_f) /mm
矩形均布荷载	$M=\dfrac{qL^2}{8}$	$V=\dfrac{qL}{2}$	$d_f=\dfrac{5q_kL^4}{384EI}$
梯形均布荷载	$M=\dfrac{qL^2}{24}\left(3-4\dfrac{a^2}{L^2}\right)$	$V=\dfrac{qL}{2}\left(1-\dfrac{a}{L}\right)$	$d_f=\dfrac{q_kL^4}{240EI}\left(\dfrac{25}{8}-5\dfrac{a^2}{L^2}+2\dfrac{a^4}{L^4}\right)$
三角形均布荷载	$M=\dfrac{qL^2}{12}$	$V=\dfrac{qL}{4}$	$d_f=\dfrac{q_kL^4}{120EI}$

注：q 为受力杆件承受的线荷载设计值，N；q_k 为受力杆件承受的线荷载标准值，N；L 为杆件长度，mm；E 为杆件材料弹性模量，N/mm^2；I 为截面惯性矩，mm^4；a 为梯形荷载长边与短边尺寸差的1/2。

作用在幕墙上的荷载，其线荷载设计值（标准值）等于荷载设计值（标准值）与荷载带的宽度的乘积。

5.7 连接设计计算

　　幕墙的连接设计包括幕墙主杆件之间的连接设计（立柱与立柱的连接设计、横梁与立柱的连接设计）、幕墙主杆件与主体结构的连接设计等。

5.7.1 幕墙主杆件之间的连接设计

　　幕墙主杆件之间的连接设计包括立柱与立柱的连接设计和立柱与横梁的连接设计。

5.7.1.1 立柱与立柱的连接设计

　　上、下立柱之间应预留不小于15mm的间隙，以适应和吸收主体沉降、温差变化、地震作用和施工误差等。立柱与立柱的连接一般都通过芯柱来实现，芯柱的长度应不小于250mm，芯柱与立柱应紧密配合，芯柱与上立柱或下立柱之间应采用机械连接的方法加以固定（保证一端固定，一端自由）。

　　芯柱设计应注意的要点如下。

（1）芯柱应有合适的强度

　　当芯柱位于支承点附近、按简支梁进行计算时，其所受弯矩接近于零，所受剪力接近最大。当芯柱离支点较远，按外伸梁进行计算时，其所受弯矩和剪力都比较大。通常，立柱外伸部分受窗台墙的限值，一般不会太长，所以芯柱所受弯矩远远小于立柱所受弯矩。但本着安全的原则，芯柱设计的安全系数应大于立柱。

　　为了增加芯柱的抗剪能力，芯柱的壁厚应≥3mm（目前工程应用中，芯柱壁厚大多采用4mm）。

（2）芯柱与立柱连接应采用线接触

　　由于型材在挤压时，必然会产生弯曲、扭拧变形，而插芯必须要插入立柱一定深度，如芯柱与立柱之间采用四周面接触，势必会造成芯柱安装困难，所以芯柱与立柱之间采用线接触。

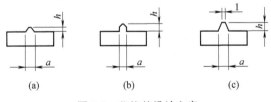

图 5-8　芯柱的设计方案

　　为保证芯柱与立柱之间为线接触，通常会在芯柱表面设计凸起，如图 5-8 所示。

　　三种凸起设计方案的特点：

　　方案（a）：凸起的尖点在受到挤压时，很容易发生较大的变形，造成插芯与立柱的配合间隙加大。

　　方案（b）：凸起尖点也会发生挤压变形，但由于尖点是圆弧形的，所以变形较小，对插芯与立柱的配合影响不大。一般设计值 $a=2\sim3$mm，$h=1\sim4$mm。

　　方案（c）：凸起的尖点是一个1mm左右的平台，很难发生挤压变形。在设计合理的情况下，它的防雷导通能力也很好，插芯与立柱的接触面积可满足规范上防雷的要求。其设计值应满足 $a=3\sim4$mm，$h=1\sim4$mm。

（3）芯柱与立柱的配合设计

　　一般以立柱内腔为基准来确定芯柱的外廓尺寸。芯柱与立柱的配合间隙，与芯柱的插入深度密切相关。一般来说，插入深度越大，型材腔体尺寸越大，配合间隙也要留的越大。正常使用情况下，对于图 5-8（a）、（b）型芯柱，为了有效抵抗风荷载，芯柱与立柱的前后总间隙不宜太大，也不宜使用过盈配合和过渡配合造成安装困难，综合考虑取 0～0.5mm 小间隙为宜。由于与主体结构连接处理牢固后，需在此处考虑减震，同时间隙不能太大，所以芯柱与立柱的左右总间隙取 0.5～1.0mm 为宜。开模时可以先开立柱，再配做芯柱。

（4）不同规格立柱的连接设计

同一幅幕墙上，不同高度所受的风荷载不同，不同层间高度的立柱跨度也不同，因此从实用经济的角度考虑，设计时最好根据幕墙不同高度、不同跨度、不同位置的需要选用不同规格的立柱，以符合等性能设计原则。

不同规格立柱之间的连接可以采用图 5-9 的立柱设计方案解决。

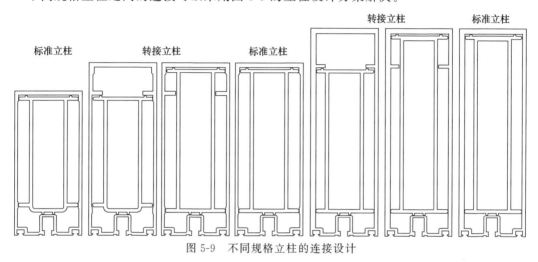

图 5-9　不同规格立柱的连接设计

5.7.1.2　立柱与横梁的连接设计

立柱与横梁的连接比较典型的结构有以下几种：横竖插接式、角码胀浮式、角码插接式、通槽螺栓式、双向锁死式等。

（1）横竖插接式

横竖插接式是将横梁插入立柱的预留槽内，并浮搁安装在立柱的连接角码上，如图 5-10 所示。这种连接方式的横梁可以设计成闭腔结构。

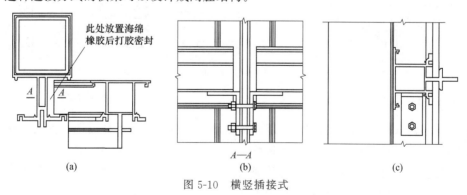

图 5-10　横竖插接式

安装时，斜着把横梁推到立柱间合适位置如图 5-11 虚线所示，转成水平位置后，将其浮搁在横梁角码上。立柱和横梁的间隙里放置海绵橡胶，在其上打密封胶对横梁与立柱进行密封，并可限制横梁，使其不左右窜动。

横梁所受的正负风荷载均直接传递给夹持横梁的立柱，而横梁角码及其与立柱连接的螺

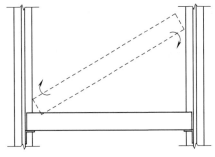

图 5-11　横梁安装示意图

钉只承受玻璃板块和横梁的重力。横梁承受玻璃的偏心压力后定会产生扭矩，为使横梁能够有效地抵抗该扭矩，不产生偏转，横梁本身需要有足够的抗扭截面模量，且横梁与立柱的连接处应有足够的强度。

横竖插接式的特点：

① 这种立柱夹持横梁的结构，横梁与立柱的接触比较充分，立柱和横梁的强度很好，在横梁与立柱接触的局部产生的变形很小，横梁角码也不承担扭矩，这样可有效避免横梁整体偏转。而且闭腔结构横梁的抗扭截面模量远远大于开腔横梁，抵抗扭转的能力也好。

② 横梁与立柱之间有较大的间隙，可以吸收温差产生的热胀冷缩。

③ 横梁与横梁角码之间的摩擦力很小，可有效降低摩擦噪声。

④ 横梁浮搁在横梁角码上，在地震力引起平面变形时可自由摆动，吸收地震作用，如图 5-12 所示。

⑤ 横竖插接式存在安装烦琐、无法断热等问题，实际工程中应用较少。

(2) 角码胀浮式

角码胀浮式是将角码与整个横梁内腔配合，横梁两端被角码胀住，如图 5-13 所示。这种连接方式的横梁也可以设计成闭腔结构。

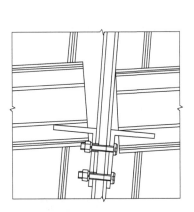

图 5-12　吸震示意图

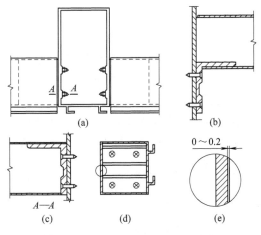

图 5-13　角码胀浮式

安装时先将角码挂在横梁两侧，然后将横梁放入立柱之间，用自攻螺钉拧入立柱上预钻好的孔中，将角码安装到立柱上，最后将横梁放下，如图 5-13（b）所示。

这种连接方式，横梁通过角码把力传递给立柱，所以角码本身的强度以及角码与立柱的连接强度，对幕墙的性能至关重要。在加工和安装时应注意：

① 角码下料尺寸应根据横梁内腔尺寸，进行配切后确定。

② 横梁下部两侧需冲或铣一个比角码厚度大 1mm 左右的豁口。

③ 横梁角码与横梁接触的上部两个角部最好倒圆，以方便安装横梁。

④ 钻立柱上横梁角码连接孔时最好用钻模定位。

⑤ 横梁角码与横梁内腔的前后总间隙应不大于 0.2mm ［如图 5-13（e）所示］，以保证横梁被角码胀住 ［如图 5-13（d）所示］，限制横梁的扭转。

⑥ 立柱安装自攻螺钉的局部厚度不应小于 4mm，角码加工沉孔部位的厚度以 7～8mm 较为合适。自攻钉规格应选择 ST4.8，数量 4 个，安装时钉头涂一薄层密封胶。

角码胀浮式的特点：

① 闭腔结构横梁强度好、抗扭截面模量远远大于开腔横梁，抵抗扭转的能力也好。

② 横梁则浮搁在横梁角码上，防震、减噪和吸收热应力的效果好。

（3）角码插接式

角码插接式是将角码插入横梁内的槽口并与之配合。横梁需设计成半闭腔或开腔结构，如图 5-14 所示。

安装时将角码插入横梁内的槽口，然后将横梁放入立柱之间，将角码固定到立柱上，最后扣上封口型材。

① 横梁与角码也是浮动连接，所以它的减噪和吸收热应力性能也很好。

② 角码的一部分与横梁的一部分配合，角码连接处强度不如角码胀浮式好；半闭腔横梁和开腔横梁结构抗扭截面模量低，横梁抗扭能力差。

③ 角码与横梁配合间隙，如考虑防扭设计，应该取 0～0.5mm 为宜；但如考虑型材误差及防震设计的要求，其间隙不应小于 1mm。配合间隙的取值在此陷入两难境地。

④ 因半闭腔横梁安装空间狭小，一般安装两个螺栓或两个自攻钉，并且角码较小，所以角码与立柱的连接强度不好，容易产生扭转。

（4）通槽螺栓式

通槽螺栓式的横梁上有通长槽口可以让螺栓头部在里面滑动但不能转动。安装角码时，将其用螺母与预置在槽口内的螺栓连接牢固，如图 5-15 所示。

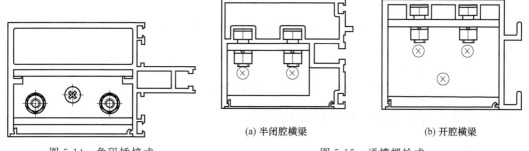

图 5-14　角码插接式

(a) 半闭腔横梁　　　　　(b) 开腔横梁

图 5-15　通槽螺栓式

通槽螺栓式的特点：

① 这种结构的螺栓在热应力产生的蠕动作用下，如无可靠的防脱落措施，很容易失效。

② 噪声问题。横梁和角码之间因有压力而存在静摩擦力。温差产生的热应力一开始并不足以克服静摩擦力，随着温差加大，温差产生的热应力会越来越大，在超过需要克服的静摩擦力的临界值时，突然产生相对滑动，发出摩擦噪声；这种噪声的强度取决于压力、刚性接触面积、表面摩擦系数。降低噪声强度的办法是减少横梁与角码之间的压力、刚性接触面积和表面摩擦系数，如在横梁角码和横梁之间采用线接触、放置摩擦系数低的垫片（如尼龙）或柔性垫片等。

③ 通槽螺栓式也存在角码插接式②、④同样的问题。

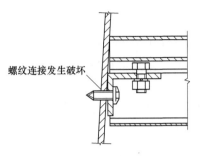

螺纹连接发生破坏

图 5-16 地震中横梁和立柱
连接破坏示意图

④ 强烈地震时结构易被破坏问题。在地震时，这种结构横梁角码与立柱和横梁均连接牢固没有变形余地，对立柱的变形起到了阻碍作用。而当地震强度较大时，立柱随主体结构产生的平面变形量也是很大的。当推动立柱变形的地震作用大于横梁和角码的阻碍作用时，会在横梁与立柱较弱的连接部位发生破坏。如立柱与自攻螺钉处的铝型材被拉豁，如图 5-16 所示。

(5) 双向锁死式

双向锁死式将横梁与横梁角码，横梁角码与立柱两处用螺栓、螺钉、自攻螺钉等螺纹连接全部锁死，如图 5-17 所示。

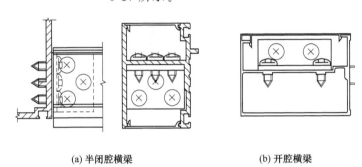

(a) 半闭腔横梁   (b) 开腔横梁

图 5-17 双向锁死式

双向锁死式除了拥有通槽螺栓式全部的缺点外，因其将横梁与横梁角码完全锁死，完全限制了横梁的热胀冷缩，带来了极大的弊病。

横梁与立柱连接设计原则：

① 横梁与横梁角码的连接尽量采用浮动连接，并有平面变形空间，以防震、减噪和吸收热应力。

② 必须保证横梁角码与立柱的连接强度，保证它们之间不产生相对滑动和转动。

③ 安装和加工必须方便，质量容易保证，维修方便。

5.7.2 幕墙主杆件与建筑主体的连接设计

幕墙主受力杆件通过连接件与主体结构上预埋件进行连接。

通常情况下把立柱作为幕墙主受力杆件，在建筑主体结构合适的情况下，也可采用横梁作主受力杆件。

5.7.2.1 埋件

埋件按其埋入时间分为预埋式埋件和后补式埋件。

预埋式埋件根据埋件形状可分为槽式埋件（如图 5-18 所示）和板式埋件（如图 5-19 所示），A～F 型是板式埋件常用的锚筋形式。按预埋件在主体结构上的预埋位置可分为上埋式、侧埋式和下埋式（如图 5-20 所示）。

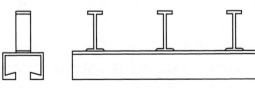

图 5-18 槽式埋件

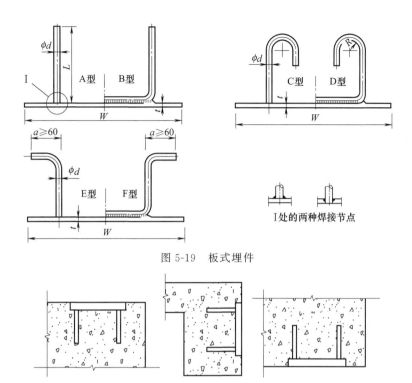

图 5-19 板式埋件

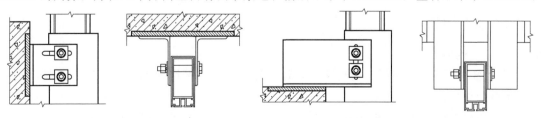

(a) 上埋式   (b) 侧埋式   (c) 下埋式

图 5-20 预埋件的预埋方式

后补式埋件只能通过自扩底锚栓、模扩底锚栓和特殊倒锥形锚栓或化学锚栓与主体结构进行连接。

埋件与主体的连接强度直接决定了幕墙的整体安全性，必须严格控制。预埋式埋件锚筋与埋板的尺寸和位置应严格依据规范进行设计，并应考虑幕墙结构形式的需要。板式埋件中A、B型的锚筋宜采用螺纹钢；C、D型的锚筋在设计时应考虑锚筋间的干涉及锚筋在安装时与结构配筋之间的干涉问题；E、F型适合于需要进行防雷的部位。

5.7.2.2 连接件

连接件根据其可调节方式可分为普通连接件（图 5-21）和三维连接件（图 5-22）。连接件的材料常用 Q235 钢板和型钢，或采用 6063-T6 或 6061 挤压铝合金型材。三维连接件和铝合金连接件多用于单元幕墙。

为了适应土建误差，并方便施工，幕墙主杆件与主体结构之间理论上应留有不小于50mm 的间隙，并在三个方向上留有调节余地：前后不小于±30mm，左右不小于±20mm，

(a) 侧埋普通连接件安装示意图   (b) 上埋普通连接件安装示意图

图 5-21 普通连接件安装示意图

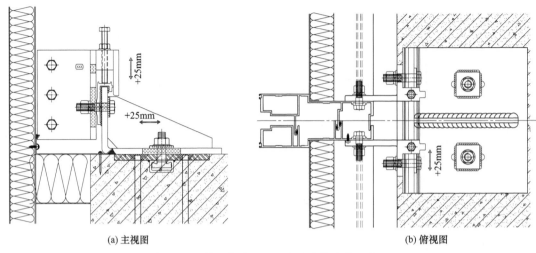

(a) 主视图　　　　　　　　　　　　　(b) 俯视图

图 5-22　单元幕墙上埋三维连接件安装示意图

上下不小于±15mm。虽然普通连接件只有一个方向可以调节，但它可以与埋件进行点焊，如位置不合适，很容易拆下重新安装。三维连接件为了实现三维调整，一般通过两个连接件进行转接，并需要在埋板上有调节螺栓或选择带有滑槽的埋件。

连接件调整到位后，连接件与埋件、连接件之间、连接件与螺栓垫片（厚度≥3mm）之间需进行焊接处理或采用其他措施保证牢固不松动。铝连接件，因其难以在现场焊接，也应采用有效措施保证连接部位牢固不松动。螺栓需与螺栓垫片点焊或有其他防松脱措施。焊接部位均需要进行防腐处理。不同金属接触部位均应放置绝缘垫片，由于尼龙垫片抗老化性好，有较好的硬度，又有一定的弹性，所以最为合适。

幕墙所受荷载最终都要通过连接件传递给主体结构，所以幕墙主杆件与主体结构必须连接牢固，不允许采用弹性活动连接，不允许使用材质较软的弹性垫片，不允许产生相对滑移。

不同的埋件设置，决定了立柱不同的受力方式和力学计算模型，对优化设计、节约成本很关键。

拉弯杆件比下端支撑的压弯构件受力好，不需计算失稳问题，所以实际设计中如无特殊情况，杆件均应采用上端悬挂。在相同的杆件和层高的情况下，简支梁受力最为不利，对立柱的惯性矩和抵抗矩的要求最大，但简支梁安装简单，适应性强，有无窗台墙均可，对插芯的要求不高。外伸梁和双跨梁受力较简支梁有利得多，较为节约材料，但对主体结构和设计均有要求。外伸梁尤其是双支点外伸梁，需要有窗台墙遮挡幕墙立柱接缝，并且插芯要有相当的强度来抵御所受弯矩；双跨梁则需要下返梁有足够的空间来安装第二个埋件，并且下支撑点应为长圆孔。

5.7.3　连接计算

5.7.3.1　螺栓连接设计

① 在普通螺栓或铆钉受剪的连接中，每个普通螺栓或铆钉的承载力设计值应取受剪和承压承载力设计值中的较小者。

普通螺栓或铆钉受剪承载力设计值可按公式（5-75）和公式（5-76）计算。

普通螺栓：

$$N_v^b = n_v \frac{\pi d^2}{4} f_v^b \qquad (5-75)$$

铆钉： $$N_v^r = n_v \frac{\pi d_0^2}{4} f_v^r \qquad (5\text{-}76)$$

普通螺栓或铆钉承压承载力设计值可按公式（5-77）和公式（5-78）计算。

普通螺栓： $$N_c^b = d \sum t f_c^b \qquad (5\text{-}77)$$

铆钉： $$N_c^r = d \sum t f_c^r \qquad (5\text{-}78)$$

式中　n_v——受剪面数；

d——螺栓直径，mm；

d_0——铆钉孔直径，mm；

$\sum t$——在同一受力方向的承压构件的较小总厚度，mm；

f_v^b，f_c^b——螺栓的抗剪和承压强度设计值，N/mm²；

f_v^r，f_c^r——铆钉的抗剪和承压强度设计值，N/mm²。

② 在普通螺栓或铆钉轴向受拉的连接中，每个普通螺栓或铆钉的抗拉承载力设计值应按公式（5-79）和公式（5-80）计算。

普通螺栓： $$N_t^b = \frac{\pi d_e^2}{4} f_t^b \qquad (5\text{-}79)$$

铆钉： $$N_t^r = \frac{\pi d_0^2}{4} f_t^r \qquad (5\text{-}80)$$

式中　d_e——普通螺栓在螺纹处的有效直径，mm；

d_0——铆钉孔直径，mm；

f_t^b，f_t^r——普通螺栓和铆钉的抗拉强度设计值，N/mm²。

③ 同时承受剪力和轴向拉力的普通螺栓和铆钉，应分别满足下列公式的要求：

普通螺栓： $$\sqrt{\left(\frac{N_v}{N_v^b}\right)^2 + \left(\frac{N_t}{N_t^b}\right)^2} \leqslant 1 \qquad (5\text{-}81)$$

$$N_v \leqslant N_c^b \qquad (5\text{-}82)$$

铆钉： $$\sqrt{\left(\frac{N_v}{N_v^r}\right)^2 + \left(\frac{N_t}{N_t^r}\right)^2} \leqslant 1 \qquad (5\text{-}83)$$

$$N_v \leqslant N_c^r \qquad (5\text{-}84)$$

式中　N_v，N_t——每个普通螺栓或铆钉所承受的剪力和拉力，N；

N_v^b，N_t^b，N_c^b——每个普通螺栓的受剪、受拉和承压承载力设计值，N/mm²；

N_v^r，N_t^r，N_c^r——每个铆钉的受剪、受拉和承压承载力设计值，N/mm²。

④ 铝螺母抗剪验算。当用钢螺栓锚入铝型材（即以铝型材为螺母），对铝螺母要进行抗剪验算：

$$\tau = \frac{F_W}{k_2 \pi d b Z} \leqslant f_{av} \qquad (5\text{-}85)$$

式中　F_W——轴向最大荷载设计值，N；

d——内螺纹直径，mm；

b——螺纹牙根宽度，mm，普通螺纹 $b = 0.87P$；

P——螺距，mm；

Z——旋合圈数；

f_{av}——螺母抗剪强度设计值，N/mm^2；

k_2——考虑螺纹各圈荷载不均匀系数，其值当 $d/P < 8$ 时，$k_2 = 6P/d$，当 $d/P = 8 \sim 16$ 时，$k_2 = 0.75$。

5.7.3.2 预埋件设计计算

(1) 锚板和锚筋的尺寸和位置

预埋件的锚板宜采用 Q235 钢。锚筋应采用 HPB235、HRB335 或 HRB400 热轧钢筋，严禁使用冷加工钢筋。

锚板厚度应根据其受力情况按《钢结构设计规范》（GB 50017）计算确定，且宜大于锚筋直径的 0.6 倍。锚筋中心至锚板边缘的距离不应小于锚筋直径的 2 倍和 20mm 的较大值。

预埋件的受力直锚筋不宜少于 4 根，且不宜多于 4 层；其直径不宜小于 8mm，且不宜大于 25mm。受剪预埋件的直锚筋可采用 2 根。预埋件的锚筋应放置在构件的外排主筋的内侧。

直锚筋与锚板应采用 T 形焊。当锚筋直径不大于 20mm 时，宜采用压力埋弧焊；当锚筋直径大于 20mm 时，宜采用穿孔塞焊。采用手工焊时，焊缝高度不宜小于 6mm 及 0.5d（HPB235 钢筋）或 0.6d（HRB335 或 HRB400 钢筋），d 为锚筋直径。

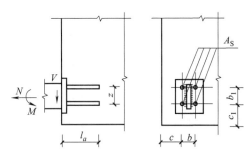

图 5-23 锚板和直锚筋组成的预埋件

对于受拉和受弯预埋件，其锚筋的间距 b、b_1 和锚筋至构件边缘的距离 c、c_1 均不应小于锚筋直径的 3 倍和 45mm 的较大值（图 5-23）。

对于受剪预埋件，其锚筋的间距 b、b_1 均不应大于 300mm，且 b_1 不小于锚筋直径的 6 倍及 70mm 的较大值，b 不应小于锚筋直径的 3 倍和 45mm 的较大值；锚筋至构件边缘的距离 c_1 不应小于锚筋直径的 6 倍及 70mm 的较大值，c 不应小于锚筋直径的 3 倍和 45mm 的较大值。

(2) 直锚筋的总截面面积计算

由锚板和对称配置的直锚筋组成的受力预埋件，其锚筋的总截面面积 A_S 的计算应符合下列规定。

① 当有剪力、法向压力和弯矩共同作用时，其锚筋的总截面面积 A_S 应分别按公式（5-86）、公式（5-87）进行计算，并取二者的较大值。

$$A_S \geqslant \frac{V - 0.3N}{a_r a_v f_y} + \frac{M - 0.4Nz}{1.3 a_r a_b f_y z} \tag{5-86}$$

$$A_S \geqslant \frac{M - 0.4Nz}{0.4 a_r b_b f_y z} \tag{5-87}$$

② 当有剪力、法向拉力和弯矩共同作用时，其锚筋的总截面面积 A_S 应分别按公式（5-88）、公式（5-89）进行计算，并取二者的较大值。

$$A_S \geqslant \frac{V}{a_r a_v f_v} + \frac{N}{0.8 a_b f_y} + \frac{M}{1.3 a_r a_b f_y z} \tag{5-88}$$

$$A_S \geqslant \frac{N}{0.8 a_b f_y} + \frac{M}{0.4 a_r b_b f_y z} \tag{5-89}$$

$$a_v = (4.0 - 0.08d) \sqrt{\frac{f_c}{f_y}} \tag{5-90}$$

$$a_b = 0.6 + 0.25 \frac{t}{d} \tag{5-91}$$

式中 V——剪力设计值，N；

     N——法向压力或拉力设计值，N；

     M——弯矩设计值，N·mm，当 $M < 0.4Nz$ 时，取 $M = 0.4Nz$；

     a_r——钢筋层数影响系数，当锚筋等间距配置时，二层取 1.0，三层取 0.9，四层取 0.85；

     f_v——钢筋抗剪强度设计值，N/mm²；

     a_v——锚筋受剪承载力系数，当 a_v 大于 0.7 时，取 a_v 等于 0.7；

     t——锚板厚度，mm；

     d——钢筋直径，mm；

     a_b——为锚板弯曲变形折减系数，当采取防止锚板弯曲变形的措施时，取 1.0；

     z——为沿剪力作用方向最外层锚筋中心线之间的距离，mm；

     f_c——混凝土轴心抗压强度设计值，N/mm²，应按《混凝土结构设计规范》（GB 50010）的规定采用；

     f_y——钢筋抗拉强度设计值，N/mm²，应按《混凝土结构设计规范》（GB 50010）的规定采用，但不应大于 300N/mm²。

③ 上埋式预埋件水平作用对它产生剪力 V，且其作用线与预埋件有偏心距 e_1；竖向作用对它产生压力 N，而其作用线与预埋件中心线的偏心距为 e_2。作用对其产生的弯矩为：

$$M = Ve_1 + N_压 e_2 \tag{5-92}$$

这种预埋件属于剪力、法向压力和弯矩共同作用的预埋件，其锚筋的总截面面积 A_S 应按公式（5-86）、公式（5-87）进行计算，并取其较大值。

④ 侧埋式预埋件水平作用对它产生拉力 N，结构设计时保证作用与埋件中心线重合，无偏心。竖向作用对它产生剪力 V，其作用与预埋件中心线的偏心距为 e_0。作用对其产生的弯矩为：

$$M = Ve_0 \tag{5-93}$$

这种预埋件属于剪力、法向拉力和弯矩共同作用的预埋件，其锚筋的总截面面积 A_S 应按公式（5-88）、公式（5-89）进行计算，并取其较大值。

⑤ 下埋式预埋件水平作用对它产生剪力 V，其作用线与预埋件有偏心距 e_1，竖向作用对它产生拉力 N，其作用线与预埋件中心线的偏心距为 e_2。作用对其产生的弯矩为：

$$M = Ve_1 + Ne_2 \tag{5-94}$$

这种预埋件属于剪力、法向拉力和弯矩共同作用的预埋件，其锚筋的总截面面积 A_S 应公式（5-88）、公式（5-89）进行计算，并取其较大值。

（3）锚筋的锚固长度

① 受拉直锚筋和弯折锚筋的锚固长度应符合以下要求：

当计算充分利用锚筋抗拉强度时，其锚固长度应按公式（5-95）计算。

$$L_a = \alpha d \frac{f_y}{f_t} \tag{5-95}$$

式中 L_a——锚筋锚固长度，mm；

     f_y——锚筋抗拉强度设计值，N/mm²；

f_t——混凝土轴心抗拉强度设计值，N/mm^2，应按《混凝土结构设计规范》（GB 50010）的规定采用，当混凝土强度等级高于 C40 时，按 C40 取值；

d——锚筋公称直径，mm；

α——锚筋的外形系数，光圆钢筋取 0.16，带肋钢筋取 0.14。

② 抗震设计时，锚筋锚固长度取公式（5-95）计算值的 1.1 倍。

③ 当锚筋的拉应力设计值小于钢筋抗拉强度设计值 f_y 时，其锚固长度可适当减少，但不应小于 15 倍锚固钢筋直径。

5.7.3.3 后埋件设计

随着幕墙技术的发展，混凝土后锚固技术在建筑幕墙中的应用越来越多。

建筑幕墙的后埋件通过扩底锚栓和特殊倒锥形化学锚栓与主体结构进行连接。当采用锚栓锚固埋件时，要进行现场拉拔试验。锚栓用于结构构件连接和非结构构件连接时的适用范围如表 5-39 和表 5-40 所示。

表 5-39　锚栓用于结构构件连接时的适用范围

锚栓类型		锚栓受力状态和设防烈度	受拉、边缘受剪和拉剪复合受力			受压、中心受剪和压剪复合受力
			非抗震	6 度、7 度	8 度	
					0.2g	0.3g	
机械锚栓	膨胀型锚栓	扭矩控制式锚栓	适用	不适用			适用
		位移控制式锚栓	不适用				
	扩底型锚栓		适用		不适用	适用
化学锚栓	特殊倒锥形化学锚栓		适用		不适用	适用
	普通化学锚栓		不适用			适用

表 5-40　锚栓用于非结构构件连接时的适用范围

锚栓类型		锚栓受力状态	受拉、边缘受剪和拉剪复合受力（抗震设防烈度≤8 度）		受压、中心受剪和压剪复合受力（抗震设防烈度≤8 度）	
			生命线工程	非生命线工程	生命线工程	非生命线工程
机械锚栓	膨胀型锚栓	扭矩控制式锚栓	适用于开裂混凝土		适用	
			适用于不开裂混凝土	不适用		适用
	位移控制式锚栓		不适用			适用
	扩底型锚栓		适用			
化学锚栓	特殊倒锥形化学锚栓		适用			
	普通化学锚栓		适用于开裂混凝土		适用	
			适用于不开裂混凝土	不适用		适用

锚板厚度应根据其受力情况按《钢结构设计规范》（GB 50017）计算确定，且宜大于锚栓直径的 0.6 倍。受拉和受弯锚板的厚度宜大于锚栓间距的 1/8；外围锚栓孔至锚板边缘的距离不应小于锚栓直径的 2 倍和 20mm 的较大值。

后埋件的设计计算可参考《混凝土结构后锚固技术规程》（JGJ 145）进行。

5.7.3.4 焊缝计算

焊接连接处焊缝截面最大应力设计值应按公式（5-96）计算。

$$\sigma = \left[\left(\frac{6M}{1.22 h_e L_W^2} + \frac{N}{1.22 h_e L_W} \right)^2 + \left(\frac{V}{L_W h_e} \right)^2 \right]^{1/2} \leqslant f_f^W \qquad (5\text{-}96)$$

式中　M——焊缝处所受最大弯矩，N·mm；

N——焊缝所受轴向拉力，N；

V——焊缝处所受剪力，N；

h_e——角焊缝有效厚度，对直角角焊缝取 $0.7h_f$，mm；

h_f——焊角尺寸，mm；

L_w——角焊缝有效长度，对每条焊缝取其实际长度减去 $2h_f$；

f_f^W——角焊缝的强度设计值，取 $160N/mm^2$。

5.8 硅酮结构密封胶设计

隐框玻璃幕墙和半隐框玻璃幕墙中硅酮结构密封胶是重要的受力结构构件。硅酮结构密封胶胶缝的结构尺寸应根据不同的受力情况，采用承载力极限状态方法计算确定。

《建筑用硅酮结构密封胶》（GB 16776）中，规定硅酮结构密封胶的拉伸强度不低于 $0.6N/mm^2$。在风荷载（短期荷载）作用下，取材料分项系数为 3.0，则硅酮结构密封胶的强度设计值 f_1 为 $0.2N/mm^2$。在重力荷载（永久荷载）作用下，结构硅酮密封胶的强度设计值 f_2 取为风荷载作用下强度设计值的 1/20，即为 $0.01N/mm^2$。因此，胶缝宽度尺寸计算时应按结构胶所承受的短期荷载（风荷载）和长期荷载（重力荷载）分别进行计算，并符合以下条件：

$$\sigma_1 \text{或} \tau_1 \leqslant f_1 \tag{5-97}$$
$$\sigma_2 \text{或} \tau_2 \leqslant f_2 \tag{5-98}$$

式中 σ_1，τ_1——短期荷载或作用对硅酮结构密封胶产生的拉应力或剪应力设计值，N/mm^2；

σ_2，τ_2——长期荷载对结构硅酮密封胶中产生的拉应力或剪应力设计值，N/mm^2；

f_1——结构硅酮密封胶短期强度允许值，取 $0.2N/mm^2$；

f_2——结构硅酮密封胶长期强度允许值，取 $0.01N/mm^2$。

5.8.1 粘结宽度

① 竖向隐框、半隐框玻璃幕墙中，玻璃和铝框之间硅酮结构密封胶的粘结宽度 C_S，应根据受力情况分别按公式（5-99）～公式（5-101）计算。

非抗震设计时，C_S 取公式（5-99）和公式（5-101）中的较大者；抗震设计时，取公式（5-100）和公式（5-101）中的较大者。

a. 在风荷载作用下，结构硅酮密封胶的粘结宽度 C_S 应按下式计算：

$$C_S = \frac{aw}{2000f_1} \tag{5-99}$$

b. 在风载荷和水平地震作用下，硅酮结构密封胶的粘结宽度 C_S 应按下式计算：

$$C_S = \frac{(w+0.5q_E)a}{2000f_1} \tag{5-100}$$

c. 在玻璃永久荷载作用下，硅酮结构密封胶的粘结宽度 C_S 应按下式计算：

$$C_S = \frac{q_G ab}{2000(a+b)f_2} \tag{5-101}$$

② 水平倒挂的隐框、半隐框幕墙玻璃和铝框之间硅酮结构密封胶的粘结宽度 C_S 应按公式（5-102）计算。

倒挂玻璃的风吸力和自重均使胶缝处于受拉工作状态，但是风荷载为可变荷载，自重为永久荷载。因此，结构胶粘结宽度应分别采用其在风荷载和永久荷载作用下的强度设计值分别计算，并叠加。

$$C_S = \frac{wa}{2000f_1} + \frac{q_G a}{2000f_2} \tag{5-102}$$

式（5-99）～式（5-102）中

C_S——硅酮结构密封胶的粘结宽度，mm；

w——风荷载设计值，kN/m^2；

a, b——矩形玻璃板的短边和长边边长，mm；

f_1——硅酮结构密封胶在风荷载或地震作用下的强度设计值，N/mm^2，取 $0.2N/mm^2$；

q_E——地震作用设计值，kN/m^2；

q_G——玻璃单位面积重力荷载设计值，kN/m^2；

f_2——硅酮结构密封胶在永久载荷作用下的强度设计值，取 $0.01N/mm^2$。

硅酮结构密封胶的粘结宽度应符合上述计算，并且不应小于 7mm；粘结宽度宜大于厚度，但不宜大于厚度的 2 倍。

5.8.2 粘结厚度

硅酮结构密封胶的粘结厚度 t_S（图 5-24）应按下式计算：

$$t_S \geqslant \frac{\mu_S}{\sqrt{\delta(2+\delta)}} \tag{5-103}$$

$$\mu_S = \theta h_g \tag{5-104}$$

式中 t_S——硅酮结构密封胶的粘结厚度，mm；

δ——结构硅酮密封胶的变位承受能力，取对应其受拉应力为 $0.14N/mm^2$ 时的延伸率；

μ_S——幕墙玻璃相对于铝合金框的位移量，mm，由主体结构的侧移产生的相对位移可按公式（5-104）计算，必要时还应考虑温度变化产生的相对位移；

h_g——玻璃面板的高度，mm；

θ——风荷载标准值作用下主体结构的楼层间弹性位移角，rad。

硅酮结构密封胶的粘结厚度应符合上述计算，且不应小于 6mm，也不应大于 12mm。

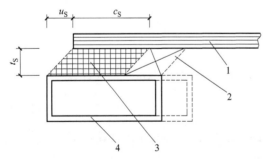

图 5-24 硅酮结构密封胶粘结厚度示意图
1—玻璃；2—垫条；3—结构硅酮密封胶；4—铝合金框

硅酮结构密封胶在使用前，应进行与玻璃、型材的剥离粘结性试验，以及与间隔条、密封垫和定位块等相接触材料的相容性试验，试验合格后才能使用。如果所使用的硅酮结构密封胶与相接触材料不相容，将会导致结构胶的粘结强度和其他粘结性能的下降或丧失，从而留下严重的安全隐患。

硅酮结构密封胶承受永久荷载的能力较低，其在永久荷载作用下的强度设计值仅为 $0.01N/mm^2$，而且始终处于受力变形状态。所以在结构胶长期承受重力的隐框或横向半隐框玻璃幕墙每块玻璃的下端宜设置两个铝合金或不锈钢托板，托板设计应能承受该分格玻璃的重力荷载作用，且其长度不应小于 100mm、厚度不应小于 2mm、高度不宜超出玻璃外表面。托板上应设置与结构密封胶相容的柔性衬垫。倒挂玻璃顶应设置金属安全件。

5.9　点支承玻璃幕墙支承结构设计

点支承玻璃幕墙的支承结构宜单独进行计算，玻璃面板不宜兼作支承结构的一部分。

复杂的支承结构宜采用有限元方法进行计算分析。

支承钢结构的设计应符合《钢结构设计规范》（GB 50017）的有关规定。

5.9.1　型钢及钢管桁架支承结构设计

① 单根型钢或钢管作为支承结构时，应符合下列规定：

a. 端部与主体结构的连接构造应能适应主体结构的位移。

b. 竖向构件宜按偏心受压构件或偏心受拉构件设计，水平构件宜按双向受弯构件设计，有扭矩作用时，应考虑扭矩的不利影响。

c. 受压杆件的长细比 λ 不应大于 150。

d. 在风荷载标准值作用下，挠度限值 $d_{f,\mathrm{lim}}$ 宜取其跨度的 1/250。计算时，悬臂结构的跨度可取其悬挑长度的 2 倍。

② 桁架或空腹桁架设计应符合下列规定：

a. 可采用型钢或钢管作为杆件。采用钢管时宜在节点处直接焊接，主管不宜开孔，支管不应穿入主管内。

b. 钢管外直径不宜大于壁厚的 50 倍，支管外直径不宜小于主管外直径的 0.3 倍。钢管壁厚不宜小于 4mm，主管壁厚不应小于支管壁厚。

c. 桁架杆件不宜偏心连接。弦杆与腹件、腹杆与腹杆之间的夹角不宜小于 30°。

d. 焊接钢管桁架宜按刚接体系计算，焊接钢管空腹桁架应按刚接体系计算。

e. 轴心受压或偏心受压的桁架杆件，长细比不应大于 150；轴心受拉或偏心受拉的桁架杆件，长细比不应大于 350。

f. 当桁架或空腹桁架平面外的不动支承点相距较远时，应设置正交方向上的稳定支撑结构。

g. 在风荷载标准值作用下，其挠度限值 $d_{f,\mathrm{lim}}$ 宜取其跨度的 1/250。计算时，悬臂桁架的跨度可取其悬挑长度的 2 倍。

5.9.2　索杆桁架支承结构设计

① 索杆桁架应由正、反两个方向的弦向拉索（杆）和受压腹杆组成，通过施加预张力构成承受风荷载或地震作用的预应力稳定体系。必要时，在主要受力方向的正交方向设置稳定性拉索（杆）或桁架。

② 索杆桁架在永久荷载控制的组合效应作用下拉索（杆）不应受压而退出工作；在可变荷载控制的组合效应作用下，拉索（杆）可退出工作，但结构体系仍应能维持稳定的平衡状态。

③ 结构力学分析时宜考虑几何非线性的影响。

④ 索杆桁架与主体结构的连接部位应能适应主体结构的位移，主体结构应能承受索杆体系的预拉力和荷载作用。

⑤ 连接件、受压杆和拉杆宜采用不锈钢材料，拉杆直径不宜小于 10mm；自平衡体系的受压杆件可采用碳素结构钢。拉索宜采用不锈钢绞线、高强钢绞线，可采用铝包钢绞线。钢绞线的钢丝直径不宜小于 1.2mm，钢绞线直径不宜小于 8mm。采用高强钢绞线时，其表面应做防腐涂层。

⑥ 自平衡体系、索杆体系的受压杆件的长细比 λ 不应大于 150。

⑦ 拉杆不宜采用焊接；拉索可采用冷挤压锚具连接，拉索不应采用焊接。

⑧ 在风荷载标准值作用下，挠度限值 $d_{f,\lim}$ 宜取其支承点距离的 1/200。

⑨ 张拉杆索体系的预拉力最小值，应使拉杆或拉索在荷载设计值作用下保持一定的预拉力储备。

5.9.3 单层索网及单拉索支承结构设计

① 单层索网支承结构应由两个方向的连续拉索相交组成，通过施加预张力构成平面索网结构或曲面索网结构。单拉索支承结构由一个方向的拉索组成。

② 单层索网及单拉索支承结构中的拉索在任何荷载作用情况下均应保持受拉，必要时可在拉索端部设置预拉力保持装置。

③ 单层索网及单拉索幕墙设计时，应充分考虑施工工况、断索、主体结构变形及支座不均匀沉降等因素的影响。

④ 单层平面索网挠度限值 $d_{f,\lim}$ 取其短跨支承点距离的 1/50。单拉索挠度限值 $d_{f,\lim}$ 取其支承点距离的 1/50。

6

玻璃幕墙热工设计计算

6.1 玻璃幕墙的传热

玻璃幕墙作为一种建筑围护结构也应具有防热御寒、使室内形成舒适的热环境的作用。冬夏两季，热量通过玻璃幕墙的传递方式不同：冬天热量由室内流向室外；夏季白天和晚上的热量流动方向相反，白天热量由室外流向室内，夜间热量由室内流向室外。因此，玻璃幕墙冬季的热工对策与夏季不同：在冬季，要求围护结构具有较好的保温性能；而夏季不仅要求围护结构隔热好，还要求夜间散热快。

玻璃幕墙的热工设计应根据玻璃幕墙内外的热量传递情况、传热部位以及结构形式，结合当地室外气候特征，采取不同的措施和处理方法。

6.1.1 热量传递的基本方式

在自然界中，只要有温差，就会有热量的传递。热量总是从高温物体传至低温物体，或从物体的高温部位传至低温部位。热量的传递方式有导热、对流和辐射三种。

6.1.1.1 导热

导热是指在同一物体内各部分温度不同或温度不同的物体直接接触时，材料内部发生的热量转移的过程。单纯的导热过程只有在密实的固体中才会发生，通过围护结构实体材料的热传递过程，可作为导热过程来考虑。

物体内或空间中各点的温度是空间和时间的函数。各点在某一时刻的温度分布叫作该物体或该空间的温度场。如果温度场不随时间变化，则叫作稳定温度场，由此产生的导热叫作稳定导热；如果温度随时间的变化而变化，则叫作不稳定温度场，由此产生的导热叫作不稳定导热。

在温度场中，连接温度相同的点便形成了等温面。只有在不同等温面上的点之间才有热量传递。

在建筑热工学中，遇到最多的是平壁的导热，如图 6-1 所示的单层匀质平壁，其宽与高的尺寸比厚度大得多，假设平壁内外表面的温度分别为 θ_i 和 θ_e，均不随时间变化，而且假定 $\theta_i > \theta_e$。实践证明，此时通过壁体的热量与壁面之间的温度差、传热面积和传热时间成正比，与壁体的厚度成反比，即：

$$Q = \frac{\lambda}{d}(\theta_i - \theta_e)F\tau \qquad (6\text{-}1)$$

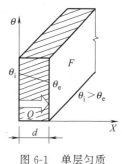

图 6-1 单层匀质平壁的导热

式中　Q——总导热量，kJ 或 W·h；

　　　λ——热导率，W/(m·K)，由材料性质决定的比例系数；

　　　θ_i——平壁内表面的温度，℃；

　　　θ_e——平壁外表面的温度，℃，对温度差，1℃=1K；

　　　d——平壁厚度，m；

　　　F——垂直于热量传递方向的平壁表面积，m²；

　　　τ——导热进行的时间，h。

热导率 λ 反映了材料的导热能力，其数值为：在稳定传热情况下，当材料层单位厚度内的温差为 1℃时，在 1h 内通过 1m² 表面积的热量。不同状态物质的热导率值相差很大：气体的热导率最小，约在 0.006~0.6W/(m·K)，空气在常温、常压下的热导率为 0.029W/(m·K)，静止不流动的空气具有很好的保温能力；液体的热导率次之，约为 0.07 ~0.7W/(m·K)，水在常温下，热导率为 0.58W/(m·K)，约为空气的 20 倍；金属的热导率最大，约为 2.2~420W/(m·K)；非金属材料，如绝大多数建筑材料的热导率介于 0.03~3W/(m·K)，工程上常把热导率 λ 值小于 0.25W/(m·K) 的材料称为绝热材料，如矿棉、泡沫塑料、珍珠岩、蛭石等。

如果用 q 表示单位时间内通过单位面积的热量（称为面积热流量），则由公式（6-1）有：

$$q = \frac{\lambda}{d}(\theta_i - \theta_e) \tag{6-2}$$

也可写作：

$$q = \frac{(\theta_i - \theta_e)}{\dfrac{d}{\lambda}} = \frac{(\theta_i - \theta_e)}{R} \tag{6-3}$$

式中　q——平壁的面积热流量，W/m²；

　　　R——热阻，m²·K/W，$R = d/\lambda$。

热阻 R 反映了热量通过平壁时遇到的阻力，是平壁抵抗热量通过的能力。在同样的温差条件下，热阻越大，通过材料层的热量就越少。要想增加热阻，可以加大平壁的厚度，或选用热导率 λ 值小的材料。

6.1.1.2　对流

对流是指依靠流体的宏观流动，把热量由一处传递到另一处的现象。工程上大量遇到的是流体流过一个固体壁面时发生的热量交换过程，称为表面换热或对流传热。

对流按产生原因可分为自然对流和受迫对流两种。自然对流是指本来温度相同的流体或流体与相邻的固体表面，因其中某一部分受热或遇冷产生温差，形成对流运动而传递热能。受迫对流是指因外力作用，如风力、水泵、风机等的扰动，迫使流体产生对流。自然对流的面积热流量主要取决于流体局部受热或受冷时所产生的温差，而受迫对流主要取决于外界扰动的大小。

流体与固体表面的对流传热过程可用牛顿公式进行计算：

$$q_c = \alpha_c(t - \theta) \tag{6-4}$$

式中　q_c——对流传热的面积热流量，W/m²；

　　　α_c——表面传热系数，W/(m²·K)，即当固体壁面与流体主体部分的温差为 1℃（对温差 1℃=1K）时，单位时间通过单位面积的传热量；

t——流体主体部分温度，℃；

θ——固体壁面温度，℃。

计算对流传热的面积热流量，也就是如何确定表面传热系数 α_c 的问题。公式（6-4）实际上把一切影响对流传热面积热流量的因素都归结到 α_c 中去了。

6.1.1.3　辐射

任何物体只要热力学温度高于 0K，表面就会不停地向四周发射电磁波，同时又不断地吸收其他物体投射来的电磁波。如果这种辐射的波长范围为 $0.4 \sim 40\mu m$，就会有明显的热效应。这种辐射与吸收的过程就造成了以辐射形式进行的物体间的能量转移——辐射传热。

辐射传热不需要物质间相互接触，也不需要任何中间媒介。

当物体表面受到辐射强度为 I_o 的辐射时，如反射的辐射强度为 I_ρ，被吸收的辐射强度为 I_α，透过物体（如透过玻璃）从另一侧传出去的辐射强度为 I_τ。根据能量守恒定律有： $I_o = I_\rho + I_\alpha + I_\tau$，若等式两端同时除以 I_o，则

$$\frac{I_\rho}{I_o} + \frac{I_\alpha}{I_o} + \frac{I_\tau}{I_o} = \rho + \alpha + \tau = 1 \tag{6-5}$$

式中　ρ——物体对辐射热的光谱反射比，$\rho = \dfrac{I_\rho}{I_o}$；

α——物体对辐射热的光谱吸收比，$\alpha = \dfrac{I_\alpha}{I_o}$；

τ——物体对辐射热的光谱透射比，$\tau = \dfrac{I_\tau}{I_o}$。

物体对不同波长的外来辐射的吸收、反射及透射的性能是不同的。凡能将外来辐射全部反射（$\rho = 1$）的物体称为绝对白体，能全部吸收（$\alpha = 1$）的称为全辐射体（也可称为黑体），能全部透过（$\tau = 1$）的则称为绝对透明体或透热体。在自然界中没有绝对全辐射体、绝对白体和绝对透明体。

物体对外放射辐射热能的能力用辐射照度来表示。单位时间内在单位面积上物体辐射的波长 $0 \sim \infty$ 范围的总能量，称作物体的全辐射照度，用符号 E 表示，单位是 W/m^2。全辐射体不但能吸收所有的外来辐射能，也能向外发射各种波长的热辐射，其辐射能力最强。全辐射体辐射遵守斯蒂芬-玻尔兹曼定律：

$$E_b = C_b \left(\frac{T_b}{100}\right)^4 \tag{6-6}$$

式中　T_b——全辐射体的热力学温度，K；

C_b——全辐射体的辐射系数，$C_b = 5.68 W/(m^2 \cdot K^4)$。

普通建筑材料的辐射能力都小于全辐射体，但它们发射的辐射光谱与同温度的全辐射体发射的相似，只是强度小一些，所以在工程上统称为灰体。灰体的全辐射照度 E 也可按斯蒂芬-玻尔兹曼定律来计算：

$$E = C \left(\frac{T}{100}\right)^4 \tag{6-7}$$

式中　T——灰体的热力学温度，K；

C——灰体的辐射系数，$W/(m^2 \cdot K^4)$。

物体的辐射系数表征物体向外发射辐射能的能力，它取决于物体表层的化学性质、光洁

度及温度等因素，其数值在 $0\sim5.68W/(m^2\cdot K^4)$。把灰体的全辐射照度与同温度下全辐射体的全辐射照度相比得到的数值称为黑度，用 ε 来表示，即：

$$\varepsilon=\frac{E}{E_b}=\frac{C}{C_b} \tag{6-8}$$

黑度 ε 表明灰体的辐射照度接近全辐射体的程度。根据希荷夫定律，在一定温度下，物体对辐射热的光谱吸收比 α 在数值上与其黑度 ε 是相等的。因而材料辐射能力越大，它对外来辐射的吸收能力亦越大；反之，辐射能力越小，则吸收能力亦越小。物体表面的黑度 ε 并不等于它对太阳辐射热的光谱吸收比 α_s，因为太阳的表面温度比普通物体的表面温度高得多。

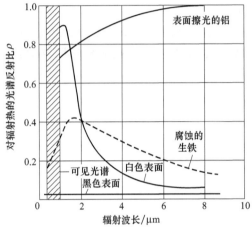

图 6-2　不同表面对辐射热的光谱反射比

物体对不同波长的外来辐射的反射能力也不同，白色表面对可见光的反射能力最强，对于长波热辐射，其反射能力则与黑色表面相差极小。至于磨光的表面，则不论其颜色如何，对长波辐射的反射能力都是很强的。图 6-2 为不同表面对辐射热的光谱反射比图线。

玻璃与一般建筑材料不同，对可见光来说，它是透明体，但对红外线却几乎是不透明体。因此，用普通玻璃制作的温室，能引进大量的太阳辐射热而阻止室内的长波辐射向外透射，产生所谓的"温室效应"。建筑设计中可利用"温室效应"应用无污染的太阳能。

表 6-1 列出了若干材料的辐射系数 C、黑度 ε 和对太阳辐射热的光谱吸收比 α_s 值。

表 6-1　材料的 C、ε 及 α_s 值

序号	材　料	$\varepsilon(10\sim40℃)$	$C=\varepsilon C_b$	α_s
1	全辐射体	1.00	5.68	1.00
2	开在太空腔上的小孔	0.97~0.99	5.50~5.62	0.97~0.99
3	黑色非金属表面(如沥青、纸等)	0.90~0.98	5.11~5.50	0.85~0.98
4	红砖、红瓦、混凝土、深色油漆	0.85~0.95	4.83~5.40	0.65~0.80
5	黄色的砖、石、耐火砖等	0.85~0.95	4.83~5.40	0.50~0.70
6	白色或淡奶油色砖，油漆、粉刷	0.85~0.95	4.83~5.40	0.30~0.50
7	涂料	0.90~0.95	5.11~5.40	大部分通过
8	窗玻璃	0.40~0.60	2.27~3.40	0.20~0.50
9	光亮的铝粉漆	0.20~0.30	1.14~1.70	0.40~0.65
10	铜、铝、镀锌铁皮、研磨铁板	0.02~0.05	0.11~0.28	0.30~0.5
11	研磨的黄铜、铜、磨光的铝、镀锡铁皮、镍铬板	0.02~0.04	0.11~0.23	0.10~0.40

实际上，建筑物的传热大多是辐射、对流和导热三种方式综合作用的结果。

6.1.2　稳定传热过程

围护结构传热的计算模型可分为两种：一种是稳定传热，一种是周期性不稳定传热。本节重点讲述建筑围护结构主体部分的一维稳定传热。

6.1.2.1　稳定传热

稳定传热是最简单和最基本的传热过程，由于计算方便，建筑热工设计中常采用此种模

型进行估算。如果围护结构的宽与高的尺寸比厚度大得多，则通过平壁的热量流动可认为只有沿厚度一个方向。一维稳定传热具有两点主要特征：一是通过平壁的面积热流量 q 处处相同；二是同一材质的平壁内部各界面间温度分布呈直线关系，即温度随距离的变化规律为直线。

建筑围护结构通常可简化为多层平壁。图 6-3 为三层平壁的稳定传热过程。

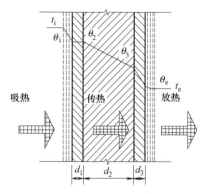

图 6-3 三层平壁的稳定传热过程

(1) 内表面吸热

由前述知识可知，壁体内表面和室内空气表面传热（对流传热）的面积热流量为：

$$q_i = \alpha_i(t_i - \theta_i) \tag{6-9}$$

式中　q_i——内表面传热的面积热流量，W/m^2；

　　　α_i——内表面的表面传热系数，$W/(m^2 \cdot K)$。

(2) 多层平壁内材料层的导热过程

由公式（6-9）可知，由内向外，平壁内各层的面积热流量分别为

第一层内：
$$q_1 = \frac{\theta_1 - \theta_2}{\dfrac{d_1}{\lambda_1}} = \frac{\theta_1 - \theta_2}{R_1} \tag{6-10}$$

第二层内：
$$q_2 = \frac{\theta_2 - \theta_3}{\dfrac{d_2}{\lambda_2}} = \frac{\theta_2 - \theta_3}{R_2} \tag{6-11}$$

第三层内：
$$q_3 = \frac{\theta_3 - \theta_e}{\dfrac{d_3}{\lambda_3}} = \frac{\theta_3 - \theta_e}{R_3} \tag{6-12}$$

(3) 外表面散热

$$q_e = \alpha_e(\theta_e - t_e) \tag{6-13}$$

式中　q_e——外表面传热的面积热流量，W/m^2；

　　　α_e——外表面的表面传热系数，$W/(m^2 \cdot K)$。

因为所讨论的问题属于一维稳定传热过程，传热量 q 应满足：

$$q = q_i = q_1 = q_2 = q_3 = q_e \tag{6-14}$$

联立公式（6-9）～公式（6-14），可得

$$q = \frac{t_i - t_e}{\dfrac{1}{\alpha_i} + \dfrac{d_1}{\lambda_1} + \dfrac{d_2}{\lambda_2} + \dfrac{d_3}{\lambda_3} + \dfrac{1}{\alpha_e}} \tag{6-15}$$

由公式（6-15），推广到多层平壁的稳定传热过程，有

$$q = \frac{t_i - t_e}{\dfrac{1}{\alpha_i} + \sum \dfrac{d}{\lambda} + \dfrac{1}{\alpha_e}} = \frac{t_i - t_e}{R_i + \sum \dfrac{d}{\lambda} + R_e} = \frac{t_i - t_e}{R_0} = K_0(t_i - t_e) \tag{6-16}$$

式中　q——通过平壁的面积热流量，W/m^2；

　　　R_i——平壁内表面的热阻，$m^2 \cdot K/W$，$R_i = 1/\alpha_i$；

$\sum\dfrac{d}{\lambda}$——平壁各材料层导热阻之和，$m^2 \cdot K/W$；

R_e——平壁外表面的热阻，$m^2 \cdot K/W$，$R_e = 1/\alpha_e$；

R_0——平壁的总传热阻，$m^2 \cdot K/W$，$R_0 = \dfrac{1}{\alpha_i} + \sum\dfrac{d}{\lambda} + \dfrac{1}{\alpha_e} = R_i + \sum\dfrac{d}{\lambda} + R_e$，它表示热

量从一侧空间传到另一侧空间时所受到的总阻力；

K_0——平壁的总传热系数，$W/(m^2 \cdot K)$，是总传热阻 R_0 的倒数，其物理意义是当

$t_i - t_e = 1℃$ 时，在单位时间内通过平壁单位表面积的传热量。

在建筑热工设计中，除特殊需要外，围护结构的表面传热系数或热阻一般都直接采用经验数据。由公式（6-16）可知，多层平壁的热阻等于各层平壁热阻之和。在室内外温差相同的条件下，热阻 R_0 越大，通过平壁所传递的热量就越少。

6.1.2.2 封闭空气间层的热阻

利用封闭空气间层，可大大增加围护结构的绝热性能。空气间层内的传热过程是一个有限空间内的两个表面之间的热转移过程，传热强度主要取决于对流及辐射的强度。

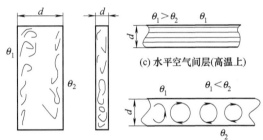

图 6-4 不同封闭空气间层中的自然对流情况

(1) 封闭空气间层自然对流情况

图 6-4（a）、（b）为垂直空气间层，当间层两界面存在温差时，热表面附近的空气将上升，冷表面附近的空气则下降，形成一股上升和下降的气流。图 6-4（a）为间层厚度较大的竖向空气间层，上升气流和下降气流互不干扰，与开敞空间中沿垂直壁面所产生的自然对流状况相似；图 6-4（b）间层厚度较小，上升气流和下降气流相互干扰，形成局部环流，加强了传热。

图 6-4（c）、（d）为水平空气间层，图 6-24（c）中，高温面在上方，间层内可视为不存在气体对流；而图 6-24（d）中，高温面在下方，形成强烈的自然对流。

(2) 封闭空气间层的辐射传热

间层表面材料的辐射系数大小和间层平均温度的高低直接影响间层的辐射传热量。对于普通的竖直空气间层，在单位温差下，辐射传热量占总传热量的 70% 以上，因此，要提高空气间层的热阻，首先要设法减少辐射传热量。将空气间层布置在围护结构的冷侧，降低间层的平均温度，可减少辐射传热量，但效果不显著。最有效的措施是在间层壁面涂贴辐射系数小的反射材料，如阳光辐射镀膜玻璃。

6.1.3 周期性不稳定传热

(1) 周期性不稳定传热的基本特点

无论是室外还是室内，围护结构所受到的环境热作用都在随时间变化，围护结构内部的温度和通过围护结构的面积热流量也随之发生变化，这种传热过程称为不稳定传热。若外界热作用随着时间呈周期性变化，则称为周期性不稳定传热。

实际观测中发现，如果室外气温以 24h 为周期波动，围护结构各截面上的面积热流量和温度也在各自的平均值上下波动，而且这种传热过程有两个基本特点：

① 温度波动过程的延迟。外表面温度波动过程比室外气温波动晚一些，内表面比外表面又晚一些，这种时间上的"滞后"现象称为温度波动过程的延迟。产生温度波过程延迟的原因在于，材料层升温或降温需要一定的时间进行热量传递。

② 温度波的"衰减"。在一个周期（如一个昼夜）内，尽管室外气温变化的波动很激烈，但围护结构各层温度的波动幅度却按由外向内的顺序越来越小，这种温度波动程度逐渐减弱的现象，称为温度波的"衰减"。温度波在围护结构内的衰减是由于结构材料层的热惰性造成的。

（2）谐波作用下材料和围护结构的热特性指标

在夏季热工设计中，为了简化计算，一般把室内外温度当作谐波处理，即按正弦或余弦规律变化。周期传热中涉及的几个主要热特性指标如下。

① 材料的蓄热系数。某一匀质半无限大壁体一侧受到谐波热作用时，迎波面（即直接受到外界热作用的一侧表面）上接受的面积热流量振幅 A_q 与该表面的温度振幅 A_θ 之比，称为材料的蓄热系数，用"S"表示，单位是 $W/(m^2 \cdot K)$，即：

$$S = \frac{A_q}{A_\theta} \tag{6-17}$$

在同样的谐波热作用下，材料的蓄热系数 S 越大，材料表面的温度波动越小。

② 材料层的热惰性指标。材料层的热惰性指标是表示材料层受到波动热的作用后，背波面上温度波动剧烈程度的一个指标，它表明材料层抵抗温度波动的能力，用 D 表示。它是一个无量纲的量，在数值上等于材料层的热阻 R 与材料层的蓄热系数 S 之积。

$$D = RS \tag{6-18}$$

式中　R——材料层的热阻，$m^2 \cdot K/W$；

　　　S——材料的蓄热系数，$W/(m^2 \cdot K)$。

对由多层材料组成的围护结构，热惰性指标为各材料层热惰性指标之和，即

$$D = R_1 S_2 + R_2 S_2 + \cdots + R_n S_n = D_1 + D_2 + \cdots + D_n \tag{6-19}$$

空气间层的蓄热系数 S 和热惰性指标 D 均为零。

6.2　玻璃幕墙热工计算

6.2.1　基本术语

传热系数是指在稳定条件下，两侧环境温度差为 1K（℃）时，在单位时间内通过单位面积玻璃幕墙的热量。传热系数在门窗幕墙行业内也叫 K 值（中国、日本、欧洲）或 U 值（美国）。

线传热系数是指幕墙玻璃（或其他镶嵌板）边缘与框的组合传热效应所产生附加传热量的参数。

面板传热系数是指面板中部区域的传热系数，不考虑边缘的影响。如玻璃传热系数是指玻璃面板中部区域的传热系数。

可见光透射比是指采用人眼视见函数进行加权，标准光源透过玻璃、玻璃幕墙成为室内的可见光通量与透射到玻璃、玻璃幕墙上的可见光通量的比值。

太阳光总透射比是指通过玻璃、玻璃幕墙成为室内得热量的太阳辐射部分与投射到玻璃、玻璃幕墙构件上的太阳辐射照度的比值。成为室内得热量的太阳辐射部分包括太阳辐射通过辐射透射的得热量和太阳辐射被构件吸收再传入室内的得热量两部分。

露点温度是指在一定的压力和水蒸气含量的条件下，空气达到饱和水蒸气状态时（相对湿度等于100%）的温度。

遮阳系数是指在给定条件下，玻璃、玻璃幕墙的太阳光总透射比，与相同条件下相同面积的标准玻璃（3mm厚透明玻璃）的太阳光总透射比的比值。

6.2.2 计算环境边界条件

在进行实际工程设计时，玻璃幕墙热工性能计算所采用的边界条件应符合相应的建筑设计和节能设计标准规定。

《建筑门窗玻璃幕墙热工计算规程》（JGJ/T 151）中规定的计算环境边界条件如下。

(1) 冬季标准计算条件

室内空气温度 $T_{in}=20℃$；

室外空气温度 $T_{out}=-20℃$；

室内对流换热系数 $h_{c,in}=3.6$ W/(m²·K)；

室外对流换热系数 $h_{c,out}=16$ W/(m²·K)；

室内平均辐射温度 $T_{rm,in}=T_{in}$；

室外平均辐射温度 $T_{rm,out}=T_{out}$；

太阳辐射照度 $I_s=300$ W/m²。

(2) 夏季标准计算条件

室内空气温度 $T_{in}=25℃$；

室外空气温度 $T_{out}=30℃$；

室内对流换热系数 $h_{c,in}=2.5$ W/(m²·K)；

室外对流换热系数 $h_{c,out}=16$ W/(m²·K)；

室内平均辐射温度 $T_{rm,in}=T_{in}$；

室外平均辐射温度 $T_{rm,out}=T_{out}$；

太阳辐射照度 $I_s=500$ W/m²。

传热系数计算应采用冬季标准计算条件，并取 $I_s=0$ W/m²。计算玻璃幕墙的传热系数时，周边框的室外对流换热系数 $h_{c,out}$ 应取 8W/(m²·K)，周边框附近玻璃边缘（65mm内）的室外对流换热系数 $h_{c,out}$ 应取 12W/(m²·K)。

遮阳系数、太阳光总透射比计算应采用夏季标准计算条件。

(3) 结露性能评价与计算的标准计算条件

室内环境温度：20℃；

室内环境湿度：30%、60%；

室外环境温度：0℃、-10℃、-20℃；

室外对流换热系数：20W/(m²·K)。

框的太阳光总透射比 g_f 计算应采用下列边界条件：

$$q_{in}=\alpha I_s \tag{6-20}$$

式中　α——框表面太阳辐射吸收系数；

I_s——太阳辐射照度，W/m²；

q_{in}——框吸收的太阳辐射热，W/m²。

6.2.3 玻璃幕墙的热工计算步骤

玻璃幕墙热工计算的基本步骤，首先是根据幕墙所在的热工分区，确定热工性能指标，然后分析玻璃幕墙结构，确定边界条件，分别计算出玻璃幕墙各组成部分（包括框、玻璃、非透明面板）的传热系数，最后按要求计算单幅幕墙的传热系数，如图6-5所示。

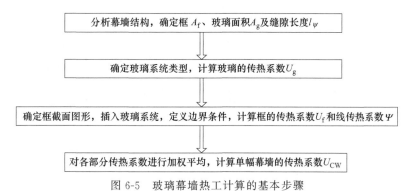

图 6-5　玻璃幕墙热工计算的基本步骤

① 玻璃幕墙整体的传热系数、遮阳系数、可见光透射比，应采用各部件的相应数值按面积进行加权平均计算。

② 非透明多层面板的传热系数应按照各个材料层热阻相加的方法进行计算。

③ 计算幕墙水平和垂直转角部位的传热时，可将幕墙展开，将转角框简化为传热等效的框进行计算。

6.2.4 幕墙几何描述

整幅玻璃幕墙应根据框截面、镶嵌面板类型的不同将幕墙框节点进行分类，不同种类的框截面节点均应计算其传热系数及对应框和镶嵌面板接缝的线传热系数。

① 在进行幕墙热工计算时，应按下列规定进行面积划分（图6-6）。

a. 框投影面积 A_f：指从室内、外两侧分别投影，得到的可视框投影面积中的较大值，简称"框面积"；

b. 玻璃投影面积 A_g（或其他镶嵌板的投影面积 A_p）：指室内、外侧可见玻璃（或其他镶嵌板）边缘围合面积的较小值，简称"玻璃面积"（或"镶嵌板面积"）；

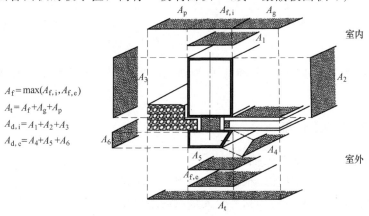

图 6-6　各部分面积划分示意

c. 幕墙总投影面积 A_t：指框面积 A_f 与玻璃面积 A_g（和其面板面积 A_p）之和，简称"幕墙面积"。

② 幕墙玻璃（或其他镶嵌板）和框结合的线传热系数对应的边缘长度 l_g 应为框与面板的接缝长度，并应取室内、室外接缝长度的较大值（图 6-7）。

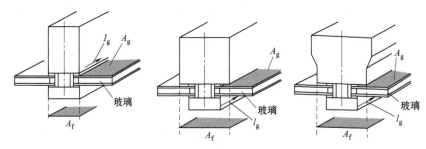

图 6-7　框与面板结合的几种情况示意

③ 幕墙计算的边界和单元的划分应根据幕墙形式的不同采用不同的方式。幕墙计算单元的划分应符合下列规定：

a. 构件式幕墙计算单元可从型材中线剖分（图 6-8）；

b. 单元式幕墙计算单元可从单元间的拼缝处剖分（图 6-9）。

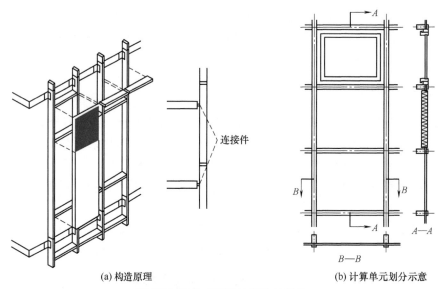

(a) 构造原理　　　　　　　　　　(b) 计算单元划分示意

图 6-8　构件式幕墙计算单元划分

④ 幕墙计算的节点应包括幕墙上所有典型的节点，对于复杂的节点可拆分计算（图 6-10）。

6.2.5　玻璃光学热工性能

6.2.5.1　单片玻璃的光学热工性能

单片玻璃的光学、热工性能应根据测定的单片玻璃光谱数据进行计算。

测定的单片玻璃光谱数据应包括各个光谱段的透射比、前反射比和后反射比，并至少包括 $300 \sim 2500 \text{nm}$ 波长范围，不同波长范围的间隔应满足如下要求：

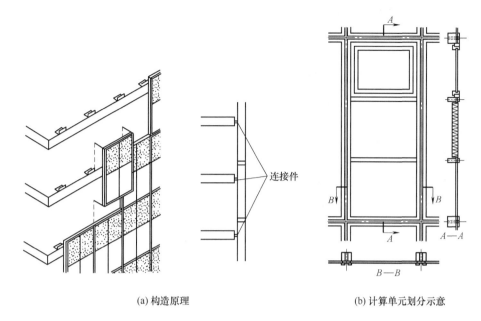

(a) 构造原理　　　　　　　　　(b) 计算单元划分示意

图 6-9　单元式幕墙计算单元划分

① 波长为 300～400nm 时，数据点间隔不宜超过 5nm；

② 波长为 400～1000nm 时，数据点间隔不宜超过 10nm；

③ 波长为 1000～2500nm 时，数据点间隔不宜超过 50nm。

(1) 单片玻璃的可见光透射比

单片玻璃的可见光透射比 τ_ν 应按下式计算：

$$\tau_\nu = \frac{\int_{380}^{780} D_\lambda \tau(\lambda) V(\lambda) \mathrm{d}\lambda}{\int_{380}^{780} D_\lambda V(\lambda) \mathrm{d}\lambda} \approx \frac{\sum_{\lambda=380}^{780} D_\lambda \tau(\lambda) V(\lambda) \Delta\lambda}{\sum_{\lambda=380}^{780} D_\lambda V(\lambda) \Delta\lambda}$$

(6-21)

式中　D_λ——D65 标准光源相对光谱功率分布；

　　　$\tau(\lambda)$——玻璃透射比的光谱数据；

　　　$V(\lambda)$——人眼的视见函数。

(2) 单片玻璃的可见光反射比

单片玻璃的可见光反射比 ρ_ν 应按下式计算：

$$\rho_\nu = \frac{\int_{380}^{780} D_\lambda \rho(\lambda) V(\lambda) \mathrm{d}\lambda}{\int_{380}^{780} D_\lambda V(\lambda) \mathrm{d}\lambda} \approx \frac{\sum_{\lambda=380}^{780} D_\lambda \rho(\lambda) V(\lambda) \Delta\lambda}{\sum_{\lambda=380}^{780} D_\lambda V(\lambda) \Delta\lambda}$$

(6-22)

式中，$\rho(\lambda)$ 为玻璃反射比的光谱数据。

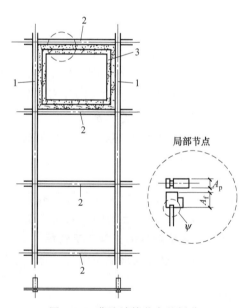

图 6-10　幕墙计算节点的拆分

1—立柱；2—横梁；3—开启扇窗

(3) 单片玻璃的太阳光直接透射比

单片玻璃的太阳光直接透射比 τ_s 应按下式计算：

$$\tau_s = \frac{\int_{300}^{2500} \tau(\lambda) S(\lambda) \mathrm{d}\lambda}{\int_{300}^{2500} S(\lambda) \mathrm{d}\lambda} \approx \frac{\sum_{\lambda=300}^{2500} \tau(\lambda) S(\lambda) \Delta\lambda}{\sum_{\lambda=300}^{2500} S(\lambda) \Delta\lambda} \tag{6-23}$$

式中　$\tau(\lambda)$——玻璃透射比的光谱数据；

　　　$S(\lambda)$——标准太阳光谱。

(4) 单片玻璃的太阳光直接反射比

单片玻璃的直接反射比 ρ_s 应按下式计算：

$$\rho_s = \frac{\int_{300}^{2500} \rho(\lambda) S(\lambda) \mathrm{d}\lambda}{\int_{300}^{2500} S(\lambda) \mathrm{d}\lambda} \approx \frac{\sum_{\lambda=300}^{2500} \rho(\lambda) S(\lambda) \Delta\lambda}{\sum_{\lambda=300}^{2500} S(\lambda) \Delta\lambda} \tag{6-24}$$

式中，$\rho(\lambda)$ 为玻璃反射比的光谱数据。

(5) 单片玻璃的太阳光总透射比

单片玻璃的太阳光总透射比 g 应按下式计算：

$$g = \tau_s + \frac{A_s h_{in}}{h_{in} + h_{out}} \tag{6-25}$$

式中　h_{in}——玻璃室内表面换热系数，$\mathrm{W/(m^2 \cdot K)}$；

　　　h_{out}——玻璃室外表面换热系数，$\mathrm{W/(m^2 \cdot K)}$；

　　　A_s——单片玻璃的太阳光直接吸收比，用公式 $A_s = 1 - \tau_s - \rho_s$ 计算。

(6) 单片玻璃的遮阳系数

单片玻璃的遮阳系数 $\mathrm{SC_{cg}}$ 应按下式计算：

$$\mathrm{SC_{cg}} = \frac{g}{0.87} \tag{6-26}$$

式中　$\mathrm{SC_{cg}}$——透明玻璃部分的遮阳系数；

　　　g——单片玻璃的太阳光总透射比。

6.2.5.2　多层玻璃的光学热工性能

太阳光透过多层玻璃系统的计算应采用如下计算模型，如图 6-11 所示。

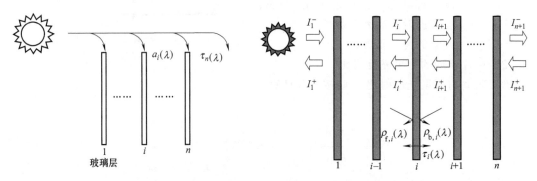

图 6-11　玻璃层的吸收率和太阳光透射比　　　　图 6-12　多层玻璃体系中太阳辐射热的分析

一个具有 n 层玻璃的系统，系统分为 $n+1$ 个气体间层，最外层为室外环境（$i=1$），最内层为室内环境（$i=n+1$）。对于波长 λ 的太阳光，系统的光学分析应以第 $i-1$ 层和第 i 层玻璃之间的辐射能量 $I_i^+(\lambda)$ 和 $I_i^-(\lambda)$ 建立能量平衡方程，其中角标"$+$""$-$"分别表示辐射流向室外和流向室内，如图 6-12 所示。

设定室外只有太阳的辐射，室外和室内环境的反射比均为零。

当 $i=1$ 时：

$$I_1^+(\lambda)=\tau_1(\lambda)I_2^+(\lambda)+\rho_{f,1}(\lambda)I_s(\lambda) \tag{6-27}$$

$$I_1^-(\lambda)=I_s(\lambda) \tag{6-28}$$

当 $i=n+1$：

$$I_{n+1}^-(\lambda)=\tau_n(\lambda)I^-(\lambda) \tag{6-29}$$

$$I_{n+1}^+(\lambda)=0 \tag{6-30}$$

当 $i=2\sim n$ 时：

$$I_i^+(\lambda)=\tau_i(\lambda)I_{i+1}^+(\lambda)+\rho_{f,i}(\lambda)I_i^-(\lambda) \tag{6-31}$$

$$I_i^-(\lambda)=\tau_{i-1}(\lambda)I_{i-1}^-(\lambda)+\rho_{b,i-1}(\lambda)I_i^+(\lambda) \tag{6-32}$$

利用解线性方程组的方法计算所有气体层的 $I_i^+(\lambda)$ 和 $I_i^-(\lambda)$ 的值，传向室内的直接透射比由下式计算：

$$\tau(\lambda)I_s(\lambda)=I_{n+1}^-(\lambda) \tag{6-33}$$

反射到室外的直接反射比由下式计算：

$$\rho(\lambda)I_s(\lambda)=I_1^+(\lambda) \tag{6-34}$$

第 i 层玻璃的太阳辐射吸收比 $A_i(\lambda)$，采用下式计算：

$$A_i(\lambda)=\frac{I_i^-(\lambda)+I_{i+1}^+(\lambda)-I_i^+(\lambda)-I_{i+1}^-(\lambda)}{I_s(\lambda)} \tag{6-35}$$

对整个太阳光谱进行数值积分，可以得到第 i 层玻璃吸收的太阳辐射热流密度 S_i：

$$S_i=A_iI_s \tag{6-36}$$

$$A_i=\frac{\int_{300}^{2500}A_i(\lambda)S_\lambda\,\mathrm{d}\lambda}{\int_{300}^{2500}S_\lambda\,\mathrm{d}\lambda}=\frac{\sum_{\lambda=300}^{2500}A_i(\lambda)S_\lambda\Delta\lambda}{\sum_{\lambda=300}^{2500}S_\lambda\Delta\lambda} \tag{6-37}$$

式中，A_i 为太阳辐射照射到玻璃系统时，第 i 层玻璃的太阳辐射吸收比。

多层玻璃的可见光透射比、可见光反射比、太阳光直接透射比和太阳光直接反射比分别按公式（6-21）、公式（6-22）、公式（6-23）和公式（6-24）进行计算。

6.2.5.3 玻璃气体间层的热传递

玻璃间气体间层的能量平衡可用如下基本关系表达式（图 6-13 所示）：

$$q_i=h_{c,i}(T_{f,i}-T_{b,i-1})+J_{f,i}-J_{b,i-1} \tag{6-38}$$

式中　$T_{f,i}$——第 i 层玻璃前表面温度，K；

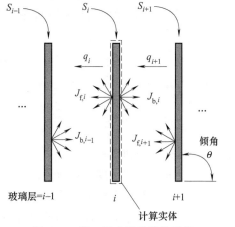

图 6-13　第 i 层玻璃的能量平衡

$T_{b,i-1}$——第 $i-1$ 层玻璃后表面温度，K；

$J_{f,i}$——第 i 层玻璃前表面辐射热，W/m²；

$J_{b,i-1}$——第 $i-1$ 层玻璃后表面辐射热，W/m²。

在每一层气体间层中，应按下列公式计算：

$$q_i = S_i + q_{i+1} \tag{6-39}$$

$$J_{f,i} = \varepsilon_{f,i}\sigma T_{f,i}^4 + \tau_i J_{f,i+1} + \rho_{f,i} J_{b,i-1} \tag{6-40}$$

$$J_{b,i} = \varepsilon_{b,i}\sigma T_{b,i}^4 + \tau_i J_{b,i-1} + \rho_{b,i} J_{f,i+1} \tag{6-41}$$

$$T_{b,i} - T_{f,i} = \frac{t_{g,i}}{2\lambda_{g,i}}(2q_{i+1} + S_i) \tag{6-42}$$

式中　$t_{g,i}$——第 i 层玻璃的厚度，m；

S_i——第 i 层玻璃吸收的太阳辐射热，W/m²；

τ_i——第 i 层玻璃的远红外透射比；

$\rho_{f,i}$——第 i 层前玻璃的远红外反射比；

$\rho_{b,i}$——第 i 层后玻璃的远红外反射比；

$\varepsilon_{b,i}$——第 i 层后表面半球发射率；

$\varepsilon_{f,i}$——第 i 层前表面半球发射率；

$\lambda_{g,i}$——第 i 层玻璃的热导率，W/(m²·K)。

在计算传热系数时，应设定太阳辐射 $I_s=0$。在每层材料均为玻璃（或远红外透射比为零的材料）的系统中，可按如下热平衡方程计算气体间层的传热：

$$q_i = h_{c,i}(T_{f,i} - T_{b,i-1}) + h_{r,i}(T_{f,i} - T_{b,i-1}) \tag{6-43}$$

式中　$h_{r,i}$——第 i 层气体层的辐射换热系数；

$h_{c,i}$——第 i 层气体层的对流换热系数。

玻璃层间气体间层的对流换热系数可由无量纲的努谢尔特数 Nu_i 确定：

$$h_{c,i} = Nu_i\left(\frac{\lambda_{g,i}}{d_{g,i}}\right) \tag{6-44}$$

式中　$d_{g,i}$——气体间层 i 的厚度，m；

$\lambda_{g,i}$——所充气体的热导率，W/(m·K)；

Nu_i——努谢尔特数，是瑞利数 Ra_j、气体间层高厚比和气体层间倾角 θ 的函数。

玻璃层间气体间层的瑞利数可按下列公式表示：

$$Ra = \frac{\gamma^2 d^3 G\beta c_p \Delta T}{\mu\lambda} \tag{6-45}$$

$$\beta = \frac{1}{T_m} \tag{6-46}$$

$$A_{g,i} = \frac{H}{d_{g,i}} \tag{6-47}$$

式中　Ra——瑞利数；

γ——气体密度，kg/m³；

c_p——常压下气体的比热容，J/(kg·K)；

μ——常压下气体的黏度，kg/(m·s)；

λ——常压下气体的热导率，W/(m·K)；

d——气体间层的厚度，m；

ΔT——气体间层前后玻璃表面的温度差，K；

β——将填充气体作理想气体处理时的气体热膨胀系数；

T_m——填充气体的平均温度，K；

H——气体层间顶部到底部的距离，m，通常应和窗的透光区域高度相同。

$A_{g,i}$——第 i 层气体间层的高厚比。

应对应于不同的倾角 θ 值或范围，定量计算通过玻璃气体间层的对流热传递。以下计算假设空腔从室内加热（即 $T_{f,i} > T_{b,i-1}$），若实际上室外温度高于室内（$T_{f,i} < T_{b,i-1}$），则要用（$180° - \theta$）代替 θ。

空腔的努谢尔特数 Nu_i 应按下列公式计算：

(1) 气体间层倾角 $0 \leqslant \theta < 60°$

$$Nu_i = 1 + 1.44 \left[1 - \frac{1708}{Ra\cos\theta} \right]^* \left[1 - \frac{1708\sin^{1.6}(1.8\theta)}{Ra\cos\theta} \right] + \left[\left(\frac{Ra\cos\theta}{5830} \right)^{\frac{1}{3}} - 1 \right]^*$$

$$Ra < 10^5 \text{ 且 } A_{g,i} > 20 \tag{6-48}$$

式中，函数 $[x]^*$ 表达式为：$[x]^* = \dfrac{x + |x|}{2}$。

(2) 气体间层倾角 $\theta = 60°$

$$Nu = (Nu_1, Nu_2)_{\max} \tag{6-49}$$

式中

$$Nu_1 = \left[1 + \left(\frac{0.0936Ra^{0.314}}{1 + G_N} \right)^7 \right]^{\frac{1}{7}}$$

$$Nu_2 = \left(0.104 + \frac{0.175}{A_{g,i}} \right) Ra^{0.283}$$

$$G_N = \frac{0.5}{\left[1 + \left(\frac{Ra}{3160} \right)^{20.6} \right]^{0.1}}$$

(3) 气体间层倾角 $60° < \theta < 90°$

可根据公式（6-49）和公式（6-50）的计算结果按倾角 θ 作线性插值。以上公式适用于 $10^2 < Ra < 2 \times 10^7$ 且 $5 < A_{g,i} < 100$ 的情况。

(4) 垂直气体间层 $\theta = 90°$

$$Nu = (Nu_1, Nu_2)_{\max} \tag{6-50}$$

$Nu_1 = 0.0673838Ra^{\frac{1}{3}}$ $Ra > 5 \times 10^4$

$Nu_1 = 0.028154Ra^{0.4134}$ $10^4 < Ra \leqslant 5 \times 10^4$

$Nu_1 = 1 + 1.7596678 \times 10^{-10}Ra^{2.2984755}$ $Ra \leqslant 10^4$

$Nu_2 = 0.242 \left(\dfrac{Ra}{A_{g,i}} \right)^{0.272}$

(5) 气体间层倾角 $90° < \theta < 180°$

$$Nu = 1 + (Nu_v - 1)\sin\theta \tag{6-51}$$

式中 Nu_v——垂直气体间层的努谢尔特数。

玻璃（或其他远红外辐射透射比为零的板材），气体间层两侧玻璃的辐射换热系数 h_r 应按下列公式计算：

$$h_r = 4\sigma\left(\frac{1}{\varepsilon_1} + \frac{1}{\varepsilon_2} - 1\right)^{-1} T_m^3 \tag{6-52}$$

式中　σ——斯蒂芬-玻尔兹曼常数；

ε_1，ε_2——气体间层中的两个玻璃表面在平均热力学温度 T_m 下的半球发射率；

T_m——气体间层中两个表面的平均热力学温度，K。

6.2.5.4　玻璃系统的热工参数

(1) 玻璃系统传热系数

计算玻璃系统传热系数时应采用简单的模拟环境条件，仅考虑室内外温差，没有太阳辐射，应按下式计算：

$$U_g = \frac{q_{in}(I_s = 0)}{T_{ni} - T_{ne}} \tag{6-53}$$

$$U_g = \frac{1}{R_t} \tag{6-54}$$

式中　$q_{in}(I_s = 0)$——没有太阳辐射热时，通过玻璃系统传向室内的净热流，W/m^2；

T_{ne}——室外环境温度，K；

T_{ni}——室内环境温度，K。

玻璃系统的传热阻 R_t 为各层玻璃、气体间层、内外表面换热阻之和，应按下列公式计算：

$$R_t = \frac{1}{h_{out}} + \sum_{i=2}^{n} R_i + \sum_{i=1}^{n} R_{g,i} + \frac{1}{h_{in}} \tag{6-55}$$

$$R_{g,i} = \frac{t_{g,i}}{\lambda_{g,i}} \tag{6-56}$$

$$R_i = \frac{T_{f,i} - T_{b,i-1}}{q_i}, i = 2 \sim n \tag{6-57}$$

式中　$R_{g,i}$——第 i 层玻璃的固体热阻，$m^2 \cdot K/W$；

R_i——第 i 层气体间层的热阻，$m^2 \cdot K/W$；

$T_{f,i}$，$T_{b,i-1}$——第 i 层气体间层的外表面和内表面温度，K；

q_i——第 i 层气体间层的热流密度。

环境温度应是周围空气温度 T_{air} 和平均辐射温度 T_{rm} 的加权平均值，应按下式计算：

$$T_n = \frac{h_c T_{air} + h_r T_{rm}}{h_c + h_r} \tag{6-58}$$

式中　h_r——辐射换热系数；

h_c——对流换热系数。

(2) 玻璃系统的遮阳系数

玻璃系统遮阳系数的计算应符合下列规定：

① 各层玻璃室外侧方向的热阻应按下式计算：

$$R_{out,i} = \frac{1}{h_{out}} + \sum_{k=2}^{i} R_k + \sum_{k=1}^{i-1} R_{g,k} + \frac{1}{2} R_{g,i} \tag{6-59}$$

式中　$R_{g,i}$——第 i 层玻璃的固体热阻，$m^2 \cdot K/W$；

$R_{g,k}$——第 k 层玻璃的固体热阻，$m^2 \cdot K/W$；

R_k——第 k 层气体间层的热阻，$m^2 \cdot K/W$。

② 各层玻璃向室内的二次传热应按下式计算：

$$q_{\mathrm{in},i}=\frac{A_{\mathrm{s},i}R_{\mathrm{out},i}}{R_{\mathrm{t}}} \tag{6-60}$$

③ 玻璃系统的太阳光总透射比应按下式计算：

$$g=\tau_{\mathrm{s}}+\sum_{i=1}^{n}q_{\mathrm{in},i} \tag{6-61}$$

④ 玻璃系统的玻璃的遮阳系数 SC_{cg} 应按下式计算：

$$SC_{\mathrm{cg}}=\frac{g}{0.87} \tag{6-62}$$

6.2.6 框传热计算

由于框内部结构复杂多样，对于框传热系数的计算，多采用计算机软件进行模拟计算，常用的方法是基于二维稳态热传递原理的有限单元法。软件中的计算程序应包括复杂灰色体漫反射模型和玻璃气体间层内、框空腔内的对流换热计算模型。

计算时首先输入图形及材料的物理参数，然后确定边界条件，最后进行施加荷载计算，得到窗框的传热系数。

6.2.6.1 框的传热系数

计算框的传热系数 U_{f} 应符合下列规定：

① 框的传热系数应在计算幕墙的某一框截面的二维热传导的基础上获得。

② 在框的计算截面中，应用一块热导率 $\lambda=0.03\mathrm{W/(m\cdot K)}$ 的板材替代实际的玻璃（或其他镶嵌板），板材的厚度等于所替代面板的厚度，嵌入框的深度按照面板嵌入的实

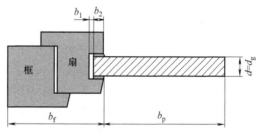

图 6-14 框传热系数计算模型示意图

际尺寸，可见部分的板材宽度 b_{p} 不应小于 200mm，如图 6-14 所示。

在室内外标准条件下，用二维热传导计算程序计算流过上图示截面的热流 q_{w}：

$$q_{\mathrm{w}}=\frac{(U_{\mathrm{f}}b_{\mathrm{f}}+U_{\mathrm{p}}b_{\mathrm{p}})(T_{\mathrm{n},\mathrm{in}}-T_{\mathrm{n},\mathrm{out}})}{b_{\mathrm{f}}+b_{\mathrm{p}}} \tag{6-63}$$

$$L_{\mathrm{f}}^{2\mathrm{D}}=\frac{q_{\mathrm{w}}(b_{\mathrm{f}}+b_{\mathrm{p}})}{T_{\mathrm{n},\mathrm{in}}-T_{\mathrm{n},\mathrm{out}}} \tag{6-64}$$

合并上述两式，得到窗框的传热系数：

$$U_{\mathrm{f}}=\frac{L_{\mathrm{f}}^{2\mathrm{D}}-U_{\mathrm{p}}b_{\mathrm{p}}}{b_{\mathrm{f}}} \tag{6-65}$$

式中 U_{f}——框的传热系数，$\mathrm{W/(m^2\cdot K)}$；

$L_{\mathrm{f}}^{2\mathrm{D}}$——框截面整体的线传热系数，$\mathrm{W/(m\cdot K)}$；

U_{p}——板材的传热系数，$\mathrm{W/(m^2\cdot K)}$；

b_{f}——框的投影宽度，m；

b_{p}——板材可见部分的宽度，m；

$T_{\mathrm{n},\mathrm{in}}$——室内环境温度，K；

$T_{\mathrm{n},\mathrm{out}}$——室外环境温度，K。

6.2.6.2 框与玻璃系统（或其他镶嵌板）接缝的线传热系数

计算框与玻璃系统（或其他镶嵌板）接缝的线传热系数 ψ 应符合下列规定：

用实际的玻璃系统（或其他镶嵌板）替代热导率 $\lambda=0.03\mathrm{W/(m\cdot K)}$ 的板材，其他尺寸不变，如图 6-15 所示。

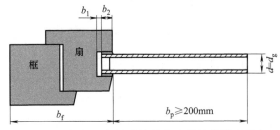

图 6-15 框与面板接缝线传热系数计算模型示意

用二维热传导计算程序，计算在室内外标准条件下流过图示截面的热流 q_ψ。

$$q_\psi=\frac{(U_\mathrm{f}b_\mathrm{f}+U_\mathrm{g}b_\mathrm{g}+\psi)(T_\mathrm{n,in}-T_\mathrm{n,out})}{b_\mathrm{f}+b_\mathrm{g}} \tag{6-66}$$

$$L_\psi^{2\mathrm{D}}=\frac{q_\psi(b_\mathrm{f}+b_\mathrm{g})}{T_\mathrm{n,in}-T_\mathrm{n,out}} \tag{6-67}$$

合并上述两式，得到线传热系数：

$$\psi=L_\psi^{2\mathrm{D}}-U_\mathrm{f}b_\mathrm{f}-U_\mathrm{g}b_\mathrm{g} \tag{6-68}$$

式中 ψ——框与玻璃（或其他镶嵌板）接缝的线传热系数，$\mathrm{W/(m\cdot K)}$；

$L_\psi^{2\mathrm{D}}$——框截面整体的线传热系数，$\mathrm{W/(m\cdot K)}$；

U_g——玻璃的传热系数，$\mathrm{W/(m^2\cdot K)}$；

b_g——玻璃可见部分的宽度，m；

$T_\mathrm{n,in}$——室内环境温度，K；

$T_\mathrm{n,out}$——室外环境温度，K。

6.2.7 幕墙传热系数

① 单幅幕墙的传热系数 U_cw 应按下式计算：

$$U_\mathrm{cw}=\frac{\sum U_\mathrm{g}A_\mathrm{g}+\sum U_\mathrm{p}A_\mathrm{p}+\sum U_\mathrm{f}A_\mathrm{f}+\sum \psi_\mathrm{g}l_\mathrm{g}+\sum \psi_\mathrm{p}l_\mathrm{p}}{\sum A_\mathrm{g}+\sum A_\mathrm{p}+\sum A_\mathrm{f}} \tag{6-69}$$

式中 U_cw——单幅幕墙的传热系数，$\mathrm{W/(m^2\cdot K)}$；

A_g——玻璃或透明面板面积，$\mathrm{m^2}$；

l_g——玻璃或透明面板边缘长度，m；

U_g——玻璃或透明面板传热系数，$\mathrm{W/(m^2\cdot K)}$；

ψ_g——玻璃或透明面板边缘的线传热系数，$\mathrm{W/(m\cdot K)}$；

A_g——非透明面板面积，$\mathrm{m^2}$；

l_p——非透明面板边缘长度，m；

U_p——非透明面板传热系数，$\mathrm{W/(m^2\cdot K)}$；

ψ_p——非透明面板边缘的线传热系数，$\mathrm{W/(m\cdot K)}$；

A_f——框面积，$\mathrm{m^2}$；

U_f——框的传热系数，$\mathrm{W/(m^2\cdot K)}$。

② 当幕墙背后有其他墙体（包括实体墙、装饰墙等），且幕墙与墙体之间为封闭空气层

时，此部分的室内环境到室外环境的传热系数应按下式计算：

$$U=\frac{1}{\dfrac{1}{U_{\text{CW}}}-\dfrac{1}{h_{\text{in}}}+\dfrac{1}{U_{\text{wall}}}-\dfrac{1}{h_{\text{out}}}+R_{\text{air}}} \tag{6-70}$$

式中　U_{CW}——在墙体范围内外层幕墙的传热系数，$W/(m^2 \cdot K)$；

　　　R_{air}——幕墙与墙体间封闭空气间层的热阻，30mm、40mm、50mm 及以上厚度封闭空气层的热阻取值一般可分别取为 0.17($m^2 \cdot K/W$)、0.18($m^2 \cdot K/W$)、0.18($m^2 \cdot K/W$)；

　　　U_{wall}——墙体范围内的墙体传热系数，$W/(m^2 \cdot K)$；

　　　h_{in}——幕墙室内表面换热系数，$W/(m^2 \cdot K)$；

　　　h_{out}——幕墙室外表面换热系数，$W/(m^2 \cdot K)$。

③ 幕墙背后单层墙体的传热系数 U_{wall} 应按下式计算：

$$U_{\text{wall}}=\frac{1}{\dfrac{1}{h_{\text{out}}}+\dfrac{d}{\lambda}+\dfrac{1}{h_{\text{in}}}} \tag{6-71}$$

式中　d——单层材料的厚度，m；

　　　λ——单层材料的热导率，$W/(m \cdot K)$。

④ 幕墙背后多层墙体的传热系数 U_{wall} 应按下式计算：

$$U_{\text{wall}}=\frac{1}{\dfrac{1}{h_{\text{out}}}+\sum\dfrac{d_i}{\lambda_i}+\dfrac{1}{h_{\text{in}}}} \tag{6-72}$$

式中　d_i——各单层材料的厚度，m；

　　　λ_i——各单层材料的热导率，$W/(m \cdot K)$。

⑤ 若幕墙与墙体之间存在热桥，当热桥的总面积不大于墙体部分面积的1%时，热桥的影响可忽略；当热桥的总面积大于实体墙部分面积的1%时，应计算热桥的影响。

计算热桥的影响，可采用当量热阻 R_{eff} 代替公式（6-70）中的空气间层热阻 R_{air}。当量热阻 R_{eff} 应按下式计算：

$$R_{\text{eff}}=\frac{A}{\dfrac{A-A_{\text{b}}}{R_{\text{air}}}+\dfrac{A_{\text{b}}\lambda_{\text{b}}}{d}} \tag{6-73}$$

式中　A_{b}——热桥元件的总面积；

　　　A——计算墙体范围内幕墙的面积；

　　　λ_{b}——热桥材料的热导率，$W/(m \cdot K)$；

　　　R_{air}——空气间层的热阻，$m^2 \cdot K/W$；

　　　d——空气间层的厚度，m。

6.2.8　幕墙遮阳系数

① 单幅幕墙的太阳光总透射比 g_{CW} 应按下式计算：

$$g_{\text{CW}}=\frac{\sum g_{\text{g}}A_{\text{g}}+\sum g_{\text{p}}A_{\text{p}}+\sum g_{\text{f}}A_{\text{f}}}{A} \tag{6-74}$$

式中　g_{CW}——单幅幕墙的太阳光总透射比；

A_g——玻璃或透明面板面积，m^2；

g_g——玻璃或透明面板的太阳光总透射比；

A_p——非透明面板面积，m^2；

g_p——非透明面板的太阳光总透射比；

A_f——框面积，m^2；

g_f——框的太阳光总透射比；

A——幕墙单元面积，m^2。

② 单幅幕墙的遮阳系数 SC_{CW} 应按下式计算：

$$SC_{CW}=\frac{g_{CW}}{0.87}$$ (6-75)

式中 SC_{CW}——单幅幕墙的遮阳系数；

g_{CW}——单幅幕墙的太阳光总透射比。

6.2.9 幕墙可见光透射比

幕墙单元的可见光透射比 τ_{CW} 应按下式计算：

$$\tau_{CW}=\frac{\sum\tau_v A_g}{A}$$ (6-76)

式中 τ_{CW}——幕墙单元的可见光透射比；

τ_v——透光面板的可见光透射比；

A——幕墙单元面积，m^2；

A_g——透光面板面积，m^2。

6.3 玻璃幕墙抗结露性能

含有水蒸气的空气称为湿空气，室内外的空气都是湿空气，湿空气是干空气和水蒸气的混合物。湿空气的总压力等于干空气的分压力和水蒸气的分压力之和。空气中所含的水分越多，空气的水蒸气分压力越大。在一定的温度和压力下，一定容积的干空气所能容纳的水蒸气量有一定的限度。水蒸气含量达到这一限度时的空气称为饱和湿空气。处于饱和状态的空气中水蒸气所呈现的压力，称为饱和蒸气压。

空气湿度表示空气的干湿程度，有绝对湿度和相对湿度两种表示方法。

绝对湿度是指每立方米的湿空气所含水蒸汽的重量。用绝对湿度描述空气的湿度，与人对空气湿度的感觉和材料的湿特性出入非常大。绝对湿度相同的两种空气，其干湿程度未必相同。必须是在相同温度和相同气压的条件下，才能根据绝对湿度的数值来判断哪一种空气较为干燥或潮湿。

相对湿度是指在一定温度及大气压下，湿空气的绝对湿度与同温度下的饱和蒸汽量的比值。相对湿度值小，表示空气干燥，吸收水分的能力强；相对湿度值大，表示空气潮湿，吸收水分的能力弱。根据相对湿度的值大小，可直接判断空气的干、湿程度。用相对湿度描述空气的湿度，与人对空气湿度的感觉及材料的湿特性相吻合。相对湿度值为100%时的空气称为饱和空气。

在一定的大气压力下，空气中水蒸气的含量取决于空气的温度，温度高的空气中水蒸气的含量比温度低的空气中水蒸气的含量要多。饱和水蒸气压力数值与对应温度有关，当温度上升时，对应的饱和水蒸气压力随之上升。如果使一定温度下的饱和空气冷却，则在较低温度的饱和水蒸气压力低于被冷却的空气的水蒸气压力，这样过量的水蒸气就会冷凝成液体水，即结露。

空气在含湿量和大气压不变的情况下，冷却到饱和状态（即相对湿度100%）所对应的温度称为该状态下的露点温度。

在建筑物理中露点是一个非常重要的量。假如一座建筑内的温度不一样的话，那么从高温部分流入低温部分的潮湿空气中的水就可能凝结。在这些地方可能会结露，甚至发霉。同理，幕墙内表面温度低于露点温度时，其内表面就会结露。

6.3.1 抗结露计算一般原则

① 评价实际工程中玻璃幕墙的结露性能时，所采用的计算条件应符合相应的建筑设计标准，并满足工程设计要求；评价玻璃幕墙产品的结露性能时，应采用规定的结露性能评价计算标准，并应在给出计算结果时注明计算条件。

② 室外和室内的对流换热系数应根据所选定的计算条件，按规定计算确定。

③ 玻璃幕墙所有典型节点均需进行结露计算。

④ 计算典型节点的温度场采用二维稳态传热计算程序进行计算。

⑤ 对于每一个二维截面，室内表面的展开边界应细分为若干分段（这些分段用于计算截面各个分段长度的温度），其尺寸不应大于计算软件中使用的网格尺寸，且应给出所有分段的温度计算值。

6.3.2 露点温度计算

(1) 水表面（高于0℃）的饱和水蒸气压应按下式计算：

$$E_s = E_0 \times 10^{\frac{at}{b+t}} \tag{6-77}$$

式中　E_s——空气的饱和水蒸气压，hPa；

　　　E_0——空气温度为0℃时的饱和水蒸气压，取$E_0 = 6.11$hPa；

　　　t——空气温度，℃；

　a，b——参数，$a = 7.5$、$b = 237.3$。

(2) 在一定空气相对湿度 f 下，空气的水蒸气压 e 可按下式计算：

$$e = f E_s \tag{6-78}$$

式中　e——空气的水蒸气压，hPa；

　　　f——空气的相对湿度，%；

　　　E_s——空气的饱和水蒸气压，hPa。

(3) 空气的露点温度可按下式计算：

$$T_d = \frac{b}{\dfrac{a}{\lg\left(\dfrac{e}{6.11}\right)} - 1} \tag{6-79}$$

式中　T_d——空气的露点温度，℃；

e——空气的水蒸气压，hPa；

a，b——参数，$a=7.5$、$b=237.3$。

6.3.3 结露计算与评价

进行玻璃幕墙结露计算时，计算节点应包括所有的框、面板边缘以及面板中部。

① 面板中部的结露性能评价指标 T_{10} 应为采用二维稳态传热计算得到的面板中部区域室内表面的温度值；玻璃面板中部的结露性能评价指标 T_{10} 可采用玻璃光学热工性能计算得到的室内表面温度值。

② 框、面板边缘区域各自结露性能评价指标 T_{10} 应按照下列方法确定：

a. 采用二维稳态传热计算程序，计算幕墙框、面板边缘区域的二维截面室内表面各分段的温度；

b. 对于每个部件，按照截面室内表面各分段温度的高低进行排序；

c. 由最低温度开始，将分段长度进行累加，直至统计长度达到该截面室内表面对应长度的10%；

d. 所统计分段的最高温度即为该部件截面的结露性能评价指标值 T_{10}。

③ 在进行工程设计或工程应用产品性能评价时，应以幕墙各个截面中每个部件的结露性能评价指标 T_{10} 均不低于露点温度为满足要求。

④ 进行产品性能分级或评价时，应按各个部件最低的结露性能评价指标 $T_{10,min}$ 进行分级或评价。

⑤ 采用产品的结露性能评价指标 $T_{10,min}$ 确定玻璃幕墙在实际工程中是否结露，应以内表面最低温度不低于室内露点温度为满足要求，可按下式计算判定：

$$(T_{10,min}-T_{out,std})\times\frac{T_{in}-T_{out}}{T_{in,std}-T_{out,std}}+T_{out}\geqslant T_d \quad (6-80)$$

式中　$T_{10,min}$——产品的结露性能评价指标，℃；

$T_{in,std}$——结露性能计算时对应的室内标准温度，℃；

$T_{out,std}$——结露性能计算时对应的室外标准温度，℃；

T_{in}——实际工程对应的室内计算温度，℃；

T_{out}——实际工程对应的室外计算温度，℃；

T_d——室内设计环境条件对应的露点温度，℃。

6.4 玻璃幕墙遮阳系统设计

6.4.1 玻璃幕墙遮阳方式

玻璃幕墙的遮阳方式一般用建筑外遮阳和室内遮阳两类。

(1) 建筑外遮阳

建筑外遮阳是指在玻璃幕墙的室外侧面安装相应的遮阳设施。建筑外遮阳可以遮挡太阳光直射，起到非常好的遮阳隔热效果，可以有效地降低空调能耗，节约能耗。

玻璃幕墙外侧遮阳的方式一般有固定挡板遮阳、活动百叶遮阳、户外卷帘遮阳等。其中，活动百叶遮阳可以调节百叶转动角度，控制阳光辐射进入室内的量，实现较为精细的调光，还可以控制通风，现已成为玻璃幕墙外遮阳的主流形式。固定挡板遮阳其遮阳角度不能调整，遮阳、隔热和调光效果相对较差；而户外卷帘遮阳由于国内产品及遮阳调节的限制，加上不易维护，应用很少。

（2）室内遮阳

室内遮阳是指在玻璃幕墙的室内侧安装遮阳设施，以起到遮阳、调节光线、保护隐私、装饰室内等效果。室内遮阳隔热的效果不如建筑外遮阳，其起到的建筑节能效果有限，但调节光线更加灵活，清洁护理也比较方便。

玻璃幕墙内侧遮阳方式一般有电动开合帘、卷帘、室内百叶帘等。各类遮阳方式还可根据产品材质、样式不同分为各小类。电动开合帘多应用于酒店、会馆、家居等类场所；电动卷帘应用于商业和办公场所的居多，其简洁、整齐的风格也很符合商务办公的氛围，对于玻璃幕墙比较适配；室内百叶帘在办公室及国际性的室内场所应用较多，其精细灵活的调光功能和高雅、美观的外形是百叶帘深受欢迎的重要因素。

6.4.2 建筑外遮阳系数计算

水平遮阳板的外遮阳系数和垂直遮阳板的外遮阳系数可按照公式（6-81）和公式（6-82）计算：

$$SD_H = a_h PF^2 + b_h PF + 1 \tag{6-81}$$

$$SD_V = a_v PF^2 + b_v PF + 1 \tag{6-82}$$

式中　　　　SD_H——水平遮阳板夏季外遮阳系数；

　　　　　　SD_V——垂直遮阳板夏季外遮阳系数；

a_h，b_h，a_v，b_v——计算系数，按表 6-2 采用；

　　　　　　PF——遮阳板外挑系数，如图 6-16 所示，$PF = A/B$，PF 计算值大于 1 时，取 $PF = 1$；

　　　　　　A——遮阳板外挑长度；

　　　　　　B——遮阳板根部到窗对边距离。

表 6-2　水平和垂直外遮阳计算系数

气候区	遮阳装置	计算系数	东	东南	南	西南	西	西北	北	东北
寒冷地区	水平遮阳板	a_h	0.35	0.53	0.63	0.37	0.35	0.35	0.29	0.52
		b_h	−0.76	−0.95	−0.99	−0.68	−0.78	−0.66	−0.54	−0.92
	垂直遮阳板	a_v	0.32	0.39	0.43	0.44	0.31	0.42	0.47	0.41
		b_v	−0.63	−0.75	−0.78	−0.85	−0.61	−0.83	−0.89	−0.79
夏热冬冷地区	水平遮阳板	a_h	0.35	0.48	0.47	0.36	0.36	0.36	0.30	0.48
		b_h	−0.75	−0.83	−0.79	−0.68	−0.75	−0.68	−0.58	−0.83
	垂直遮阳板	a_v	0.32	0.42	0.42	0.42	0.33	0.41	0.44	0.43
		b_v	−0.65	−0.80	−0.80	−0.82	−0.64	−0.82	−0.84	−0.83
夏热冬暖地区	水平遮阳板	a_h	0.35	0.42	0.41	0.36	0.36	0.36	0.32	0.43
		b_h	−0.73	−0.75	−0.72	−0.67	−0.72	−0.69	−0.61	−0.78
	垂直遮阳板	a_v	0.34	0.42	0.41	0.41	0.36	0.40	0.32	0.43
		b_v	−0.68	−0.81	−0.72	−0.82	−0.72	−0.81	−0.61	−0.83

注：其他朝向的计算系数按上表最接近的朝向选取。

图 6-16　遮阳板外挑系数（PF）计算示意图

水平遮阳板和垂直遮阳板组合成的综合遮阳，其外遮阳系数值应取水平遮阳板和垂直遮阳板的外遮阳系数的乘积。

窗口前方设置的与窗面平行的挡板（或花格等）遮阳的外遮阳系数可按式（6-83）计算确定：

$$SD = 1 - (1 - \eta)(1 - \eta^*) \tag{6-83}$$

式中　η——挡板轮廓透光比，即窗洞口面积减去挡板轮廓由太阳光线投影在窗洞口上产生的阴影面积后的剩余面积与窗洞口的比值，挡板各朝向的轮廓透光比按该朝向上的 4 组典型太阳光线入射角，采用平行光投射方法分别计算或实验测定，其轮廓透光比取 4 个投光比的平均值，典型太阳光线入射角按表 6-3 选取；

　　　　η^*——挡板构造透射比，混凝土、金属类挡板取 $\eta^* = 0.1$；厚帆布、玻璃钢类挡板取 $\eta^* = 0.4$；深色玻璃、有机玻璃类挡板取 $\eta^* = 0.6$；浅色玻璃、有机玻璃类挡板取 $\eta^* = 0.8$；金属或其他非透明材料制作的花格、百叶类构造取 $\eta^* = 0.15$。

表 6-3　典型的太阳光线入射角　　　　　　　　　　　　　　单位：（°）

窗口朝向	南				东、西				北			
	1组	2组	3组	4组	5组	6组	7组	8组	9组	10组	11组	12组
太阳高度角	0	0	60	60	0	0	45	45	0	30	30	30
太阳方位角	0	45	0	45	75	90	75	90	180	180	135	-135

幕墙的水平遮阳可转换成水平遮阳加挡板遮阳，垂直遮阳可转化成垂直遮阳加挡板遮阳，见图 6-17。图中标注的尺寸 A 和 B 用于计算水平遮阳板和垂直遮阳板的外挑系数 PF，C 为挡板的高度或宽度。挡板遮阳的轮廓透光比 η 可以近似取为 1。

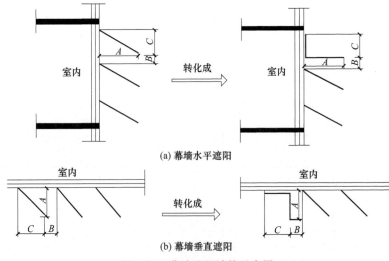

(a) 幕墙水平遮阳

(b) 幕墙垂直遮阳

图 6-17　幕墙遮阳计算示意图

6.5 常用材料的热工参数

各玻璃企业生产的玻璃光学热工参数会略有不同，使用时可由生产企业提供，在没有精确计算的情况下，玻璃光学热工参数的近似值也可采用表 6-4 的数据。

表 6-4 典型玻璃系统的光学热工参数

	玻璃品种	可见光透射比 τ_v	太阳光总透射比 g_g	遮阳系数 SC	传热系数 U_g /[W/(m²·K)]
透明玻璃	6mm 透明玻璃	0.77	0.82	0.93	5.7
	12mm 透明玻璃	0.65	0.74	0.84	5.5
吸热玻璃	5mm 绿色吸热玻璃	0.77	0.64	0.76	5.7
	6mm 蓝色吸热玻璃	0.54	0.62	0.72	5.7
	5mm 茶色吸热玻璃	0.50	0.62	0.72	5.7
	5mm 灰色吸热玻璃	0.42	0.60	0.69	5.7
热反射玻璃	6mm 高透光热反射玻璃	0.56	0.56	0.64	5.7
	6mm 中等透光热反射玻璃	0.40	0.43	0.49	5.4
	6mm 低透光热反射玻璃	0.15	0.26	0.30	4.6
	6mm 特低透光热反射玻璃	0.11	0.25	0.29	4.6
单片 Low-E 玻璃	6mm 高透光 Low-E 玻璃	0.61	0.51	0.58	3.6
	6mm 中等透光型 Low-E 玻璃	0.55	0.44	0.51	3.5
中空玻璃	6mm 透明＋12mm 空气＋6mm 透明	0.71	0.75	0.86	2.8
	6mm 绿色吸热＋12mm 空气＋6mm 透明	0.66	0.47	0.54	2.8
	6mm 灰色吸热＋12mm 空气＋6mm 透明	0.38	0.45	0.51	2.8
	6mm 中等透光热反射＋12mm 空气＋6mm 透明	0.28	0.29	0.34	2.4
	6mm 低透光热反射＋12mm 空气＋6mm 透明	0.16	0.16	0.18	2.3
中空玻璃	6mm 高透光 Low-E＋12mm 空气＋6mm 透明	0.72	0.47	0.62	1.9
	6mm 中透光 Low-E＋12mm 空气＋6mm 透明	0.62	0.37	0.50	1.8
	6mm 低透光 Low-E＋12mm 空气＋6mm 透明	0.35	0.20	0.30	1.8
	6mm 高透光 Low-E＋12mm 氩气＋6mm 透明	0.72	0.47	0.62	1.5
	6mm 中透光 Low-E＋12mm 氩气＋6mm 透明	0.62	0.37	0.50	1.4

玻璃幕墙常用材料的热工计算参数可采用表 6-5 中的数据。

表 6-5 常用材料的热工计算参数

用途	材料	密度 /(kg/m³)	热导率 /[W/(m·K)]	表面发射率	
框	铝	2700	237.00	涂漆	0.90
				阳极氧化	0.20~0.80
	铝合金	2800	160.00	涂漆	0.90
				阳极氧化	0.20~0.80
	铁	7800	50.00	镀锌	0.20
				氧化	0.80

续

用途	材料	密度 /(kg/m³)	热导率 /[W/(m·K)]	表面发射率	
框	不锈钢	7900	17.00	浅黄	0.20
				氧化	0.80
	建筑	7850	58.20	镀锌	0.20
				氧化	0.80
				涂漆	0.90
	PVC	1390	0.17	0.90	
	硬木	700	0.18	0.90	
	软木(常用于建筑构件中)	500	0.13	0.90	
	玻璃钢(UP 树脂)	1900	0.40	0.90	
透明材料	建筑玻璃	2500	1.00	玻璃面	0.84
				镀膜面	0.03~0.80
	丙烯酸(树脂玻璃)	1050	0.20	0.90	
	PMMA(有机玻璃)	1180	0.18	0.90	
	聚碳酸酯	1200	0.20	0.90	
隔热	聚酰胺(尼龙)	1150	0.25	0.90	
	尼龙 66+25%玻璃纤维	1450	0.30	0.90	
	高密度聚乙烯 HD	980	0.52	0.90	
	低密度聚乙烯 LD	920	0.33	0.90	
	固体聚丙烯	910	0.22	0.90	
	带有 25%玻璃纤维的聚丙烯	1200	0.25	0.90	
	PU(聚亚氨酯树脂)	1200	0.25	0.90	
	刚性 PVC	1390	0.17	0.90	
防水密封条	氯丁橡胶(PCP)	1240	0.23	0.90	
	EPDM(三元乙丙)	1150	0.25	0.90	
	纯硅胶	1200	0.35	0.90	
	柔性 PVC	1200	0.14	0.90	
	聚酯马海毛	—	0.14	0.90	
	柔性人造橡胶泡沫	60~80	0.05	0.90	
密封胶	PU(刚性聚氨酯)	1200	0.25	0.90	
	固体/热融异丁烯	1200	0.24	0.90	
	聚硫胶	1700	0.40	0.90	
	纯硅胶	1200	0.35	0.90	
	聚异丁烯	930	0.20	0.90	
	聚酯树脂	1400	0.19	0.90	
	硅胶(干燥剂)	720	0.13	0.90	
	分子筛	650~750	0.10	0.90	
	低密度硅胶泡沫	750	0.12	0.90	
	中密度硅胶泡沫	820	0.17	0.90	

常用气体的物理性能参数，可按照表 6-6～表 6-9 中的数据。

表 6-6　气体的热导数

气体	系数 a	系数 b	λ(273K 时) /[W/(m·K)]	λ(283K 时) /[W/(m·K)]
空气	2.873×10^{-3}	7.760×10^{-5}	0.0241	0.0249
氩气	2.285×10^{-3}	5.149×10^{-5}	0.0163	0.0168
氪气	9.443×10^{-4}	2.826×10^{-5}	0.0087	0.0090
氙气	4.538×10^{-4}	1.723×10^{-5}	0.0052	0.0053

注：$\lambda=a+bT$，单位 W/(m·K)。

表 6-7　气体的运动黏度

气体	系数 a	系数 b	μ（273K 时）/[kg/(m·s)]	μ（283K 时）/[kg/(m·s)]
空气	3.723×10^{-6}	4.940×10^{-8}	1.722×10^{-5}	1.771×10^{-5}
氩气	3.379×10^{-6}	6.451×10^{-8}	2.100×10^{-5}	2.165×10^{-5}
氪气	2.213×10^{-6}	7.777×10^{-8}	2.346×10^{-5}	2.423×10^{-5}
氙气	1.069×10^{-6}	7.414×10^{-8}	2.132×10^{-5}	2.206×10^{-5}

注：$\mu = a + b$，单位 kg/(m·s)。

表 6-8　气体的常压比热容

气体	系数 a	系数 b	c_p（273K 时）/[J/(kg·K)]	c_p（283K 时）/[J/(kg·K)]
空气	1002.7370	1.2324×10^{-2}	1006.1034	1006.2266
氩气	521.9285	0	521.9285	521.9285
氪气	248.0907	0	248.0917	248.0917
氙气	158.3397	0	158.3397	158.3397

注：$c_p = a + bT$，单位 J/(kg·K)。

表 6-9　气体的摩尔质量

气体	摩尔质量/(g/mol)
空气	28.97
氩气	39.948
氪气	83.80
氙气	131.30

7

幕墙构件加工

幕墙的横梁、立柱、面板、连接件等构件需要按照要求进行加工，才能满足构件之间连接、装配的需要，本章主要介绍常用幕墙构件的加工及要求。

7.1 幕墙金属构件加工

① 幕墙的金属构件（钢、铝合金等）的加工应符合下列要求：

a. 幕墙结构杆件截料之前应进行校直调整。

b. 横梁长度允许偏差为±0.5mm，立柱长度允许偏差为±1.0mm，角度允许偏差为 $-15'$。

c. 截料端头不应有加工变形，并应去除毛刺。

d. 孔位的允许偏差为±0.5mm，孔距的允许偏差为±0.5mm，累计偏差为±1.0mm。

e. 铆钉的通孔尺寸偏差应符合《紧固件　铆钉用通孔》（GB 152.1）的规定；沉头螺钉的沉孔尺寸偏差应符合《紧固件　沉头螺钉用沉孔》（GB/T 152.2）的规定；圆柱头螺栓的沉孔尺寸应符合《紧固件　圆柱头用沉孔》（GB 152.3）的规定。

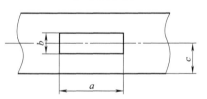

图 7-1　构件槽口尺寸示意图

f. 螺栓孔的加工应符合设计要求。

② 金属构件中槽、豁、榫的加工应符合下列要求：

a. 构件槽口尺寸（图 7-1）允许偏差应符合表 7-1 的要求。

表 7-1　槽口尺寸允许偏差　　　　　　　　　　　　　　　　单位：mm

项　　目	a	b	c
允许偏差	+0.5 0.0	+0.5 0.0	±0.5

b. 构件豁口尺寸（图 7-2）允许偏差应符合表 7-2 的要求。

表 7-2　豁口尺寸允许偏差　　　　　　　　　　　　　　　　单位：mm

项　　目	a	b	c
允许偏差	+0.5 0.0	+0.5 0.0	±0.5

c. 构件榫头尺寸（图 7-3）允许偏差应符合表 7-3 的要求。

③ 构件弯加工应符合下列要求：

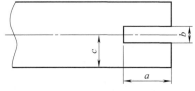

图 7-2 构件豁口尺寸示意图

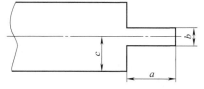

图 7-3 构件榫头尺寸示意图

表 7-3 榫头尺寸允许偏差　　　　　　　单位：mm

项　　目	a	b	c
允许偏差	0.0 −0.5	0.0 −0.5	±0.5

　　a. 构件宜采用拉弯设备进行弯加工。

　　b. 弯加工后的构件表面应光滑，不得有皱折、凹凸、裂纹。

　　④ 平板型预埋件加工精度应符合下列要求：

　　a. 锚板边长允许偏差为±5mm。

　　b. 一般锚筋长度的允许偏差为+10mm，两面为整块锚板的穿透式预埋件的锚筋长度的允许偏差为+5mm，均不允许有负偏差。

　　c. 圆锚筋的中心线允许偏差为±5mm。

　　d. 锚筋与锚板面的垂直度允许偏差为 $l_s/30$（l_s 为锚固钢筋长度，单位为 mm）。

　　⑤ 槽形预埋件表面及槽内应进行防腐处理，其加工精度应符合下列要求：

　　a. 预埋件长度、宽度和厚度允许偏差分别为+10mm、+5mm 和+3mm，不允许有负偏差。

　　b. 槽口的允许偏差为+1.5mm，不允许有负偏差。

　　c. 锚筋长度允许偏差为+5mm，不允许有负偏差。

　　d. 锚筋中心线允许偏差为±1.5mm。

　　e. 锚筋与槽板的垂直度允许偏差为 $l_s/30$（l_s 为锚固钢筋长度，单位为 mm）。

　　⑥ 连接件、支承件的加工精度应符合下列要求：

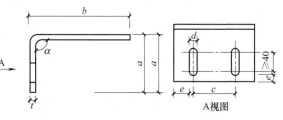

图 7-4 连接件、支承件尺寸示意图

　　a. 连接件、支承件外观应平整，不得有裂纹、毛刺、凹凸、翘曲、变形等缺陷。

　　b. 连接件、支承件尺寸（图 7-4）允许偏差应符合表 7-4 的要求。

表 7-4 连接件、支承件尺寸允许偏差

项目	连接件高 a	连接件长 b	孔距 c	孔宽 d	边距 e	壁厚 t	弯曲角度 α
允许偏差 /mm	+5.0 −2.0	+5.0 −2.0	±1.0	+1.0 0	+1.0 0	+0.5 −0.2	±2°

　　⑦ 点支承玻璃幕墙的支承钢结构加工应符合下列要求：

　　a. 应合理划分拼装单元；分单元组装的钢结构，宜进行预拼装。

　　b. 管桁架应按计算的相贯线，采用数控机床切割加工。

　　c. 钢构件拼装单元的节点位置允许偏差为±2.0mm；构件长度、拼装单元长度的允许正、负偏差（绝对值）均可取长度的 1/2000。

　　d. 管件连接焊缝应沿全长连续、均匀、饱满、平滑、无气泡和夹渣，支管壁厚小于 6mm 时可不切坡口，角焊缝的焊脚高度不宜大于支管壁厚的 2 倍。

　　e. 钢结构用碳素结构钢和低合金高强度结构钢应采取有效的防腐处理，当采用热浸镀锌防腐处理时，锌膜厚度应符合《金属覆盖层　钢铁制件热浸镀锌层　技术要求及试验方法》（GB/T 13912）的规定；当采用氟碳漆喷涂或聚氨酯漆喷涂时，涂膜的厚度不宜小于 35μm；在空气污染严重及海滨地区，涂膜厚度不宜小于 45μm。

　　⑧ 杆索体系的加工应符合下列要求：

　　a. 拉杆、拉索应进行拉断试验。

　　b. 拉索下料前应进行调直预张拉，张拉力取破断拉力的 50%，持续时间取 2h。

　　c. 截断后的钢索应采用挤压机进行套筒固定。

　　d. 拉杆与端杆不宜采用焊接连接。

　　e. 杆索结构应在工作台上进行拼装，并应防止表面损伤。

　　⑨ 钢构件焊接、螺栓连接应符合《钢结构设计标准》（GB 50017）的有关规定。

　　⑩ 钢构件表面涂装应符合《钢结构工程施工质量验收规范》（GB 50205）的有关规定。

7.2　玻璃幕墙构件加工

7.2.1　玻璃及组件加工

　　① 玻璃幕墙的单片玻璃、夹层玻璃、中空玻璃的加工精度应符合相应国家标准的规定。

　　② 幕墙玻璃应进行机械磨边处理，磨轮的目数应在 180 目以上。

　　③ 玻璃弯加工后，其每米弦长内拱高的允许偏差为 ±3.0mm，且玻璃的曲边应顺滑一致；玻璃直边的弯曲度，拱形时不应超过 0.5%，波形时不应超过 0.3%。

　　④ 全玻璃幕墙的玻璃边缘应倒棱并细磨，外露玻璃的边缘应精磨；采用钻孔安装时，孔边缘应进行倒角处理，并不应出现崩边。

　　⑤ 点支承幕墙玻璃的孔、板边缘均应进行磨边和倒棱，磨边宜细磨，倒棱宽度不宜小于 1mm；点支承玻璃加工的允许偏差应符合表 7-5 的规定。

表 7-5　点支承玻璃加工允许偏差

项目	边长尺寸	对角线差	钻孔位置	孔距	孔轴与玻璃平面垂直度
允许偏差	±1.0mm	≤2.0mm	±0.8mm	±1.0mm	±12′

　　⑥ 玻璃切角、钻孔、磨边应在钢化前进行。

　　⑦ 中空玻璃开孔后，开孔处应采取多道密封措施。

　　⑧ 夹层玻璃、中空玻璃的钻孔可采用大、小孔相对的方式。

　　⑨ 中空玻璃合片加工时，应考虑制作处和安装处不同气压的影响，采取防止玻璃大面变形的措施。

7.2.2　明框幕墙组件加工

(1) 组件加工尺寸允许偏差

　　① 组件装配尺寸允许偏差应符合表 7-6 的要求。

表 7-6 组件装配尺寸允许偏差   单位：mm

项　目	构件长度	允许偏差
型材槽口尺寸	≤2000	±2.0
	>2000	±2.5
组件对边尺寸差	≤2000	≤2.0
	>2000	≤3.0
组件对角线尺寸差	≤2000	≤3.0
	>2000	≤3.5

② 相邻构件装配间隙及同一平面度的允许偏差应符合表 7-7 的要求。

表 7-7 相邻构件装配间隙及同一平面度的允许偏差   单位：mm

项目	允许偏差	项目	允许偏差
装配间隙	≤0.5	同一平面度差	≤0.5

(2) 玻璃与槽口的配合尺寸

① 单层玻璃与槽口的配合尺寸（图 7-5）应符合表 7-8 的要求。

表 7-8 单层玻璃与槽口的配合尺寸   单位：mm

玻璃厚度	a	b	c
5~6	≥3.5	≥15	≥5
8~10	≥4.5	≥16	≥5
不小于 12	≥5.5	≥18	≥5

② 中空玻璃与槽口的配合尺寸（图 7-6）应符合表 7-9 的要求。

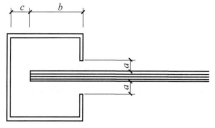

图 7-5 单层玻璃与槽口的配合示意图

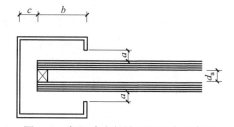

图 7-6 中空玻璃与槽口的配合示意图

表 7-9 中空玻璃与槽口的配合尺寸   单位：mm

中空玻璃厚度	a	b	c		
			下边	上边	侧边
$6+d_a+6$	≥5	≥17	≥7	≥5	≥5
$8+d_a+8$ 及以上	≥6	≥18	≥7	≥5	≥5

注：d_a 为空气层厚度，不应小于 9mm。

③ 明框幕墙玻璃边缘至槽底的间隙除了应满足表 7-8 和表 7-9 的要求外，还需满足由主体结构层间位移引起的分格框的变形限值要求，具体由公式（4-1）计算确定。

(3) 明框幕墙组件的导气孔及排水孔设置

应符合设计要求，组装时应保证导气孔及排水孔通畅；组件应拼装严密。设计要求密封时，应采用硅酮建筑密封胶进行密封。

(4) 明框幕墙组装

明框幕墙组装时，应采取措施控制玻璃与铝合金框料之间的间隙。玻璃下边缘与下边框槽底之间应采用硬橡胶垫块衬托，垫块数量应为 2 个，厚度不应小于 5mm，每块长度不应小于 100mm。

7.2.3 隐框幕墙组件加工

① 半隐框、隐框幕墙中，对玻璃面板及铝框的清洁应符合下列要求：

a. 玻璃和铝框粘结表面的尘埃、油渍和其他污物，应分别使用带溶剂的擦布和干擦布清除干净。

b. 应在清洁后 1h 内进行注胶；注胶前再度污染时，应重新清洁。

c. 每清洁一个构件或一块玻璃，应更换清洁的干擦布。

② 使用溶剂清洁时，应符合下列要求：

a. 不应将擦布浸泡在溶剂里，应将溶剂倾倒在擦布上。

b. 应采用干净的容器储存溶剂。

c. 使用溶剂的场所严禁烟火，应遵守所用溶剂标签或包装上标明的使用规则。

③ 硅酮结构密封胶注胶前必须取得可证明材料质量合格的相容性检验报告，必要时应加涂底漆；双组分硅酮结构密封胶应进行蝴蝶试验和拉断试验。

④ 采用硅酮结构密封胶粘结固定隐框玻璃幕墙构件时，应在洁净、通风的室内进行注胶，注胶温度应在 15～30℃、相对湿度在 50% 以上；胶的宽度和厚度应符合设计要求。

⑤ 采用硅酮结构密封胶粘结板块时，不应使结构胶长期处于单独受力状态，面板底边承托构件应不少于两块，其长度和厚度应经计算确定，且长度不小于 100mm。硅酮结构密封胶组件在固化并达到足够承载力前不应搬动。

⑥ 隐框玻璃幕墙装配组件的注胶必须饱满，不得出现气泡，胶缝表面应平整光滑；收胶缝的余胶不得重复使用。

⑦ 硅酮结构密封胶完全固化后，隐框玻璃幕墙装配组件的尺寸偏差应符合表 7-10 的规定。

表 7-10 结构胶完全固化后隐框玻璃幕墙装配组件的尺寸允许偏差　　单位：mm

序号	项目	尺寸范围	允许偏差
1	框长宽尺寸	—	±1.0
2	组件长宽尺寸	—	±2.5
3	框接缝高度差	—	≤0.5
4	框内侧对角线差及组件对角线差	当长边≤2000 时	≤2.5
		当长边>2000 时	≤3.5
5	框组装间隙	—	≤0.5
6	胶缝宽度	—	+2.0 / 0
7	胶缝厚度	—	+0.5 / 0
8	组件周边玻璃与铝框位置差	—	±1.0
9	结构组件平面度	—	≤3.0
10	组件厚度	—	±1.5

⑧ 当隐框玻璃幕墙采用悬挑玻璃时，玻璃的悬挑尺寸应符合计算要求，且不宜超过 150mm。

7.2.4 单元式玻璃幕墙加工

① 单元式玻璃幕墙在加工前应核对各板块编号，并应注明加工、运输、安装方向和顺序。

② 单元板块的构件连接应牢固，构件连接处的缝隙应采用硅酮建筑密封胶密封。

③ 单元板块的吊挂件、支承件应可调整，并应采用不锈钢螺栓将吊挂件与立柱固定牢固，固定螺栓不得少于2个，吊挂件厚度不小于5mm。

④ 单元板块的硅酮结构密封胶不应外露，面板宜有可更换措施。

⑤ 明框单元板块在搬动、运输、吊装过程中，应采取措施防止玻璃滑动或变形。

⑥ 单元板块组装完成后，工艺孔宜封堵，通气孔及排水孔应畅通。

⑦ 当采用自攻螺钉连接单元组件框时，每处螺钉不应少于3个，螺钉直径不应小于4mm。螺钉孔最大内径、最小内径和拧入扭矩应符合表7-11的要求。

表 7-11 螺钉孔内径和扭矩要求

螺钉公称直径 /mm	孔径/mm		扭矩/N·m
	最小	最大	
4.2	3.430	3.480	4.4
4.6	4.015	4.065	6.3
5.5	4.735	4.785	10.0
6.3	5.475	5.525	13.6

⑧ 单元组件框加工制作允许偏差应符合表7-12的规定。

表 7-12 单元组件框加工制作允许偏差

序号	项 目		允许偏差	检查方法
1	框长(宽)度/mm	≤2000	±1.5mm	钢尺或板尺
		>2000	±2.0mm	
2	分格长(宽)度/mm	≤2000	±1.5mm	钢尺或板尺
		>2000	±2.0mm	
3	对角线长度差/mm	≤2000	≤2.5mm	钢尺或板尺
		>2000	≤3.5mm	
4	接缝高低差		≤0.5mm	游标深度尺
5	接缝间隙		≤0.5mm	塞片
6	框面划伤		≤3处且总长≤100mm	—
7	框料擦伤		≤3处且总面积≤200mm²	—

⑨ 单元组件组装允许偏差应符合表7-13的规定。

表 7-13 单元组件组装允许偏差

序号	项 目		允许偏差/mm	检查方法
1	组件长(宽)度/mm	≤2000	±1.5	钢尺
		>2000	±2.0	
2	组件对角线长度差/mm	≤2000	≤2.5	钢尺
		>2000	≤3.5	
3	胶缝宽度		+1.0 0	卡尺或钢板尺
4	胶缝厚度		+0.5 0	卡尺或钢板尺
5	各搭接量(与设计值比)		+1.0 0	钢板尺

续表

序号	项　目	允许偏差/mm	检查方法
6	组件平面度	≤1.5	1m靠尺
7	组件内镶板间接缝宽度(与设计值比)	±1.0	塞尺
8	连接构件竖向中轴线距组件 外表面(与设计值比)	±1.0	钢尺
9	连接构件水平轴线距组件水平对插中心线	±1.0(可上、下调节时±2.0)	钢尺
10	连接构件竖向轴线距组件竖向对插中心线	±1.0	钢尺
11	两连接构件中心线水平距离	±1.0	钢尺
12	两连接构件上、下端水平距离差	±0.5	钢尺
13	两连接构件上、下端对角线差	±1.0	钢尺

7.3　金属板加工

金属板材的品种、规格及色泽、涂层厚度应符合设计要求。

金属板材料加工允许偏差应符合表 7-14 的规定。

表 7-14　金属板材加工允许偏差　　　　　　　单位：mm

序号	项　目		允许偏差
1	边长	≤2000	±2.0
		>2000	±2.5
2	对边尺寸	≤2000	≤2.5
		>2000	≤3.0
3	对角线长度	≤2000	2.5
		>2000	3.0
4	折弯高度		≤1.0
5	平面度		≤2/1000
6	孔的中心距		±1.5

7.3.1　单层铝板加工

辊涂板是将基材（光板）用剪板机裁切后，用冲床冲孔（槽、豁、榫）后折边成型。

喷涂板是将基材（光板）用剪板机裁切后用冲床冲孔（槽、豁、榫）后折边成型，再喷涂。

① 单层铝板折弯时，折弯外圆弧半径不应小于板厚的 1.5 倍。

② 单层铝板加筋肋的固定可采用电栓钉，但应确保铝板外表面不变形、褪色，固定应牢固。

③ 当采用耳子连接时，耳子与折边的连接可采用焊接、铆接，也可直接在铝板上冲压而成。铝板两侧耳子宜错位，使装在一根杆件上的两块铝板的耳子不重叠。折边（耳子）上的孔中心到板边缘距离：顺内力方向不小于 $2d$；垂直内力方向不小于 $1.5d$，d 为孔直径。

④ 当采用加筋肋时，加筋肋必须和折边可靠连接，一般采用角铝铆接（螺接）将加筋肋与折边固定。

7.3.2　复合铝板加工

复合铝板四周要折边，折边前要在四角部位冲切掉与折边等高的四边形，折边前应对折边部位刻槽，宜采用刻槽机刻槽，当采用手提刻槽机刻槽时，应采用通长靠尺，刻槽时不能使用短靠尺一段段移动，并应控制槽的深度，槽底不得触及板面，即保留 0.3～0.5mm 厚的聚乙烯塑料，以防刀具划伤外层铝板内表面，两槽间距偏差不得大于 1mm，不应显现蛇形弯。

打孔、切口等外露的聚乙烯塑料及角缝，应采用硅酮耐候密封胶密封。

加工过程严禁与水接触。

7.3.3　蜂窝铝板加工

蜂窝铝板可以很容易地切割到所需尺寸，常用带锯或带有硬质合金刀的盘锯加工。蜂窝铝板常用的加工方法有滚弯、折弯、挤压、连接和铣切等。

(1) 滚弯

蜂窝铝板可以用适合的小半径滚弯机滚弯，例如韧性胶接的 10mm 厚蜂窝铝板滚弯半径不小于 500mm；6mm 厚蜂窝铝板滚弯半径不小于 200mm。三轴滚弯机可以更大的弯曲半径进行板弯曲，弯曲角度取决于辊子直径，但在圆弧的起始和终止部分会出现 75～100mm 的平直部分，如觉得不美观，可以截去这一部分或者用扎压床把这部分扎弯。

(2) 折弯（图 7-7）

蜂窝铝板折弯还可用扎弯技术（图 7-8），扎弯时在背面应加工出 U 形槽。可以用扎压床同时扎压背面折弯，也可以用扎压床挤压背面边部形成圆弧板。

为保证质量，折弯要在折弯台上进行。

(3) 挤压

蜂窝铝板可通过挤压减少局部厚度（不破坏芯子和蒙皮的粘接而使蜂窝芯压缩，图 7-9），通常有压缝、用型材包边、叠加连接、用 H 型材连接等挤压加工方法（图 7-10）。

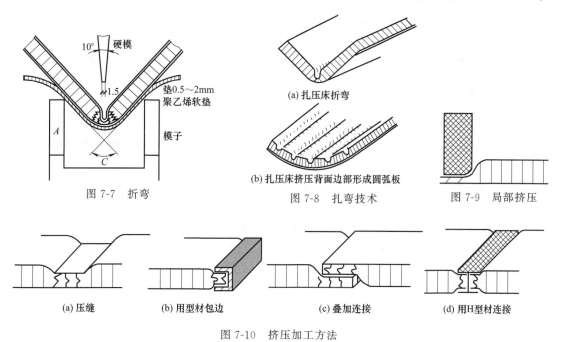

图 7-7　折弯　　图 7-8　扎弯技术　　图 7-9　局部挤压

(a) 压缝　　(b) 用型材包边　　(c) 叠加连接　　(d) 用H型材连接

图 7-10　挤压加工方法

(4) 连接

蜂窝铝板能较容易而且有效地连接到框架上，可以采取盲孔铆接，螺母、螺钉组装，旋压螺纹螺钉组装。

（5）铣切

蜂窝铝板可以用简单工艺冷成型，这种刻槽折弯方法能够根据不同装饰要求，制成各种形状（图 7-11）。1mm 厚面板背部可以刻槽，槽深 0.5mm，槽底宽 1.2mm，向上成 90°（图 7-12）。

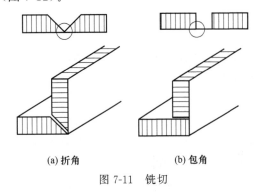

(a) 折角   (b) 包角

图 7-11　铣切

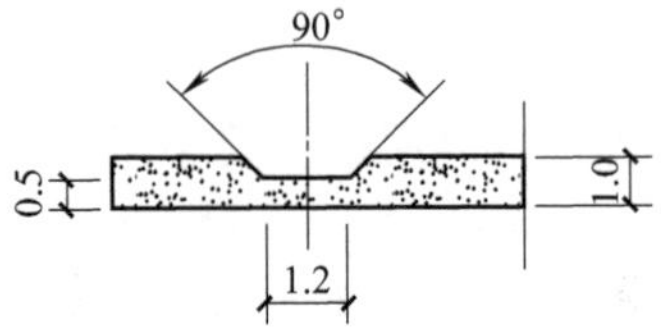

图 7-12　折弯刻槽大样

7.4　石材加工

石材幕墙石板的加工应符合下列规定：

① 石板连接部位应无崩坏、暗裂等缺陷；其他部位崩边不大于 5mm×20mm，或缺角不大于 20mm 时可修补后使用，但每层修补的石板块数不应大于 2‰，且宜用于立面不明显部位。

② 石板的颜色、花纹图案、外形尺寸等均应符合设计要求。

③ 石板加工尺寸允许偏差应符合《天然花岗石建筑板材》（GB/T 18601）中一等品的要求。

④ 石板应根据排版要求编号加工。除图案设计外，相邻石板不应有明显色差。

7.4.1　钢销式安装的石板加工

① 钢销孔位根据石板的大小确定。孔距离石板边缘不小于石板厚度的 3 倍，且不大于 180mm；钢销孔间距不宜大于 600mm；石板边长不大于 1.0m 时每边应设 2 个钢销，边长大于 1.0m 时应采用复合连接。

② 钢销孔的深度宜为 22～33mm，孔直径宜为 7mm 或 8mm，钢销直径宜为 5mm 或 6mm，钢销长度宜为 20～30mm。

③ 钢销孔处不得有损坏或崩裂现象，孔内应光滑洁净。

石材钢销孔开孔允许偏差见表 7-15。

表 7-15　石材钢销孔开孔允许偏差　　　　　　　　　单位：mm

项目	允许偏差	项目	允许偏差
孔径	±0.5	孔距	±1.0
孔位	±0.5	孔垂直度	孔深/50

7.4.2　通槽式、短槽式安装的石板加工

为保证石板开槽质量，用砂轮开槽时要以外表面为定位基准，在专用设备上开槽。用手

提式砂轮开槽时，要在施工机具上设定厚片，以保证槽与外表面平行、等距，如图 7-13～图 7-15 所示。

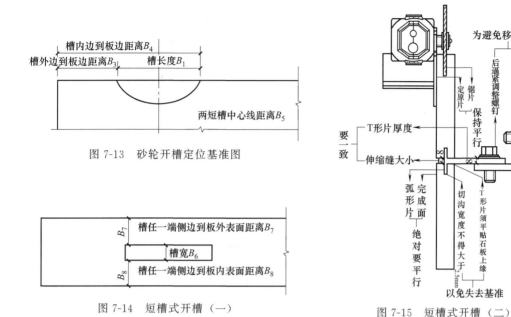

图 7-13　砂轮开槽定位基准图

图 7-14　短槽式开槽（一）

图 7-15　短槽式开槽（二）

① 石板的槽宽度宜为 6mm 或 7mm，不锈钢支撑板厚度不宜小于 3.0mm，铝合金支撑板厚度不宜小于 4.0mm。

② 石板开槽后不得有损坏或崩裂现象，槽口应打磨成 45°倒角，槽内应光滑洁净。

③ 通槽（短槽）开槽允许偏差见表 7-16。

表 7-16　通槽（短槽）开槽允许偏差

序　号	项　目	允许偏差/mm
1	短槽槽长 B_1	±2.0
2	短槽外边到板边距离 B_3	±2.0
3	短槽内边到板边距离 B_4	±3.0
4	两短槽中心线距离 B_5	±2.0
5	槽宽 B_6	±0.5
6	槽任一端侧边到板外表面距离 B_7	±0.5
7	槽任一端侧边到板内表面距离 B_8（含板厚偏差）	±1.5
8	槽深角度偏差	槽深（矢高）/20

④ 短槽式安装的石板

a. 每块石板上下边应各开两个短平槽，短平槽长度不应小于 100mm，在有效长度内槽深度不宜小于 15mm；槽宽度宜为 6mm 或 7mm，不锈钢支撑板厚度不宜小于 3.0mm，铝合金支撑板厚度不宜小于 4.0mm；弧形槽的有效长度不应小于 80mm。

b. 两短槽边距离石板两端部的距离不应小于石板厚度的 3 倍且不应小于 85mm，也不应大于 180mm。

⑤ 石板转角宜采用不锈钢支撑件或铝合金型材专用件组装。不锈钢支撑件的厚度不应小于 3mm；铝合金型材专用件壁厚不应小于 4.5mm，连接部位的壁厚不应小于 5.0mm。

⑥ 石板经切割或开槽等工序处理后均应将石屑用水冲干净，石板与不锈钢挂件间应采

用环氧树脂型石材专用胶粘结。

⑦ 已加工好的石板应存放于通风良好的仓库内，其与地面的夹角不应小于 85°。

7.4.3 背栓式安装的石板加工

背栓式石材钻孔要用自动钻孔机，不宜采用手提式钻孔机。

背栓孔中心线与石材面板边缘的距离不宜大于 180mm，也不宜小于 50mm；背栓孔底到板面保留厚度不宜小于 8mm；背栓孔之间的距离不宜大于 600mm。

孔位与孔距允许偏差见表 7-15，背栓孔加工允许偏差（图 7-16）见表 7-17。

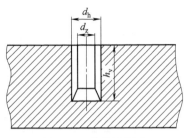

图 7-16　背栓孔尺寸
d_z—钻孔直径；d_h—拓孔直径；H_v—锚固深度

埋装背栓时，背栓孔内应注环氧胶黏剂。石板上部背栓挂件应可调节，下部背栓挂件应不可调节。

表 7-17　背栓孔加工允许偏差　　　　　　　　　　　　单位：mm

项　　目	M6	M8	M10~M12	允许偏差
钻孔直径 d_z	$\phi 11$	$\phi 13$	$\phi 15$	+0.4 −0.2
拓孔直径 d_h	$\phi 13.5$	$\phi 15.5$	$\phi 18.5$	±0.3
锚固深度 H_v	10,12,15,18,21	15,18,21,25	15,18,21,25	+0.4 −0.1

在幕墙上使用较软质地的石材时，为满足石材的强度和安全性需要，一般需要在石材的背侧做加固处理。通常，使用尼龙纤维网背网粘胶、不锈钢背网粘胶处理方式。

玻璃纤维网的粘接采用一布二胶的做法：石材在刷胶前，先将板面的浮灰、杂质及油污用粗砂纸清除干净；刷胶时要注意边角部位一定要刷到；刷完头遍胶后，在铺贴玻璃纤维布时要从一边用刷子赶平，铺平后刷二遍胶，刷子沾胶不宜过多，保证胶铺满玻璃纤维布即可。

7.5　人造板材加工

7.5.1　瓷板、陶板、微晶玻璃板加工

(1) 瓷板、陶板、微晶玻璃板加工

① 瓷板、陶板、微晶玻璃板加工过程中，应采用对面板材料无污染的水溶性溶剂进行冷却、润滑和清洁。

② 成品板应放置在通风处自然干燥。成品板的形状、尺寸应符合设计要求，加工允许偏差应符合表 7-18 的规定。

表 7-18　瓷板、陶板、微晶玻璃板加工允许偏差

项　　目	长度	对角线
允许偏差/mm	±1.5	≤2.0

(2) 瓷板、微晶玻璃板槽口加工

① 瓷板、微晶玻璃板的槽口加工应采用专用设备，不得采用手持机械。

② 槽口侧面不得有损坏或崩裂现象，槽口内壁应光滑、洁净，不得有目视可见的阶梯；槽口连接部位无爆边、裂纹等缺陷。

③ 槽口的宽度、长度、位置应符合设计要求，槽口加工允许偏差见表7-19。

表 7-19　瓷板、微晶玻璃板槽口加工允许偏差

项目	宽度	长度	深度	槽端距板边距离	槽中心线到板正面的距离
允许偏差/mm	0.5 0	短槽：10.0 0	1.0 0	短槽：10.0 0	0.5 0

7.5.2　石材蜂窝板

(1) 石材蜂窝板切割加工

① 石材蜂窝板加工过程中，应采用对面板材料无污染的水溶性溶剂进行冷却、润滑和清洁。

② 成品板应放置在通风处自然干燥。成品板的形状、尺寸应符合设计要求，加工允许偏差应符合表7-20的规定。

表 7-20　石材蜂窝板加工允许偏差

项　　目		允许偏差/mm	
		亚光面、镜面板	粗面板
边长		0 −1.0	
对边长度差	≤1000mm	≤2.0	
	>1000mm	≤3.0	
厚度		±1.0	+2.0 −1.0
对角线差		≤2.0	
边直度/(mm/m)		≤1.0	
平整度/(mm/m)		≤1.0	≤2.0

(2) 石材蜂窝板面板拼接

石材蜂窝板板块可按照设计要求进行不同角度的拼接，拼接后的面板应保证石材装饰面层的色泽、纹路一致；拼接部位应平整，无明显缝隙和缺角。

拼接前，可对板块进行倒角，应避免出现崩边、缺棱等缺陷，不损伤石材表面。

7.5.3　木纤维板

木纤维板加工时，工作台应选用木质台面，应及时清理加工台面上的金属及板材颗粒；加工过程中，避免划伤非加工面；加工宽度小于200mm的转角板材时，在安装前应与主面板可靠连接。

成品板的形状、尺寸应符合设计要求，加工允许偏差应符合表7-21的规定。

表 7-21　木纤维板加工允许偏差

项　　目		允许偏差	单　　位
边长		2.0 0	mm
对角线		≤对角线长度的1%	mm
边缘直度		≤1.0	mm/m
翘曲度	5.0≤t<12.0mm	≤0.4%	—
	12.0<t≤16.0mm	≤0.2%	—

续表

项 目	允许偏差	单 位
转角板角度	$+1°30'$ $-30'$	—
转角板翘曲度	≤3.0	mm
转角边直边翘曲度	≤0.5%	—
盲孔直径	0 −0.1	mm
槽深	0.2 0	mm
孔位置	≤0.5	mm
孔距	≤1.0	mm
孔中心线与板的垂直度	≤12′	—
装饰面划痕、压痕	不允许	—
装饰面边角缺陷	不允许	—

7.5.4 纤维水泥板

纤维水泥板宜在专用设备上加工，并在干燥环境中进行。加工过程中应有必要的防尘和除尘措施；纤维水泥板应存放在干燥、通风、防雨的环境中。

纤维水泥板的加工允许偏差见表 7-22。

表 7-22 纤维水泥板加工允许偏差

项 目		允 许 偏 差
边长 a/mm	≤1000	±1.5
	>1000	±2.0
厚度 t/mm	$6 < t ≤ 20$	±0.1t
	$t > 20$	±2.0
边直度/(mm/m)		≤1.0
对角线差/mm		≤2.0
孔中心距/mm		±1.5

槽口侧面不得有损坏或崩裂现象，槽口内壁应光滑、洁净，不能有目视可见的阶梯。槽口加工允许偏差见表 7-23。

表 7-23 纤维水泥板槽口加工允许偏差

项 目	宽度	深度	槽中心线到板正面的距离
允许偏差/mm	0.5 0	1.0 0	0.5 0

7.6 幕墙构件加工注意事项

① 玻璃幕墙在加工制作前应与土建设计施工图进行核对，对已建主体结构进行复测，并应按实测结果对幕墙设计进行必要调整。

② 加工幕墙构件所采用的设备、机具应满足幕墙构件加工精度要求，量具应定期进行计量认证。

③ 除全玻璃幕墙外，不应在现场打注硅酮结构密封胶。

④ 单元式幕墙的单元组件、隐框幕墙的装配组件均应在工厂加工组装。

⑤ 低辐射镀膜玻璃应根据其镀膜材料的粘结性能和其他技术要求，确定加工制作工艺；镀膜与硅酮结构密封胶不相容时，应除去镀膜层。

⑥ 硅酮结构密封胶不宜作为硅酮建筑密封胶使用。

⑦ 幕墙构件或组件应按构件数量的5%进行随机抽样检查，且每种构件或组件不得少于5件。当有一个构件或组件不符合要求时，应加倍进行复验，检验合格后方可出厂。复验时，发现有一件不合格，则对该批构件或组件进行100%检验，合格件允许出厂。

产品出厂时，应附有构件或组件合格证书。

8 建筑幕墙工程设计

建筑幕墙工程设计一般包括方案设计和施工图设计两个阶段。各阶段设计文件应完整齐全，内容、深度符合规定，文字说明和图面均应符合标准，表达清晰、准确，全部文件必须严格校审，不应出现差错。

① 设计文件的编制必须执行现行国家、行业和地方颁布的法令、标准、规范、规程，遵守设计工作程序。

② 加强对建筑幕墙工程设计文件编制的管理，保证各阶段设计文件的质量和完整性符合国家现行有关建筑设计深度。

③ 建筑幕墙设计文件的编制深度，应满足建筑对幕墙的各项技术、性能和安全指标。

④ 建筑幕墙设计的立面既要满足建筑设计的艺术性，又要符合幕墙技术的安全性、耐久性、合理性，同时又必须确保幕墙在使用过程中具有足够的安全储备。

8.1 建筑幕墙方案设计

① 方案设计文件根据设计任务书和工程招标文件对幕墙工程设计的要求进行编制，方案设计文件由设计说明、设计图纸、投资估算、透视图四部分组成。

② 方案设计文件的深度应满足幕墙工程设计招标文件及业主向建设部门送审的要求，结合建设物对幕墙外观及结构要求进行深化。

③ 方案设计文件应符合设计任务书中对幕墙招标技术、招标设计图纸、计算参数、材料选择、主要节点构造、幕墙种类、性能等的要求。

④ 方案设计文件根据招投标管理办法，由技术和商务两部分组成，其内容应按业主招标文件要求单列提供。

⑤ 大型幕墙工程或有特殊要求的幕墙工程应提供幕墙效果图，根据需要可加做幕墙模型。

8.2 建筑幕墙施工图设计

建筑幕墙施工图设计根据设计任务书和中标方案以及专家评审意见进行编制，由幕墙计算书、设计说明书、设计图纸、主要设备系统及工程概算书和主要材料等组成。

施工图设计文件的深度应满足幕墙工程审批的要求，并符合已审定的设计方案。

编制施工图设计文件，应提供有关幕墙种类的结构计算资料、图纸、抗震设防烈度、幕墙用料规格、性能、技术标准以及其他要求的各项技术参数，必要时可制作局部足尺实样构造模型。

8.2.1 幕墙工程施工图

(1) 幕墙施工图的组成

幕墙工程施工图一般应包括封面、目录、设计说明、材料明细表、平面图（见图 8-1）、立面图（见图 8-2）、剖面图、大样图（见图 8-3~图 8-5）、节点图、埋件图、加工图、型材截面图以及开模图等。另外还应包括结构计算书和热工计算书。

各部分图纸内容应统一、完善；立面图、平面图、剖面图与大样图、节点图等图纸的表述要一致，前后对应；应包含广告牌收口、清洗配套措施等。

幕墙工程施工图除封面外，应按照图纸内容的分类进行编号，各类别编号应统一连续。

(2) 幕墙施工图的特点

① 幕墙施工图的主要特点是建筑制图和机械制图并存。通常立面图、平面图和剖面图采用建筑制图标准，节点图、零件图采用机械制图标准；但同一张图样不允许采用两种标准。

② 幕墙立面图与剖面图通常绘制在一张图纸上。

③ 幕墙的节点图通常是一个节点一张图，因此节点编号常常也是图纸编号，如 1 号节点图为 "JD-01"。

(3) 幕墙施工图的编号方法

幕墙施工图编号方法目前尚无统一规定，现以某幕墙公司的企业标准为例介绍一般编号方法。

① 幕墙工程施工图的编号方法。以 "BS-LM-01" 为例，其中：

"BS" 为工程代号，多以工程名称的两个或三个特征词的第一个拼音字母表示；

"LM" 为分类代号，代表图纸的内容，见表 8-1；

"01" 为序号。

表 8-1 分类代号表示法

图纸目录	平面图	立面图	大样图	预埋件布置图	钢架结构图	节点图	轴测图
ML	PM	LM	DY	YM	GJ	JD	ZC

② 幕墙工程加工图的编号方法。以 "BS-JGT-LB-01" 为例，其中：

"BS" 为工程代号；"JGT" 为图纸分类代号，加工图用 "JGT" 表示，组件装配图用 "ZJ" 表示，零件图用 "LJ" 表示，开模图用 "MT" 表示；

"LB" 为材料分类代号，以加工材料的两个或三个特征词的第一个拼音字母表示，常用材料的表示方法见表 8-2。

表 8-2 幕墙材料分类代号

铝板	玻璃	立柱	横梁	芯套	蜂窝铝板	压块	铝框	横梁盖板
LB	BL	LZ	HL	XT	FB	YK	LK	GB

(4) 幕墙施工图符号和图例

① 幕墙施工图索引符号、详图符号、引出线符号、剖切符号、断面符号、定位轴线按照《房屋建筑制图统一标准》（GB/T 50001）的规定进行。

② 幕墙施工图中混凝土、钢筋混凝土、砂、瓷砖、天然石材、毛石、空心砖、玻璃、

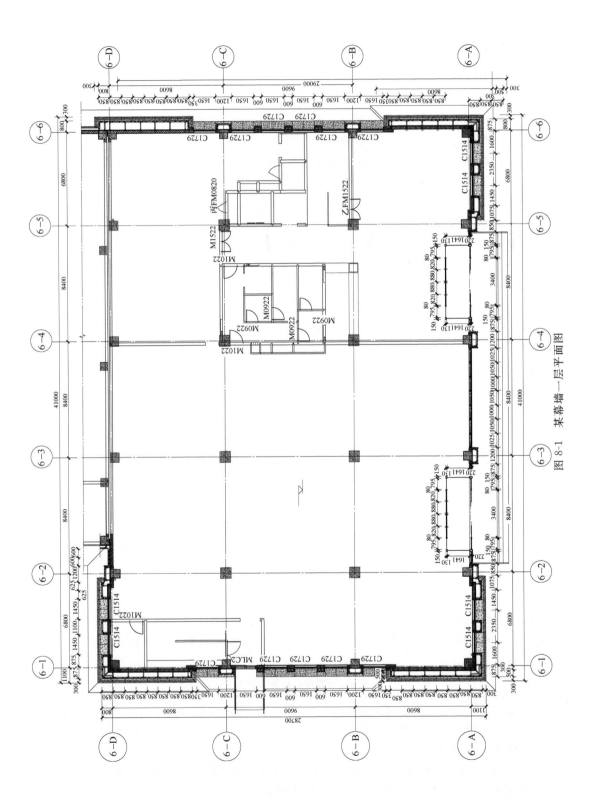

图 8-1 某幕墙一层平面图

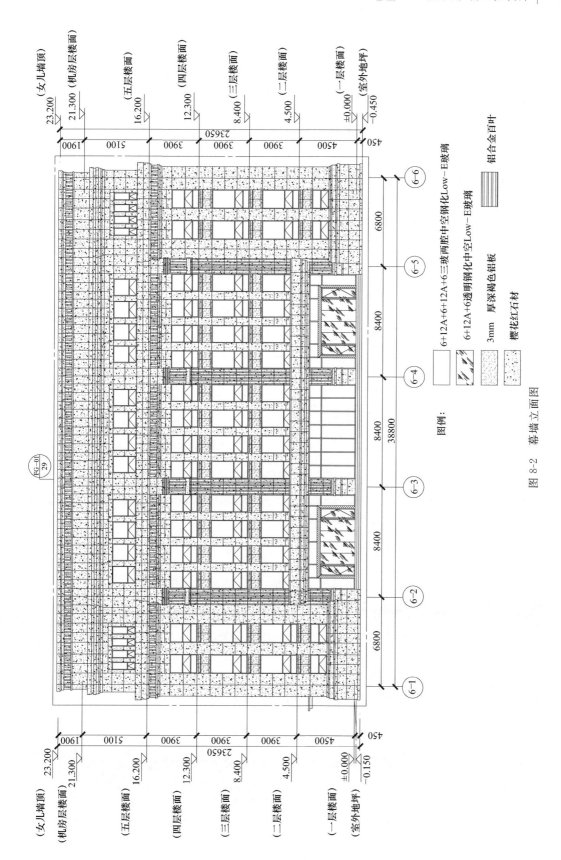

图例：

6+12A+6+12A+6三玻两腔中空钢化Low-E玻璃

6+12A+6透明钢化中空Low-E玻璃

3mm 厚深褐色铝板

樱花红石材

铝合金百叶

图 8-2 幕墙立面图

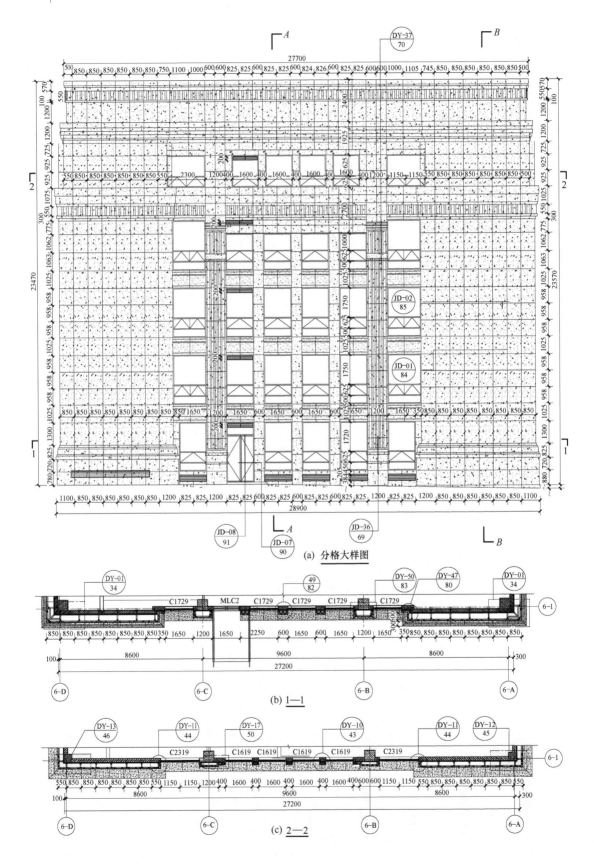

(a) 分格大样图

(b) 1—1

(c) 2—2

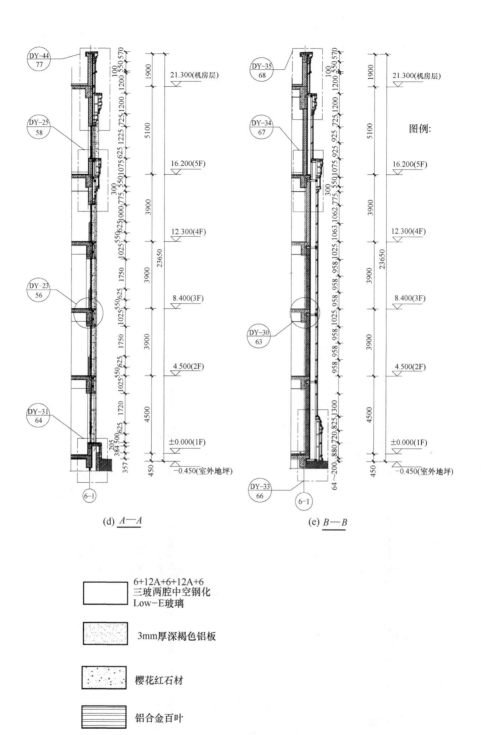

(d) *A—A* (e) *B—B*

6+12A+6+12A+6
三玻两腔中空钢化
Low-E玻璃

3mm厚深褐色铝板

樱花红石材

铝合金百叶

图 8-3　幕墙分格大样图

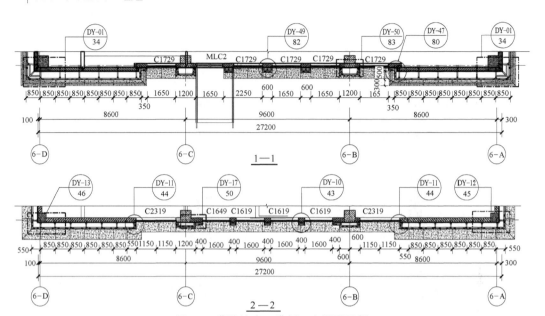

图 8-4 幕墙墙身（横剖）大样图示例

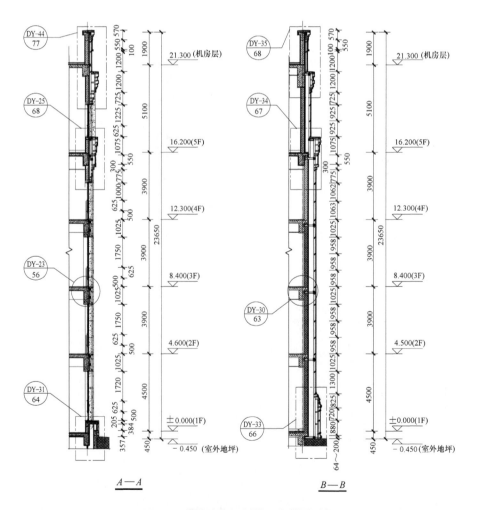

图 8-5 幕墙墙身（竖剖）大样图示例

金属、砖、塑料等图例按照《房屋建筑制图统一标准》(GB/T 50001) 的规定进行；金属材料（如型钢等）图例按照《建筑结构制图标准》(GB/T 50105) 的规定进行。

③ 其他幕墙材料可根据企业标准，用目前大部分企业通用的方法表示。

(5) 幕墙施工图尺寸和标注

① 立面图、平面图、剖面图尺寸和标注可采用《房屋建筑制图统一标准》(GB/T 50001) 的规定进行。

② 节点图、零件图尺寸和标注可采用机械制图标准进行。

③ 螺栓、螺母、垫圈等常用螺纹紧固件可采用机械制图标准绘制与标注。

8.2.2　封面和目录

(1) 封面

应包括工程名称、出图日期、设计公司名称。

(2) 目录

应按全部图纸的种类划分大项，在大项下按图纸编号、名称等顺序排列，图纸页数应连续编码。

图框中含有工程项目名称，建设单位名称（与任务书相同），建筑设计单位名称，图纸绘制比例、图幅、图号和页码，索引图注明索引号。

8.2.3　设计说明

设计说明应包括幕墙工程概况、本次设计范围描述（列举单项和分布情况）、设计依据和采用规范、设计理念和构造设计、主要幕墙形式、系统概述（幕墙结构、选材及构造要点说明）、物理性能、建筑设计（防火、防雷、抗震等）、材料物理性能和本项目选用概述、加工要求、施工要求、与其他施工单位配合和施工注意事项、面饰材料色差控制办法、实验要求、清洗配套措施、成品保护、物料表等。

(1) 幕墙工程概况

包括幕墙工程名称、建设地点、开发单位、建筑设计单位、建筑物总高度、层数、标准层高、总面积、主体结构形式地面粗糙类别、建筑物耐火等级、抗震设计烈度、设计使用年限、幕墙工程概述等。

(2) 设计依据

幕墙工程所参照和引用的国家、行业及地方规范、规程，工程招标和答疑文件等。

(3) 主要幕墙形式说明

对幕墙工程所采用的主要幕墙形式进行简要说明，包括但不限于对主要幕墙形式的分布部位和位置、结构体系、龙骨和面板材质与规格、节点做法、主要特点等的简要说明（可以配图）。

(4) 幕墙结构及构造要点说明

对幕墙工程的主体结构体系、荷载组合、传力途径、预埋件（或后补埋件）等进行详细说明，应表明工程设计构造形式和连接节点具有的安全性、先进性和经济性，以及立面分格和幕墙的构造厚度等。

(5) 物理性能

明确幕墙工程的设计风压变形性能、空气渗透性能、雨水渗漏性能、平面内变形性能、隔声性能、保温性能、耐撞击性能以及光学性能等。

（6）建筑设计

主要包括幕墙工程的防雷构造设计、防火构造设计、抗震设计、耐腐蚀设计、绿色环保和节能设计、可视（玻璃、透明）幕墙所暴露出的内围护结构外表面（墙面、梁柱、洞口、百叶等部位）的设计等。

（7）材料选择

标明用于幕墙工程的主要材料的使用部位、材质、规格、产地要求（如有）、主要性能指标等。一般应包括铝合金型材、钢制件、玻璃、金属板、石材及其他板材、胶类、密封胶条、五金配件及其他附件等，应对幕墙工程所用的主要材料进行有针对性的说明和描述。其中特别强调以下内容：

① 铝合金型材、钢制件、金属板、石材等需特别明确材质和表面处理要求；石材的弯曲强度经检测机构实测，结果不应小于8MPa；钢材表面完整的除锈处理方法、除锈等级、底面配套涂料名称及道数、涂膜总厚度等，端口焊接封堵。

② 玻璃需特别明确原片、钢化、夹胶、中空层、镀膜等主要性能指标，对原片颜色、玻璃均质处理、夹胶胶片、中空层的构造和填充、镀膜的类型及镀膜面的位置等要重点予以说明。

③ 胶类包括硅酮耐候密封胶和硅酮结构密封胶等，需特别明确区分中性或酸性、单组分或双组分等要求，注明在有效期内使用；硅酮结构胶相容性实验和复验的要求，不合格不得使用，除全玻璃幕墙外，现场不得注胶。同一幕墙采用同一品牌结构胶和密封胶，含相容性可配套实验报告。石材幕墙施工中不得使用云石胶，云石胶是在石材相互粘结时使用的，注明干挂胶的使用比例（0.9～1），A胶略大于B胶。石材幕墙胶无污染实验报告和供方提供的实验报告等。

④ 密封胶条需特别明确材质，区分三元乙丙、氯丁橡胶、硅橡胶等具体要求。

⑤ 五金配件需特别明确材质、开启方式、规格等指标，如应区分不锈钢304和316的材质要求，说明开启五金的铰链、风撑、多点锁系统具体配置、地弹簧的承重要求等。螺栓注明加设弹簧垫圈作为防松措施。

⑥ 焊条型号、焊缝形式和焊缝质量等级。

⑦ 所有面饰材料需在设计过程中和建筑设计院落实颜色，并标注于图纸中，并列出汇总表。

（8）加工及施工要求

说明对面饰材料、构件加工精度的要求，与土建设计施工的配合要求，与电气设计施工的配合要求，对幕墙施工的要求包括施工精度要求，等。

（9）一般说明

对清洗设备（如有）及设计资料的一般说明等。

（10）需其他专业配合内容和幕墙施工单位配合事项

说明需建筑配合完善内容和其他专业设计和施工时注意事项，施工单位进场测量后绘制分格图和局部节点尺寸，待设计单位确认后方可施工。

（11）试验

列出试验详单（表格形式），注明组数划分、相关数据、试验时间。

① 幕墙性能检测包括风压变形性能、气密性能和水密性能，即通常所谓的"三性试

验"。必要时可增加平面内变形性能及其他性能检测，即所谓的"四性"。

② 在幕墙工程中需要复试的材料

a. 铝塑复合板的剥离强度；

b. 石材的弯曲强度、寒冷地区石材的耐冻融性、室内用花岗岩的放射性；

c. 幕墙用结构胶的邵氏硬度，标准条件下拉伸粘结强度；

d. 石材用密封胶的污染性；

e. 幕墙用结构密封胶、耐候密封胶与其相接触材料的相容性和剥离粘结性试验（这两项指标密封胶出厂检验报告中不能提供，但在密封使用前必须进行复验），角钢和槽钢不需要进行复验。

③ 复验材料取样数量。在需要进行复验的材料中，同一厂家生产的同一品种、同类型的进场材料应至少抽取一组样品进行复验，当合同另有约定时，应按合同执行。

④ 需要现场做的试验

a. 后置预埋件的现场拉拔试验，抽取数量应按规范规定的比例采取随机抽样的方法进行；

b. 硅酮结构密封胶的剥离试验，抽取数量为每 100 个组件抽取 1 件。

c. 如果采用双组分硅酮结构密封胶，还应做混匀性（蝴蝶）试验和拉断（胶杯）试验。同种类型做一组即可。

d. 淋水试验，全数进行。

e. 窗户和玻璃幕墙的玻璃漏点试验。

⑤ 检验批的划分

a. 相同设计、材料、工艺和施工条件的幕墙工程每 $500 \sim 1000 \text{m}^2$ 为一个检验批，不足 500m^2 应划分为一个检验批；每个检验批每 100m^2 应至少抽查一处，每处不得小于 10m^2。

b. 同一单位工程的不连续的幕墙工程应单独划分检验批。

c. 对于异形或者有特殊要求的幕墙，检验批的划分和每个检验批的检查数量应根据幕墙的结构、工艺特点及幕墙工程的规模，由监理单位、建设单位和施工单位协商确定。

8.2.4 材料明细表

材料明细表应表示出该工程所用的所有材料，包括铝型材、玻璃、铝板、石材、钢板、钢型材、钢加工件、密封胶、胶条、保温防火材料、五金件、螺栓螺钉及其他辅材等。注明设计提供封样项目。

铝型材须说明各种材料所有的部位，表面处理、颜色要求、材质要求、线密度和断面形式等。

玻璃须说明各种材料所有的部位和主要说明，比如玻璃的厚度、颜色、镀膜处理等。

铝板、石材、钢板、钢型材及钢加工件等须说明各种材料所有的部位、表面处理、颜色、规格要求、质量等级等。

其他幕墙材料须说明所有的部位和规格、参数等。所有材料不得标明厂家。（铝型材截面图不得标注编号，只写明名称、使用部位、线密度、表面处理办法。）

8.2.5 平面图

幕墙工程平面图应表示出主体结构、轴线号、幕墙平面布置（立柱位置、面板以及其与主体结构间的距离等)、幕墙单元宽度尺寸等内容。

① 结构平面。幕墙平面图以建筑平面图为基准进行绘制，应准确表示出幕墙所在处的主体结构，包括结构柱、构造柱、剪力墙、填充墙、主体结构边梁，其中柱、剪力墙及填充墙应区分明确，首层有橱窗的位置应将橱窗内墙和门表示清楚。应绘制足够的墙身大样图，在墙身大样图上应准确表示出主体结构边梁、填充墙及圈梁，并做控制性标注。

② 不同幕墙种类的表达。幕墙平面图应准确表示出立柱的位置及幕墙面板，面板的接缝应予以定位表示，全玻璃幕墙应表示出玻璃肋。可以看到的装饰面应用图例填充，有装饰条的幕墙应表示清楚装饰条距面板的距离；雨篷应在平面图上表示出来；有吊顶时，应将吊顶平面图表示清楚；如有灯具也应表示。

③ 标注。幕墙平面图中应标出面板的分格、幕墙构造厚度尺寸及幕墙种类的分界线，尺寸标注必须含有相邻轴线关系。所有的标注必须字高大小一样，等比例缩放。

索引大样时应明确标注大样的范围和索引号。

④ 幕墙平面图绘制比例应合理，一般不应超过 1∶300，必要时应分段绘制，比例要求必须遵循建筑制图标准。

⑤ 幕墙平面图剖切位置应在窗高中部，图中应表示出开启扇及门的位置，表示出门窗编号及幕墙编号。门窗和幕墙编号和建筑蓝图对应。

⑥ 幕墙平面图中应将室内部分表达完整，特别是与幕墙紧邻、相关的隔墙以及临近幕墙的房间名称。

⑦ 图框中应含有工程项目名称，建设单位名称（与任务书相同），建筑设计单位名称，图纸绘制比例、图幅、图号和页码，索引图注明索引号。

8.2.6 立面图

幕墙立面图应完善表达出建筑幕墙立面设计效果、幕墙材料及所在位置、分格等。

① 幕墙立面图中应准确表示出立面分格、凹凸转折关系及窗洞位置。有凹凸或转折关系时，应采用粗线明确表示；遮挡部分必须采用展开图表示；斜面幕墙或弧面幕墙可以采用展开图表示。

② 幕墙立面图中应对不同材料和结构形式的幕墙进行不同的填充表示，图中幕墙工程材料超过一种时，应用不同的填充图案表示，并有图例说明。

③ 立面图的竖向标注应包括楼层标高标注、楼层号标注、竖向板块分格尺寸标注、层高标注、建筑总高标注等，需要时应对局部标高进行标注，尺寸标注必须跟相应的楼层标高有关系，所有的标注必须字高大小一样，等比例缩放。

④ 幕墙立面图绘制比例应合理，一般不应超过 1∶300，必要时应分段绘制，比例要求必须遵循建筑制图标准。

⑤ 幕墙立面图中应表示出幕墙开启扇的开启方式，出入口门的类型，雨篷的位置、类型及拉杆的位置高度等；注意开启扇和栏杆的关系。

⑥ 幕墙立面图中大的平面转折部位应标注转折角度。

⑦ 幕墙立面图中应表达可视（玻璃、透明）幕墙所暴露出的内围护结构外表面（墙面、梁柱、洞口、百叶等部位）的做法及其与幕墙的关系。

⑧ 若有女儿墙挡住部分幕墙立面，应采用虚线表示被挡住立面的轮廓及分格。

⑨ 索引大样时应明确标注大样索引图的范围和索引号。如果有方向区分时，应表示出方向。

⑩ 图纸图框上应有图纸名称、图纸编号、比例、索引位置、页码等，必要时可以表示设计要求等。

8.2.7 大样图

不同类型的幕墙（包括面板材料、结构形式和做法不同的幕墙），以及幕墙立面或平面比较复杂的部位，均应绘制大样图。

① 大样图应标明索引自立面或平面图纸的编号。

② 大样图绘制顺序应先设计主要大样，后设计次要大样。

③ 大样图的设计内容至少应包括立面大样图、平面大样图（横剖）和墙身大样图（竖剖），每种不同的位置应要有相应的横剖和竖剖。

④ 大样图应采取合适的比例，一般不应超过1：100，主要大样图比例不能超过1：50，必要时将局部立面大样图、横剖和竖剖相应地分成三张图布置，比例要求必须遵循建筑制图标准，保证图纸表达清楚。

⑤ 大样图中应索引详细的节点图，将各部位的不同做法反映清楚，包括所有的收边收口节点、有墙体部分的幕墙处理、女儿墙处理节点、踢脚收口节点等。

⑥ 大样图中应用填充的方式区分不同的材料，除胶缝可用单线条简单表示外，其余应按节点设计的实际情况表达清楚。

⑦ 平面大样图应对面层的平面分格、立柱的位置及横梁与立柱的连接、防火保温做法等有清楚的表达，并与节点设计保持一致。

⑧ 立面大样图和平面大样图均应表示出幕墙开启扇的开启方式及出入口门的形式等。

⑨ 墙身大样图应对面材的立面分格、横梁的位置及与立柱的连接、防火保温做法等有清楚的表达，并与节点设计保持一致。

⑩ 局部立面大样图的竖向标注和竖剖大样图应包括楼层标高标注、楼层号标注、竖向板块分格尺寸标注、层高标注等，尺寸标注必须跟相应的楼层标高有关系。局部立面大样图的横向标注和横剖大样图应包括幕墙板块的横向分格、幕墙厚度尺寸及幕墙种类的分界线，尺寸标注必须跟相邻轴线有关系。所有的标注必须字高大小一样，等比例缩放。

⑪ 图纸图框上应有图纸名称、图纸编号、比例、索引位置、页码等，必要时可以表示设计要求等。

⑫ 大样图中必须包含永久性洞口和土建雨篷及一层悬挑梁的三边收口剖面图，一般大于结构或建筑完成面100mm。

8.2.8 节点图

幕墙工程节点图应能清楚表现整个幕墙的材料及构造做法，对节点做法表达应完整清晰。节点图应清晰准确地反映幕墙的具体做法和全部材料，幕墙工程范围内的材料均须在节点图内进行表现并准确地进行标注，在节点图上出现的不在幕墙工程范围内的材料，亦须明确标注为非承包项或以其他方式进行区分。

① 节点图应至少包括但不限于以下内容：

a. 标准节点。包括标准横剖节点和标准纵剖节点。

b. 纵剖节点。包括窗间墙纵剖节点、封顶纵剖节点、封底纵剖节点。

c. 横剖节点。包括封边横剖节点，转角横剖节点。

d. 立柱安装节点。

e. 横梁安装节点。

f. 功能节点。包括防雷节点、防火节点、防水节点、连接节点等。

g. 开启扇和门的五金配件装配图（包括胶条和毛条）。

h. 幕墙与窗的关系等。

② 节点图中应标明索引图纸的编号。节点图可以从大样图中索引，也可从其他节点图中索引，均应标注清楚，节点图应采取合适的比例，一般不超过 1∶6，标准节点比例应按 1∶1表示。

③ 节点图绘制顺序应先绘制主要节点（包括标准节点、功能节点、安装节点、主要交接节点、梁间节点及女儿墙收口节点、踢脚收口节点等），后绘制辅助节点及收边节点。在设计主要节点时，应注意考虑与辅助节点和收边节点的配合，尽量减少对辅助节点和收边节点的特殊处理。

④ 节点图应表达清楚，标注详细，表达完整的设计思想；主要的节点应将所有的要求尺寸标注清楚，所有有用的材料名称须标注清楚。

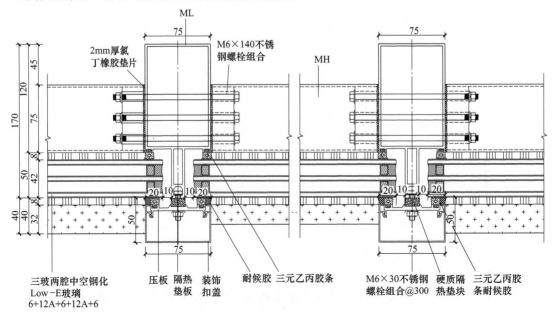

图 8-6　明框玻璃幕墙横剖标准节点图

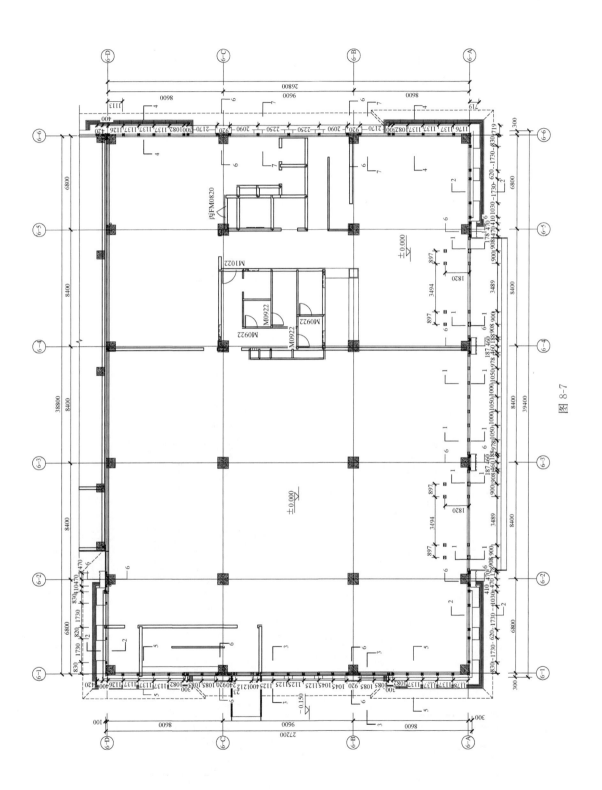

图 8-7

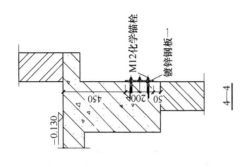

4—4

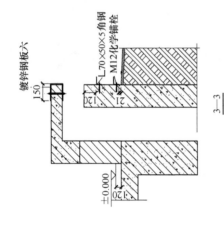

3—3

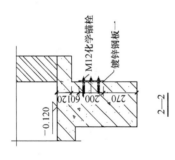

2—2

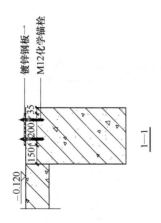

1—1

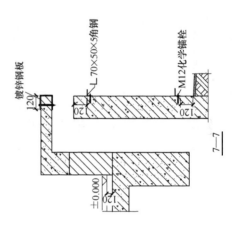

7—7

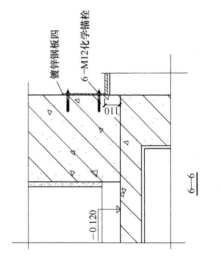

6—6

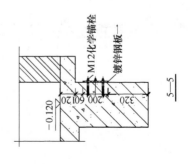

5—5

图 8-7　幕墙埋件图

⑤ 对幕墙的主要部分要进行详细设计，对墙角区和墙面区分开设计，不同楼层标高分开设计，确保节点做法安全、经济。

⑥ 应根据制图规范及三视图的原理，对节点图中的参考投影线及投影面进行合理表达，亦可绘制相应三维图。

⑦ 节点图中无法表示或标注清楚的部位应绘制放大节点图。

⑧ 图纸图框上应有图纸名称、图纸编号、比例、索引位置、页码等，必要时可以表示设计要求等。

本书第 4 章中列出了各类幕墙的典型节点图，可参阅。明框玻璃幕墙横剖标准节点图如图 8-6 所示。

8.2.9 埋件图

幕墙工程埋件图一般采用平面图方式表达，也可根据需要设计成立面图，比如主体结构立面上有布置了埋件的斜梁，则应绘制埋件立面图以准确表示埋件的定位。

① 埋件平面图应以幕墙平面图为基准，根据节点设计及结构设计，将幕墙埋件的实际平面位置表示清楚，标注埋件的施工定位尺寸，定位尺寸一般包括中心线间距及与相邻轴线的距离等。

② 应在埋件平面图的基础上绘制埋件剖面图，清楚表示各部位埋件的不同配置。剖面图上应表示埋件的施工定位尺寸、楼层标高、楼层名称、相关的轴线及其编号，以及与埋件有关的技术要求。

③ 对不同的埋件，应绘制埋件加工图，标注详细，技术要求明确。

④ 所有的楼层均须有相应的埋件平面图，应全面反映幕墙工程主体结构上埋件的配置和定位情况。

⑤ 应注意区分不同类型埋件，如板式埋件和槽式埋件等的埋设范围。

幕墙埋件图布置如图 8-7 所示。

8.2.10 加工图

加工类材料必须出具详细加工图，且注明加工误差要求。

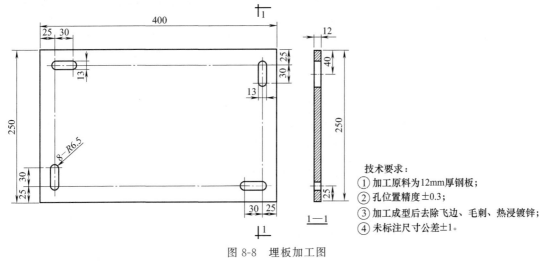

技术要求：
① 加工原料为 12mm 厚钢板；
② 孔位置精度 ±0.3；
③ 加工成型后去除飞边、毛刺、热浸镀锌；
④ 未标注尺寸公差 ±1。

图 8-8 埋板加工图

① 铝型材应注明用途、线密度、使用部位、面层颜色和面层处理办法、加工尺寸和允许误差，互相配合、关联的型材应连续绘制、齐全。

② 胶条：应注明加工详细尺寸、材质要求、布置方案，必要时备注配套型材。

③ 构件：包括铝板、石材、玻璃、埋件、角码、石材挂件、防火板等加工件，应注明材质、技术要求等。

幕墙零件加工图中应包括：零件的结构形状、尺寸和各部分之间的相互位置关系、技术要求等。

埋板加工图如图 8-8 所示。

9

建筑幕墙安装施工技术

9.1 幕墙安装施工准备

幕墙安装施工前，幕墙安装施工企业应在技术、材料、机具、人员、作业条件等方面做好充分的准备工作；并应会同土建承建商检查现场，确认具备幕墙安装的施工条件；保证安装幕墙的主体结构符合其施工质量验收的规定。

幕墙的安装施工应单独编制施工组织设计。

9.1.1 技术准备

① 熟悉施工图纸及设计说明，校核各洞口的位置、尺寸及标高是否符合设计要求，发现问题及时向设计提出，并洽商、办理变更，在施工前把问题解决。

② 根据设计要求，结合现场实际尺寸进行材料翻样，并委托加工订货。

③ 进行各种材料的进场验收，收集产品合格证、检测报告等质量证明文件，并向监理报验。

④ 对施工中用到的各种胶进行相容性试验、粘结强度试验和环保检测工作。

⑤ 制作幕墙安装样板，经设计、监理、建设单位检验合格并签认。

⑥ 编制施工方案，对操作人员进行技术、环境、安全等交底。

9.1.2 材料准备

幕墙工程所用的材料应符合国家现行标准的规定，应有出厂合格证和性能检测报告，其物理力学性能和耐候性能应符合设计要求。

进场的幕墙构件及附件的材料品种、规格、色泽和性能应符合设计要求。幕墙构件安装前应进行检验，不合格的构件不得安装使用。

构件及附件储存时，应依照幕墙安装顺序排列放置，储存架应有足够的承载力和刚度。在室外储存时应采取防护措施。

9.1.3 机具准备

机具包括加工运输机具、工具和计量检测工具。

（1）加工运输机具

双头锯、铣床、钻床、空压机、手电钻、冲击电锤、电焊机、角磨机、垂直吊装机具、搬运工具等。

(2) 工具

手锯、手刨、射钉枪、拉铆钳、玻璃吸盘、胶枪、钳子、各种扳手和螺丝刀（螺钉旋具）等。

(3) 计量检测工具

经纬仪、激光铅直仪、水准仪、钢直尺、水平尺、钢卷尺、靠尺、塞尺、卡尺、角度尺、焊缝测量规、线坠等。

9.1.4 人员准备

幕墙安装施工前，必须明确安装施工应配备的各工种人员的数量、配备要求等，必要时应对特种作业人员进行相关的培训，做到持证上岗。

① 安装人员除了具备相关基本技能、持有本行业操作证外，还应具有一定的消防知识和火灾发生后的应急处理能力。

② 对施工人员进行技术交底，明确质量、安全和环境要求。

9.1.5 作业条件

① 主体及二次结构施工完毕，并经验收合格。

由于主体结构施工偏差过大而妨碍幕墙施工安装时，应会同业主、土建承建商协商相应措施，并在幕墙安装施工前实施。

② 幕墙位置和标高基准控制点、线已测设完毕，并预检合格。

③ 幕墙安装所用的预埋件、预留孔洞的施工已完成，位置正确，孔洞内杂物已清理干净，并经验收符合要求。

当预埋件位置偏差过大或主体结构未埋设预埋件时，应制订补救措施或可靠连接方案，经与业主、土建设计单位协商后方可实施。

④ 施工用的脚手架已搭设完毕，临时用水、用电已供应到作业面，并经检验合格。

⑤ 施工场地清理完成，作业区域内无影响幕墙安装的障碍物。

⑥ 现场加工平台、各种加工机械设备安装、调试完毕。

⑦ 现场材料存放库已准备好，若为露天堆放场，应有防风、防雨设施。

9.1.6 施工组织设计内容

幕墙的施工组织设计应包括下列内容：

① 工程概况、质量目标；

② 编制目的、编制依据；

③ 施工部署、施工进度计划及控制保证措施；

④ 项目管理组织机构及有关的职责和制度；

⑤ 材料供应计划、设备进场计划；

⑥ 劳动力调配计划及劳保措施；

⑦ 与业主、总包、监理单位以及其他工种的协调配合方案；

⑧ 材料供应计划、搬运、吊装方法及材料现场贮存方案；

⑨ 测量放线方法及注意事项；

⑩ 构件、组件加工计划及其加工工艺；

⑪ 施工工艺、安装方法及允许偏差要求，重点、难点部位的安装方法和质量控制措施；

⑫ 项目中采用新材料、新工艺时，应进行论证和制作样板的计划；

⑬ 安装顺序及嵌缝收口要求；

⑭ 成品、半成品保护措施；

⑮ 质量要求、幕墙物理性能检测及工程验收计划；

⑯ 季节施工措施；

⑰ 幕墙施工脚手架的验收、改造和拆除方案或施工吊篮的验收、搭设和拆除方案；

⑱ 文明施工、环境保护和安全技术措施；

⑲ 施工平面布置图。

9.1.7 技术交底

技术交底是施工过程中的重要环节，是保证工程质量和按时完成工程的重要措施之一。通过技术交底，确保工人和各级管理人员熟悉所承担工程任务的特点、技术要求、施工工艺、工程难点、施工操作要点及工程质量标准，明确施工过程主要危险因素，明确应遵守安全规程及采取的防护措施，明确自己的责任和相关应急措施，熟悉文明施工要求，充分理解设计意图，做到心中有数，减少因违规操作而导致的质量问题、安全问题发生的可能性。

技术交底有设计交底、施工技术交底、施工安全技术交底等。

设计交底，即设计图纸交底，在建设单位主持下，由设计单位向各施工单位（土建施工单位与各专业施工单位）进行的交底，主要交代建筑物的功能与特点、设计意图与要求和建筑物在施工过程中应注意的各个事项等。

施工技术交底，一般由施工单位组织，在管理单位专业工程师的指导下，主要介绍施工方法、工序衔接、主要机械的操作方法、具体各部分的质量参数、施工中遇到的问题和经常性犯错误的部位，使施工人员明白应该怎么做、规范上是如何规定的等。

施工安全技术交底，是指在建设工程施工前，项目部的技术人员向施工班组和作业人员进行有关工程安全施工的详细说明，并由双方签字确认的过程。安全技术交底一般由技术管理人员根据分部分项工程实际情况、特点和危险因素编写，它是操作者的法令文件。

下面主要就施工技术交底进行详述。

(1) 施工技术交底的类别

施工技术交底分为三级：①施工组织设计交底；②施工方案交底；③分项工程或特殊环节和部位的施工技术交底。

(2) 施工技术交底的组织

参与施工技术交底的人员包括项目单位、监理单位、施工单位和设计单位相关工作人员。项目单位应由项目负责人参与，监理单位应该派遣总监和驻地监理参加，施工单位的项目经理及相关负责人、操作人员也要参与进来，另外，设计单位的项目工程主设计人员也应该参与进来，只有这样技术交底工作才能真正公开、有效，并且能及时纠正错误，减少纠纷。

(3) 施工技术交底的编制原则

① 根据工程的特点及时进行编制，内容应当全面，具有较强的针对性和操作性。

② 严格执行相关技术标准要求，禁止生搬硬套标准原文，应根据工程的实际情况将操作工艺具体化，使操作人员在执行工艺时能结合技术标准、工艺要求，满足质量标准。

③ 在主要分部分项工程施工方法中能够反映出递进关系，交底内容、实际操作、实物质量及质量检验评定四者间必须相符。

（4）施工技术交底编制依据

① 根据相关规范、标准、工程设计文件、工程施工合同及相关资料，公司对于本工程的相关决策和要求，工程部编辑的重大、特殊施工方案，各级主管部门下达的有关制度要求和管理办法文件，当地主管部门的有关规定，本项目的技术标准及质量管理体系文件。

② 工程施工图纸、标准图集、图纸会审记录、设计变更及工作联系单位等技术文件。

③ 施工组织设计、施工方案对本分项分部工程、特殊工程等的技术、质量和其他要求。

④ 其他有关文件。工程所在地建设主管部门（含工程质量监督站）有关工程管理、技术推广、质量管理及治理质量通病等方面的文件；发布工程技术质量管理要点、检查通报等文件。特别应该注意落实其中提出的预防和治理质量通病、解决施工问题的技术措施等。

（5）交底形式和记录

① 技术交底以书面形式或视频、幻灯片、样板观摩等方式进行，形成书面记录。交底人应组织被交底人认真讨论并及时解答被交底人提出的疑问；

② 技术交底表格按国家或地方工程资料管理规程规定执行；

③ 交底双方须签字确认，按档案管理规定将记录移交给资料员归档。

（6）施工技术交底编写内容

技术交底内容应根据工程范围和施工内容进行组织。具体包括施工范围，有关施工图纸的解释，工程作业指导书，工程安全、质量目标和保证措施，具体操作要点，工程的进度要求，文明施工要求，施工过程施工人员的责任及分工，质量监督检查办法及施工资料整理，其他施工注意事项，等。

开工前技术交底还须包括上级主管部门对本工程的规定和要求；项目部对本工程的设想和要求；本工程的施工组织设计，项目部对工程质量、安全及进度目标，其他特殊要求等。

① 施工准备

a. 材料。根据设计图纸说明施工所需材料的名称、规格、型号，材料质量标准，材料品种规格等直观要求，判定合格后方可使用。

b. 机具设备。说明所使用机具设备的名称、型号、性能、使用要求等，尤其是使用特种设备时相关要求和注意事项。

c. 人员配备。说明施工应配备的人员数量，包括工种配备的要求等，必要时应对特种作业人员进行相关的培训，做到持证上岗。

d. 作业条件。说明与本道工序相关的上道工序应具备的条件，是否已经过验收并合格，本工序施工现场施工前应具备的条件等。

② 施工流程。详细列出该项目的操作工序以及报检流程。

③ 施工过程详解。根据工艺流程所列的工序，结合施工图分别对施工要点进行详细叙述，并提出相应的要求。如施工中采用了新工艺、新材料、新技术、新产品，则应对此部分的内容进行详细说明。

④ 质量验收及记录

a. 质量标准。以国家标准规范为主要依据，结合本工程的实际情况，来进行编制。

b. 质量记录。列明实际工程中涉及的与质量相关的相应检验记录，做到数据真实有效，能直接反映出问题的关键所在。

⑤ 环境、职业健康安全施工要求

a. 环境保护措施。国家、行业、地方法规环保要求及企业对社会承诺的切实可行的环境保护措施。

b. 安全措施。包括作业相关安全防护设施要求，个人防护用品要求，作业人员安全素质要求，接受安全教育要求，项目安全管理规定，特种作业人员执证上岗规定，应急相应要求，相关机具安全使用要求，相关用电安全技术要求，相关危害因素的防范措施，文明施工要求，相关防护要求等施工中应采取的安全措施。

⑥ 成品保护措施等。对工序成品的保护提出要求并对工序成品的保护制定出切实可行的措施。

⑦ 应注意问题。主要是对施工中的质量通病进行分析并制定具体的质量通病防范措施，以及季节性施工应采取的措施进行较为详细的说明。

(7) 施工技术交底管理

① 项目建立技术交底的台账或目录，过程中加强检查指导，保证内容、过程和形式的有效性；

② 交底后须进行过程监控，及时指导、纠偏，确保每一个工序都严格按照交底内容组织实施；

③ 对项目关键、特殊工序须建立监控表，明确过程控制参数和过程检查记录；由项目质量总监组织生产、质检、技术、安全等部门进行复核，跟踪检查。

④ 各项技术交底记录也是工程技术档案资料中不可缺少的部分。交底文件应有交底日期，有交底人、接收人签字，并经项目总工程师审批。

技术交底工作步骤应该做到规范、有序。各级技术交底均应根据工程具体特点、条件等情况和交底的级别分别制定交底提纲和交底内容，技术交底必须真实有效，内容应该详尽细致，具有针对性和指导性。

在完成技术交底后，施工单位在施工过程中还应注意：①应要求技术交底接收人对具体施工人员进行第二次交底，确保交底工作做到实处；②应复印一份技术交底资料给施工管理人员，确保管理有序进行。

施工人员应按交底要求施工，不得擅自变更施工方法。技术交底人、技术员、施工技术和质检部门发现施工人员不按交底要求施工、可能造成不良后果时、应立即劝止其施工，同时报上级处理。

9.2 玻璃幕墙安装施工

9.2.1 构件式玻璃幕墙安装施工工艺

构件式玻璃幕墙的安装施工工艺流程如图 9-1 所示。

测量放线 → 预埋件检查、后置埋件安装 → 立柱安装 → 横梁安装 → 避雷安装 → 防火保温安装 → 玻璃安装 → 窗扇安装 → 密封处理 → 淋水试验 → 调试清理

图 9-1 构件式玻璃幕墙安装施工工艺流程

(1) 测量放线

测量放线是幕墙安装施工中的重要工序，测量放线的准确性决定幕墙的安装质量。

在幕墙施工前根据幕墙分格大样图，结构施工标高，轴线的基准控制点、线，重新测设幕墙施工的各条基准控制线。放线时应按设计要求的定位和分格尺寸，先在首层的地、墙面上测设定位控制点、线，然后用经纬仪或激光铅垂仪在幕墙四周的大角、各立面的中心向上引垂直控制线和立面中心控制线，各大角用钢丝吊重锤作为施工线。用水准仪和标准钢尺测设各层水平标高控制线，水平标高应从各层建筑标高控制线引入，以免造成各层幕墙窗口不一样高。最后按设计大样图和测设的垂直、中心、标高控制线，弹出横、竖框架，分格及转角的安装位置线。

测量放线应注意以下几点：

① 幕墙分格轴线的测量应与主体结构测量相配合，及时调整、分配、消化主体结构偏差，不得积累；

② 施工过程中应定期对幕墙的安装定位基准进行校核，以确保幕墙垂直度和各部分位置尺寸准确无误；

③ 对高层建筑幕墙的测量，应在风力不大于 4 级时进行。

（2）预埋件检查、后置埋件安装

幕墙的预埋件应在主体结构施工时按照设计要求埋设，预埋件的位置偏差不应大于 $\pm 20\text{mm}$。

幕墙施工前要按各控制线对预埋件进行检查。对于位置超差、结构施工时漏埋或设计变更未埋入的埋件，应按设计要求进行处理或补做后置埋件。

（3）立柱安装

立柱一般采用铝合金型材或型钢制作，其材质、规格、型号应符合设计要求。

首先按施工图和测设好的立柱安装位置线，将同一立面靠大角的立柱安装固定好，然后拉通线按顺序安装中间立柱。立柱安装一般应先将立柱与连接件连接，然后连接件再与主体结构的埋件连接，立柱一般从下向上逐层安装。立柱与主体结构之间每个受力连接部位的连接螺栓不应少于 2 个，且螺栓直径不宜少于 10mm。

立柱安装完后应及时进行调整。调整完成后，应及时将立柱与角码、角码与埋件固定牢固，并全面进行检查。立柱与角码的材质不同时，应在其接触面加垫隔离垫片，见图 9-2。

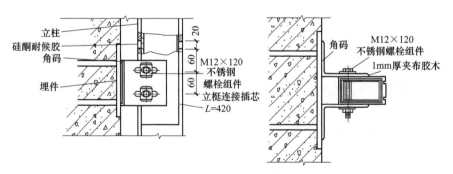

图 9-2 立柱安装示意图

立柱安装精度要求为：

① 立柱安装标高偏差不大于 3mm，左右偏差不应大于 3mm，前后偏差不大于 2mm。

② 相邻两根立柱安装标高偏差不应大于 3mm，同层立柱最大标高偏差不应大于 5mm，相邻两根立柱的距离偏差不应大于 2mm。

（4）横梁安装

横梁一般采用铝合金型材或型钢制作，其材质、规格、型号应符合设计要求。

立柱安装完后先用水平尺将各横梁位置线引至立柱上，再按设计要求和横梁上的位置线安装横梁。横梁与立柱应垂直，横梁可通过角码、螺钉或螺栓与立柱连接。立柱与横梁之间每处连接点螺栓不得少于 2 个，螺钉不得少于 3 个且直径不得小于 4mm；角码应能承受横梁的剪力。安装时，在不同金属材料的接触面处应采用绝缘垫片分隔或采取其他有效措施防止发生双金属腐蚀。

同一根横梁两端或相邻两根横梁的水平标高偏差应不大于 1mm。同层标高偏差：当一幅幕墙宽度不大于 35m 时，不应大于 5mm；当一幅幕墙宽度大于 35m 时，不应大于 7mm。

同一楼层的横梁应由下而上安装。安装完一层时，应及时进行检查、调整、固定。

（5）避雷安装

幕墙的整个金属框架安装完后，框架体系的非焊接连接处，应按设计要求做防雷、接地并设置均压环，使框架成为导电通路，并与建筑物的防雷系统做可靠连接。导体与导体、导体与框架的连接部位应清除非导电保护层，相互接触面材质不同时，应采取措施（一般采取刷锡或加垫过渡垫片等措施）防止发生电化学反应，腐蚀框架材料。

明敷接地线一般采用 $\phi8mm$ 以上的镀锌圆钢或 $3mm \times 25mm$ 的镀锌扁钢，也可采用不小于 $25mm^2$ 的编织铜线。一般接地线与铝合金构件连接宜使用不小于 M8 的镀锌螺栓压接，接地圆钢或扁钢与钢埋件、钢构件采用焊接进行连接；圆钢的焊缝长度不小于 10 倍的圆钢直径，双面焊，扁钢搭接不小于 2 倍的扁钢宽度，三面焊，焊完后应进行防腐处理。防雷系统的接地干线和暗敷接地线，应采用 $\phi10mm$ 以上的镀锌圆钢或 $4mm \times 40mm$ 以上的镀锌扁钢。防雷系统使用的钢材表面应采用热镀锌处理。

（6）防火保温安装

将防火棉填塞于每层楼板、每道防火分区隔墙与幕墙之间的空隙中，上、下或左、右两面用镀锌钢板封盖严密并固定，防火棉填塞应连续、严密，中间不得有空隙。防火节点详见图 3-11。

保温材料安装时，为防止保温材料受潮失效，一般采用铝箔或塑料薄膜将保温材料包扎严密后再安装。保温材料安装应填塞严密、无缝隙，与主体结构外表面应有不小于 50mm 的空隙。防火、保温材料的安装应严格按设计要求施工，固定防火、保温材料的衬板应安装牢固。不宜在雨、雪天或大风天气进行防火、保温材料的安装施工。

（7）玻璃安装

通常情况下，构件式玻璃幕墙的玻璃直接固定在铝合金框架型材上，铝合金型材在挤压成型时，已将固定玻璃的凹槽随同整个断面形状一次成型，所以安装玻璃很方便。玻璃安装时，玻璃与框架型材不应直接接触，应使用弹性材料隔离，玻璃四周与框架型材槽口底应保持一定的空隙，每块玻璃下部应按设计要求安装一定数量的定位垫块，定位垫块的宽度应与槽口的宽度相同，玻璃定位后应及时嵌塞定位卡条或橡胶条，见图 9-3。

（8）窗扇安装

窗扇安装前，应先核对其规格、尺寸是否符合设计要求，与实际情况是否相符，并应进行必要的清洁。安装时，应采取适当的防坠落保护措施，并应注意调整窗扇与窗框的配合间

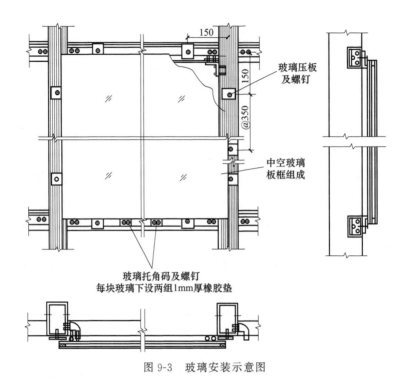

图 9-3　玻璃安装示意图

隙，以保证封闭严密。

(9) 密封处理

玻璃及窗扇安装、调整完毕后，应按设计要求进行嵌缝密封，设计无要求时，宜选用中性硅酮耐候密封胶。嵌缝时先将缝隙清理干净，确保粘结面洁净、干燥，再在缝隙两侧粘贴纸胶带，然后进行注胶，并边注胶边用专用工具勾缝，使成型后的胶面呈弧形凹面且均匀、无流淌，多余的胶液应及时用清洁剂擦净，避免污染幕墙表面。

(10) 淋水试验

构件式幕墙安装完毕后，应按规定进行淋水试验，试验时间、水量、水头压力等应符合《建筑幕墙气密、水密、抗风压性能检测方法》(GB/T 15227) 的规定。

(11) 调试清理

幕墙安装完后，要对所有可开启扇逐个进行启闭调试，保证开关灵活，关闭严密、平整。最后用清洁剂对整幅幕墙的表面进行全面清理，擦拭干净。

9.2.2　点支式玻璃幕墙安装施工工艺

点支式玻璃幕墙的安装施工工艺流程如图 9-4 所示。

测量放线 → 预埋件检查、后置埋件安装 → 支承结构安装 → 驳接座安装 → 结构表面处理 → 驳接系统安装 →
玻璃安装 → 调整板缝、注胶 → 淋水试验 → 清理、验收

图 9-4　点支式玻璃幕墙安装施工工艺流程

(1) 测量放线

钢结构支承、索杆结构支承、玻璃肋支承的点支式玻璃幕墙定位放线，应根据建筑物的轴线和标高控制点、线，测设幕墙支撑结构的安装控制线，并按设计大样图和测设的控制

线，对钢构件、索杆体系的固定点进行定位。放线时应先在地、墙面上测设定位控制点、线，再用经纬仪或激光铅垂仪向上引垂直控制线、中心控制线和支承结构的固定点安装位置线。

（2）预埋件检查、后置埋件安装

幕墙支承结构安装前要按各控制线、中线和标高控制线（点）对预埋件进行检查和校核，对于位置超差、结构施工时漏埋或设计变更未埋的预埋件，应按设计要求进行处理或补做后置埋件，后置埋件应选用自扩底锚栓、模扩底锚栓或特殊倒锥形化学锚栓固定，不得采用膨胀螺栓，并应做拉拔力试验，同时做好施工记录。

（3）支承结构安装

常见的几种支承结构形式见图 9-5。

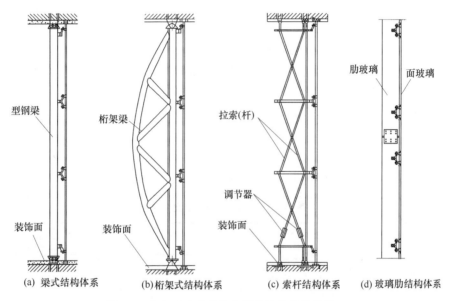

图 9-5 点支式玻璃幕墙支承结构体系示意图

① 钢支承结构。钢支承结构可分为梁式和桁架式两种。安装时先将钢梁或桁架吊装就位，初步校正后进行临时固定，再松开吊装设备的挂钩，调整检查合格后固定牢固。钢梁或桁架与结构的固定应符合设计要求。钢支承结构的安装节点参考图 4-86 和图 4-87。

② 索杆支承结构。索、杆及锚固头应全部进行检查，并进行强度复试。拉索下料前应进行预张拉，张拉力可取破断拉力的 50%，持续时间为 2h；拉杆下料前宜采用机械拉直方法进行调直。索、杆的锚固头应采用挤压方式进行连接固定。拉杆或拉索安装时，应按设计要求设置预应力调节装置。索、杆张拉前应对构件、锚具、锚座等进行全面检查，张拉时应分批、分次对称张拉，并按施工温度调整张拉力，做好张拉数据记录。索杆支承结构的安装节点参考图 4-90 和图 4-91。

③ 玻璃肋支承。玻璃肋的规格、型号和厚度应符合设计要求，玻璃肋截面厚度不应小于 12mm，截面高度不应小于 100mm。安装时先将固定肋板的支撑座安装固定到埋件或支撑结构上，再把玻璃肋板卡（挂）到支承座上并进行固定。玻璃肋板固定应牢固，固定方式应符合设计要求。玻璃肋支承结构的安装节点图参考图 4-96～图 4-98。

(4) 驳接座安装

支承结构调整合格后，按照设计的安装位置、尺寸安装驳接座，一般情况下，驳接座与支承结构采用焊接固定。

(5) 结构表面处理

将金属支承结构的焊缝除净焊渣，磨去棱角，补刷防锈漆；然后对整个表面用细砂纸进行轻轻打磨，再用原子灰腻子分 3 遍或 4 遍补平磨光（最后一遍磨光应采用水砂纸打磨）；最后用防火型油漆喷 3 道或 4 道进行罩面。罩面油漆的色泽应均匀一致、表面光滑、无明显色差，质量应符合设计和相关规范要求。

(6) 驳接系统安装

① 驳接爪安装。支承结构表面处理完成后，将驳接座安装孔清理干净，再把驳接爪插入驳接座的安装孔内，用水平尺校准驳接爪的水平度（两驳接头安装孔的水平偏差应小于0.5mm）；然后钻定位销孔，装入定位销，最后将驳接爪与驳接座固定。驳接爪应能进行三维调整，以减少或消除结构或温差变形的影响。

② 驳接头安装。安装前，应对驳接头螺纹的松紧度、配套件等进行全面检查，确保质量。安装时，将驳接头螺母拧下，垫好衬垫穿入玻璃的安装孔内，再垫上衬垫用力矩扳手拧紧螺母和锁紧螺母。驳接头的金属部分不应直接与玻璃接触，应垫入厚度不小于 1mm 的弹性材料制作的衬垫或衬套，并应使玻璃的受力部位为面接触受力。螺母拧紧的力矩一般为10N·m，紧固时应注意调整驳接头的定位距离。

点支承玻璃幕墙支承结构安装允许偏差应符合表 9-1 的规定。

表 9-1　点支承结构安装允许偏差

序号	项目		允许偏差/mm
1	相邻竖向构件间距		±2.5
2	竖向构件垂直度		$l/1000$ 或≤5，l 为跨度
3	相邻三竖向构件外表面平面度		≤5.0
4	相邻两爪座水平间距和竖向间距		±1.5
5	相邻两爪座水平高低差		≤1.5
6	爪座水平度		≤2.0
7	同层高度内爪座高低差	间距≤35m	≤5.0
		间距＞35m	≤7.0
8	相邻两爪座垂直间距		±2.0
9	单个分格爪座对角线差		≤4.0
10	爪座端面平面度		≤6.0

(7) 玻璃安装

点支式玻璃幕墙的面玻璃为矩形或多边形时，固定支点个数应不少于 4 个；为三角形时，固定支点个数应不少于 3 个。

① 将装好驳接头的玻璃由两人用吸盘抬起或用吊车配电动吸盘吊起，把驳接头的固定杆穿入驳接爪的安装孔内，拧上固定螺栓，调整垂直度和平整度，最后紧固螺栓将玻璃固定牢固。

② 玻璃肋支承的面玻璃安装时，先将驳接爪安装固定到玻璃肋的驳接座上，然后将装好驳接头的面玻璃人工抬起或用吊车吊起，把面玻璃驳接头的固定杆穿入驳接爪的安装孔内，拧上固定螺栓，调整垂直度和平整度，紧固螺栓将玻璃固定牢固。

(8) 调整板缝、注胶

面玻璃安装好后，应按设计要求调整板缝的宽度，玻璃之间的缝宽不应小于10mm。板缝调好后，在板缝两侧的面玻璃上粘贴纸胶带，再用硅酮建筑密封胶将板缝填嵌严密。注胶时应边注胶边用工具勾缝，使成型后的胶面平整、密实、均匀、无流淌。操作时应注意不要污染玻璃，多余的胶液应立即擦净。

点支承玻璃幕墙安装允许偏差应符合表9-2的规定。

表9-2　点支承玻璃幕墙安装允许偏差

序号	项目		允许偏差/mm	检测工具
1	幕墙平面垂直度	幕墙高度 H/m		激光仪或经纬仪
		$H\leqslant30$	$\leqslant10$	
		$30<H\leqslant60$	$\leqslant15$	
		$60<H\leqslant90$	$\leqslant20$	
		$H>90$	$\leqslant25$	
2	幕墙平面度		$\leqslant2.5$	2m靠尺、钢直尺
3	竖缝直线度		$\leqslant2.5$	2m靠尺、钢直尺
4	横缝直线度		$\leqslant2.5$	2m靠尺、钢直尺
5	线缝宽度（与设计值比）		±2	卡尺
6	两相邻面板之间的高低差		$\leqslant1.0$	深度尺

(9) 淋水试验

注胶完全固化后，应对易发生渗漏的部位进行淋水试验，试验方法和要求应符合《建筑幕墙气密、水密、抗风压性能检测方法》（GB/T 15227）的规定。

(10) 清理

淋水试验合格后，在竣工验收前，对整幅幕墙的支承结构、驳接体系、玻璃进行全面擦拭、清理，清理干净后进行验收。

9.2.3　全玻璃幕墙安装施工工艺

全玻璃幕墙的安装施工工艺流程如图9-6所示。

测量放线 → 预埋件检查、后置埋件安装 → 钢架安装 → 边缘固定槽安装 → 吊夹安装 → 玻璃安装 → 密封注胶 → 淋水试验 → 清理、验收

图9-6　全玻璃幕墙安装施工工艺流程

(1) 测量放线

根据设计图纸、面玻璃规格大小和标高控制线，用水准仪、经纬仪和钢尺等测量用具，测设出幕墙底边、侧边玻璃卡槽、玻璃肋和面玻璃的安装固定位置控制线。

(2) 预埋件检查、后置埋件安装

按测设好的各控制线，对预埋件进行检查和校核，位置超差、结构施工时漏埋或设计变更未埋的预埋件，应按设计要求进行处理或补做后置埋件；后置埋件通常可采用包梁、穿梁、穿楼板等形式安装，与结构之间应选用自扩底锚栓、模扩底锚栓或特殊倒锥形化学锚栓固定，不得采用膨胀螺栓，并应做拉拔力试验，同时做好施工记录。

(3) 钢架安装

全玻璃幕墙的吊挂钢架分成品（半成品）钢架和现场拼装钢架两种。钢架安装参考图4-81。

① 成品（半成品）钢架安装。按照设计图纸的要求，在工厂将钢架加工完成。运抵现

场后按照预定的吊装方法将钢架吊装就位，与已安装好的埋件进行可靠连接，连接可采用螺栓连接或焊接固定，注意应先调整好位置后再将钢架与埋件固定牢固。

② 现场拼装钢架安装。各种型钢杆件运至现场后，先按设计图的要求和组装次序，在地面上进行试拼装并按安装顺序编号，然后按顺序码放整齐。安装时按拼装次序先安装主梁，再依次安装次梁和其他杆件。主梁与埋件、主梁与次梁以及与杆件之间的连接固定方式应符合设计要求，一般采用螺栓连接，也可采用焊接，连接应牢固可靠。

(4) 边缘固定槽安装

玻璃的底边和与结构交圈的侧边，一般应安装固定槽，通常固定槽选用槽形金属型材制作。安装时，先将角码与结构埋件固定，然后将固定槽与角码临时固定，根据测设的标高、位置控制线，调整好固定槽的位置和标高，检查合格后将固定槽与角码焊接固定。边缘固定槽安装参考图 4-82。

(5) 吊夹安装

根据设计图纸和位置控制线，用螺栓将玻璃吊架与连接器连接，再把连接器与埋件或钢架进行连接，然后检查、调整吊夹，使其中心与玻璃固定槽一致，最后将玻璃吊夹、连接器固定牢固。若为点支承式全玻璃幕墙，上边没有玻璃吊夹，而是将顶端玻璃固定槽直接固定到埋件或钢架上，吊夹或固定槽固定好之后应进行全面检查，所有紧固件应紧固可靠并有防松脱装置，所有防腐层遭破坏处应补做防腐涂层。吊夹安装参考图 4-81 和图 4-82。

(6) 玻璃安装

① 安装面玻璃。将面玻璃运到安装地点，先在玻璃下端固定槽内垫好弹性垫块，垫块的厚度应大于 10mm，长应大于 100mm，应不少于两处，然后用玻璃吸盘吸住玻璃吊装就位。玻璃就位后，先将玻璃吊夹与玻璃紧固，然后调整面玻璃的水平度和垂直度，将面玻璃临时定位固定。

② 安装肋玻璃。肋玻璃运到安装地点后，同面玻璃一样对其进行安装、调整和临时固定。

③ 玻璃安装完后的调适。检查、调整所有吊夹的夹紧度、连接器的松紧度，全部符合要求后，将全部玻璃做临时固定。调整玻璃吊夹的夹持力时，应使用力矩扳手。调整连接器的松紧度应按设计要求进行。悬挂式安装时，应调整至玻璃底边支承垫块不受力且与垫块间有一定间隙。混合式安装时，应调整至玻璃吊夹和玻璃底边支承垫块受力相协调。

全玻璃幕墙的安装允许偏差应符合表 9-3 的规定。

表 9-3 全玻璃幕墙的安装允许偏差

序号	项目		允许偏差	检测工具
1	幕墙平面垂直度	幕墙高度 H/m	≤10mm	激光仪或经纬仪
		$H \leqslant 30$		
		$30 < H \leqslant 60$	≤15mm	
		$60 < H \leqslant 90$	≤20mm	
		$H > 90$	≤25mm	
2	幕墙平面度		≤2.5mm	2m 靠尺、钢直尺
3	竖缝直线度		≤2.5mm	2m 靠尺、钢直尺
4	横缝直线度		≤2.5mm	2m 靠尺、钢直尺
5	线缝宽度 (与设计值比)		±2.0mm	卡尺
6	两相邻面板之间的高低差		≤1.0mm	深度尺
7	玻璃面板与肋板夹角 (与设计值比较)		≤1°	角度尺

(7) 密封注胶

玻璃安装、调整完成并临时固定好之后，将所有应打胶的缝隙用专用清洗剂擦洗干净，干燥后在缝隙两边粘贴纸胶带，然后按设计要求先用透明结构密封胶嵌注固定点和肋玻璃与面玻璃之间的缝隙，等结构密封胶固化后，拆除玻璃的临时定位固定，再将所有胶缝用耐候密封胶进行嵌注。注胶时应边注边用工具勾缝，使成型后的胶面平整、密实、均匀、无流淌。操作时应注意不要污染玻璃，多余的胶液应立即擦净，最后揭去纸胶带。

(8) 淋水试验、清理、验收

所有嵌注的胶完全固化后，对幕墙易渗漏部位进行淋水试验，试验方法和要求应符合《建筑幕墙气密、水密、抗风压性能检测方法》（GB/T 15227）的规定。经淋水试验检查合格后，对整个幕墙的玻璃进行彻底擦洗清理后验收。

9.3 金属幕墙安装施工

金属幕墙的安装施工工艺流程如图 9-7 所示。

图 9-7 金属幕墙安装施工工艺流程

金属幕墙的测量放线、预埋件检查、后置埋件安装、立柱与横梁安装、避雷连接、防火及保温安装、清理、验收等工序与构件式玻璃幕墙基本一样，在此不再赘述。

9.3.1 金属板安装

在主体框架竖框（立柱）上拉出两根通线，定好板间接缝的位置，按线的位置安装板材。

(1) 铝塑复合板安装

① 安装方法一。板材与副框连接，在侧面用抽芯铝铆钉紧固，抽芯铝铆钉间距不大于200mm，副框与板材间用硅酮结构胶粘结，见图 9-8。

副框与主框的连接示意图见图 9-9，副框与主框接触处应加设一层胶垫。

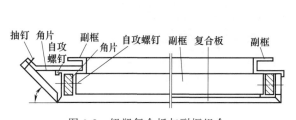

图 9-8 铝塑复合板与副框组合

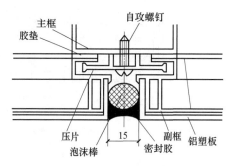

图 9-9 副框与主框连接示意图

铝塑复合板定位后，将压片的两角插到板上副框的凹槽里，并将压片上的螺栓紧固，见图 9-10。

② 安装方法二。将铝塑复合板两端加工成圆弧直角，嵌卡在直角铝型材内。直角铝型

材与角钢骨架用螺钉连接，见图9-11。

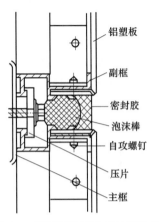

图9-10 铝塑板安装节点示意图之一

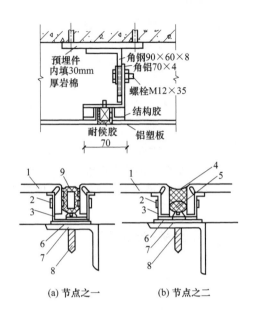

图9-11 铝塑板安装节点示意图之二

1—饰面板；2—铝铆钉；3—直角铝型材；4—密封胶；
5—泡沫棒；6—垫片；7—角钢；8—螺钉；9—密封胶条

(2) 蜂窝铝板安装

① 安装方法一。板材与副框连接，通过连接件与幕墙横梁、立柱固定，见图9-12。

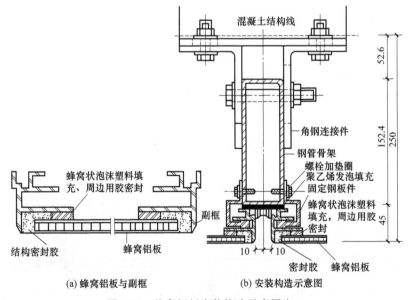

图9-12 蜂窝铝板安装构造示意图之一

② 安装方法二。将两块成品蜂窝铝板用一块5mm厚的铝合金板压住连接件的两端，用螺栓拧紧。螺栓的间距不大于300mm，见图9-13。

(3) 单层铝板、不锈钢板安装

将异形角铝与单层铝板（或不锈钢板）固定，两块铝板之间用压板（单压板或双压板）

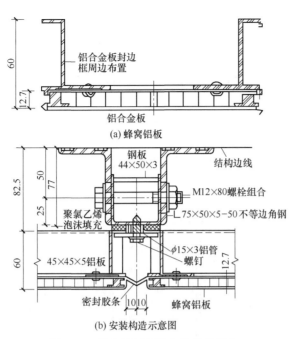

(a) 蜂窝铝板

(b) 安装构造示意图

图 9-13 蜂窝铝板安装构造示意图之二

压住，用 M5 不锈钢螺钉固定在支承件（骨架）上，见图 9-14。

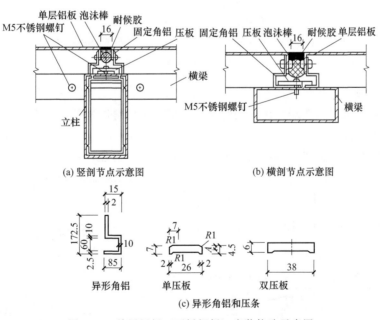

(a) 竖剖节点示意图   (b) 横剖节点示意图

异形角铝   单压板   双压板

(c) 异形角铝和压条

图 9-14 单层铝板（不锈钢板）安装构造示意图

（4）金属板的安装要求

① 金属板安装前，应对横竖连接件进行检查、测量、调整；

② 金属板空缝安装时，必须有防水措施，并应有符合设计要求的排水出口；

③ 填充硅酮耐候密封胶时，金属板缝的宽度、厚度应根据硅酮建筑密封胶的技术参数，经计算确定。

9.3.2 密封处理

(1) 接缝密封

金属板之间的接缝用硅酮建筑密封胶密封，也可用密封胶条等弹性材料封堵。

(2) 板端密封

蜂窝铝板过厚时，缝的下部深处须用泡沫塑料填充，上部仍用密封胶。

(3) 顶部处理

用金属板封盖，将盖板固定于基层上，用螺栓将盖板与支承件（骨架）牢固连接，并适当留缝，打密封胶，见图 9-15。

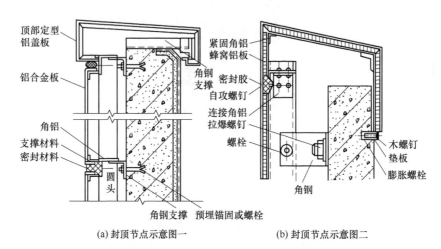

(a) 封顶节点示意图一　　　　　(b) 封顶节点示意图二

图 9-15　顶部处理示意图

(4) 底部处理

用一条特制挡水板将下端封住，同时将板与墙之间的缝隙盖住，见图 9-16。

(5) 边缘部位处理

用铝合金成型板将金属板端部及支承件（骨架）部位封住，见图 9-17。

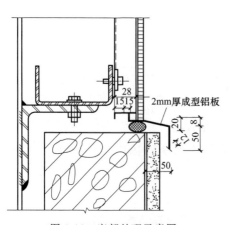

图 9-16　底部处理示意图

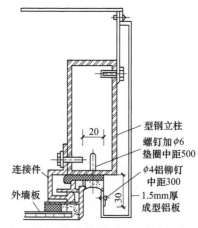

图 9-17　边缘部位的收口处理示意图

金属与石材幕墙安装允许偏差应符合表 9-4 的规定。

表 9-4　金属与石材幕墙安装允许偏差

序号	项　目		允许偏差	检测工具
1	竖缝及墙面垂直度	幕墙高度 H/m		激光仪或经纬仪
		$H \leqslant 30$	$\leqslant 10\text{mm}$	
		$30 < H \leqslant 60$	$\leqslant 15\text{mm}$	
		$60 < H \leqslant 90$	$\leqslant 20\text{mm}$	
		$H > 90$	$\leqslant 25\text{mm}$	
2	幕墙平面度		$\leqslant 2.5\text{mm}$	2m 靠尺、钢直尺
3	竖缝直线度		$\leqslant 2.5\text{mm}$	2m 靠尺、钢直尺
4	横缝直线度		$\leqslant 2.5\text{mm}$	2m 靠尺、钢直尺
5	线缝宽度（与设计值比）		$\pm 2.0\text{mm}$	卡尺
6	两相邻面板之间的高低差		$\leqslant 1.0\text{mm}$	深度尺

9.4 石材幕墙安装施工

石材幕墙的安装施工工艺流程如图 9-18 所示。

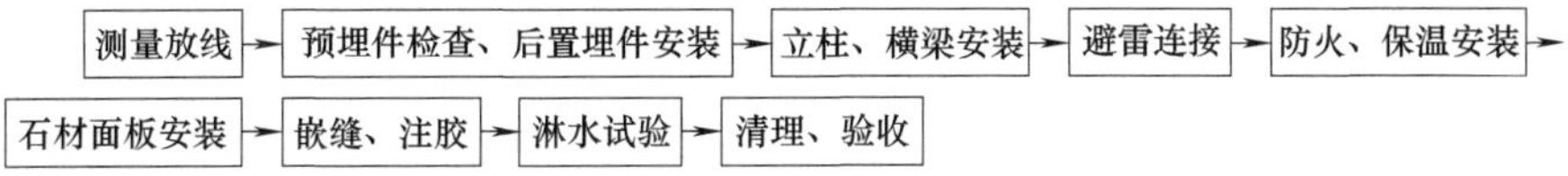

测量放线 → 预埋件检查、后置埋件安装 → 立柱、横梁安装 → 避雷连接 → 防火、保温安装 →

石材面板安装 → 嵌缝、注胶 → 淋水试验 → 清理、验收

图 9-18　石材幕墙安装施工工艺流程

石材幕墙的测量放线、预埋件检查、后置埋件安装、立柱与横梁安装、避雷连接、防火及保温安装、清理、验收等工序与构件式玻璃幕墙基本一样，在此不再赘述。

(1) 石材面板安装

宜先安装大面，在门、窗等洞口四周大面上留下一块面板不装，然后安装洞口周边的镶边石材面板，最后安装大面预留面板。大面安装宜按分格进行，在每个分格中宜由下向上分层安装，安装到每个分格标高时，应注意调整，不要使误差积累。

① 短槽式安装。石材侧边开短槽，通过挂件用螺栓固定到横梁上。挂件插入石材侧边安装槽，缝隙用石材胶填嵌，挂件间距宜不大于 600mm，安装时应边安装边调整，保证接缝均匀、顺直，表面平整。槽缝内灌注的石材胶在未完全凝固前，石材面上不得靠、放任何物体，避免造成板面不平。短槽式石材面板安装参考图 4-41、图 4-42。

② 背栓式安装。石材板的背面按设计图纸在工厂钻好背栓孔，现场安装时先将专用胀栓装入石材背栓孔内，并按胀栓使用要求确定缝隙内是否注胶，然后将挂件通过胀栓固定在石材背面，最后将装好挂件的石材预装到固定在横梁上的挂件支撑座或专用龙骨上。先调整挂件支撑座在横梁上的进出位置，使石材表面平整、垂直（使用专用龙骨时，应通过调整挂件与石材之间垫片的厚薄或数量来调整石材表面的平整度和垂直度），再调整挂件顶部的调节螺栓，使石材上下两边水平，左右两边垂直，且与其他石材板块高低一致。调整好之后取下石材，将各固定、调节螺栓紧固牢固，将石材重新挂好，检查表面平整度和垂直度，横竖缝隙应均匀、顺直，检验合格后，将石材定位固定。最后用橡皮锤轻轻敲击石材，检查各挂件受力是否均匀一致，各螺栓有无松动，检查无误后再安装下一块石材。

石材安装顺序一般应从下至上，逐层进行。背栓式石材面板安装参考图 4-46～图 4-49。

③ 钢销式安装。钢销式石材幕墙可用于非抗震设计或抗震设防烈度为 6 度或 7 度的石材幕墙中，幕墙高度不宜大于 20m，单块石材面板的面积不宜大于 1.0m^2。

销孔经检查合格后，开始安装。第一层石板安装时，先将石板底部的不锈钢销用胶与石板粘牢，以免脱落；再将石板底边的钢销插进底部连接板的销孔内，按各控制线调整好石板的位置和表面平整度后，取下石材，将底部连接板固定牢固，然后把石材重新放回到连接板上，安装固定石材上部的不锈钢连接板；最后将不锈钢销通过连接板的销孔插入石材上部的销孔内，不锈钢销插入1/2，连接板上部露出1/2，并在销子与石板孔壁的缝隙内灌胶，调整好石板的垂直度、平整度后，将上部连接板固定牢固。第二层以上石板安装时，先在下层石板上部露出的不锈钢销上涂胶，将石板底部的销孔对准钢销垂直插入，调整垂直度和平整度，再安装上部不锈钢连接板。钢销式安装示意图见图9-19。

④ 长槽副框式安装。一般副框与石材在工厂进行加工制作，供货到现场时提供合格证，加工时按设计要求先在每块石板两个或四个侧边开槽，槽内注胶后将铝合金副框的卡边插入石板侧边的槽内粘结固定，然后将石板背面与铝副框之间的缝隙灌胶、粘固。

安装时，先将副框的挂装座与横梁、立柱用螺栓固定，再把粘好副框的石板挂上去，调整定位螺栓使石板的位置正确，轻轻敲击石板使挂钩卡入定位槽内。调整挂装座，使石材表面平整、接缝顺直，最后将挂装座紧固牢固，用耐候胶封闭，安装好的石板挂装座受力应均匀、无松动，见图9-20。

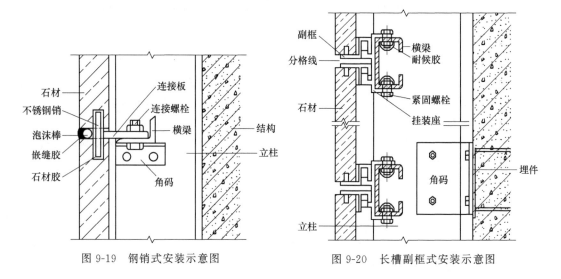

图 9-19 钢销式安装示意图　　　　　图 9-20 长槽副框式安装示意图

（2）嵌缝、注胶

石材板面安装完成后，应按设计要求进行嵌缝；设计无要求时选用中性石材专用嵌缝胶，以免发生渗析，污染石材表面。嵌缝时，先将板缝清理干净，并确保粘结面洁净、干燥，用带有凸头的刮板将泡沫棒（条）塞入缝中，使胶缝的深度均匀，然后在板缝两侧的石材板面上粘贴纸胶带，避免嵌缝胶污染石板，最后进行注胶作业。注胶时应边注胶边用专用工具勾缝，使成型后的胶面呈弧形凹面且均匀无流淌，多余的胶液应立即用清洁剂擦净，最后揭去石板表面的胶带。

9.5 单元幕墙安装施工

单元幕墙的安装施工工艺流程如图9-21所示。

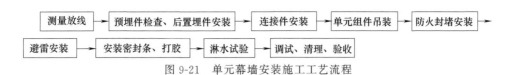

图 9-21 单元幕墙安装施工工艺流程

(1) 测量放线

根据幕墙分格大样图，结合已测设的标高、位置控制线和建筑物轴线，用重锤、钢丝、经纬仪、水准仪等测量工具，在主体结构上测设幕墙平面分格、竖框、横梁及转角的位置控制线，并进行必要的复测、调整，在保证精度的同时尽量满足观感要求。幕墙放线应与主体结构相协调，标高控制线宜参照各层楼地面标高测设，以免形成误差累积。

(2) 预埋件检查、后置埋件安装

安装前，应检查预埋件的位置、标高和牢固度。对不符合要求的预埋件需先进行处理。对漏埋和因设计变动未埋的埋件，应按设计要求安装后置埋件，后置埋件应位置准确、安装牢固，并应做现场拉拔试验。

(3) 连接件安装

将单元式幕墙与结构连接的专用连接件，按照设计装配图和已测设的控制线，用螺栓固定到主体结构的预埋件上。半单元式幕墙先安装框架体系，再将固定单元组件的连接件安装到框架上。安装连接件时定位应准确，固定应牢固。

连接件安装允许偏差应符合表 9-5 的规定。

表 9-5　连接件安装允许偏差

序号	项　　目	允许偏差/mm	检测工具
1	标高	±1.0 （可上下调节时±2.0）	水准仪
2	连接件两端点平行度	≤1.0	钢卷尺
3	距安装轴线水平距离	≤1.0	
4	垂直偏差(上、下两端点与垂线偏差)	±1.0	
5	两连接件连接点中心水平距离	±1.0	
6	两连接件上、下端对角线差	±1.0	
7	相邻三连接件(上下、左右)偏差	±1.0	

(4) 单元组件吊装

吊点和挂点应符合设计要求，每个单元组件上吊点数不应少于 2 个，并应进行试吊，必要时应采取加固措施或增设临时吊点；起吊时各吊点受力应均匀，起吊过程中应保持单元组件平稳、不摆动、不撞击其他物体，并应采取措施确保单元组件的表面不被划伤、损坏。

① 吊装方法。常用的吊装方法有四种：

a. 塔吊吊装法。结构施工塔吊能覆盖整个建筑物边角的情况下，利用塔吊直接进行吊装。该方法的优点是单元组件运到工地后即可吊装就位，减少了现场转运、存放环节，可加快工期，减少损坏；缺点是对运输能力要求较高，在塔吊任务较多时，需合理安排作业时间，以免互相影响。

b. 小型简易吊车吊装法。先用塔吊或其他垂直运输工具，将小型简易吊车运至预定楼层并进行组装（一般每隔 3～5 层设一部），同时在该楼层还应设置单元组件转运、存放场和吊装作业区；然后用小型简易吊车吊装就位进行安装。

c. 轨道电葫芦吊装法。通常借用擦窗机或擦窗机的轨道悬挂电葫芦，也可将电葫芦吊

挂在专用轨道上。专用轨道一般每隔12~15层设置一条，每条沿建筑物四周幕墙的安装范围形成环形闭合，轨道通过专用吊具埋件固定到主体结构上。施工时将单元组件先吊运到预定楼层，然后用平板车将单元组件运到待装部位的楼层外檐，用电葫芦吊装就位。

d. 专用吊具翻板车吊装法。该方法是将电葫芦直接固定安装在建筑结构四周幕墙安装范围的某一处或几处。施工时在作业楼层设翻板车，单元组件用电动葫芦吊运到该层后先放在翻板车上，用翻板车水平运至待装部位后，将单元组件竖起就位安装。

② 就位安装。单元组件运到安装位置后，先将单元组件的连接件放入卡槽内，然后用拉紧器调整水平方向缝隙，同时调整垂直度和与相邻单元组件的平整度，最后将单元组件与主体结构或幕墙框架体系固定牢固，见图9-22和图9-23。

单元组件就位安装时，应将其可靠地吊挂到主体结构或幕墙的框架体系上。单元组件未完全固定好前，不得拆除吊具。

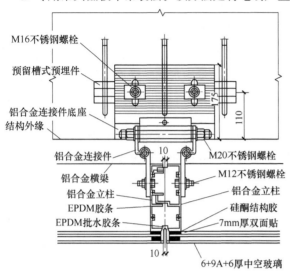

图 9-22 单元平面安装示意图（室外）

单元式幕墙安装允许偏差应符合表 9-6 的规定。

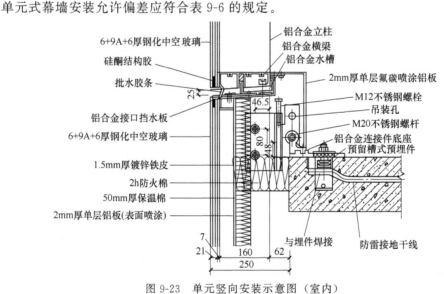

图 9-23 单元竖向安装示意图（室内）

表 9-6 单元式幕墙安装允许偏差

序号	项 目		允许偏差/mm	检测工具
1	竖缝及墙面垂直度	幕墙高度 H/m		激光经纬仪或经纬仪
		$H \leqslant 30$	≤10	
		$30 < H \leqslant 60$	≤15	
		$60 < H \leqslant 90$	≤20	
		$H > 90$	≤25	
2	幕墙平面度		≤2.5	2m 靠尺、钢直尺
3	竖缝直线度		≤2.5	2m 靠尺、钢直尺

序号	项　　目		允许偏差/mm	检测工具
4	横缝直线度		≤2.5	2m靠尺、钢直尺
5	缝宽度(与设计值比)		±2	卡尺
6	耐候胶缝直线度	L≤20m	1	钢卷尺
		20m<L≤60m	3	
		60m<L≤100m	6	
		L>100m	10	
7	两相邻面之间接缝高低差		≤1.0	深度尺
8	同层单元组件标高	宽度不大于35m	≤3.0	激光经纬仪或经纬仪
		宽度大于35m	≤5.0	
9	相邻两组件面板表面高低差		≤1.0	深度尺
10	两组件对插接缝搭接长度(与设计值比)		±1.0	卡尺
11	两组件对插件距槽底距离(与设计值比)		±1.0	卡尺

(5) 防火封堵安装

防火封堵安装可根据施工条件与单元组件同步施工，也可以在单元组件安装完成后再单独进行施工。安装时将防火棉填塞于楼板与幕墙之间的空隙中，上下用镀锌钢板封盖严密并固定牢固。防火棉填塞应连续、严密，中间不得有空隙。

(6) 避雷安装

单元式幕墙的防雷系统应与整个建筑物的防雷系统做可靠连接。幕墙的单元组件之间、金属框架体系的非焊接连接部位，应按设计要求用导体做可靠的电气连接，使其成为导电通路，导体与框架的连接方式应符合设计和相关标准要求，一般用镀锌螺栓压接，连接处表面的非导电物应清除干净，导体与导体、导体与框架的接触面材质不同时，还应采取措施，防止发生电化学反应腐蚀框架材料（一般采取刷锡或加垫过渡垫片等措施）。明敷接地线一般采用φ8以上的镀锌圆钢或3mm×25mm的镀锌扁钢，也可用截面不小于25mm² 的编织铜线。一般接地线与铝合金构件连接宜使用不小于M8的镀锌螺栓压接；接地圆钢或扁钢与钢埋件、钢构件采用焊接进行连接；圆钢的焊缝长度不小于10倍的圆钢直径，双面焊；扁钢搭接不小于2倍的扁钢宽度，三面焊；焊完后应进行防腐处理。防雷系统的接地干线和暗敷接地线，应采用φ10以上的镀锌圆钢或4mm×40mm以上的镀锌扁钢。防雷系统使用的材料表面应采用热镀锌处理。

(7) 安装密封条、打胶

单元式幕墙的配件、收口条、压条、密封条应按设计要求和现场所需的形状、尺寸在工厂加工，现场进行安装。安装应位置正确、装配合理、固定牢固、无污染。安装完毕后，应及时用硅酮建筑密封胶对所有缝隙进行嵌填，予以密封，以满足幕墙气密性和水密性的要求。打胶时所有打胶的部位应干燥、清洁，密封胶要打得平整、饱满，并及时清理干净多余的胶液。

(8) 淋水试验

单元式幕墙安装完毕后，应按规定进行淋水试验，试验时间、水量、水头压力等应符合《建筑幕墙气密、水密、抗风压性能检测方法》（GB/T 15227）的规定。

(9) 调试、清理

单元式幕墙安装完毕，要对所有开启扇进行启闭调试，保证开关灵活，关闭严密、平整。然后用清洗剂对幕墙的表面进行全面清理，擦拭干净。

9.6 幕墙安装施工应注意的问题

9.6.1 成品保护

幕墙安装过程中，应及时对半成品、成品进行保护；在构件存放、搬动、吊装时应轻拿轻放，不得碰撞、损坏和污染构件；对型材、面板的表面应采取保护措施。

① 玻璃、组件、构件及其他附材进场后应入库存放，码放整齐；露天存放时应进行遮盖，放置必须稳妥，保证不被风吹、日晒、雨淋，不发生翻倒。

② 各种石材应单块包装，中间隔垫软质材料后按不同形状装箱。板材应毛面对毛面、光面对光面、光面之间隔垫软质材料后打包或立放装箱，浅色石材不得用草绳打包，运输过程中应保证石板处于立放状态。现场短距离运输时，石板下面应垫木方或橡胶垫。石材进场后应按规格、编号顺序，下垫木方、侧立存放；石材及其他所用材料应入库存放，室外暂时存放时应进行遮盖。

③ 点支式幕墙玻璃安装时，应注意保护支承构件的表面涂层，避免锐器及腐蚀性物质与涂层接触，防止划伤、污染构件表面涂层。

④ 全玻璃幕墙安装、拆除脚手架时，应采取保护措施，避免碰撞、划伤、污染玻璃。

⑤ 单元幕墙吊装过程中应采取防止旋转、晃动的措施和面板保护措施，防止面板被划伤和碰撞后造成单元组件的损坏、变形。吊装就位必须采取临时吊挂措施，防止发生坠落损坏和伤人事故。

⑥ 后置埋件、框架安装时，应避免损伤结构预应力筋和受力钢筋。

⑦ 进行焊接作业时，应采取保护措施防止烧伤型材及面板表面。施焊后，应对钢材表面及时进行处理。

⑧ 施工中应注意保护铝合金构件的保护膜，如有脱落要及时贴好，并避免锐器及腐蚀性物质与幕墙表面接触，防止划伤、污染构件表面和玻璃。

⑨ 整个施工过程应对构件的槽口部位进行保护，防止损坏后影响安装质量。

⑩ 幕墙安装完成后，易碰触部位应设围挡进行防护，并应在幕墙外侧 0.5～1m 处设置围护栏杆，悬挂警示牌，玻璃上还应设醒目标志，必要时应设专人看护。

9.6.2 应注意的质量问题

① 安装框架和玻璃时，定位应准确，固定应牢固，各拼接头处应平整、吻合，不应有劈棱、窜角、错台，避免因框架安装不平直、固定不牢固引起幕墙表面不平、接缝不直等问题。

② 嵌缝前应将缝隙清理干净（尤其是粘结面），并保证干燥。槽缝较深时应填充泡沫棒（条），使嵌缝胶的厚度小于宽度，并形成两面粘结，然后打胶，避免因缝内不洁净、厚度不均匀、粘结不牢固造成嵌缝胶开裂，影响密封效果。

③ 打胶作业应连续、均匀，胶枪角度应正确，打完胶后应使用工具将胶表面压实、压光滑，边缘修理整齐，避免出现胶缝不平直、不光滑、不密实现象；多余胶液应及时清理干净，擦洗使用的清洁剂应符合要求，避免对幕墙造成腐蚀或污染，影响观感质量。

④ 施工过程中应及时清除板面及构件表面的黏附物，安装完毕应立即清扫。易受污染和划碰的部位应粘贴保护胶纸或覆盖塑料薄膜，防止出现变形、变色、划伤、污染等现象。

⑤ 安装过程中使用的各种工具或锐器不得划、碰面板表面，以防划伤面板。

⑥ 测量放线、防火保温安装、注胶、清洗应在风力不大于 4 级的情况下进行作业，并采取避风措施。

⑦ 构件式玻璃幕墙构件和玻璃安装调整时，应使用专用工具，不得生扳硬撬，玻璃与构件的槽口之间应有弹性构件隔离，防止出现玻璃破损变形，影响工程质量。

⑧ 点支式玻璃幕墙安装还应注意的问题

a. 支承结构、驳接件应定位准确，玻璃上安装驳接头应使用力矩扳手进行紧固，玻璃与驳接头或其他连接件之间应有弹性材料隔离，避免因驳接件安装不平、紧固力不符合要求引起幕墙玻璃松脱变形、破损炸裂。

b. 点支式玻璃幕墙的索杆应使用专用工具进行张拉，并应使用张力测试仪监测预张力，防止出现过张拉造成断索和预张力不足产生变形，影响工程质量。

⑨ 全玻璃幕墙调整夹具的夹持力时，应使用力矩扳手，玻璃与夹具间应有弹性材料隔离，避免因夹持力不足或过大造成玻璃松脱或破损炸裂。

⑩ 金属幕墙安装框架、连接件和面板时，应拉通线准确定位、固定牢固，金属面板安装前，应检查面板的平整度和边角顺直情况，避免因框架安装不平直、固定不牢固、金属面板本身有缺陷等原因，引起幕墙板面不平，接缝不齐、不直等问题。

⑪ 石材幕墙安装还应注意的问题

a. 石材安装前应试拼，调整颜色、花纹，使板与板之间上下、左右纹理通顺，颜色协调，板缝顺直、均匀，并逐块编号，然后对号入座进行安装，避免出现石材面板表面色差大的问题。

b. 施工时，各洞口的周边、凹凸变化的节点处、伸缩缝、窗台、挑檐以及石材与墙面的交接处，应按设计要求进行接缝处理；设计无要求时，一般应按"上板压立板，立板压下板，上下板留批水坡"的做法施工，并采取防止雨水灌入的措施，以防雨水渗入后污染石材，影响施工质量和观感效果。

c. 施工中应选用优质胶，并应注意各种胶和石材的相容性。石材板块的接缝处嵌缝应严密，有缺陷的石材应剔除不用，防止造成粘结不牢、板面污染、构架或紧固件锈蚀、裂纹等现象。

⑫ 单元幕墙安装还应注意的问题

a. 单元组件拼装时，各拼接头处应平整、吻合，不应有劈棱、窜角、错台，以免影响工程质量。

b. 单元组件安装前应逐块检查，边角应规整、方正，尺寸应符合要求。安装时应拉纵、横通线控制单元组件和收口条、压条的安装位置，以保证接缝均匀一致、平顺光滑，线条整齐美观。

c. 单元组件就位调整时，应使用专用工具，不得生扳硬撬，防止因局部变形造成接缝不平整。

⑬ 冬雨季施工注意事项

a. 雨期施工时，焊接、防火保温安装、注胶作业不得冒雨进行，以确保施工质量。

b. 冬期不宜进行注胶和清洗作业，注结构密封胶的环境温度不应低于 10℃，注耐候密封胶和清洗作业的环境温度应不低于 5℃；冬期施工，石材防护剂涂刷应在环境温度 5℃以上的室内进行；点支式玻璃幕墙玻璃的存放点与安装场所温差较大时，玻璃应提前 2h 以上运抵安装场所进行温度适应。

9.7 工程验收

幕墙工程验收应符合《建筑工程施工质量验收统一标准》（GB 50300）和《建筑装饰装修工程质量验收标准》（GB 50210）及《建筑节能工程施工质量验收规范》（GB 50411）的规定。

9.7.1 建筑工程验收程序

9.7.1.1 建筑工程质量验收的划分

① 建筑工程施工质量验收应划分为单位工程、分部工程、分项工程和检验批。

② 单位工程应按下列原则划分：

a. 具备独立施工条件并能形成独立使用功能的建筑物或构筑物为一个单位工程；

b. 对于规模较大的单位工程，可将其能形成独立使用功能的部分划分为一个子单位工程。

③ 分部工程应按下列原则划分：

a. 可按专业性质、工程部位确定；

b. 当分部工程较大或较复杂时，可按材料种类、施工特点、施工程序、专业系统及类别将分部工程划分为若干子分部工程。

④ 分项工程可按主要工种、材料、施工工艺、设备类别进行划分。

⑤ 检验批可根据施工、质量控制和专业验收的需要，按工程量、楼层、施工段、变形缝进行划分。

幕墙工程属于建筑装饰装修分部工程的子分部工程。玻璃幕墙安装、金属幕墙安装、石材幕墙安装和陶板幕墙安装属于分项工程。

9.7.1.2 建筑工程质量验收的程序和组织

① 检验批应由专业监理工程师组织施工单位项目专业质量检查员、专业工长等进行验收。

② 分项工程应由专业监理工程师组织施工单位项目专业技术负责人等进行验收。

③ 分部工程应由总监理工程师组织施工单位项目负责人和项目技术负责人等进行验收。

勘察、设计单位项目负责人和施工单位技术、质量部门负责人应参加地基与基础分部工程的验收。

设计单位项目负责人和施工单位技术、质量部门负责人应参加主体结构、节能分部工程的验收。

④ 单位工程中的分包工程完工后，分包单位应对所承包的工程项目进行自检，并应按规定的程序进行验收。验收时总包单位应派人参加。分包单位应将所分包工程的质量控制资料整理完整，并移交给总包单位。

⑤ 单位工程完工后，施工单位应组织有关人员进行自检。总监理工程师应组织各专业监理工程师对工程质量进行竣工预验收。存在施工质量问题时，应由施工单位整改。整改完毕后，由施工单位向建设单位提交工程竣工报告，申请工程竣工验收。

⑥ 建设单位收到工程竣工报告后，应由建设单位项目负责人组织监理、施工、设计、勘察等单位项目负责人进行单位工程验收。

9.7.2　建筑工程施工质量验收要求

9.7.2.1　建筑工程的施工质量控制基本规定

① 建筑工程采用的主要材料、半成品、成品、建筑构配件、器具和设备应进行进场检验。凡涉及安全、节能、环境保护和主要使用功能的重要材料、产品，应按各专业工程施工规范、验收规范和设计文件等规定进行复验，并应经监理工程师检查认可。

② 各施工工序应按施工技术标准进行质量控制，每道施工工序完成后，经施工单位自检符合规定后，才能进行下道工序施工。各专业工种之间的相关工序应进行交接检验，并应记录。

③ 对监理单位提出检查要求的重要工序，应经监理工程师检查认可，才能进行下道工序施工。

9.7.2.2　建筑工程施工质量验收基本要求

① 工程质量验收的前提条件为施工单位自检合格，验收时施工单位对自检中发现的问题已完成整改。

② 参加工程施工质量验收的各方人员资格要求包括岗位、专业和技术职称等，具体要求应符合国家、行业和地方有关法律、法规及标准、规范的规定，尚无规定时可由参加验收的单位协商确定。

③ 主控项目和一般项目的划分应符合各专业验收规范的规定。

④ 见证检验的项目、内容、程序、抽样数量等应符合国家、行业和地方有关规范的规定。

⑤ 考虑到隐蔽工程在隐蔽后难以检验，因此隐蔽工程在隐蔽前应进行验收，验收合格后方可继续施工。

⑥ 抽样检验的范围，不仅包括涉及结构安全和使用功能的分部工程，还包括涉及节能、环境保护等的分部工程，具体内容可由各专业验收规范确定，抽样检验和实体检验结果应符合有关专业验收规范的规定。

⑦ 观感质量可通过观察和简单的测试确定，观感质量的综合评价结果应由验收各方共同确认并达成一致。对影响观感及使用功能或质量评价为差的项目应进行返修。

9.7.2.3　建筑工程质量验收规定

① 检验批质量验收合格应符合下列规定：

a. 主控项目的质量经抽样检验均应合格。

b. 一般项目的质量经抽样检验合格。当采用计数抽样时，合格点率应符合有关专业验收规范的规定，且不得存在严重缺陷。对于计数抽样的一般项目，正常检验一次、二次抽样可按《建筑装饰装修工程质量验收标准》（GB 50210）相关规定进行判定。

c. 具有完整的施工操作依据、质量验收记录。

② 分项工程质量验收合格应符合下列规定：

a. 所含检验批的质量均应验收合格；

b. 所含检验批的质量验收记录应完整。

③ 分部工程质量验收合格应符合下列规定：

a. 所含分项工程的质量均应验收合格；

b. 质量控制资料应完整；

c. 有关安全、节能、环境保护和主要使用功能的抽样检验结果应符合相应规定；

d. 观感质量应符合要求。

④ 建筑工程施工中，检验批、分项工程、分部工程等质量验收记录可按下列规定填写：

a. 检验批质量验收记录可按表9-7填写，填写时应具有现场验收检查原始记录。

表 9-7　检验批质量验收记录　　　　　　　　　　　　　　　编号:

单位(子单位) 工程名称		分部(子分部) 工程名称		分项工程 名称		
施工单位		项目负责人		检验批容量		
分包单位		分包单位项目 负责人		检验批部位		
施工依据			验收依据			
	验收项目	设计要求及规范规定	最小/实际抽样数量	检查记录		检查结果
主控项目	1					
	2					
	3					
	4					
	5					
	6					
	7					
	8					
	9					
	10					
一般项目	1					
	2					
	3					
	4					
	5					
施工单位检查结果				专业工长: 项目专业质量检查员: 　　　年　月　日		
监理单位验收结论				专业监理工程师: 　　　年　月　日		

b. 分项工程质量验收记录可按表 9-8 填写。

表 9-8　分项工程质量验收记录　　　　　　　　　　　　　　编号:

单位(子单位) 工程名称			分部(子分部) 工程名称			
分项工程数量			检验批数量			
施工单位			项目负责人		项目技术 负责人	
分包单位			分包单位项目 负责人		分包内容	
序号	检验批名称	检验批容量	部位/区段	施工单位检查结果		监理单位验收结论
1						
2						
3						
4						
5						
6						
7						

序号	检验批名称	检验批容量	部位/区段	施工单位检查结果	监理单位验收结论
8					
9					
10					
11					
12					
13					
14					
15					

说明：

施工单位检查结果	项目专业技术负责人： 　年　月　日
监理单位验收结论	专业监理工程师： 　年　月　日

c. 分部工程质量验收记录可按表 9-9 填写。

表 9-9　分部工程质量验收记录　　　　编号：

单位(子单位)工程名称		子分部工程数量		分项工程数量	
施工单位		项目负责人		技术(质量)负责人	
分包单位		分包单位负责人		分包内容	
序号	子分部工程名称	分项工程名称	检验批数量	施工单位检查结果	监理单位验收结论
1					
2					
3					
4					
5					
6					
7					
8					
质量控制资料					
安全和功能检验结果					
观感质量检验结果					
综合验收结论					

施工单位 项目负责人： 　年　月　日	勘察单位 项目负责人： 　年　月　日	设计单位 项目负责人： 　年　月　日	监理单位 总监理工程师： 　年　月　日

注：1. 地基与基础分部工程的验收应由施工、勘察、设计单位项目负责人和总监理工程师参加并签字。
　　2. 主体结构、节能分部工程的验收应由施工、设计单位项目负责人和总监理工程师参加并签字。

⑤ 当建筑工程施工质量不符合要求时，应按下列规定进行处理：

a. 经返工或返修的检验批，应重新进行验收。

b. 经有资质的检测机构检测鉴定能够达到设计要求的检验批，应予以验收。

c. 经有资质的检测机构检测鉴定达不到设计要求、但经原设计单位核算认为能够满足安全和使用功能的检验批，可予以验收。

d. 经返修或加固处理的分项、分部工程，满足安全及使用功能要求时，可按技术处理方案和协商文件的要求予以验收。

e. 工程质量控制资料应齐全完整。当部分资料缺失时，应委托有资质的检测机构按有关标准进行相应的实体检验或抽样试验。

f. 经返修或加固处理仍不能满足安全或重要使用要求的分部工程及单位工程，严禁验收。

9.7.3 幕墙工程验收

9.7.3.1 幕墙工程验收一般规定

(1) 需要检查的文件和记录

① 幕墙工程的施工图、结构计算书、设计说明及其他设计文件。

② 建筑设计单位对幕墙工程设计的确认文件。

③ 幕墙工程所用各种材料、五金配件、构件及组件的产品合格证书、性能检测报告、进场验收记录和复验报告。

④ 幕墙工程所用硅酮结构胶的认定证书和抽查合格证明，进口硅酮结构胶的商检证，国家指定检测机构出具的硅酮结构胶相容性和剥离粘结性试验报告，石材用密封胶的耐污染性试验报告。

⑤ 后置埋件的现场拉拔强度检测报告。

⑥ 幕墙的抗风压性能、空气渗透性能、雨水渗漏性能及平面变形性能检测报告。

⑦ 打胶记录，养护环境的温度、湿度记录；双组分硅酮结构胶的混匀性试验记录及拉断试验记录。

⑧ 防雷装置测试记录。

⑨ 隐蔽工程验收记录。

⑩ 幕墙构件和组件的加工制作记录，幕墙安装施工记录。

(2) 需要进行复验的材料及其性能指标

① 铝塑复合板的剥离强度。

② 石材的弯曲强度，寒冷地区石材的耐冻融性，室内用花岗石的放射性。

③ 玻璃幕墙用结构胶的邵氏硬度、标准条件拉伸粘结强度、相容性试验；石材用结构胶的粘结强度；石材用密封胶的污染性。

(3) 需要进行验收的隐蔽工程项目

① 预埋件（或后置埋件）。

② 构件的连接节点。

③ 变形缝及墙面转角处的构造节点。

④ 幕墙防雷装置。

⑤ 幕墙防火构造。

（4）各分项工程的检验批的划分

① 相同设计、材料、工艺和施工条件的幕墙工程每 500～1000m² 应划分为一个检验批，不足 500m² 也应划分为一个检验批。

② 同一单位工程的不连续的幕墙工程应单独划分检验批。

③ 对于异形或有特殊要求的幕墙，检验批的划分应根据幕墙的结构、工艺特点及幕墙工程规模，由监理单位（或建设单位）和施工单位协商确定。

（5）检查数量

① 每个检验批每 100m² 应至少抽查一处，每处不得小于 10m²。

② 对于异形或有特殊要求的幕墙工程，应根据幕墙的结构和工艺特点，由监理单位（或建设单位）和施工单位协商确定。

（6）其他规定和要求

① 幕墙及其连接件应具有足够的承载力、刚度和相对于主体结构的位移能力。幕墙构架立柱的连接金属角码与其他连接件应采用螺栓连接，并应有防松动措施。

② 隐框、半隐框幕墙所采用的结构粘结材料必须是中性硅酮结构密封胶，其性能必须符合《建筑用硅酮结构密封胶》（GB 16776）的规定；硅酮结构密封胶必须在有效期内使用。

③ 立柱和横梁等主要受力构件，其截面受力部分的壁厚应满足相应规范要求并经计算确定。

④ 隐框、半隐框幕墙构件中板材与金属框之间的硅酮结构密封胶的粘结宽度，应分别计算风荷载标准值和板材自重标准值作用下硅酮结构密封胶的粘结宽度，并取其较大值，且不得小于 7.0mm。

⑤ 硅酮结构密封胶应打注饱满，并应在温度 15～30℃、对湿度 50% 以上、洁净的室内进行，不得在现场墙上打注。

⑥ 幕墙的防火除应符合《建筑设计防火规范》（GB 50016）的有关规定外，还应符合下列规定：

a. 应根据防火材料的耐火极限决定防火层的厚度和宽度，并应在楼板处形成防火带。

b. 防火层应采取隔离措施。防火层的衬板应采用经防腐处理且厚度不小于 1.5mm 的钢板，不得采用铝板。

c. 防火层的密封材料应采用防火密封胶。

d. 防火层与玻璃不应直接接触，一块玻璃不应跨两个防火分区。

⑦ 主体结构与幕墙连接的各种预埋件，其数量、规格、位置和防腐处理必须符合设计要求。

⑧ 幕墙的金属框架与主体结构预埋件的连接、立柱与横梁的连接及幕墙面板的安装必须符合设计要求，安装必须牢固。

⑨ 单元幕墙连接处和吊挂处的铝合金型材的壁厚应通过计算确定，并不得小于 5.0mm。

⑩ 幕墙的金属框架与主体结构应通过预埋件连接，预埋件应在主体结构混凝土施工时埋入，预埋件的位置应准确。当没有条件采用预埋件连接时，应采用其他可靠的连接措施，并应通过试验确定其承载力。

⑪ 立柱应采用螺栓与角码连接，螺栓直径应经过计算，并不应小于 10mm。不同金属

材料接触时应采用绝缘垫片分隔。

⑫ 幕墙的抗震缝、伸缩缝、沉降缝等部位的处理应保证缝的使用功能和饰面的完整性。

⑬ 幕墙工程的设计应满足维护和清洁的要求。

9.7.3.2 玻璃幕墙工程

本节适用于建筑高度不大于 150m、抗震设防烈度不大于 8 度的隐框玻璃幕墙、半隐框玻璃幕墙、明框玻璃幕墙、全玻璃幕墙及点支承玻璃幕墙工程的质量验收。

(1) 主控项目

① 玻璃幕墙工程所使用的各种材料、构件和组件的质量，应符合设计要求及国家现行产品标准和工程技术规范的规定。

检验方法：检查材料、构件、组件的产品合格证书、进场验收记录、性能检测报告和材料的复验报告。

② 玻璃幕墙的造型和立面分格应符合设计要求。

检验方法：观察；尺量检查。

③ 玻璃幕墙使用的玻璃应符合下列规定：

a. 幕墙应使用安全玻璃，玻璃的品种、规格、颜色、光学性能及安装方向应符合设计要求。

b. 幕墙玻璃的厚度不应小于 6.0mm，全玻璃幕墙肋玻璃的厚度不应小于 12mm。

c. 幕墙的中空玻璃应采用双道密封。明框幕墙的中空玻璃应采用聚硫密封胶及丁基密封胶，隐框和半隐框幕墙的中空玻璃应采用硅酮结构密封胶及丁基密封胶，镀膜面应在中空玻璃的第 2 面或第 3 面上。

d. 幕墙的夹层玻璃应采用聚乙烯醇缩丁醛（PVB）胶片干法加工合成的夹层玻璃。点支承玻璃幕墙夹层玻璃的夹层胶片（PVB）厚度不应小于 0.76mm。

e. 钢化玻璃表面不得有损伤，8.0mm 以下的钢化玻璃应进行引爆处理。

f. 所有幕墙玻璃均应进行边缘处理。

检验方法：观察；尺量检查；检查施工记录。

④ 玻璃幕墙与主体结构连接的各种预埋件、连接件、紧固件必须安装牢固，其数量、规格、位置、连接方法和防腐处理符合设计要求。

检验方法：观察；检查隐蔽工程验收记录和施工记录。

⑤ 各种连接件、紧固件的螺栓应有防松动措施；焊接连接应符合设计要求和焊接规范的规定。

检验方法：观察；检查隐蔽工程验收记录和施工记录。

⑥ 隐框或半隐框玻璃幕墙，每块玻璃下端应设置两个铝合金或不锈钢托条，其长度不应小于 100mm，厚度不应小于 2mm，托条外端应低于玻璃外表面 2mm。

检验方法：观察；检查施工记录。

⑦ 明框玻璃幕墙的玻璃安装应符合下列规定：

a. 玻璃槽口与玻璃的配合尺寸应符合设计要求和技术标准的规定。

b. 玻璃与构件不得直接接触，玻璃四周与构件凹槽底部应保持一定的空隙，每块玻璃下部应至少放置两块宽度与槽口宽度相同、长度不小于 100mm 的弹性定位垫块；玻璃两边嵌入量及空隙应符合设计要求。

c. 玻璃四周橡胶条的材质、型号应符合设计要求，镶嵌应平整，橡胶条长度应比边框

内槽长 $1.5\%\sim2.0\%$，橡胶条在转角处应斜面断开，并应用胶黏剂粘结牢固后嵌入槽内。

检验方法：观察；检查施工记录。

⑧ 高度超过 4m 的全玻璃幕墙应吊挂在主体结构上，吊夹具应符合设计要求，玻璃与玻璃、玻璃与玻璃肋之间的缝隙，应采用硅酮结构密封胶填嵌严密。

检验方法：观察；检查隐蔽工程验收记录和施工记录。

⑨ 点支承玻璃幕墙应采用带万向头的活动不锈钢爪，其钢爪间的中心距离应大于 250mm。

检验方法：观察；尺量检查。

⑩ 玻璃幕墙四周、玻璃幕墙内表面与主体结构之间的连接节点、各种变形缝、墙角的连接节点应符合设计要求和技术标准的规定。

检验方法：观察；检查隐蔽工程验收记录和施工记录。

⑪ 玻璃幕墙应无渗漏。

检验方法：在易渗漏部位进行淋水检查。

⑫ 玻璃幕墙结构胶和密封胶的打注应饱满、密实、连续、均匀、无气泡，宽度和厚度应符合设计要求和技术标准的规定。

检验方法：观察；尺量检查；检查施工记录。

⑬ 玻璃幕墙开启窗的配件应齐全，安装应牢固，安装位置和开启方向、角度应正确；开启应灵活，关闭应严密。

检验方法：观察；手扳检查；开启和关闭检查。

⑭ 玻璃幕墙的防雷装置必须与主体结构的防雷装置可靠连接。

检验方法：观察；检查隐蔽工程验收记录和施工记录。

(2) 一般项目

① 玻璃幕墙表面应平整、洁净，整幅玻璃的色泽应均匀一致，不得有污染和镀膜损坏。

检验方法：观察。

② 每平方米玻璃的表面质量和检验方法应符合表 9-10 的规定。

表 9-10 每平方米玻璃的表面质量和检验方法

序号	项　目	质量要求	检验方法
1	明显划伤和长度＞100m 的轻微划伤	不允许	观察
2	长度≤100mm 的轻微划伤	≤8 条	用钢尺检查
3	擦伤总面积	≤500mm²	用钢尺检查

③ 一个分格铝合金型材的表面质量和检验方法应符合表 9-11 的规定。

表 9-11 一个分格铝合金型材的表面质量和检验方法

序号	项　目	质量要求	检验方法
1	明显划伤和长度＞100m 的轻微划伤	不允许	观察
2	长度≤100mm 的轻微划伤	≤2 条	用钢尺检查
3	擦伤总面积	≤500mm²	用钢尺检查

④ 明框玻璃幕墙的外露框或压条应横平竖直，颜色、规格应符合设计要求，压条安装应牢固。单元玻璃幕墙的单元拼缝、隐框玻璃幕墙的分格玻璃拼缝应横平竖直、均匀一致。

检验方法：观察；手扳检查；检查进场验收记录。

⑤ 玻璃幕墙的密封胶缝应横平竖直、深浅一致、宽窄均匀、光滑顺直。

检验方法：观察；手摸检查。

⑥ 防火、保温材料填充应饱满、均匀，表面应密实、平整。

检验方法：检查隐蔽工程验收记录。

⑦ 玻璃幕墙隐蔽节点的遮封装修应牢固、整齐、美观。

检验方法：观察；手扳检查。

⑧ 明框玻璃幕墙安装的允许偏差和检验方法应符合表 9-12 的规定。

表 9-12　明框玻璃幕墙安装的允许偏差和检验方法

序号	项	目	允许偏差/mm	检验方法
1	幕墙垂直度	幕墙高度 H/m		用经纬仪检查
		$H \leqslant 30$	$\leqslant 10$	
		$30 < H \leqslant 60$	$\leqslant 15$	
		$60 < H \leqslant 90$	$\leqslant 20$	
		$H > 90$	$\leqslant 25$	
2	幕墙水平度	幕墙宽度≤35m	$\leqslant 5$	用水平仪检查
		幕墙宽度>35m	$\leqslant 7$	
3	构件直线度		$\leqslant 2$	用 2m 靠尺和塞尺检查
4	构件水平度	构件长度≤2m	$\leqslant 2$	用水平仪检查
		构件长度>2m	$\leqslant 3$	
5	相邻构件错位		$\leqslant 1$	用钢直尺检查
6	分格框对角线长度差	对角线长度≤2m	$\leqslant 3$	用钢卷尺检查
		对角线长度>2m	$\leqslant 4$	

⑨ 隐框、半隐框玻璃幕墙安装的允许偏差和检验方法应符合表 9-13 的规定。

表 9-13　隐框、半隐框玻璃幕墙安装的允许偏差和检验方法

序号	项	目	允许偏差/mm	检验方法
1	幕墙垂直度	幕墙高度 H/m		用经纬仪检查
		$H \leqslant 30$	$\leqslant 10$	
		$30 < H \leqslant 60$	$\leqslant 15$	
		$60 < H \leqslant 90$	$\leqslant 20$	
		$H > 90$	$\leqslant 25$	
2	幕墙水平度	层高≤3m	$\leqslant 3$	用水平仪检查
		层高>3m	$\leqslant 5$	
3	幕墙表面平整度		$\leqslant 2$	用 2m 靠尺和塞尺检查
4	板材立面垂直度		$\leqslant 2$	用垂直检测尺检查
5	板材上沿水平度		$\leqslant 2$	用 1m 水平尺和钢直尺检查
6	相邻板材板角错位		$\leqslant 1$	用钢直尺检查
7	阳角方正		$\leqslant 2$	用直角检测尺检查
8	接缝直线度		$\leqslant 3$	拉 5m 线，不足 5m 拉通线，用钢直尺检查
9	接缝高低差		$\leqslant 1$	用钢直尺和塞尺检查
10	接缝宽度		$\leqslant 1$	用钢直尺检查

9.7.3.3　金属幕墙工程

本节适用于建筑高度不大于 150m 的金属幕墙工程的质量验收。

(1) 主控项目

① 金属幕墙工程所使用的各种材料和配件，应符合设计要求及国家现行产品标准和工程技术规范的规定。

检验方法：检查产品合格证书、性能检测报告、材料进场验收记录和复验报告。

② 金属幕墙的造型和立面分格应符合设计要求。

检验方法：观察；尺量检查。

③ 金属面板的品种、规格、颜色、光泽及安装方向应符合设计要求。

检验方法：观察；检查进场验收记录。

④ 金属幕墙主体结构上的预埋件、后置埋件的数量、位置及后置埋件的拉拔力必须符合设计要求。

检验方法：检查拉拔力检测报告和隐蔽工程验收记录。

⑤ 金属幕墙的金属框架立柱与主体结构预埋件的连接、立柱与横梁的连接、金属面板的安装必须符合设计要求，安装必须牢固。

检验方法：手扳检查；检查隐蔽工程验收记录。

⑥ 金属幕墙的防火、保温、防潮材料的设置应符合设计要求，并应密实、均匀、厚度一致。

检验方法：检查隐蔽工程验收记录。

⑦ 金属框架及连接件的防腐处理应符合设计要求。

检验方法：检查隐蔽工程验收记录和施工记录。

⑧ 金属幕墙的防雷装置必须与主体结构的防雷装置可靠连接。

检验方法：检查隐蔽工程验收记录。

⑨ 各种变形缝、墙角的连接节点应符合设计要求和技术标准的规定。

检验方法：观察；检查隐蔽工程验收记录。

⑩ 金属幕墙的板缝注胶应饱满、密实、连续、均匀、无气泡，宽度和厚度应符合设计要求和技术标准的规定。

检验方法：观察；尺量检查；检查施工记录。

⑪ 金属幕墙应无渗漏。

检验方法：在易渗漏部位进行淋水检查。

(2) 一般项目

① 金属板表面应平整、洁净、色泽一致。

检验方法：观察。

② 金属幕墙的压条应平直、洁净、接口严密、安装牢固。

检验方法：观察；手扳检查。

③ 金属幕墙的密封胶缝应横平竖直、深浅一致、宽窄均匀、光滑顺直。

检验方法：观察。

④ 金属幕墙上的滴水线、流水坡向应正确、顺直。

检验方法：观察；用水平尺检查。

⑤ 每平方米金属板的表面质量和检验方法应符合表 9-14 的规定。

表 9-14 每平方米金属板的表面质量和检验方法

序号	项 目	质量要求	检验方法
1	明显划伤和长度＞100m 的轻微划伤	不允许	观察
2	长度≤100mm 的轻微划伤	≤8 条	用钢尺检查
3	擦伤总面积	≤500mm²	用钢尺检查

⑥ 金属幕墙安装允许偏差和检验方法应符合表 9-15 的规定。

表 9-15　金属幕墙安装的允许偏差和检验方法

序号	项　　目		允许偏差/mm	检验方法
1	幕墙垂直度	幕墙高度 H/m $H \leqslant 30$	$\leqslant 10$	用经纬仪检查
		$30 < H \leqslant 60$	$\leqslant 15$	
		$60 < H \leqslant 90$	$\leqslant 20$	
		$H > 90$	$\leqslant 25$	
2	幕墙水平度	层高 $\leqslant 3$m	$\leqslant 3$	用水平仪检查
		层高 > 3m	$\leqslant 5$	
3	幕墙表面平整度		$\leqslant 2$	用 2m 靠尺和塞尺检查
4	板材立面垂直度		$\leqslant 3$	用垂直检测尺检查
5	板材上沿水平度		$\leqslant 2$	用 1m 水平尺和钢直尺检查
6	相邻板材板角错位		$\leqslant 1$	用钢直尺检查
7	阳角方正		$\leqslant 2$	用直角检测尺检查
8	接缝直线度		$\leqslant 3$	拉 5m 线，不足 5m 拉通线，用钢直尺检查
9	接缝高低差		$\leqslant 1$	用钢直尺和塞尺检查
10	接缝宽度		$\leqslant 1$	用钢直尺检查

9.7.3.4　石材幕墙工程

本节适用于建筑高度不大于 100m、抗震设防烈度不大于 8 度的石材幕墙工程的质量验收。

(1) 主控项目

① 石材幕墙工程所用各种材料的品种、规格、性能和等级，符合设计要求及国家现行产品标准和工程技术规范的规定。石材的弯曲强度不应小于 8.0MPa，吸水率应小于 0.8%。石材幕墙的铝合金挂件厚度不应小于 4.0mm，不锈钢挂件厚度不应小于 3.0mm。

检验方法：观察；尺量检查；检查产品合格证书、性能检测报告、材料进场验收记录和复验报告。

② 石材幕墙的造型、立面分格、颜色、光泽、花纹和图案应符合设计要求。

检验方法：观察。

③ 石材孔、槽的数量、深度、位置、尺寸应符合设计要求。

检验方法：检查进场验收记录或施工记录。

④ 石材幕墙主体结构上的预埋件和后置埋件的位置、数量及后置埋件的拉拔力必须符合设计要求。

检验方法：检查拉拔力检测报告和隐蔽工程验收记录。

⑤ 石材幕墙的金属框架立柱与主体结构预埋件的连接、立柱与横梁的连接、连接件与金属框架的连接、连接件与石材面板的连接必须符合设计要求，安装必须牢固。

检验方法：手扳检查；检查隐蔽工程验收记录。

⑥ 金属框架和连接件的防腐处理应符合设计要求。

检验方法：检查隐蔽工程验收记录。

⑦ 石材幕墙的防雷装置必须与主体结构防雷装置可靠连接。

检验方法：观察；检查隐蔽工程验收记录和施工记录。

⑧ 石材幕墙的防火、保温、防潮材料的设置应符合设计要求，填充应密实、均匀、厚度一致。

检验方法：检查隐蔽工程验收记录。

⑨ 各种结构变形缝、墙角的连接节点应符合设计要求和技术标准的规定。

检验方法：检查隐蔽工程验收记录和施工记录。

⑩ 石材表面和板缝的处理应符合设计要求。

检验方法：观察。

⑪ 石材幕墙的板缝注胶应饱满、密实、连续、均匀、无气泡，板缝宽度和厚度应符合设计要求和技术标准的规定。

检验方法：观察；尺量检查；检查施工记录。

⑫ 石材幕墙应无渗漏。

检验方法：在易渗漏部位进行淋水检查。

(2) 一般项目

① 石材幕墙表面应平整、洁净，无污染、缺损和裂痕。颜色和花纹应协调一致，无明显色差，无明显修痕。

检验方法：观察。

② 石材幕墙的压条应平直、洁净、接口严密、安装牢固。

检验方法：观察；手扳检查。

③ 石材接缝应横平竖直、宽窄均匀；阴阳角石板压向应正确，板边合缝应顺直；凸凹线出墙厚度应一致，上下口应平直；石材面板上洞口、槽边应套割吻合，边缘应整齐。

检验方法：观察；尺量检查。

④ 石材幕墙的密封胶缝应横平竖直、深浅一致、宽窄均匀、光滑顺直。

检验方法：观察。

⑤ 石材幕墙上的滴水线、流水坡向应正确、顺直。

检验方法：观察；用水平尺检查。

⑥ 每平方米石材的表面质量和检验方法应符合表 9-16 的规定。

表 9-16　每平方米石材的表面质量和检验方法

序号	项　目	质量要求	检验方法
1	裂纹、明显划伤和长度＞100m 的轻微划伤	不允许	观察
2	长度≤100mm 的轻微划伤	≤8 条	用钢尺检查
3	擦伤总面积	≤500mm^2	用钢尺检查

⑦ 石材幕墙安装允许偏差和检验方法应符合表 9-17 的规定。

表 9-17　石材幕墙安装允许偏差和检验方法

序号	项　目		允许偏差/mm		检验方法
			光面	麻面	
1	幕墙垂直度	幕墙高度 H/m			用经纬仪检查
		$H \leqslant 30$	≤10		
		$30 < H \leqslant 60$	≤15		
		$60 < H \leqslant 90$	≤20		
		$H > 90$	≤25		
2	幕墙水平度		≤3		用水平仪检查
3	板材立面垂直度		≤3		用垂直检测尺检查
4	板材上沿水平度		≤2		用 1m 水平尺和钢直尺检查
5	相邻板材板角错位		≤1		用钢直尺检查

续表

序号	项 目	允许偏差/mm 光面	允许偏差/mm 麻面	检验方法
6	幕墙表面平整度	≤2	≤3	用 2m 靠尺和塞尺检查
7	阳角方正	≤2	≤4	用直角检测尺检查
8	接缝直线度	≤3	≤4	拉 5m 线,不足 5m 拉通线,用钢直尺检查
9	接缝高低差	≤1	—	用钢直尺和塞尺检查
10	接缝宽度	≤1	≤2	用钢直尺检查

9.8 幕墙的保养与维护

① 幕墙工程竣工验收时,承包商应向业主提供《幕墙使用维护说明书》。《幕墙使用维护说明书》应包括下列内容:

a. 幕墙的设计依据、主要性能参数及幕墙结构的设计使用年限;

b. 使用注意事项;

c. 环境条件变化对幕墙工程的影响;

d. 日常与定期的维护、保养要求;

e. 幕墙的主要结构特点及易损零部件更换方法;

f. 备品、备件清单及主要易损件的名称、规格;

g. 承包商的保修责任。

② 幕墙工程承包商在幕墙交付使用前应为业主培训幕墙维修、维护人员。

③ 幕墙交付使用后,业主应根据《幕墙使用维护说明书》的相关要求及时制订幕墙的维修、保养计划与制度。

④ 雨天或 4 级以上风力的天气情况下不宜使用开启窗;6 级以上风力时,应全部关闭开启窗。

⑤ 幕墙外表面的检查、清洗、保养与维修工作不得在 4 级以上风力和大雨(雪)天气下进行。

⑥ 幕墙外表面的检查、清洗、保养与维修使用的作业机具设备(举升机、擦窗机、吊篮等)应保养良好、功能正常、操作方便、安全可靠;每次使用前都应进行安全装置的检查,确保设备与人员安全。

⑦ 幕墙外表面的检查、清洗、保养与维修的作业中,凡属高空作业者,应符合《建筑施工高处作业安全技术规范》(JGJ 80)的有关规足。

⑧ 日常维护和保养应符合下列规定:

a. 应保持幕墙表面整洁,避免锐器及腐蚀性气体和液体与幕墙表面接触;

b. 应保持幕墙排水系统的畅通,发现堵塞应及时疏通;

c. 在使用过程中如发现门、窗启闭不灵或附件损坏等现象时,应及时修理或更换;

d. 当发现密封胶或密封胶条脱落或损坏时,应及时进行修补与更换;

e. 当发现幕墙构件或附件的螺栓、螺钉松动或锈蚀时,应及时拧紧或更换;

f. 当发现幕墙构件锈蚀时,应及时除锈补漆或采取其他防锈措施。

⑨ 定期检查和维护应符合下列规定：

a. 在幕墙工程竣工验收后一年时，应对幕墙工程进行一次全面的检查，此后每五年应检查一次。检查项目应包括：

ⓐ 幕墙整体有无变形、错位、松动，如有，则应对该部位对应的隐蔽结构进行进一步检查；幕墙的主要承力构件、连接构件和连接螺栓等是否损坏、连接是否可靠、有无锈蚀等；

ⓑ 面板有无松动和损坏；

ⓒ 密封胶有无脱胶、开裂、起泡，密封胶条有无脱落、老化等损坏现象；

ⓓ 开启部分是否启闭灵活，五金附件是否有功能障碍或损坏，安装螺栓或螺钉是否松动和失效；

ⓔ 幕墙排水系统是否通畅。

对上述检查项目中不符合要求者进行维修或更换。

b. 施加预拉力的拉杆或拉索结构的幕墙工程在工程竣工验收后六个月时，必须对该工程进行一次全面的预拉力检查和调整，此后每三年应检查一次。

c. 幕墙工程使用十年后应对该工程不同部位的结构硅酮密封胶进行粘接性能的抽样检查，此后每三年宜检查一次。

⑩ 灾后检查和修复应符合下列规定：

a. 当幕墙遭遇强风袭击后，应及时对幕墙进行全面的检查、修复或更换损坏的构件。对施加预拉力的拉杆或拉索结构的幕墙工程，应进行一次全面的预拉力检查和调整。

b. 当幕墙遭遇地震、火灾等灾害后，应由专业技术人员对幕墙进行全面的检查，并根据损坏程度制订处理方案，及时处理。

⑪ 清洗应注意的问题：

a. 业主应根据幕墙表面的积灰污染程度，确定其清洗次数，但不应少于每年一次。

b. 清洗幕墙应按《幕墙使用维护说明书》要求选用清洗液。

c. 清洗幕墙过程中不得撞击和损伤幕墙。

10

其他幕墙简介

随着国民经济的高速发展，建筑业的发展也突飞猛进，建筑幕墙作为建筑物的外围护结构和外装饰面，其新产品、新技术、新材料、新工艺层出不穷，由原来单一的构件式玻璃幕墙发展至目前具有多样化（玻璃幕墙、金属幕墙、石材幕墙、人造板幕墙、木幕墙、水幕墙等）、个性化（双曲面异形幕墙、大型大跨度点驳接幕墙、单层索网幕墙）、立体化（通风式双层幕墙、光电幕墙）、智能化（超窄边多屏拼接液晶幕墙）特点的幕墙。

本章主要介绍双层幕墙、光电幕墙、木幕墙、水幕墙等新型幕墙。

10.1 双层幕墙简介

双层幕墙（double-skin curtain wall）是由外层幕墙、热通道和内层幕墙（或门、窗）构成，且在热通道内能够形成空气有序流动的建筑幕墙。

双层幕墙是双层结构的新型幕墙，外层结构一般采用点式玻璃幕墙、隐框玻璃幕墙或明框玻璃幕墙，内层结构一般采用隐框玻璃幕墙、明框玻璃幕墙、铝合金门或铝合金窗。内外两层面板之间形成空气间层，每个空气间层单元设有进风口和出风口。空气可以从进风口进入通道，从出风口排出通道，空气在通道内形成有序流动，导致热能在通道内流动和传递。

与传统幕墙相比，双层幕墙的最大特点是内外两层幕墙之间形成一个通风换气层，由于此换气层中空气的流通或循环，使内层幕墙的温度接近室内温度，减小温差，因而它比传统的幕墙具有更好的节能效果。另外，整个幕墙的隔声效果、安全性能等也得到了显著提高。

10.1.1 双层幕墙的分类

10.1.1.1 按空气间层的通风方式分类

按空气间层的通风方式分类，双层幕墙可分为外通风双层幕墙、内通风双层幕墙和内外通风双层幕墙。

① 外通风双层幕墙（external ventilated double-skin curtain wall）：通风口设于外层面板，是采用自然通风或混合通风方式，使空气间层内的空气与室外空气进行循环交换的双层幕墙，如图 10-1（a）所示。

② 内通风双层幕墙（internal ventilated double-skin curtain wall）：通风口设于内层面板，是采用机械通风方式，使空气间层内的空气与室内空气进行循环交换的双层幕墙，如图 10-1（b）所示。

③ 内外通风双层幕墙（internal and external ventilated double-skin curtain wall）：内、

外层均设有通风口，使空气间层内的空气可与室内或室外空气进行循环交换的双层幕墙，如图 10-1（c）所示。

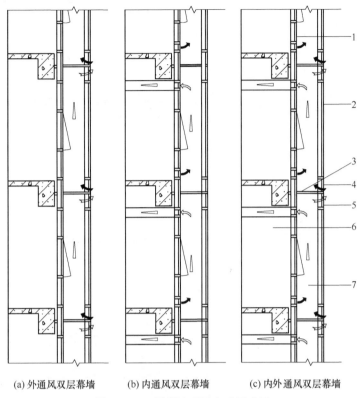

(a) 外通风双层幕墙　　(b) 内通风双层幕墙　　(c) 内外通风双层幕墙

图 10-1　双层幕墙通风方式示意图

1—内层幕墙；2—外层幕墙；3—支承构件（检修通道）；
4—进风口；5—出风口；6—室内空间；7—空气间层

10.1.1.2 按空气间层的分隔形式分类

按空气间层的分隔形式分类，双层幕墙可分为箱体式双层幕墙、单楼层式双层幕墙、多楼层式双层幕墙、整面式双层幕墙和井道式双层幕墙等。

① 箱体式双层幕墙（double-skin curtain wall with box-shaped air chamber）：空气间层竖向（高度）为一个层高，横向（宽度）为一个或两个分格宽度的双层幕墙。每个箱体空气间层设置开启窗，有进风口和出风口，可独立完成换气功能，如图 10-2 所示。

② 单楼层式双层幕墙（double-skin curtain wall with floor height air chamber）：也称为廊道式双层幕墙，空气间层竖向（高度）为一个层高，横向（宽度）为同一楼层宽度或整幅幕墙宽度的双层幕墙。

③ 多楼层式双层幕墙（double-skin curtain wall with multi-floor height air chamber）：也称为大箱体式双层幕墙，空气间层竖向（高度）为两个或两个以上层高，水平方向（宽度）为一个或多个分格宽度的双层幕墙，如图 10-3 所示。

④ 整面式双层幕墙（double-skin curtain wall with full-sized air chamber）：也称为整体式双层幕墙，空气间层竖向（高度）为整幅幕墙高度，横向（宽度）为整幅幕墙宽度的双层幕墙。

⑤ 井道式双层幕墙（double-skin curtain wall with vertical air tunnel）：由箱体式或单楼层通道式空气间层及与之连通的多楼层竖向通风井道组成空气间层的双层幕墙，如图10-4所示。

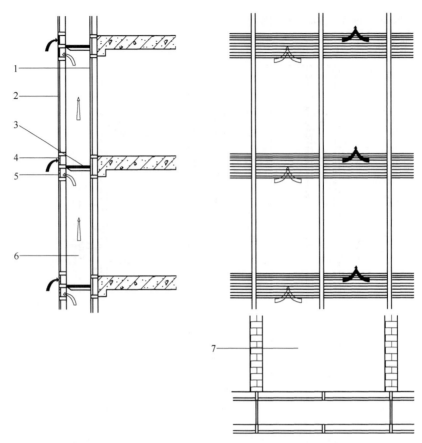

图 10-2　箱体式双层幕墙示意图

1—内层幕墙；2—外层幕墙；3—支承构件（检修通道）；4—进风口；5—出风口；6—空气间层；7—室内空间

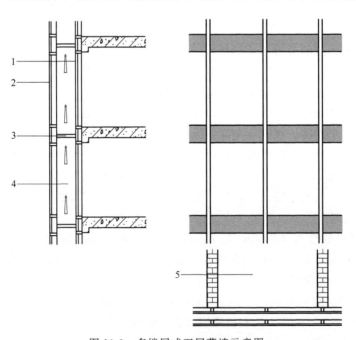

图 10-3　多楼层式双层幕墙示意图

1—内层幕墙；2—外层幕墙；3—支承构件；4—空气间层；5—室内空间

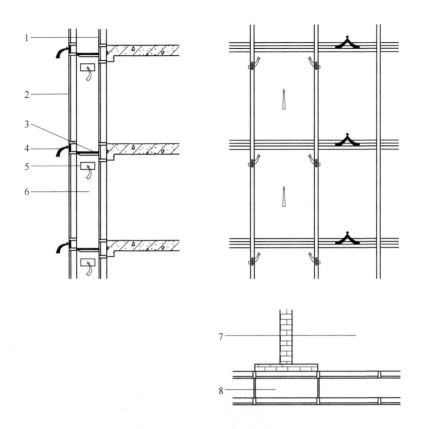

图 10-4　井道式双层幕墙示意图

1—内层幕墙；2—外层幕墙；3—支承构件（检修通道）；

4—进风口；5—出风口；6—空气间层；7—室内空间；8—通风井

10.1.1.3　按外层面板接缝构造形式分类

按外层面板接缝构造形式分类，双层幕墙可分为封闭式双层幕墙和开放式双层幕墙。

① 封闭式双层幕墙（double-skin curtain wall with close-jointed outer layer and inner layer）：外层、内层均为封闭式幕墙的双层幕墙。

② 开放式双层幕墙（double-skin curtain wall with open jointed outer layer and close-jointed inner layer）：外层为开放式幕墙，面板采用开放式接缝，内层为封闭式幕墙的双层幕墙。

10.1.1.4　按幕墙结构形式分类

按幕墙结构形式分类，双层幕墙可分为构件式双层幕墙、单元式双层幕墙和组合式双层幕墙等。

① 构件式双层幕墙（stick double-skin curtain wall）：内、外层均采用构件式框支承构造的双层幕墙。

② 单元式双层幕墙（unitized double-skin curtain wall）：内、外层采用单元式框支承构造的箱式集成体作为结构基本单位的双层幕墙。

③ 组合式双层幕墙（combined double-skin curtain wall）：内层和外层分别采用不同结构形式的双层幕墙。

10.1.2 内通风双层幕墙

内通风双层幕墙一般在冬季较为寒冷的地区使用。其外层幕墙通常由隔热型材与中空玻璃组成，是完全封闭的结构；内层幕墙一般由单层玻璃和非隔热型材组成，设有可开启窗或检修门，以便对幕墙进行清洗。通风换气层与吊顶部位设置的暖通系统抽风管相连，形成自下而上的强制性空气循环，室内空气从内层幕墙下部的通风口进入热通道，在热通道内上升至顶部排风口，从吊顶内的风管排出，使内侧幕墙温度达到或接近室内温度，从而形成优越的温度条件，达到节能效果。这一循环在热通道和室内进行，外层幕墙完全封闭。内外两层幕墙之间的热通道宽度一般为150～300mm。为提高节能效果，在通道内设置可调控的百叶窗或窗帘，可有效地调节日照遮阳，为室内创造更加舒适的环境。内循环双层通风幕墙的空气循环要靠机械系统，对设备有较高的要求。

内通风双层幕墙结构与循环原理如图10-5所示。

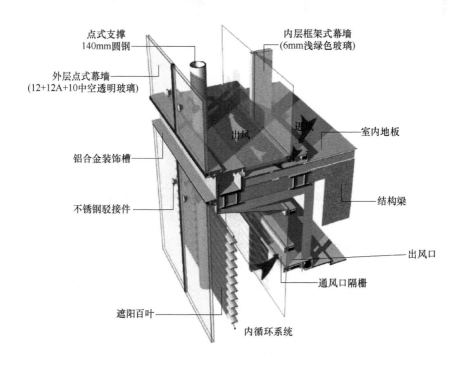

图 10-5 内通风双层幕墙结构与循环原理示意图

(1) 内通风双层幕墙的优点

① 利用建筑的正常排风在热通道内形成缓冲，降低玻璃幕墙的传热系数，在夏季降低遮阳系数，最小可达到0.2左右，大幅度减少室外太阳热辐射传入室内，冬季可降低玻璃幕墙的 K 值，最小可达到 $0.8W/(m^2 \cdot K)$ 左右，降低室内热量向室外传递，从而节约空调能耗。

② 采用智能型遮阳百叶，充分利用太阳能，减少其不利影响。可根据室内人们工作、生活的需要，随时控制室内光线的强弱和进入室内热量的多少，并可与感应装置连接，实现智能控制。

③ 与外循环幕墙相比，内循环幕墙的维护清洁比较容易。外层玻璃幕墙是一层密封体

系，仅在内层玻璃幕墙上开设检测口，维护清洁比较容易。

④ 内循环幕墙可以根据实际需要进行全年全天候工作，不受室外环境的限制，特别是在空气污染地区和刮风下雨气候条件恶劣时，也不影响室内环境的舒适度。

(2) 内通风双层幕墙的几个关键技术

① 保证内循环的形成。内通风双层幕墙只有在热通道内的空气真正流动起来，才能实现所有的功能，达到设计的物理性能。一般将内、外双层玻璃幕墙设计成密封体系，在内层玻璃下部设置进风口，在上部设置排风口，将室内的空气通过进风口、热通道、排风口（喇叭状），再经过顶棚内的排气管道与安装在每层的抽风机相连。室内新风由中央空调系统提供，形成空气的循环通路。

② 选择热通道内空气流动速度。风速不仅决定了排风机的型号，决定了内循环双层幕墙的工作状况，还应与中央空调系统送风量相匹配。根据经验，内通风双层玻璃幕墙热通道内空气流速一般控制在 $0.01 \sim 0.05 \text{m/s}$，主要是根据室内环境舒适度的要求、建筑中央空调系统设备配置情况以及暖通设计的情况来确定。选择玻璃内表面与室内空气间的允许温差应根据房间的功能、要求达到的舒适性要求以及内通风双层幕墙的工作工况来确定。

③ 降低玻璃幕墙框架的"冷桥"传热量。铝合金型材传热系数很高，约为 $180 \text{W/(m}^2 \cdot \text{K)}$，即使将玻璃的传热系数降低到 $2 \text{W/(m}^2 \cdot \text{K)}$ 以下，在玻璃幕墙的龙骨连接处仍将形成热量的传递通道，增加能量的损耗。因此，应对铝合金框架采取隔热措施以隔断热量的传递。

④ 提高外层玻璃幕墙的密封性能，可以降低室内外热量的传递，更有利于热通道内空气循环的形成。

⑤ 降低遮阳百叶的发射率，提高反射率。根据建筑设计的需要选择合适的遮阳百叶可有效降低太阳能向室内的辐射，从而节约能量。

⑥ 选择铝合金遮阳百叶的控制方式。铝合金遮阳百叶有多种控制方式：手动、电动、智能控制，单幅控制、多幅控制，整面幕墙控制和整幢建筑控制等等，可根据实际需要选用铝合金遮阳百叶的控制方式。

⑦ 选择合适的遮阳系数 SC 值和传热数 K 值。内通风双层幕墙要实现节能、达到室内舒适性的要求是一个整体的配套设计，只有选择合理的整体设计，才可以达到总体要求。

⑧ 内通风双层幕墙排风量确定。中央空调系统不仅为室内提供能量，还为室内输送新鲜空气和排出不新鲜空气，中央空调系统为室内输送新鲜空气量约占整个通风量的 15%，内通风双层玻璃幕墙热通道排出的空气正是中央空调系统需排出的空气。为了维持房间的正压，内通风双层玻璃幕墙热通道排出的空气量应保持在中央空调系统需排出的空气量的 80%。

10.1.3 外通风双层幕墙

外通风双层幕墙的内层幕墙是封闭的，由中空玻璃与隔热型材组成；外层幕墙通常采用单层玻璃与非隔热型材组成，设有进风口和排风口，室外空气从外层幕墙底部进风口进入热通道，经过热通道带走热量，从上部排风口排出。这一循环在热通道和室外进行。内外两层幕墙之间热通道宽度常为 $300 \sim 600 \text{mm}$；为提高节能效果，通道内也可设置电动百叶等遮阳装置。

冬季时，收拢遮阳百叶，关闭换气层的进、排风口，换气层中的空气在阳光的照射下温

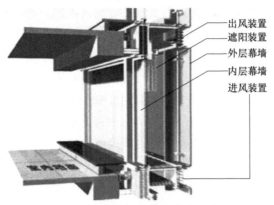

度升高，形成一个温室，有效地提高了内层玻璃的温度，减少了建筑物的采暖费用；夏季时，放下遮阳百叶，打开换气层的进、排风口，在阳光的照射下换气层空气温度升高自然上浮，形成自下而上的空气流，由于烟囱效应带走通道内的热量，可降低内层玻璃表面的温度，减少制冷费用。另外，通过对进排风口的控制以及对内层幕墙结构的设计，可达到由通风层向室内输送新鲜空气的目的，从而优化建筑通风质量。

图 10-6　外通风双层幕墙构造示意图

外通风双层幕墙构造与循环原理如图 10-6 和图 10-7 所示。

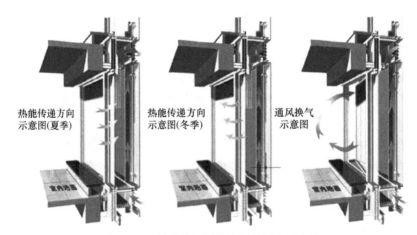

图 10-7　外通风双层幕墙循环原理示意图

（1）外通风双层幕墙的优点

① 外通风双层幕墙通过烟囱效应和温室效应降低建筑能耗，不需要其他辅助机械设备，减少运行费用。夏季通过烟囱效应，带走通道内空气的热量，降低内侧幕墙的内表面温度，减少空调的制冷负荷和运行费用，达到节约能源的效果；冬季通过温室效应，提高了内侧幕墙外表面的温度，减少室内热量的损失，从而减少了建筑物的采暖费用，节省能源。

② 不受环境因素的影响。通过调整进出风口的开启角度，开启内层幕墙上的开启扇，引入新鲜空气，改善室内空气质量。

③ 通过在进风口设置防虫网和空气过滤器，可以清洁室外空气，保证室内空气不受室外大气污染的影响。

④ 采用智能型遮阳百叶，充分利用太阳能，并减少其不利影响。可根据室内人们工作、生活的需要，随时控制室内光线的强弱和进入室内热量的多少，并可与感应装置连接，实现智能控制。

⑤ 外通风双层幕墙相对于内通风双层幕墙，热通道的维护、清洁较麻烦，较适合于空气质量较好的地区。

(2) 外通风双层幕墙的几个关键技术

① 热通道设计。满足内层玻璃内表面温度与室内空气温差变化的要求；进出风口面积比应控制在一定比例之间，以利于控制进出口空气流动速度，降低噪声；进、出风口风压、空气流速的大小需要经计算确定，以控制噪声和空气流动的阻力；通道宽度需要考虑维修、检查的需要，最好能满足一个正常人进入的空间。

② 防尘与清洗设计。在进、出风口采用电动调节百叶装置，以控制进、出风口的大小，在通风装置中设置空气过滤装置。根据不同的地理环境和室外空气污染程度的不同，以及对空气过滤功能要求的不同，选择具有清除空气异味的活性炭、防尘空气过滤棉、玻璃纤维过滤板等过滤材料，并从结构上考虑从室内对过滤网的拆换和清洗的需要。

③ 遮阳设计。外通风双层幕墙必须考虑设计安装遮阳装置，以减少夏季太阳辐射热进入室内，节约空调能耗。由于遮阳百叶材质和颜色的不同，遮阳百叶的遮阳效果也不同，应选择发射率低、反射率高的遮阳百叶。

④ 控制系统。外通风双层幕墙的控制系统主要用于进出风口的开启、关闭，遮阳系统的调整，以及热通道内遮阳百叶的升降和角度的调整。可以采取电动或手动操作，也可采取单动和联动控制系统。智能化的楼宇控制系统也可采用高智能的感光控制系统，全面实现全自动控制。

10.1.4 双层幕墙通风量计算

双层幕墙的通风方式应与建筑自然通风、空调系统同步设计，满足室内舒适度要求。

外通风双层幕墙应通过数值法或有限元法计算进风口和出风口的空气流动速度 $V_{进}$、$V_{出}$ 后，按公式计算进、出风量 $Q_{进}$、$Q_{出}$ 及新风换气时间 t_0。

双层幕墙空气间层的单位时间进、出风量与新风换气时间计算可按以下公式计算。

(1) 单位时间进、出风量 $Q_{进}$、$Q_{出}$

$$Q_{进}=A_{进}V_{进} \tag{10-1}$$
$$Q_{出}=A_{出}V_{出} \tag{10-2}$$

其中　$Q_{进}$——进风口单位时间的进风量，m^3/s；

$A_{进}$——进风口有效通风面积，m^2；

$V_{进}$——进风口空气流速，m/s；

$Q_{出}$——出风口单位时间的进风量，m^3/s；

$A_{出}$——出风口有效通风面积，m^2；

$V_{出}$——出风口空气流速，m/s。

(2) 新风换气时间 t_0

$$t_0=\frac{V_{新风}}{Q_{进}} \tag{10-3}$$

其中　$V_{新风}$——室内所需新风量，m^3；

$Q_{进}$——进风口单位时间的进风量，m^3/s。

10.1.5 双层幕墙的防火与排烟

双层幕墙防火设计应符合建筑幕墙防火设计的一般要求。

① 整体式双层建筑幕墙高度应不大于50m，内外层幕墙间距宜不小于2.0m。每层应设

置不燃烧体防火挑檐，宽度不小于 0.5m，耐火极限不低于 1.0h。当内外层幕墙间距小于 2.0m 或每层未设置防火挑檐时，其建筑高度应不大于 24m。

② 除整体式双层幕墙外，双层幕墙宜在每层设置耐火极限不低于 1.0h 的不燃烧体水平分隔。确需每隔 2～3 层设置不燃烧体水平分隔时，应在无水平防火分隔的楼层设置宽度不小于 0.5m、耐火极限不低于 1.0h 的不燃烧体防火挑檐。

③ 竖井式双层幕墙的竖井壁应为不燃烧体，其耐火极限应不低于 1.0h，竖井壁上每层开口部位应设丙级及以上防火门或防火阀（可开启百叶窗），并与自动报警系统联动。

④ 消防登高场地不宜设置在双层幕墙立面的一侧。确需设置时，在建筑高度 100m 范围内，外层幕墙应设置应急击碎玻璃，应急击碎玻璃的设置应符合规范规定，并满足以下要求：

a. 整体式、廊道式双层幕墙在每层设置应急击碎玻璃应不少于 2 块，间距不大于 20m。

b. 箱体式、竖井式双层幕墙应在每个分隔单元的每层设置应急击碎玻璃，且不少于 1 块。

c. 在应急击碎玻璃位置设置连廊，内层幕墙设置可双向开启的门。

双层建筑幕墙应设置机械排烟系统，并符合《建筑防排烟技术规程》的相关规定。下列部位可不设排烟系统：

① 建筑部位为无可燃物的独立防烟分区的中庭、大堂。

② 建筑面积小于 $100m^2$ 的房间，其相邻走道或回廊设有排烟设施。

③ 机电设备用房。

内外层幕墙间距大于 2.0m 的整体式双层幕墙建筑，应设置自动喷水灭火系统。内外层幕墙间距大于 2.0m 的整体式双层幕墙，应由顶部和两侧的敞开部位自然排烟。

用作双层幕墙强制通风的管道系统应符合现行防火设计规范的相关规定。

进风口与出风口之间的水平距离宜大于 0.5m；水平距离小于 0.5m 时，应采取隔离措施。

10.1.6 双层幕墙的选用

① 选用双层幕墙首先应考虑建筑物所在地的气候条件。由于外通风双层幕墙是靠太阳的辐射热引起的烟囱效应和温室效应才能起到节能的作用，并且热通道直接与室外大气相同，所以空气污染严重、风沙较大、阴雨天气较多的地区不适合选用外通风双层幕墙。

② 选用双层幕墙构造体系应考虑建筑物的外形特征以及周围环境。由于箱体式双层幕墙在工厂进行全部组装，到施工现场只是简单的吊装，现场占地面积小，安装速度快，特别适合于造型简单、形式统一的高层建筑。

③ 选用双层幕墙构造体系应着重考虑辅助配套系统。双层幕墙的具体结构可根据建筑的特点进行多种变化。

a. 遮阳系统。遮阳系统可根据建筑特点采取外部遮阳、室内遮阳以及热通道内部遮阳的方式。遮阳材质也可以选用铝合金、布料、尼龙、纤维等多种材料。

b. 排风系统。内通风双层幕墙系统需安装抽风装置和排风管道，根据管路设计方案采用集中排放或分散排放，并根据实际需要采取管道保温措施，这部分成本一般不包括在幕墙造价范围之内。

c. 控制系统。不论是内通风双层幕墙系统的遮阳百叶、排风机，还是外通风双层幕墙系统的进出风口、遮阳百叶，都需选用合适的控制方式。自动化程度较高的楼宇还应选择相应的智能控制系统，如：烟感器、风雨感应器、温感器、光感器、定时器等。

10.2 光电幕墙简介

光电幕墙（屋顶）是将传统幕墙（屋顶）与光电效应相结合的一种新型建筑幕墙（屋顶），是利用太阳能来发电的一种新型绿色能源技术。其基本原理是利用光电电池、光电板技术把太阳光能转化为电能。

光电幕墙作为建筑外围护体系，可直接吸收太阳能，避免了墙面温度和屋顶温度过高，有效降低墙面及屋面温升，减轻空调负荷，降低空调能耗。光电幕墙通过太阳能进行发电，不需燃料，不产生废气，无余热，无废渣，无噪声污染；可降低白天用电高峰期电力需求，解决电力紧张地区及无电、少电地区供电情况；可原地发电、原地使用，减少电流运输过程中的费用和能耗。光电幕墙与建筑结构合一，避免了放置光电板额外占用的建筑空间，省去了单独为光电设备提供支承结构和外装饰材料，减少了建筑的整体造价。光电幕墙具有很强的装饰效果，玻璃中间采用各种光伏组件，色彩多样，使建筑具有丰富的艺术表现力。同时，光电板背面还可以衬以设计的颜色以适应不同的建筑风格。

10.2.1 光电幕墙构造

光电幕墙（屋顶）的基本单元为光电板，而光电板是由若干个光电电池（又称太阳能电池）进行串、并联组合而成的电池阵列，把光电板安装在建筑幕墙（屋顶）相应位置的结构上就组成了光电幕墙（屋顶）。光电幕墙的构造如图 10-8 所示。

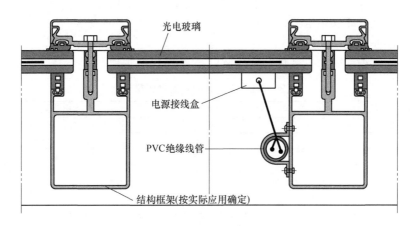

图 10-8　光电幕墙构造示意图

一般情况下，光电建筑幕墙的立柱和横梁都采用断热铝型材，除了满足幕墙相关规范和标准的要求，同时要便于光电板的更换。

(1) 硅晶光电电池
硅晶光电电池可分为单晶硅电池、多晶硅电池和非晶硅电池。
① 单晶硅光电电池，表面规则稳定，通常呈黑色，效率为 $14\%\sim17\%$。
② 多晶硅光电电池，结构清晰，通常呈蓝色，效率为 $12\%\sim14\%$。

③ 非晶硅光电电池，透明、不透明或半透明，透过 12% 的光时，颜色为灰色，效率为 5%～7%。

(2) 光电板基本结构

光电板上层一般为 4mm 厚白色玻璃，中层为光伏电池组成的光伏电池阵列，下层为 4mm 厚的玻璃，其颜色可任意。上下两层和中层之间一般用铸膜树脂（EVA）热固而成，光电电池阵列被夹在高度透明、经加固处理的玻璃中，背面是接线盒和导线。模板尺寸为 500mm×500mm～2100mm×3500mm。从接线盒中穿出导线一般有两种构造：一种是从接线盒穿出的导线在施工现场直接与电源插头相连，这种结构比较适合于表面不通透的建筑物，因为仅外片玻璃是透明的；另一种构造是导线从装置的边缘穿出，导线隐藏在框架之间，这种结构比较适合于透明的外立面，从室内可以看到此装置。

10.2.2 光电幕墙设计

(1) 光电幕墙（屋顶）产生电能的计算

$$PS = HA\eta K \qquad (10\text{-}4)$$

式中 PS——光电幕墙（屋顶）每年生产的电能；

H——光电幕墙（屋顶）所在地区，每平方米太阳能一年的总辐射，$MJ/(m^2 \cdot a)$，可参照表 10-1 查取；

A——光电幕墙（屋顶）光电面积，m^2；

η——光电电池效率，单晶硅 $\eta=12\%$，多晶硅 $\eta=10\%$，非晶硅 $\eta=8\%$；

K——修正系数，$K=K_1 K_2 K_3 K_4 K_5 K_6$；

K_1——光电电池长期运行性能修正系数，$K_1=0.8$；

K_2——灰尘引起光电板透明度变化的性能修正系数，$K_2=0.9$；

K_3——光电电池升温导致功率下降修正系数，$K_3=0.9$；

K_4——导电损耗修正系数，$K_4=0.95$；

K_5——逆变器效率，$K_5=0.85$；

K_6——光电板朝向修正系数，其数值可参考表 10-2 选取。

表 10-1　我国太阳辐射资源带

资源带号	名称	指标/[MJ/(m² · a)]
Ⅰ	资源丰富带	≥6700
Ⅱ	资源较富带	5400～6700
Ⅲ	资源一般带	4200～5400
Ⅳ	资源贫乏带	<4200

表 10-2　光电板朝向修正系数　　　　　　　　　　　　　　　　　单位：%

项目	光电阵列与地平面的倾角			
	0°	30°	60°	90°
东	93	90	78	55
南-东	93	96	88	66
南	93	100	91	68
南-西	93	96	88	66
西	93	90	78	55

(2) 光电幕墙设计需注意的问题

① 光电幕墙设计必须具备基本的建筑功能，必须考虑美观、耐用，满足建筑设计规范

（载荷、受力等）的要求。

② 太阳能光伏发电系统必须安全、稳定、可靠。

③ 当地的气象因素是太阳能系统发挥效能的最重要的影响因素。由于工程所在地的气象条件不同，包括不同的基本风压、雪压，安装的位置不同，如屋面、立面、雨篷等，都会使围护系统的受力结构不同。

④ 结晶硅玻璃可以有任意尺寸，非晶硅（薄膜电池）光伏组件的规格不能随意进行切割，在进行分格时必须充分考虑。

⑤ 光电幕墙走线可在胶缝或型材腔内，也可以在明框幕墙的扣盖内，即可以走线于可隐蔽的空隙内。

⑥ 光伏并网逆变系统（并网逆变器）和交、直流配电系统也是设计中要考虑的重要部分。

(3) 光电幕墙安装与维护

① 安装地点要选择光照比较好、周围无高大物体遮挡太阳光照的地方，当安装面积较大的光电板时，安装的地方要适当宽阔一些，避免碰损光电板。

② 通常光电板朝向赤道，在北半球其表面朝南，在南半球其表面朝北。

③ 为了更好地利用太阳能，并使光电板全年接受太阳辐射量比较均匀，一般将其倾斜放置。光电电池阵列表面与地平面的夹角称为阵列倾角，当阵列倾角不同时，各个月份光电板表面接受到的太阳辐射量差别很大。在选择阵列倾角时，应综合考虑太阳辐射的连续性、均匀性和冬季最大性等因素。一般来说，在我国南方地区，阵列倾角可比当地纬度增加 $10°\sim15°$；在北方地区，阵列倾角可比当地纬度增加 $5°\sim10°$。

④ 光电幕墙（屋顶）的导线布置要合理，防止因布线不合理而漏水、受潮、漏电，进而腐蚀光电电池，缩短其寿命。为了防止夏季温度较高影响光电电池的效率，提高光电板的寿命，还应注意光电板的散热。

⑤ 光电幕墙（屋顶）安装还应注意以下几点：

a. 安装时最好用指南针确定方位，光电板前不能有高大建筑物或树木等遮蔽阳光。

b. 仔细检查地脚螺钉是否结实可靠，所有螺钉、接线柱等均应拧紧，不能松动。

c. 光电幕墙和光电屋顶都应有有效的防雷、防火装置和措施，必要时还要设置驱鸟装置。

d. 安装时不要同时接触光电板的正负两极，以免短路烧坏或被电击，必要时可用不透明材料覆盖后接线、安装。

e. 安装光电板时，要轻拿轻放，严禁碰撞、敲击，以免损坏。注意组件、二极管、蓄电池、控制器等电器极性不要接反。

⑥ 光电幕墙（屋顶）每年至少进行两次常规性检查，时间最好在春季和秋季。在检查的时候，首先检查各组件的透明外壳及框架有无松动和损坏。可用软布、海绵和淡水对表面进行清洗除尘，最好在早、晚清洗，避免在白天较热的时候用冷水冲洗。除了定期维护之外，还要经常检查和清洗，遇到狂风、暴雨、冰雹、大雪等天气应及时采取防护措施并在事后进行检查，检查合格后再进行使用。

10.3 木幕墙

建筑装饰材料的快速发展、设计理念的不断变化已成为建筑装饰行业的一个新的发展趋势。采用新型木质材料作为幕墙面板，成为建筑外装饰多样性的一种体现。

木幕墙的主要工艺要点如下。

(1) 色差控制

① 给面板生产厂家做进货前交底，保证每批板材所使用的原木料选自同一地区、同一产地、同一生长时间的原材料。

② 在面板生产厂家加工生产前，为厂家提供木幕墙每个立面详细的板材位置分布图，在图纸中对板材按照从左至右、从下至上的顺序进行详细地排列编号，并在每块板的位置标清其具体的行、列编号。带领厂家技术人员根据图纸对现场进行实际确认交底。厂家在出厂前对板材进行预排，并按预排顺序的情况对应板材位置分布图上的编排方法将每块板的编号写在板材背面。

③ 板材运至现场后，按照厂家写在板材背面的编号与板材位置分布图一一对应，对板材进行单元板的拼装，每块单元板拼装完成后，再按先后挂装顺序摆放在施工现场进行安装，最后根据实际情况对个别板材进行局部位置的调整。

(2) 墙面基层处理

墙面基层应根据设计单位的要求进行隔断墙封闭，且应进行防火、保温、防水处理。

① 防火处理。木幕墙与各层楼板、隔墙外沿间的缝隙，当采用岩棉或矿棉封堵时，其厚度不应小于 100mm，并应填充密实；楼层间水平防烟带的岩棉或矿棉宜采用厚度不小于 1.5mm 的镀锌钢板承托；承托板与主体结构、幕墙结构及承托板之间的缝隙宜填充防火密封材料。具体防火处理方法应符合设计的耐火极限要求。

② 保温处理。外墙应尽量采用外保温构造，如必须采用内保温构造时，应充分考虑热桥的影响，并应按照《民用建筑热工设计规范》（GB 50176）的规定进行内部冷凝受潮验算和采取可靠的防潮措施。

目前，外墙保温材料主要有聚苯板玻纤网格布聚合物砂浆外墙外保温、胶粉聚苯颗粒保温浆料外墙外保温、EPS 板现浇混凝土外墙外保温、硬泡聚氨酯现场喷涂外墙外保温等几种做法。

③ 防水处理。外墙防水处理方法一般采用涂刷防水涂料的做法。对墙面外表进行基层处理，刮平所有墙面小孔，以便刷防水涂料。防水涂料自上而下刷三遍，厚度为 1.5mm。待防水涂料干燥后方可安装龙骨固定件。为了保证室外龙骨安装后不破坏原防水结构，固定件安装完成后再补刷防水涂料，并在龙骨上卷 100mm 作为修补。

(3) 综合放线

由于木幕墙整体面积大、门窗洞口较多、现场情况复杂，需要通过放线来严格控制幕墙安装的平整度。在施工放线中遵守先整体后局部的工作程序。定位放线工作执行自检、互检合格后，再由有关部门复验线。根据正确的科学方法进行测量计算，计算有序、步步校核。施工放线流程：审核原始数据→放垂直线→垂直弹线→放水平线→水平弹线→门窗洞口定位放线→复验线。

(4) 连接设计

主体结构或结构构件应能够承受幕墙传递的荷载。连接件与主体结构的锚固承载力设计值应大于连接件本身的承载力设计值。

① 预埋件。木幕墙立柱与主体混凝土结构应通过预埋件连接，预埋件应在主体结构混凝土施工时埋入，预埋件的位置应准确。当没有条件采用预埋件连接时，应采用其他可靠的

连接措施，并通过现场拉拔试验确定其承载力。

② 锚栓连接。木幕墙框架与主体结构采用后置锚栓连接时，应符合下列规定：

a. 锚栓应有出厂合格证。

b. 碳素钢锚栓应经过防腐处理。

c. 应进行承载力现场拉拔试验，必要时应进行极限拉拔试验。

d. 每个连接点不应少于 2 个锚栓。

e. 锚栓直径应通过承载力计算确定，且不应小于 10mm。

f. 不宜在化学锚栓接触的连接件上进行焊接操作。

g. 锚栓承载力设计值不应大于其极限承载力的 50%。

h. 幕墙与砌体结构连接时，宜在连接部位的主体结构上增设钢筋混凝土或钢结构梁、柱。轻质填充墙不应作为幕墙的支承结构。

(5) 立柱与横梁安装

木幕墙的立柱与横梁可采用铝合金型材和钢型材。

铝合金型材采用阳极氧化、电泳涂漆、喷粉、喷漆进行表面处理时，应符合《铝合金建筑型材》（GB 5237）规定的质量要求。

钢型材宜采用高耐候钢，碳素钢型材应热浸锌或采取其他有效防腐措施，焊缝应涂防锈涂料；处于严重腐蚀条件下的钢型材，应预留腐蚀厚度。

为更好地解决温度应变的问题，在立柱设计时，上下立柱之间留有 15mm 的缝隙，并用芯柱连结。芯柱长度不小于 250mm，与下柱之间采用不锈钢螺栓固定。

多层或高层建筑中跨层通长布置立柱时，立柱与主体结构的连接支承点每层不宜少于一个；在混凝土实体墙面上，连接支承点宜加密。

(6) 单元板拼装

① 木质面板与单元骨架之间的连接。木质面板背后采用 M8 不锈钢螺栓带硅酮结构胶与单元龙骨之间栓接的形式。单元龙骨周圈螺栓孔间距均不得大于 500mm，锚入木质板材的深度为 25mm，以防止板材的材质特殊性和伸缩变形性影响木幕墙的使用寿命。

② 当面板宽度为 1m 时直接作为单元板；宽度为 192mm 的板材，用 5 块连成 1m 宽的单元板。为保证单元板的几何尺寸以及小板块之中的板缝均匀平整，应提前做好模具。

③ 用 8mm×8mm×40mm 的木条钉在木工板上，以便控制 8mm 缝的宽度，四周用木条按几何尺寸封边，以保证单元板的几何尺寸。模具完成后先把小块板放入模具中，再把钢架放好，并调整至设计尺寸位置，用铅笔画好孔洞的位置，再移开钢架用手电钻打孔，用气泵管吹净灰尘，打结构胶于孔内，用手电钻把 $\phi8\text{mm}×30\text{mm}$ 自攻螺钉紧固于孔内。

④ 板采用 M8 不锈钢螺栓固定到 50mm×50mm×5mm 角钢骨架上，并在螺栓孔内打结构胶。

(7) 单元板挂装后整体平整度控制

先用 3cm 板按标准板材实际的规格尺寸制作木面板的模型，再按图纸设计和挂装方法制作与单元板拼装成型后尺寸相符的模框样板，以后每组板材就在这个模框样板中进行拼装，以保证每块木面板与单元骨架之间连接孔处定位的准确性。

在拼装单元板的同时，用现场制作的 90°靠尺板检查每块拼装板的边角垂直度，并用钢直尺检查拼装板的对角线长度，以便准确地调整单元板的尺寸。

每块单元板挂装完成后，用 2m 靠尺检查，平整度达不到检验要求的，在单元板与挂接螺栓之间加不锈钢垫片进行调节，经检验合格后点焊固定。

10.4 水幕墙

在环境景观设计中，对水资源的利用及水景的营造一直具有重要的地位。水幕墙是环境艺术的重要组成部分，其集水动力学、声学、光学、建筑学、景观学于一体，装饰性极强。

水幕墙适用于室内、室外，它是按照空气自然分解水分子的原理，巧妙设计的写字楼、酒店、售楼处、大堂的"瀑布"。瀑布作为一种奇异的自然景观令人心驰神往，看碧潭之上，流水飞流而下激起千层浪，设计师就是把这种不可能日日观赏的自然景观移植到室内外，以供更多人去欣赏。

按照物理、力学原理减缓水流速度，达到了克服流水噪声的效果，给人以享受瀑布飞流直下、水雾蒙蒙的感觉。按照流水张力的原理使水流横向拉伸，流水达到更加完美的效果；巧妙的灯饰流光溢彩，更使其成为可供欣赏的精美艺术品，给人以怡人的滨海气息。

(1) 水景、水幕施工工艺分析

水景、水幕工程可将施工做法大致分成三项：玻璃干挂和石材铺贴的装饰装修工程、循环水系的给水排水工程以及为水系循环输出动力的电气安装工程。

公共建筑中对噪声的要求是很高的，所以水幕流水方式不可以是瀑布式直流而下的，而是要将玻璃幕墙改成与地面成一定倾角，使水流可顺流而下；但若玻璃幕墙为平板，水流则无变化，会使得景观显得平淡无奇；所以玻璃和石材需做成叠级或粘贴抑水条，也可以直接使用开槽玻璃或开槽石材，使水流从水堰口溢出后，沿着底衬逐级向下流淌。每级的高度小于跌水，紧密叠加，水流在交界处形成浪花，从而在水顺流而下时有一种跳跃的动感，同时消耗了水的势能，使之在落至水槽时不会激起较大的浪花。考虑使用开槽玻璃、石材的成本非常昂贵，所以水幕墙施工时可选择叠级玻璃。

玻璃安装采用穿透式可调螺栓连接方式，在玻璃穿孔处易发生应力集中现象，一旦在连接处发生应力集中或由于其他因素致使玻璃破碎下落则极易发生重大事故，所以在水幕玻璃选材上需要采用钢化夹层玻璃。

(2) 水幕墙施工工艺流程及操作要点

工艺流程：测量放线→钢支承安装→水电安装调试→隐蔽验收→玻璃面板安装→水循环系统调试→验收。

① 测量放线。在幕墙安装前，对建筑物主体结构进行测量，按施工图纸采用水准仪、经纬仪、钢尺等进行测量放线，并按施工控制线对预埋件进行校准，对位置超差和遗漏的埋件按设计要求处理。后置埋件选用化学锚栓固定，应避免损伤结构受力筋，埋件标高偏差≤10mm，位置偏差≤20mm，同时做拉拔试验并做好施工记录。

② 钢支承安装。先将钢支承就位并临时固定，检查、调整，保证其垂直及间距，合格后固定，固定应符合设计要求。对距结构层较远的钢支承，则采用由结构层外伸横梁固定。钢支承安装调整合格并固定后按照设计要求的标高、位置尺寸进行驳接座的焊接固定。

③ 水电安装调试。

④ 玻璃面板安装。安装前，对玻璃及吸盘上的灰尘进行清洁，根据玻璃质量确定吸盘数量。将装好驳接头的玻璃人工（机械）用吸盘抬起，把驳接头固定杆穿入驳接爪的安装孔内，拧上固定螺栓。玻璃组装完成后，调整其位置，使玻璃水平偏差符合要求，对整体立面垂直平整度进行检查，合格后方可紧固螺栓，安装应牢固并配合严密。

⑤ 板缝耐候胶处理。打胶时，边注胶边用工具勾缝，应持续、均匀，一般先横后竖、自上而下；胶注满后，应检查里面是否有气泡、空心、断缝、夹杂，若有则应及时处理，使用工具将胶表面压平、压实、压光滑，使胶面成型、平整、严密、均匀、无流淌。

⑥ 水循环系统调试。

11

采光顶与金属屋面简介

由透光面板与支承体系组成，不分担主体结构所受作用且与水平方向夹角小于 75°的建筑外围护结构称为采光顶。

最早的采光顶用玻璃作为屋面部分，所以称为玻璃采光顶。近些年，随着建筑材料的发展，更加安全轻便的透明塑料、膜材料越来越多地用在建筑采光顶中，形成新的建筑模式。

早期屋面采光一般有两种做法：一种是用玻璃热压成型的玻璃弧瓦（如小青瓦），这种做法的缺点是采光面积小，只能在椽子间使用；另一种做法是在屋面需要采光的部位做一个专门采光口，上铺平板玻璃，这种采光口采光面积大，但是排水做法复杂，容易渗漏。

19 世纪后期，随着工业化进程的加速，一批大型工业厂房兴起，由于单靠侧窗采光不能满足厂房内采光需要，因此出现了采光顶，常用的形式有采光罩、采光板、采光带、三角形天窗等。20 世纪，铝合金型材用于建筑门窗、幕墙中，出现了铝合金玻璃采光顶，这种新型的采光顶在建筑中应用很广，形式多样。20 世纪 80 年代，随着结构性玻璃装配技术的广泛应用，出现了铝合金隐框玻璃采光顶，这种采光顶由于玻璃表面没有夹持玻璃的压板，玻璃顶形成平坦的表曲，使雨水畅通无阻下泄。进入 21 世纪后，点支式玻璃采光顶得到广泛应用。

近年来，采光顶发展迅速，形式多样，技术水平不断提高。采光顶主要应用在下列工程中：

① 写字楼和旅馆建筑的中庭和顶层。
② 机场、车站的候机楼、候车楼顶盖。
③ 体育场馆的顶盖。
④ 植物园温室、展览馆、博物馆的透明顶盖。
⑤ 特殊的标志性建筑的透明顶盖。

11.1 采光顶的建筑设计

采光顶应与建筑物整体及周围环境相协调，应根据建筑物的使用功能、外观设计、使用年限等要求，经过综合技术经济分析，选择其造型、结构形式、面板材料和五金附件，并能方便制作、安装、维修和保养。

光伏采光顶的设计应考虑工程所在地的地理位置、气候及太阳能资源条件，合理确定光伏系统的布局、朝向、间距、群体组合和空间环境，应满足光伏系统设计、安装和正常运行的要求。光伏组件面板坡度宜按光伏系统全年日照最多的倾角设计，宜满足光伏组件冬至日全天有 3h 以上建筑日照时数的要求，并应避免景观环境或建筑自身对光伏组件的遮挡。

采光顶分格宜与整体结构相协调。玻璃面板的尺寸选择宜有利于提高玻璃的出材率。光伏玻璃面板的尺寸应尽可能与光伏组件、光伏电池的模数相协调，并综合考虑透光性能、发电效率、电气安全和结构安全。

采光顶的透光部分以及开启窗的设置应满足使用功能和建筑效果的要求。有消防要求的开启窗应实现与消防系统联动。

采光顶的设计应考虑维护和清洗的要求，可按需要设置清洗装置或清洗用安全通道，并应便于维护和清洗操作。

（1）承载能力

采光顶应按照维护结构进行设计，各组成构件应具有足够的承载能力、刚度、稳定性和变形协调能力，应满足承载能力极限状态和正常使用极限状态的要求。

采光顶的面板和直接连接面板的支承结构的设计使用年限不应低于 25 年。采光顶应进行风荷载、雨雪荷载、地震作用、重力荷载等计算分析，各构件的结构和尺寸应按规范规定计算后确定。

（2）抗冲击性能

抗冲击性能指采光顶各构件抵抗由于气候因素或人为因素产生的不确定撞击的能力。提高采光顶的抗冲击性能应提高采光顶各个围护构件的强度，如在透明材料的选择上应选用安全性能较好的夹层玻璃、均质钢化玻璃等。

（3）空气渗透性能

空气渗透性能表征空气通过完全关闭状态下的玻璃采光顶的能力。在选材上，应选择气密性能良好的玻璃骨架，并且注意玻璃与骨架之间的密封处理。

（4）气密性能

有采暖、空气调节和通风要求的建筑物，采光顶的气密性能应符合《公共建筑节能设计标准》（GB 50189）和《建筑幕墙》（GB/T 21086）的相关规定。

（5）采光

采光顶的采光设计应符合《建筑采光设计标准》（GB 50033）的规定，并应满足建筑设计要求。

（6）隔声性能

采光顶的隔声性能应符合《民用建筑隔声设计规范》（GB 50118）的规定，并应满足建筑物的隔声设计要求。采光顶设计时，在材料和构造上须采取措施保证其隔声性能，如选择隔声性能优良的中空玻璃等。

（7）保温性能

采光顶的保温性能要求应按《公共建筑节能设计标准》（GB 50189）的规定确定，选定材料后应分别进行热工计算。

（8）防结露性能

当室内外温差较大时，玻璃表面遇冷会产生冷凝水。采光顶的防结露可以从"防"和"导"两方面入手。"防"：选择中空玻璃等热工性能好的透光材料，提高采光顶的气密性；在采光顶的内侧采取送风装置，提高采光顶内侧的表面温度等措施防止结露。"导"：在构造上，合理设计采光顶坡度，使结露水沿玻璃下泄以防止其滴落，在杆件上设集水槽，将结露水导流到室外或室内雨水管内。严寒和寒冷地区的采光顶宜采取冷凝水排放措施，可设置融雪和除冰装置。

(9) 抗震设计

采光顶抗震设计时，应考虑地震作用的影响，并在构造上采取适宜措施，保证其有适应主体结构变形的能力。采光顶的面板不宜跨越主体结构的变形缝，当必须跨越时，应采取可靠的构造措施适应主体结构的变形。

(10) 防水性能

防水性能是指在风雨同时作用下或积雪融化、屋面积水的情况下，玻璃采光顶阻止雨水渗漏内侧的能力。采光顶设计要综合考虑排水坡度（坡度不应小于3%）、排水组织、防水等因素，排水路线要短捷畅通。细部构造应注意接缝的密封，防止渗水。

(11) 防火、防烟和通风

采光顶的防火设计应满足《建筑设计防火规范》（GB 50016）的有关规定和有关法规的规定。采光顶与外墙交界处应采用宽度不小于500mm的、燃烧性能为A级的保温材料设置水平防火隔离带，其防火分隔构件间的缝隙，应进行防火封堵。

防烟、防火封堵构造系统的填充材料及其保护性面层材料，应采用耐火极限符合设计要求的不燃烧材料或难燃烧材料。在正常使用条件下，封堵构造系统应具有密封性和耐久性，并应满足伸缩变形的要求；在遇火状态下，应在规定的耐火时限内不发生开裂或脱落，保持相对稳定。

采光顶的同一玻璃面板不宜跨越两个防火分区。防火分区间设置通透隔断时，应采用防火玻璃或防火玻璃制品，其耐火极限应符合设计要求。

对于有通风、排烟设计功能的采光顶，其通风和排烟有效面积应满足建筑设计要求。通风设计可采用自然通风或机械通风，自然通风可采用气动、电动和手动的可开启窗形式，机械通风应与建筑主体通风一并考虑。

(12) 防雷设计

采光顶的防雷设计应符合《建筑物防雷设计规范》（GB 50057）的有关规定，采光顶的防雷装置应与主体结构的防雷体系可靠连接。一般是将玻璃采光顶设在建筑物防雷保护范围之内，当采光顶未处于主体结构防雷保护范围内时，应在采光顶的尖顶部位、屋脊部位、檐口部位设避雷带，并与其金属框架形成可靠连接。

11.2 玻璃采光顶

11.2.1 玻璃采光顶的形式

玻璃采光顶可分为：单体——单个玻璃采光顶；群体——在一个屋盖系统上，由若干单体玻璃采光顶在钢结构或钢筋混凝土结构支承体系上组合成一个玻璃采光顶群；联体——由几种玻璃采光顶以共用杆件连成一个整体的玻璃顶。

玻璃采光顶按其设置地点分为敞开式和封闭式，按功能分为密闭型和非密闭型两种。

(1) 单体玻璃采光顶

① 单坡（锯齿形）。一个方向排水，杆件按一定间距以单坡形式架设在主支承系统上，玻璃安装在杆件上，并进行密封处理，坡形有直线形和曲面形。

② 双坡（人字形）。以同一屋脊向两个方向起坡的采光顶，其坡形有平面和曲面两种。

单坡和双坡玻璃采光顶按设置部位可分为整片式和嵌入式两种，按与屋盖的关系分类可分为独立式、嵌入式与骑脊式。独立式指双坡玻璃采光顶是独立的屋盖系统；嵌入式指屋盖上的玻璃采光顶是一个镶嵌物；骑脊式指双坡屋面的屋脊的局部或全长上采用玻璃采光顶。

③ 四坡。它是两坡采光顶的一种特殊形式，即两坡采光顶的两山墙不是采用垂直的竖壁，而是采用坡顶、平面形式分为等跨度和变跨度两种。按设置部位可分为独立式和嵌入式。

④ 半圆。杆件与玻璃以一个同心圆为基准弯成半圆形，再组合成半圆采光顶。平面上可分为等跨度和变跨度两种，按设置部位可分为独立式和嵌入式。独立式是指整个屋盖系统就是一个半圆形玻璃采光顶；嵌入式是指在屋盖的一定部位上嵌有局部半圆形玻璃采光顶。

⑤ 1/4圆。杆件与玻璃按同心圆各自弯曲成型，再组合成1/4圆外形的采光顶。

⑥ 锥形。锥形采光顶由杆件组合成锥形，玻璃按分块形状（矩形、梯形、三角形）及尺寸分别制作后安装在杆件上。通常采用的有三角锥、四角锥、五角锥、六角锥、八角锥等。按设置部位分为独立式和嵌入式。

⑦ 圆锥。平面为圆形的锥体，一般镶嵌在屋盖某一部位上。

⑧ 折线形。一般采用半圆或圆内接折线形，折线又分为等弦长折线和不等弦长折线。

⑨ 圆穹。以一个同心圆将杆件和玻璃弯曲成符合各自所在部位的圆曲形，再组合成圆穹采光顶，玻璃需用符合各自所在部位的各种模具热压成型，工艺较为复杂，成本也很高，大多镶嵌在屋面上。

⑩ 拱形。轮廓一般为半圆形，用金属材料做拱骨架，根据空间的尺度大小和屋顶结构形式，可以布置成单拱或几个并列布置成连续拱。

⑪ 气帽形采光顶。用于屋面通风口，屋面通风口的侧边是百叶窗（多数为透明百叶窗），顶盖用帽形采光顶组合成气帽形采光顶。

⑫ 异形采光顶。随着建筑风格的多样化，各种异形采光顶应运而生，贝壳形、宝石形、三心拱折线形并配对月牙形球网架等。

（2）玻璃采光顶群

一个屋面单元上，可以由若干个单体玻璃采光顶组合成玻璃采光顶群。采光顶群按平面布置方式可分为连续式和间隔式。

（3）联体玻璃采光顶

联体玻璃采光顶是指几种不同形式的单体玻璃采光顶以共同的杆件组合成的一个联体玻璃采光顶，或玻璃采光顶与玻璃幕墙以共用的杆件组合成一个联体采光顶与幕墙体系。

联体采光顶在组合时要特别注意排水设计与连接设计，即所有交接部位必须用平脊或斜脊以及直通外部带坡的平沟或斜沟连接形成外排水系统。采用内排水时不应形成凹坑。

采光顶的形式如图 11-1 所示。

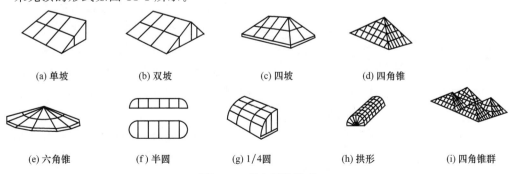

| (a) 单坡 | (b) 双坡 | (c) 四坡 | (d) 四角锥 |

| (e) 六角锥 | (f) 半圆 | (g) 1/4圆 | (h) 拱形 | (i) 四角锥群 |

图 11-1　采光顶的形式

11.2.2 玻璃采光顶的基本构造

玻璃采光顶是由支承结构和透光面板组成的结构体系。其中，透光面板还包括玻璃面和支承骨架。玻璃面与骨架的连接方式可采用点支承方式（夹板或点驳件支承）和框支承方式（明框、隐框或玻璃框架）。

(1) 点支承方式

在实际应用中，点支式玻璃采光顶的支承结构形式很多，常见的有：

① 钢结构支承，有钢桁架、钢网架、钢梁、钢拱架支承等。

② 索结构支承，有鱼腹式索桁架、轮辐式索结构、马鞍形索结构、空间索网、单层索网结构支承等。

③ 玻璃梁支承，有钢结构与玻璃梁复合式、索结构与玻璃梁复合式、玻璃梁与其他材质的梁复合支承等。

点支承方式包括夹板和点驳件支承两种形式。玻璃通过杆件和主支承结构相连接。点支承采光顶构造如图11-2所示。

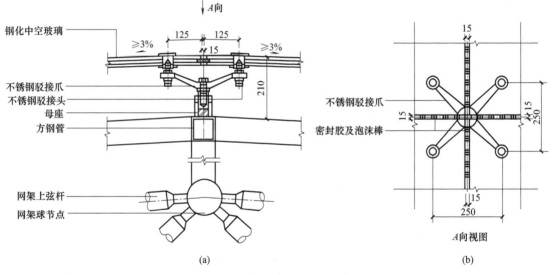

图 11-2　点支承采光顶构造示意图

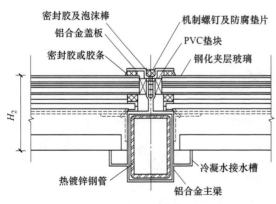

图 11-3　明框玻璃采光顶构造示意图

(2) 框支承方式

① 明框玻璃采光顶。明框玻璃采光顶的构造方式大多是在倾斜和水平的元件组成的框格上镶嵌玻璃，并用压板固定夹持玻璃。玻璃是围护构件，框格本身形成镶嵌槽。通常仅是骨架固接在支承结构上，由它传递采光顶的自重、风雪荷载等。

明框玻璃采光顶构造如图11-3所示。

② 隐框玻璃采光顶。隐框玻璃采光顶由于采用了结构性玻璃装配方法安装玻

璃，不需要用压板夹持固定玻璃，玻璃外表面没有突出玻璃表面的铝合金杆件，这样就使采光顶上形成一个平直且无突出物的表面，雨水可无阻挡地流动。

隐框玻璃采光顶构造如图11-4所示。

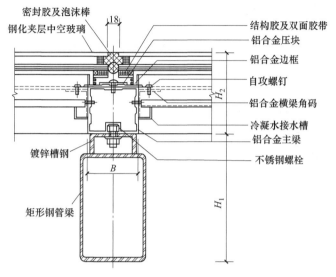

图 11-4　隐框玻璃采光顶构造示意图

③ 玻璃框架玻璃采光顶。玻璃框架玻璃采光顶采用玻璃作为框架，将大片玻璃与玻璃翼用结构密封胶粘接成一个整体，形成采光顶的传力体系。由于没有金属支承杆件，因而具有视野良好的特点。

玻璃框架玻璃采光顶构造如图11-5所示。

(3) 玻璃的安装

用采光罩作屋面时，采光罩本身具有足够的刚度和强度，不需要用骨架加强连接，只需要直接将采光罩安装在玻璃屋顶的承重结构上即可。其他形式的玻璃顶则是由若干玻璃拼接而成，所以必须设置骨架。骨架一

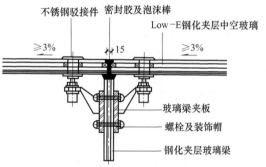

图 11-5　玻璃框架玻璃采光顶构造示意图

般采用铝合金或型钢。在骨架和玻璃的连接中要注意进行密封防水处理，要考虑积存和排除玻璃表面的凝结水，在满足强度要求的前提下断面要尽量细小，不要挡光。

(4) 玻璃采光顶与支承结构的连接

玻璃采光顶支承在单梁、桁架、网架等支承结构上，要处理好玻璃采光顶与这些结构的连接配合。当支承结构和采光顶骨架相互独立时，两者之间应由金属连接件做可靠的连接。骨架之间及骨架与支承结构的连接，一般采用专用连接件；无专用连接件时，应根据连接所处的位置进行专门的设计。连接件一般采用型钢与钢板加工制成，并且要做镀锌处理。连接螺栓、螺钉应采用不锈钢材料。

玻璃采光顶安装好以后，还要进行玻璃采光顶与主支承结构连接处的填缝处理，因此在群体玻璃采光顶之间要留有一定间距，以便进行填缝施工，一般要求两采光顶之间的间距为150～200mm。

11.2.3 玻璃采光顶的防水设计

(1) 玻璃采光顶防水的基本特点

① 组成采光顶的材料本身不具有吸水性;

② 防水措施处理空间有限;

③ 屋面玻璃是位于建筑物顶端、与水平面夹角小于75°的玻璃面层,汇水面积比较大;

④ 阳光作用于采光顶表面,易使各种材料产生热变形,密封材料的抗紫外线能力和抗热老化性是保证采光顶防水性的重要因素;

⑤ 采光顶表面易形成积水和积灰,容易带来渗水和影响美观的不良后果;

⑥ 缝隙是采光顶渗漏的主要通道。

(2) 玻璃采光顶防水构造设计主要解决的两个问题

① 确定适宜的排水坡度。确定一个合适的坡度对玻璃采光顶排水是很重要的。采光顶的坡度是由多方面因素决定的,其中地区降水量,玻璃采光顶的体形、尺寸和结构构造形式对玻璃采光顶坡度影响最大。玻璃采光顶内侧冷凝水的排泄和玻璃采光顶的自净也是必须考虑的重要因素。一般情况下,玻璃采光顶坡面与水平的夹角以18°~45°为宜。

② 合理组织排水系统。合理组织排水系统主要是确定玻璃采光顶的排水方向和排水方式,为了使雨水迅速排除,玻璃采光顶的排水方向应该直接明确,减少转折。檐口处的排水方式通常分为无组织排水和有组织排水两种。

无组织排水是玻璃伸出主支承体系形成挑檐,使雨水从挑檐自由下落。这种玻璃采光顶的檐口没有非玻璃的檐沟,外观体现出全玻璃气派,而且构造简单,造价经济,但落水时会影响行人通过,更重要的是檐口挂冰往往会破坏玻璃。

有组织排水是把落到玻璃采光顶上的雨水排到檐沟(天沟)内,通过雨水管排泄到地面或水沟中。

(3) 采光顶的防冷凝水构造设计

① 结露冷凝水及防治措施。结露冷凝水是玻璃采光顶漏水的主要水源之一。结露是由于湿空气在介质两侧的温度达到一定差别时介质表面的凝水现象。为减少结露冷凝水的产生,主要有以下三种方法:a.采用中空玻璃,以改善保温隔热的性能,中空玻璃应采用双道密封结构,气体层的厚度不应小于12mm,内面应为夹层玻璃;b.减少室内水蒸气的产生,考虑通过机械除湿装置去除多余的湿气;c.对容易产生结露的部位,应保持室内空气的流通,也可以在采光顶的内侧采取局部送风。

在构造设计上,合理设计玻璃采光顶坡面坡度,使结露水沿玻璃下泄以防止其滴落。在玻璃采光顶的杆件上设集水槽,将沿玻璃流下的结露水汇集,并使所有集水槽相互连通,将结露水汇流到室外或室内雨水管内。

② 设置渗漏水二次排水槽和冷凝水集水槽。渗漏水排水槽应有效贯通且与主排水沟连通,并应有防止雨水倒流的措施,保证内侧结露冷凝水不滴落而是沿玻璃顺流汇集排泄。冷凝水集水槽的大小及形状应保证可能产生的冷凝水有序汇集及排出。

在设计采光顶结构的型材断面时,上层杆件的排水槽下底沿,应高于下层杆件排水槽的上边沿,这样能防止滴水。横框中排水槽的搭接延长部分能够促进横框向竖框的排水。冷凝水集水槽构造如图11-6所示。

③ 型材对接缝处的密封。传统的做法是将横竖框交接处铝型材间的防漏气和防水密封

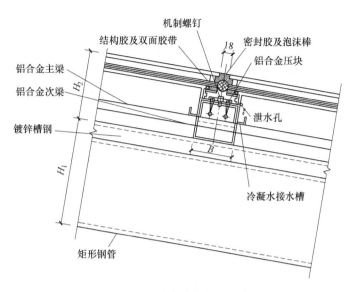

图 11-6　冷凝水集水槽构造示意图

采用密封胶密封，这种做法的实际效果不佳。为了避免此处接缝漏水，可以设计一个柔性 EPDM 材质的塞紧堵头，用于横框与竖框之间的连接过渡，一方面防止水的渗漏，另一方面有利于横梁的伸缩。

④ 积水消除。为最大程度地减少或消除外部密封处的积水，垂直于排水方向的横框设计为隐框更具有防水性，而且具有减少灰尘和杂物积存量方面的优点。

⑤ 多道设防。天沟、檐沟经常受水流冲刷、雨水浸泡，干湿交替频繁，为保证其可靠性，应增加设防道数，至少不低于三道设防。

11.2.4　采光顶的节能设计

（1）采光顶的采光

尽量在室内利用自然光照明是节能的要求之一。采光顶在建筑平面中起到采光口的作用，使建筑室内空间有可能获得足够的自然光线。这一效果的实现依赖于采光方式、透光材料的选择以及适宜的构造技术措施三个方面。

（2）采光顶的遮阳

屋顶采光为建筑内部空间的自然采光提供了解决方法，但一方面，阳光的直射有时会给室内造成眩光，引起人们的不适；另一方面，过度的阳光入射还会产生因温室效应而导致内部温度升高的问题。因此要考虑采光顶的遮阳设计。

从遮阳的方式和放置位置来看，遮阳主要分为以下几个类型：选择性透光遮阳、内遮阳（包括固定遮阳、嵌入式遮阳、双层皮夹层遮阳等）、外遮阳、绿化遮阳等。

① 选择性透光遮阳。选择性透光遮阳利用玻璃或某些镶嵌材料对阳光具有选择性吸收、反射和透的特性来达到控制太阳辐射的目的。如磨砂玻璃、折光玻璃等，对太阳光波具有一定的折射或散射性能，使射到室内的阳光可向不同的方向散射出去。但玻璃的性能并不能随季节的不同而任意变化，例如热反射率高的镀膜玻璃，夏季能避免室内过热，但却会影响冬季对太阳能的利用。总之，利用玻璃材料本身来遮阳有一定的局限性。

② 内遮阳。内遮阳不受直接的屋面外部负荷的影响，它通过玻璃向外反射太阳光以及

太阳辐射。内遮阳包括固定遮阳、嵌入式遮阳、双层皮夹层遮阳等，是建筑物最常用的遮阳措施之一。

建筑内遮阳可采取悬挂窗帘、设置卷帘、百叶帘或百叶窗等形式。内置遮阳百叶分为活动百叶和固定百叶。内遮阳装置经济易行，调节灵活，但其隔热性能较为有限。

③ 外遮阳。建筑外遮阳分为固定式外遮阳和活动式外遮阳。固定式外遮阳在建筑采光顶中的设计包括隔栅板固定遮阳和固定百叶遮阳。活动式外遮阳具有较好的遮阳效果，遮阳的程度也可以根据居住者的意愿进行调节。

在遮阳隔热性能方面，外遮阳效果比内遮阳好。但外遮阳对遮阳构件的性能要求高，其成本也较高，并且不利于日常维护清洗。随着科技的发展，外遮阳将会被广泛应用于建筑中，因为它可以使建筑更加节能、环保。在条件允许的情况下，有时也可以同时使用两种或多种遮阳手段。

④ 绿化遮阳。绿化遮阳是建筑立面遮阳采用的有效手段。在建筑顶部的遮阳中，如果采光顶的高度不是很高，可以考虑采用一些藤蔓植物来遮阳。但在实际应用中，植物的设置位置不好控制，且不利于光线在室内的反射。一般在室内布置一些树木和水池以调节室内环境。

(3) 采光顶的保温隔热

① 采光顶的保温隔热性能。增加玻璃的总传热热阻，可以提高玻璃的保温性能。增加玻璃的总传热热阻可以通过增加空气夹层的导热热阻来实现，同时还可以采用提高玻璃间的辐射换热热阻来获得。采光顶宜采用夹层中空玻璃或夹层低辐射镀膜中空玻璃。

② 窗框和支承结构的保温隔热性能。采光顶由玻璃、固定玻璃的框架以及相关的支承结构组成的。这些固定框架、支承构件不仅承担玻璃自身的重量，还承担作用在玻璃表面的各种荷载，因此，要求这些构件具有一定的强度。在设计中，应根据围护结构传热系数的要求，合理地进行玻璃、框架以及支承结构材料的选择。框支承式采光顶宜采用隔热型材；采光顶的热桥部位应进行隔热处理，在严寒和寒冷地区，热桥部位不应出现结露现象。

玻璃采光顶保温封边如图 11-7 所示。

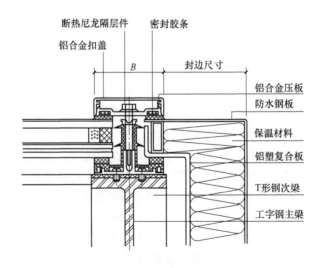

图 11-7 玻璃采光顶保温封边示意图

(4) 采光顶的通风

在采光顶的设计中,可以考虑设置竖向的采光天窗,这样可以有效地避免可开启的水平天窗因融雪、下雨而产生的雨水渗漏问题,同时还可以用作中庭内部热气的排出口。玻璃采光顶开启构造如图 11-8 所示。

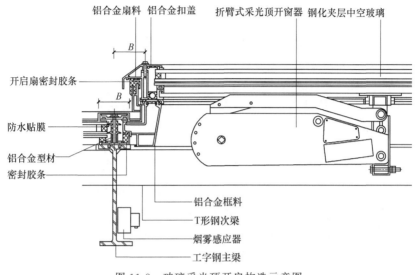

铝合金扇料　铝合金扣盖　折臂式采光顶开窗器　钢化夹层中空玻璃

开启扇密封胶条

防水贴膜

铝合金型材

密封胶条

铝合金框料

T形钢次梁

烟雾感应器

工字钢主梁

图 11-8　玻璃采光顶开启构造示意图

11.3　聚碳酸酯板采光顶

传统的玻璃采光顶采用钠钙玻璃,随着科学技术的发展,聚碳酸酯透明防碎片日益广泛地使用于采光顶中。透明塑料片不仅具有玻璃的透射、折射、反射性能,而且具有无眩光、防碎、保温、防火等性能。

聚碳酸酯透明采光顶是采用结构胶或垫条将结构聚碳酸酯装配组件固定在铝合金或金属框格中形成的采光顶。这种采光顶从外形上大致可以分为四种类型:人字形采光顶、金字塔形(或群塔形)采光顶、围棋形采光顶及波浪形采光顶。

聚碳酸酯透明采光顶的性能:

① 强度。聚碳酸酯塑料板的设计强度是玻璃的 1.16 倍。

② 抗冲击性能。抗冲击力强,不易破碎,是用于垂直、顶部和倾斜部位替代玻璃的理想材料。

③ 保温性能。一般聚碳酸酯板的传热系数比玻璃低 4%～25%,保温透明塑料板的保温性能高出普通玻璃 40%,在相同条件下与玻璃采光顶相比,能有效节约 11% 的能源消耗。

④ 装饰性能。透明聚碳酸酯板具有良好的透光性,其质量轻,便于运输,安装方便,具有抗紫外线等性能,常用于新建工程或老建筑物改造工程表面,具有现代化的气息。

⑤ 热胀冷缩性能。由于聚碳酸酯板线胀系数是普通玻璃的 7 倍,要求聚碳酸酯板伸入镶嵌槽的深度(即啮合边长)及其至底的间隙(即伸缩容许量)应经过计算,确保聚碳酸酯板与框之间的连接具有一定的塑性,以消减温差作用、地震作用以及瞬时风压作用引起的变形。

11.4 膜结构采光顶

11.4.1 膜结构采光顶概述

膜结构采光顶是一种非传统的全新结构形式，其设计与施工方式也迥异于传统结构。膜结构采光顶根据结构形式可分为三类，即骨架式膜结构采光顶、充气式膜结构采光顶和张拉式膜结构采光顶。膜结构屋顶具有自重轻、造型优美、施工速度快、安全可靠、经济效益明显等优点。膜结构采光顶的建筑要求如下：

① 膜面雨水的排放。膜结构采光顶应有足够的坡度以解决排水和积雪问题，以免引发重大工程事故。通常，膜面的坡度应不小于 1:10。多数膜结构采用无组织排水方式，此时应注意雨水对地面和墙面的污染。利用建筑物自身的某些形状特点，可设置有组织排水。

② 防火与防雷。PTFE 膜材是不可燃材料，PVC 膜材是阻燃材料。对于永久性建筑，宜优先选用不可燃类膜材。当采用阻燃类膜材时，应根据消防部门的要求采取适当措施。例如，应保证建筑物的顶棚与地板之间的距离在 8m 以上，并且避免膜材及其连接件与可能存在的火源接触。建于建筑物顶层或空旷地段的膜结构要采取防雷措施。

③ 采光。膜材的采光性较好，在阳光的照射下，由于漫散射的作用，可使建筑物内部呈现明亮效果，因而在白天通常不需要照明。膜结构特别适用于体育馆、展览厅和天井等对采光要求较高的建筑物。当采用内部照明时，灯具与膜面应保持适当距离，以防止灯具散发出的热量将膜面烤焦。

④ 声学问题。膜结构的声学问题包括对内部声音的反射和对外部噪声的屏蔽两方面。织物膜材对声波振动具有很强的反射性，这种反射性会使声音受回音影响，不利于人耳听清楚。对于具有内凹面的建筑，如充气膜结构或拱支式膜结构，顶棚会使声波反射汇集。另外，声波穿过织物膜材时的衰减也是需要考虑的，通常单层膜的隔声性能仅为 10dB 左右。一种较为可行的方法是在膜结构顶棚上每隔一段距离悬挂一些标牌，以增加对声波的吸收，并改变顶棚的曲线造型，从而改变反射方向。

⑤ 隔热、保温与通风。膜结构建筑的保温隔热性能较差，单层膜材的保温性能大致相当于夹层玻璃，故仅适用于敞开式建筑或气候较温暖的地区。当对建筑物的保温性能有较高要求时，可采用双层或多层膜构造。一般两层膜之间应有 25~30cm 的空气隔层，还应该注意解决内部结露问题。当用于游泳池、植物园等内部湿度较大的建筑时，湿空气接触膜内表面易产生结露，可采取室内通风、安装冷凝水排出口或安装空气循环系统等措施。

⑥ 与环境协调。膜结构与周围环境的协调，除了要在建设场地、建筑造型、膜材料的选择（如色彩、质地）等方面加以考虑外，在细部处理上也要考虑与环境的结合与协调。

⑦ 防结露。膜结构采光顶防止结露发生同样有两种方式：一是减少夹层空气的湿度，向夹层内通入室外空气，加大夹层空气的换气次数，使得夹层空气的含湿量与室外相当，但为了保证夹层空气温度不下降很多，应对通入的室外空气进行加热，由于通风量很大，加热量也会很大；二是提高钢结构表面的温度，如在结构钢柱表面贴上定型相变材料，在晴朗的天气，可利用白天吸收的太阳辐射来减缓夜间钢结构表面温度的下降，从而降低结露的危险。

11.4.2 膜结构采光顶构造

膜结构建筑组成主要包括造型膜、支承结构和钢索等。

(1) 膜结构材料

膜结构材料一般由膜材、纤维材料和表面涂层构成，如图 11-9 所示。

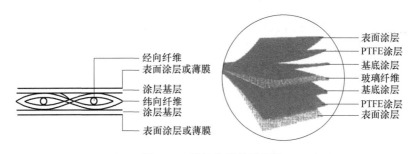

图 11-9 膜结构材料示意图

(2) 膜结构屋顶造型

膜结构可以构成单曲面、多曲面等不同建筑结构形式，满足建筑师对建筑与美学高度统一的要求。柔性材料具有透光和防紫外线功能，在一些室外建筑和环境小品中得到广泛的应用。正是由于这一特征，夜间的灯光设计使膜结构具有鲜明的环境标志特征。造型优美的膜材、不锈钢配件和紧固件以及表面处理严格的钢结构支承，塑造出形式美观、设计合理的膜结构。

(3) 膜结构构造

① 膜的连接。膜材的连接方法有机械连接、缝纫连接等。机械连接简称夹接，是在两个膜片的边沿埋绳，并在其重叠位置用机械夹板将膜片连接在一起。机械连接常用于大中型结构膜面与膜面的现场拼接。缝纫连接是用缝纫机将膜片缝在一起。采用缝纫连接时，需要留意选择缝纫用线的强度和耐久性。缝纫连接通常用于无防水要求的网状膜材结构中，或者是与热合连接同时应用在 PVC 涂覆聚酯织物的边角处理上。膜结构构件压接索头和钢棒拉杆节点与形式如图 11-10、图 11-11 所示。

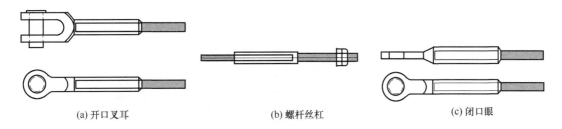

(a) 开口叉耳　　　　　　　(b) 螺杆丝杠　　　　　　　(c) 闭口眼

图 11-10 压接索头基本形式

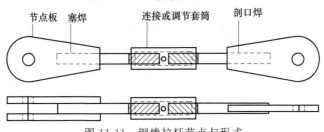

图 11-11 钢棒拉杆节点与形式

② 膜边界构造。考虑到安装的便利，除了将膜面进行必要的分块之外，还可以在膜面上边界部位焊接一些"搭扣"，以便于吊装及张拉，在张拉完成后再将其剪去。出于防水或美观的考虑，也可在膜面适当部位焊接一些用于笼盖用的膜片。

对于形状为圆锥形的膜结构，在帽圈处常用圆钢板或圆环与膜面相连，安装时通常也是先将膜面固定在钢板或圆环上再顶升，因而帽圈处膜的环向应变补偿值几乎为零。同样，靠近边索处的膜在沿索的方向很难张拉，应变补偿率也需作出调整。在刚性边界的膜结构中，中间部位的膜比较容易张拉，而靠近边界处的膜张拉就比较困难，边角处的应变补偿率也宜作出适当的调整。

刚性边界的膜结构如图 11-12～图 11-15 所示。

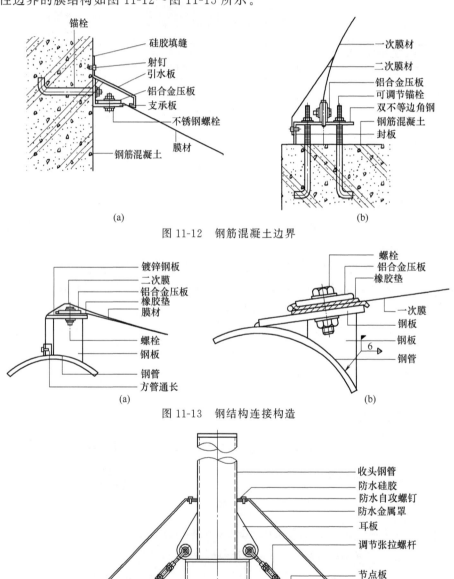

(a)　　　　　　　　　　(b)

图 11-12　钢筋混凝土边界

(a)　　　　　　　　　　(b)

图 11-13　钢结构连接构造

图 11-14　高点膜顶连接构造

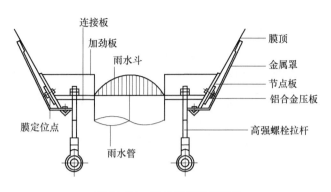

图 11-15 低点膜顶连接构造

柔性边界的膜结构边界构造更为复杂，如图 11-16～图 11-18 所示。

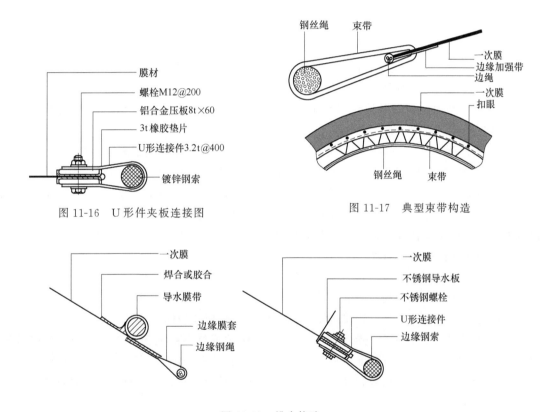

图 11-16 U形件夹板连接图

图 11-17 典型束带构造

图 11-18 排水构造

11.4.3 膜结构采光顶施工

(1) 膜材加工制作

膜材的主要加工流程包括：进料→检验膜材→膜片下料、编号→膜片编排放样→膜片初粘→驳接→包装。

由于膜材的裁剪、包装过程都较为复杂，各种角度变化较多，且加工精度要求非常高，所以在制作过程中要加强质量管理，保证制作精度。

加工时的注意事项有：

① 膜材经检验后要运进已除尘的清洁车间。在下料区、编排放样区、驳接区及三个区的连接处铺上柔质的胶板，避免膜片直接接触地面，防止磨损或者弄脏膜材。进入车间的人员必须穿洁净的衣服，换上车间专用的柔软拖鞋。

② 抽样取 20 组膜片和背贴条样品，采用 60mm 宽的驳接刀，确定 4 组不同的驳接温度、电流、压刀时间，驳接好后进行双向拉断试验，获取最佳受力和外观的驳接数据，填好确定的数据贴在驳接机上，膜片按此数据进行驳接。其中热熔合方案应根据排水方向和膜片连接节点确定。在正式热合加工前，要进行焊接试验，确保焊接处强度不低于母材强度。

③ 膜片下料按顺序要经三道程序：读取裁剪设计的坐标，取点；复核坐标，画下料线；复检坐标，落刀下料。最后贴上编号标签，运到放样区。

由于索膜结构通常为空间曲面，裁剪就是用平面膜材表示空间曲面。这种用平面膜材拟合空间曲面的方法必然存在误差，所以裁剪人员在膜材裁剪加工过程中采取一些补救措施是有必要的。对已裁剪的膜片要分别进行尺寸复测和编号，并详细记录实测偏差值。裁剪过程中应尽量避免膜体折叠和弯曲，以免膜体产生弯曲和折叠损伤而使膜面褶皱，影响建筑美观。

④ 在放样区，对已完成下料的膜单元的所有膜片进行放样，核对无误后画骑缝线。擦试驳接缝的膜和背贴条时要用柔软的棉质布。

⑤ 上驳接机时，背贴条设在膜的下底面，膜片与驳接刀对中后，压平、压稳膜片，使膜片在高频驳接过程中不产生移动。

⑥ 超重的膜单元，驳接时再细分，最后驳接完成后用小型起重车搬移膜体，折叠包装。在包装前，应根据膜体特性、施工方案等确定完善的包装方案。如以聚四氟乙烯涂层的玻璃纤维为基层的膜材料可以以卷的方式包装，其中卷芯直径不得小于 100mm；对于无法卷成筒的膜体可以在膜体内衬填软质填充物，然后折叠包装。包装完成后，在膜体外包装上标记包装内容、使用部位及膜体折叠与展开方向。

(2) 膜结构的安装与张拉

在膜材运输过程中要尽量避免重压、弯折和损坏。同时，在运输时也要充分考虑安装次序，尽量将膜体一次运送到位，避免膜体在场内二次运输，减少膜体受损的机会。

膜体安装包括膜体展开、连接固定、吊装到位和张拉成型四个部分。

① 打开膜体前，在平台上铺设临时布料，以保护膜材不被损伤及膜材清洁，严格按确定的顺序展开膜体。打开包装前应核对包装上的标记，确认安装部位，并按标记方向展开，尽量避免展开后的膜体在场内移动。在展开的膜面上行走时要穿软底鞋，不得佩带硬物，以防止刺穿膜材。

② 打开膜体后，用夹板将膜材与索连接固定。夹板的规格及间距均应严格按设计要求。对一次性吊装到位的膜体，也必须一次将夹板螺栓、螺母紧固到位。

③ 目前索膜结构吊装较多应用多点整体提升法，它是将已经成熟的整体"提升"技术加以改造用于索膜这种柔性结构的施工过程中，该工艺要求整个过程必须同步。起吊过程中控制各吊点的上升速度和距离，确保膜面的传力均匀。亦可采用分块吊装的方法，将膜体按平面位置分为若干作业块，每块膜体同样采用多点整体吊装技术。

④ 未张紧的膜材在风载下容易鼓起造成破坏，所以在整个安装过程中要特别注意防止膜体在风荷载作用下产生过大的晃动，施工时应尽量在无风情况下进行。该阶段的任务是使膜布张紧不再松弛以承受荷载，操作上特别要注意避免由于张拉不均造成膜面皱褶。预应力

的大小由设计人员根据材料、形状和结构的使用荷载而定，要求其最低值不能使膜面在基本的荷载工况组合（风吸力或者雪荷载）下出现局部松弛，一般常见的膜结构预应力水平为1~4kN/m，施工中通过张拉定位索或顶升支撑杆实现。对伞形膜单元，一般先在底部周边张拉到位，然后升起支撑杆在膜面内形成预应力；马鞍形单元则要对角方向同步或依次调整，逐步加至设定值；而对于由一列平行桁架支承的膜结构，一般做法是当膜布在各拱架两侧初步固定的情况下，首先沿膜的纬线方向将膜布张拉到设计位置。在施工过程中应注意无论张拉是否能顺利到位，均不应轻易改变预先设定的张拉位置。若确定是设计问题，则应经结构工程师研究同意后方可作出修正。

安装质量的总体要求是：膜面无渗漏，无明显褶皱，不得有积水；膜面颜色均匀，无明显污染；连接固定节点牢固，排列整齐；缝线无脱落；无超张拉；膜面无大面积拉毛蹭伤。

11.5 压型金属板屋面

金属屋面是由金属面板与支承体系组成，不分担主体结构所受作用且与水平方向夹角小于75°的建筑围护结构。

金属屋面常见的形式有金属平板屋面和压型金属板屋面。根据压型屋面板结构的不同，压型金属板屋面可分为直立锁边金属屋面、正弦波纹金属屋面、梯形板金属屋面等。

直立锁边金属屋面采用直立锁边板和T形支座咬合并连接到屋面支承结构的金属屋面系统。直立锁边板是截面为U形，能够通过专用设备或手工工艺将其相邻面板立边咬合而形成连续屋面的一种金属压型板。

压型金属板屋面系统一般由屋面板、保温层、隔汽层、支承层、隔声层、金属底板、固定支座和檩条等构成。图11-19和图11-20所示为直立锁边金属屋面构造示意图和直立锁边金属屋面板横向搭接图。

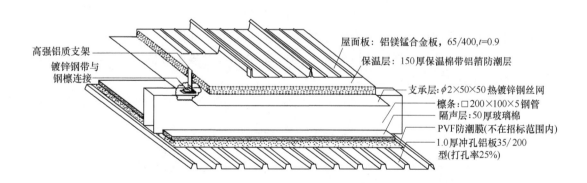

高强铝质支架
镀锌钢带与钢檩连接

屋面板：铝镁锰合金板，65/400,t=0.9
保温层：150厚保温棉带铝箔防潮层
支承层：φ2×50×50热镀锌钢丝网
檩条：□200×100×5钢管
隔声层：50厚玻璃棉
PVF防潮膜(不在招标范围内)
1.0厚冲孔铝板35/200型(打孔率25%)

图 11-19 直立锁边金属屋面构造示意图

金属屋面压型板材料可选用铝合金板、彩色钢板、不锈钢板、锌合金板、钛合金板、铜合金板等。铝合金面板宜选用铝镁锰合金板材为基板，表面宜采用氟碳喷涂处理。

压型屋面板用铝合金板、钢板的厚度宜为0.6~1.2mm，宜采用长尺寸板材，应减少板

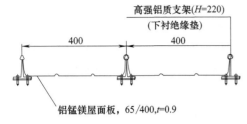

图 11-20 直立锁边金属屋面板横向搭接图

长方向的搭接接头数量。直立锁边铝合金板的基板厚度不应小于 0.9mm。T 形支座的间距应经计算确定，并不宜大于 1600mm。

金属屋面板长度方向的搭接端不得与支承构件固定连接，搭接处可采用焊接或泛水板，非焊接处理时搭接部位应设置防水堵头，搭接部分长度方向中心宜与支承构件中心一致，搭接长度应符合设计要求，且不宜小于表 11-1 规定的限值。

金属屋面板搭接结构图如图 11-21 所示。

表 11-1　金属屋面板长度方向最小搭接长度　　　　　　　　单位：mm

项　目		搭接长度 a
波高＞70		375
波高≤70	屋面坡度＜1/10	250
	屋面坡度≥1/10	200
面板过渡到立面墙面后		120

压型金属屋面板侧向可采用搭接、扣合或咬合等方式进行连接。

当侧向采用搭接式连接时，连接件宜采用带有防水密封胶垫的自攻螺钉，宜搭接一波，特殊要求时可搭接两波。搭接处应用连接件紧固，连接件应设置在波峰上。对于高波铝合金板，连接件间距宜为 700～800mm；对于低波屋面板，连接件间距宜为 300～400mm。

当采用扣合式或咬合式连接时，应在檩条上设置与屋面板波形板相配套的固定支座，固定支座和檩条宜采用机制自攻螺钉或螺栓连接，且在边缘区域数量不应少

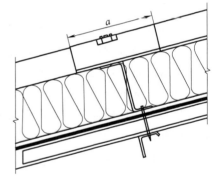

图 11-21　金属屋面板搭接结构图

于 4 个，相邻两金属面板应与固定支座可靠扣合或咬合连接，如图 11-22 所示。

金属屋面的材料选用、性能和构造设计、加工制作与安装施工可根据《采光顶与金属屋面技术规程》（JGJ 255）的规定。

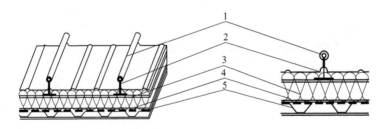

图 11-22　固定支座连接示意图

1—铝合金面板；2—固定支座；3—保温层；4—隔汽层；5—压型钢板

12
BIM技术简介

12.1 BIM 及其发展历程

BIM 全称为 building information modeling，其中文含义为"建筑信息模型"，于 21 世纪初期人们提出此概念。BIM 是以三维数字技术为基础，集成了各种相关信息的工程数据模型，可以为设计、施工和运营提供相协调的、内部保持一致并可进行运算的信息。麦格劳-劳尔建筑信息公司对建筑信息模型的定义是：创建并利用数字的模型对项目进行设计、建造及运营管理的过程，即利用计算机三维软件工具，创建包含建筑工程项目中完整数字的模型，并在该模型中包含详细工程信息，能够将这些模型和信息应用于建筑工程的设计过程、施工管理，以及物业和运营管理等全建筑生命周期管理（BLM：Building Lifecycle Management）过程中。这是目前较全面、完善的关于 BIM 的定义。

2004 年，随着 Autodesk 在中国发布 Autodesk Revit 5.1（Autodesk Revit Architecture 软件的前身），BIM 概念开始随之引入中国，但是当时 BIM 的全称仅为 Building Information Model，还远不及今天的 BIM 定义那样成熟完备。

传统 CAD 工作流程中，设计团队绘制各种平面图、剖面图、立面图、明细表等，各种图之间需要通过人工去协调，仍然沿用现有的工作流程，所带来的帮助非常有限，甚至还会产生额外的麻烦。

BIM 工作流程更加强调和依赖设计团队的协作。在 BIM 工作流程中，设计团队通过协作共同创造三维模型，通过三维模型去自动生成所需要的各种平面图、剖面图、立面图、明细表等，无须人工去协调。

利用三维建筑设计工具，创建包含完整建筑工程信息的三维数字模型，并利用该数字模型由软件自动生成设计所需要的工程视图，并添加尺寸标注等，用以替代 AutoCAD 完成设计需要的平面、立面、剖面、详图大样等施工图纸，使设计师可以在设计的过程中，在直观的三维空间中观察设计的各个细节，特别对于异形建筑的设计来说，无论是直观的表达还是其高效、准确的图档，其效率的提升不言而喻。

这些应用，使 BIM 的主要应用围绕着以如何利用三维设计软件完成工程项目所需要的施工图档为主，并可以在此基础上完成建筑效果渲染、漫游动画等建筑工程表现，我们暂且称这个阶段的 BIM 为 BIM 1.0 阶段，其主要应用领域是在民用建筑设计企业中，在 Revit 等 BIM 工具中可以对工程项目进行直观、真实的表达。

随着 BIM 系列软件工具的不断完善与发展，BIM 技术不仅在建筑工程设计中用于绘制完工图纸，而且可以创建与施工现场完全一致的完整三维工程数字模型，可以利用 Autodesk Navisworks 等模型管理工具完成管线与结构之间、管线与管线之间的碰撞冲突检测，在项目实施前即可发现工程中存在的问题，节约工程项目投资，确保项目进度。同时能够基于 BIM 模型进行结构及建筑绿色性能分析，进一步使复杂空间结构、绿色建筑成为可能。2010 年上海世博会带给世人的建筑盛宴中，世博演艺中心、德国馆、上海案例馆、国家电力馆等多个项目均在 BIM 技术的支持下，得以顺利完成。

这个阶段的 BIM 应用主要围绕多专业完整建筑信息模型的模拟、分析，我们暂且称这个阶段为 BIM 2.0 阶段。其主要应用领域已经跨越最初的民用建筑工程项目，延伸到工业建筑、水利水电等多个工程设计领域。不论是 BIM 1.0 阶段还是 BIM 2.0 阶段，其核心内容均为"三维信息模型"，通过三维信息模型的应用，减少设计错误，提升设计效率，保障工程质量。

除了利用模型表达、模拟之外，人们开始进一步关注建筑工程信息的管理。此时的 BIM 含义已延伸为 Building Information Modeling，即不仅仅是包含建筑信息的模型，而且是围绕建筑工程数字模型和其强大、完善的建筑工程信息，形成工程建设行业建筑工程的设计、管理和运营的一套方法。这一阶段主要围绕 BIM 数据的管理和应用，除设计企业外，越来越多的施工方和业主也逐渐引入 BIM 技术，并将其作为重要的信息化技术手段逐步应用于企业管理中。中国建筑总公司已经明确提出要实现基于 BIM 的施工招投标、采购、施工进度管理，并积极投入研发基于 Revit 系列数据的信息管理平台。与此同时，各大软件厂商也在积极提出 BIM 管理的解决方案和相关管理信息系统。我们将这个阶段称为 BIM 3.0 阶段。

在 BIM 3.0 时代，将涉及工程项目的全生命周期管理的各个阶段。在工程项目全生命周期管理中，根据不同的需求可划分为 BIM 模型创建、BIM 模型共享和 BIM 模型管理三个不同的应用层面。BIM 模型创建是利用 BIM 创建工具创建包含完成信息的三维数字模型。BIM 模型共享是指将所创建的 BIM 模型集中存储于网络中云服务器上，利用 One point、Autodesk Vault 等云数据管理工具管理模型的版本、人员的访问权限等，以方便团队中不同角色的人对数字工程模型进行浏览。BIM 模型管理是在 BIM 数字模型基础上整合并运用 BIM 模型中的信息，完成施工模拟、材料统计、进度管理、造价管理等。由于专业的复杂性，不同的阶段需要不同的 BIM 工具。例如，利用 Autodesk Revit 系列软件创建 BIM 模型，使用 Autodesk Navisworks 等工具进行冲突检测、施工进度模拟等，利用 One point 管理 BIM 数据的共享方式。

BIM 目前在国外很多国家已经有比较成熟的 BIM 标准或者制度了，而在我国建筑行业，特别是在建筑门窗幕墙行业的应用上还比较初级，主要用于建筑三维图形的制作，部分构件信息表（几何数据、加工数据、空间位置数据和色彩数据等）的生成和局部方案的优化。随着 BIM 在建筑门窗幕墙行业应用的深度和广度的提高，BIM 将产生越来越重要的作用。因此部分专家预测，BIM 技术将为建筑门窗幕墙行业带来巨大的变革。

12.2 BIM 技术的特点

BIM 技术是引领建筑业信息技术走向更高层次的一种新技术，它的全面应用，将为建筑业的科技进步产生不可估量的影响，同时也将为建筑业的发展带来巨大的效益，使设计乃至整个工程的质量和效率显著提高，成本降低。它也将使建筑行业各个环节和专业之间的信息实现集成和协作，对建筑行业的信息化建设具有划时代的意义。真正的 BIM 应符合以下五个特点。

（1）可视性

BIM 的可视性是一种能够同构件之间形成互动性和反馈性的可视，在 BIM 建筑信息模型中，由于整个过程都是可视性的，所以，可视性的结果不仅可以用建筑效果图来展示，还可以生成与建筑构件相关的信息报表，为构件的加工、制作、使用和维护提供原始依据。更重要的是，项目设计、建造、运营过程中的沟通、讨论、决策都是在可视性的状态下进行的。

（2）协调性

这是建筑业中的重点内容，不管是施工单位还是业主及设计单位，无不在做着协调及相互配合的工作。BIM 的协调性服务可以很好地帮助处理这种问题，也就是说 BIM 建筑信息模型可在建筑物建造前期对各专业的碰撞问题进行协调，生成协调数据，提供出来。

（3）模拟性

在设计阶段，BIM 可以对设计上需要进行模拟的一些东西进行模拟实验；在招投标和施工阶段可以进行 4D 模拟，也就是根据施工的组织设计模拟实际施工，从而确定合理的施工方案来指导施工。同时还可以进行 5D 模拟（基于 3D 模型的造价控制），从而实现成本控制。

（4）优化性

建筑门窗幕墙整个设计、施工、运营的过程就是一个不断优化的过程，在 BIM 的基础上可以做更好的优化，也能更好地做优化。现代建筑设计师为了体现其设计个性，设计的建筑物的复杂程度越来越高，也使得建筑幕墙的结构和功能变得更加庞大和复杂，这大大超过参与人员本身的能力极限，BIM 及与其配套的各种优化工具提供了对复杂项目进行优化的可能，使参与者的能力发挥到极致，也为复杂建筑的实现提供了技术保障。

（5）可出图性

BIM 并不是为了出大家日常多见的建筑设计院所出的建筑设计图纸及一些构件加工的图纸，而是通过对建筑物进行了可视化展示、协调、模拟和优化以后，帮助业主出综合管线图（经过碰撞检查和设计修改，消除了相应错误以后）、综合结构留洞图（预埋套管图）、碰撞检查侦错报告和建议改进方案。

12.3　BIM 相关软件

12.3.1　二维软件

12.3.1.1　AutoCAD

（1）AutoCAD 概述

AutoCAD 是由美国 Autodesk 公司于 20 世纪 80 年代初为计算机上应用计算机辅助设计技术（Computer Aided Design）而开发的计算机绘图软件包，主要用于二维绘图、详细绘制、设计文档和基本三维设计等。AutoCAD 经过近年来的升级和不断完善，现已经成为国际上广为流行的绘图工具。它具有完善的图形绘制功能、强大的图形编辑功能，可采用多种方式进行二次开发或用户定制，可进行多种图形格式的转换，具有较强的数据交换能力，同时支持多种硬件设备和操作平台。目前 AutoCAD 已经在航空航天、造船、建筑、机械、电子、化工、轻纺等很多领域得到了广泛应用，并取得了丰硕的成果和巨大的经济效益。

AutoCAD 具有良好的用户界面，通过交互菜单或命令行方式便可以进行各种操作。它的多文档设计环境，让非计算机专业人员也能很快地学会使用。

AutoCAD 具有广泛的适应性，它可以在各种操作系统支持的微型计算机和工作站上运行，并支持分辨率由 320×200 到 2048×1024 的各种图形显示设备 40 多种，以及数字化仪器和鼠标 30 多种，绘图仪和打印机数十种，这为 AutoCAD 的普及创造了条件。

AutoCAD 是一个计算机辅助设计软件，可以满足通用设计和绘图的主要需求，并提供各种接口，也可以和其他软件共享设计成果，并能十分方便地进行管理。软件主要提供如下功能：

① 强大的图形绘制功能。提供了创建直线、圆、圆弧、曲线、文本、表格和尺寸标注等多种图形对象的功能。

② 精确定位定形功能。AutoCAD 提供了坐标输入、对象捕捉、栅格捕捉、追踪、动态输入等功能，利用这些功能可以精确地为图形对象定位和定形。

③ 方便的图形编辑功能。AutoCAD 提供了复制、旋转、阵列、修剪、倒角、缩放、偏移等方便实用的编辑工具，大大提高了绘图效率。

④ 图形输出功能。图形输出包括屏幕显示和打印出图。AutoCAD 提供了缩放和平移等屏幕显示工具，模型空间、图形空间、布局、图纸集、发布和打印等功能，极大地丰富了出图选择。

⑤ 三维造型功能。AutoCAD 三维建模可让用户使用实体、曲面和网格对象创建图形。

⑥ 辅助设计功能。可以查询绘制好的图形的长度、面积、体积和力学特性等，提供多种软件的接口，可方便地将设计数据和图形在多个软件中共享，进一步发挥各软件的特点和优势。

⑦ 允许用户进行二次开发。AutoCAD 自带的 AutoLISP 语言可让用户自行定义新命令和开发新功能。通过 DXF、IGES 等图形数据接口，可以实现 AutoCAD 和其他系统的集成。此外，AutoCAD 还支持 Object、ARX、ActiveX、VBA 等技术，提供了与其他高级编程语言的接口，具有很强的开发性。

(2) AutoCAD 工作界面

下面以 AutoCAD 2014 为例，对 AutoCAD 工作界面进行适当的介绍。

启动 AutoCAD 2014 后，会打开 AutoCAD 2014 工作界面，如图 12-1 所示。

① 应用程序菜单。单击【菜单浏览器】按钮，出现应用程序菜单，其中列有常用的文件操作命令，如图 12-2 所示。

② 快速访问工具栏。快速访问工具栏用于存储经常使用的命令，如图 12-3 所示。单击快速访问工具栏最后的工具可以展开下拉菜单，定制快速访问工具栏中要显示的工具，也可以删除已经显示的工具。下拉菜单中被勾选的命令为在快速访问工具栏中显示的，用鼠标单击已勾选的命令，可以将其勾选取消，此时快速访问工具栏不再显示该命令。反之，单击没有勾选的命令，可以将其勾选，在快速访问工具栏中显示该命令。

快速访问工具栏默认放在功能区的上方，也可以选择自定义快速访问工具栏中的【在功

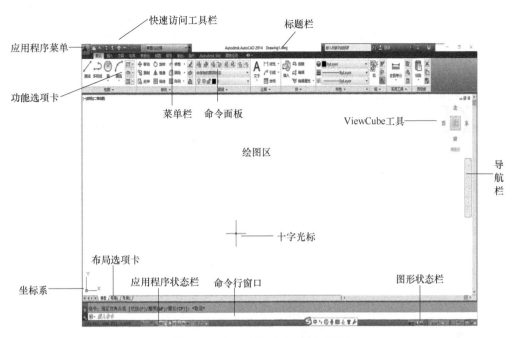

图 12-1　AutoCAD 2014 工作界面

能区下方显示】命令将其放在功能区的下方。

　　如果想往快速访问工具栏中添加工具面板中的工具，则只需要将鼠标指向要添加的工具，然后单击鼠标右键，在出现的快捷菜单中选择【添加到快速访问工具栏】命令即可。如果想移除快速访问工具栏中已经添加的命令，则只需要用鼠标右键单击该工具，在出现的快捷菜单中选择【从快速访问工具栏中删除】命令即可。

　　快速访问工具栏的最后一个工具为工作空间列表工具，可以切换用户界面。AutoCAD 2014 有 4 种工作空间模式，分别是【草图与注释】、【三维基础】、【三维建模】和【AutoCAD 经典】，这 4 种工作空间模式进行切换很方便。用户也可以在工作空间工具栏中进行选择和切换。

　　③ 标题栏。标题栏位于应用程序窗口的最上方，用于显示当前正在运行的程序名及文件名等信息，如果是 AutoCAD 默认的图形文件，

图 12-2　应用程序菜单

则其名称为 "Drawing1. dwg"。单击标题栏右端的按钮 ，可以最小化、最大化或关闭应用程序窗口。

图 12-3　快速访问工具栏

④ 功能区（选项卡和面板）。功能区由许多面板组成，这些面板被组织到按任务进行标记的选项卡中，如图 12-4 所示。功能区面板包含的很多工具和空间与工具栏和对话框中的相同。与当前工作空间相关的操作都单一简洁地置于功能区中。使用功能区时无须显示多个工具栏，它通过单一紧凑的界面使应用程序变得简洁有序，同时使可用的工作区域最大化。单击按钮 ▭ ▾ 可以使功能区最小化为面板标题。

图 12-4　功能区

⑤ 绘图区。在 AutoCAD 中，绘图区是用户绘图的工作区域，所有的绘图结果都反映在这个窗口中。用户可以根据需要关闭其周围和里面的各个工具栏，以增大绘图空间。当图纸比较大，需要查看未显示部分时，可以单击窗口右边与下边滚动条上的箭头，或拖动滚动条上的滑块来移动图纸。

在绘图区中，除了显示当前的绘图结果外，还显示了当前使用的坐标系类型以及坐标原点、X 轴、Y 轴、Z 轴的方向等。默认情况下，坐标系为"世界坐标系（WCS）"。用户可以关闭它，让其不显示，也可以定义一个方便自己绘图的"用户坐标系"。

绘图窗口的下方有【模型】和【布局】选项卡 ＼模型／布局1／布局2／ ，单击其标签可以在模型空间或图纸空间之间来回切换。

⑥ 状态栏。状态栏位于工作界面的最底部，状态栏分为应用程序状态栏和图形状态栏。应用程序状态栏在状态栏的左半部分，如图 12-5 所示。

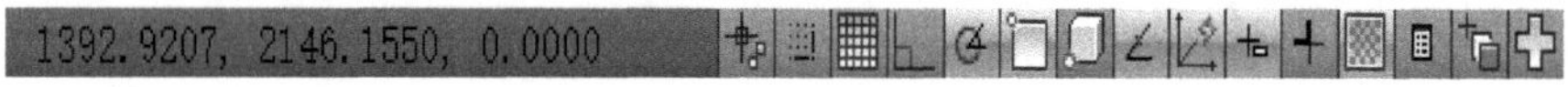

1392.9207, 2146.1550, 0.0000

图 12-5　应用程序状态栏

应用程序状态栏显示了光标所在位置的坐标值以及辅助绘图工具的状态。当光标在绘图区移动时，状态栏的左边区域可以实时显示当前光标的 X、Y、Z 三维坐标值。如果不想动态显示坐标，则只需在显示坐标的区域单击鼠标左键即可。用户可以以图表或文字的形式查看辅助绘图工具按钮。用鼠标右键单击捕捉工具、极轴工具、对象捕捉工具和对象追踪工具，在弹出的快捷菜单中，用户可以轻松更改这些辅助绘图工具的设置。

图形状态栏在状态栏的右半部分，如图 12-6 所示。

图 12-6　图形状态栏

使用图形状态栏，用户可以预览打开的图形和图形中的布局，并在其间进行切换，还可以显示用于缩放注释的工具。

通过工作空间按钮，用户可以切换工作空间。锁定按钮可锁定工具栏和窗口的当前位置。如果要展开图形显示区域，则单击【全屏显示】按钮即可。

⑦ 命令行与文本窗口。命令行窗口位于绘图区的底部，用于接收用户输入的命令，并

显示 AutoCAD 提示信息,如图 12-7 所示。在 AutoCAD 2014 中,命令行窗口可以拖动为浮动窗口,双击命令行窗口的标题栏可以使其回到原来的位置。

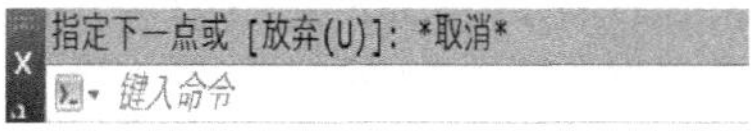

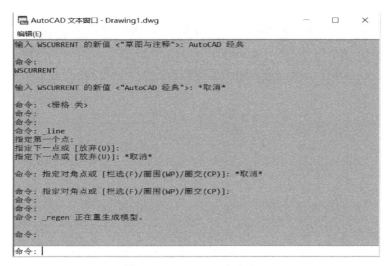

图 12-7 命令行窗口

AutoCAD 文本窗口是记录 AutoCAD 命令的窗口,是放大的命令行窗口,它记录了已执行的命令,也可以用来输入新命令。在 AutoCAD 2014 中,可以执行【视图】/【窗口】/【用户窗口】/【文本窗口】命令、执行【TEXTSCR】命令或按【F2】键来打开 AutoCAD 文本窗口,它记录了对文档进行的所有操作,如图 12-8 所示。

图 12-8 AutoCAD 文本窗口

⑧ 导航栏和 ViewCube 工具。在绘图区的右上角会出现 ViewCube 工具,用于控制图形的显示和视角,如图 12-9 所示。一般在二维状态下,不用显示该工具。

导航栏位于绘图区的右侧,如图 12-10 所示。导航栏具有控制图形的缩放、平移、回放、动态观察等功能,一般二维状态下不用显示导航栏。

执行【视图】/【窗口】/【用户界面】命令可以关闭或打开导航栏和 ViewCube 工具;要关闭导航栏,也可以单击导航栏右上角的 ⊗ 按钮。

图 12-9 ViewCube 工具

图 12-10 导航栏

12.3.1.2 天正 CAD

AutoCAD 具有很强的通用性,适合多种领域的工程设计、出图。不过,伴随通用性而来的是,弱化了针对性和专业性,从而降低了在特定领域的工作效率。于是,基于

AutoCAD 平台的、适用于各种专业领域的二次开发软件应运而生。天正建筑（即 TArch），就是目前国内建筑设计行业应用较普遍的、基于 AutoCAD 的二次开发软件。它除了具有一般的建筑绘图功能外，还具有日照分析和节能分析等功能。

天正 CAD 用户界面如图 12-11 所示。它保留了 AutoCAD 的所有菜单和工具栏，同时，也做了一些必要的补充。最明显的是，窗口边侧增加了屏幕菜单，通过左击或右击某个菜单，可以找到并执行与之相关的命令。此外，在状态栏中还增加了一些新部件，例如左边的比例选择例表以及右边的一些按钮。另外，在绘图区不同位置单击鼠标右键，会弹出不同的右键菜单，以便快速执行相关命令。

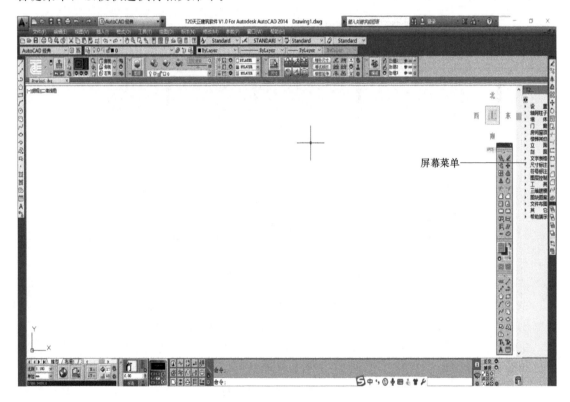

图 12-11　天正 CAD 用户界面

天正建筑大部分功能都可以在命令行（即命令窗口）键入命令执行。屏幕菜单、右键菜单和键盘命令，三种形式调用命令的效果是相同的。键盘命令多为菜单命令的拼音缩写，例如屏幕菜单中【绘制墙体】命令，对应的键盘命令是【HZQT】。天正建筑少数功能只能点取菜单执行，不能从命令行键入，如状态开关或者保留的 Lisp 命令。另外，按【Ctrl】＋【＋】键可关闭或打开屏幕菜单。

天正建筑从它的开发历史上分为截然不同的两个阶段。在 $3.x$ 及以前的阶段，天正建筑的对象完全是 AutoCAD 的基本对象，所生成的图形完全由 AutoCAD 的直线、圆弧、多段线等基本对象组成，所以能被 AutoCAD 完全识别。换句话说，AutoCAD 能正确、完整地打开天正建筑 $3.x$ 及以前版本保存的图形文件。

从天正建筑 5.0 开始，天正建筑就有了自己的自定义对象，包括墙柱等构件、天正的文字和标注共 50 余种。自定义对象包含多种便于应用的特性，如不再是简单的两条平行线，而是充满几何及物理信息的载体，键入【DXCX】（对象查询）命令后，将光标移到墙上方，可以看到墙对象包含的数据及信息，如图 12-12 所示。利用这些数据和信息，以及自定义对象上的夹点，可以更方便地控制对象，从而加快图形的绘制和修改速度。

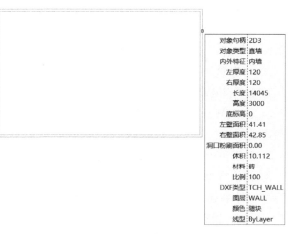

对象句柄	2D3
对象类型	直墙
内外特征	内墙
左厚度	120
右厚度	120
长度	14045
高度	3000
底标高	0
左墙面积	41.41
右墙面积	42.85
洞口粉刷面积	0.00
体积	10.112
材料	砖
比例	100
DXF类型	TCH_WALL
图层	WALL
颜色	随块
线型	ByLayer

图 12-12　墙体对象查询数据图

12.3.2　三维软件

12.3.2.1　SolidWorks

SolidWorks 软件是一个基于特征、参数化、实体建模的设计工具。该软件采用 Windows 图形用户界面，易学易用。利用 SolidWorks 可以创建全相关的三维实体模型，设计过程中，实体之间可以存在或不存在约束关系；同时，还可以利用自动的或者用户定义的约束关系来体现设计意图。

功能强大、技术创新和易学易用是 SolidWorks 的三大主要特点，它使得 SolidWorks 成为主流三维 CAD 设计软件。SolidWorks 可以提供多种不同的设计方案，减少设计过程中的错误以及提高产品的质量。SolidWorks 不仅是设计部门的设计工具，也是企业各个部门产品信息交流的核心。三维数据将从设计工程部门延伸到市场营销、生产制造、供货商、客户以及产品维修等各个部门，在整个产品的生命周期过程中，所有的工作人员都将从三维实体中获益。

（1）SolidWorks 主要模块介绍

SolidWorks 主要有四大模块，分别是零件、装配、工程图和分析模块，其中"零件"模块中又包括草图设计、零件设计、曲面设计、钣金设计以及模具等小模块。通过认识 SolidWorks 中的模块，用户可以快速地了解它的主要功能。下面将介绍 SolidWorks 中的一些主要模块。

① 零件模块。SolidWorks "零件"模块主要可以实现实体建模、曲面建模、模具设计、钣金设计和焊件设计等。

a. 实体建模：SolidWorks 提供了基于特征的实体建模功能。通过拉伸、旋转、薄整特征、高级抽壳、特征阵列及打孔等操作来实现产品的设计。通过对特征和草图的动态修改，用拖曳的方式实现实时的设计修改。三维草图功能为扫描、放样生成三维草图路径，或为管道、电组、线和管线生成路径。

b. 曲面建模：通过带控制线的扫描、放样、填充及拖动可控制的相切操作产生复杂的曲面，可以直观地对曲面进行修剪、延伸、倒角和缝合等曲面的操作。

c. 模具设计：SolidWorks 提供内置模具设计工具，可以自动创建型芯及型腔在整个模具的生成过程中，可以使用一系列的工具加以控制。SolidWorks 模具设计的主要过程包括以下部分：分型线的自动生成、闭合曲面的自动生成、分型面的自动生成和型芯-型腔的自动生成。

d. 钣金设计：SolidWorks 提供了全相关的钣金设计能力，可以直接使用各种类型的法兰、薄片等特征，正交切除、角处理及边线切口等使钣金操作变得非常容易。

e. 焊件设计：SolidWorks 可以在单个零件文档中设计结构和平板焊件。焊件工具主要包括圆角焊缝、结构构件库、角撑板、焊件切割和剪裁以及延伸结构构件。

② 装配模块。SolidWorks 提供了非常强大的装配功能，其优点如下：

a. 在 SolidWorks 的装配环境中，可以方便地设计及修改零部件。

b. SolidWorks 可以动态地观察整个装配体中的所有运动，并且可以对运动的零部件进行动态地干涉检查及间隙检测。

c. 对于由上千个零部件组成的大型装配体，SolidWorks 的功能也可以得到充分发挥。

d. 镜像零部件是 SolidWorks 技术的一个巨大突破。通过镜像零部件，用户可以用现有的对称设计创建出新的零部件及装配体。

e. 在 SolidWorks 中，可以用捕捉配合的智能化装配技术进行快速的总体装配。智能化装配技术可以自动地捕捉并定义装配关系。

f. 使用智能零件技术可以自动完成重复的装配设计。

③ 工程图模块。SolidWorks 的"工程图"模块具有如下优点：

a. 可以从零件的三维模型（或装配体）中自动生成工程图，包括各个视图及尺寸的标注等。

b. SolidWorks 提供了生成完整的、生产过程认可的详细工程图工具。工程图是完全相关的，当用户修改图样时，零件模型、所有视图及装配体都会自动修改。

c. 使用交替位置显示视图可以方便地表现出零部件的不同位置，以便了解运动的顺序。交替位置显示视图是专门为具有运动关系的装配体所设计的独特的工程图功能。

d. RapidDraft 技术可以将工程图与零件模型（或装配体）脱离，进行单独操作，以加快工程图的操作，但仍保持与零件模型（或装配体）的完全相关。

e. 增强了详细视图及剖视图的功能，包括生成剖视图、支持零部件的图层、熟悉二维草图功能以及详图中的属性管理。

④ 分析模块。SolidWorks 有很强大的分析功能。通过在制造原型之前分析设计的操作和物理特性，Simulation 应用程序可以降低测试成本、提高质量并加快产品的上市速度。具体的 Slmulation 产品包括以下 3 种。

SimulationWorks：一款用于对零件和装配体进行虚拟测试的分析应用程序，它能够像展示实物一样向工程师展示设计的行为，并能够测试材料应力和热传导之类的因素。SimulationWorks 向工程师们提供了易于使用的高端分析工具，而且价格要比同类的应用程序更低。

SimulationMotion：一种模拟设计机械操作的虚拟原型机仿真应用程序，它可以帮助工程师解决各种问题。例如，确定引擎的尺寸是否适合于设计，在操作过程中像齿轮和连动装置这样的运动零件是否相互干扰等。

SimulationFloWorks：一种帮助设计人员在缺乏有关流动模拟方面专门技术的情况下执行流体分析的应用程序。它有助于提高涉及气体流动、液体流动或热传递的产品设计的可靠性。

(2) SolidWorks 工作界面

打开 SolidWorks 软件之后会弹出如图 12-13 所示的对话框。

选择【零件】模块，进入 SolidWorks 的零件工作界面，它主要由菜单栏、工具栏、管

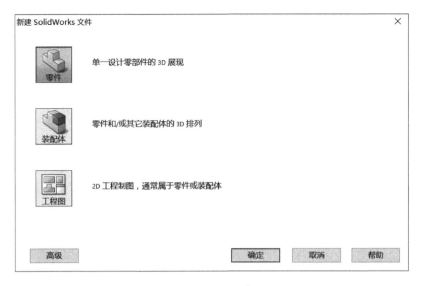

图 12-13　【新建】对话框

理器窗口、状态栏和任务窗口等组成，如图 12-14 所示。

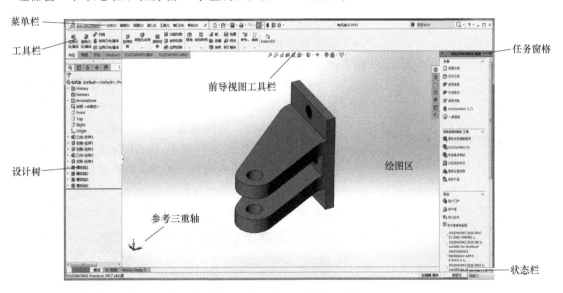

图 12-14　零件工作界面

① 菜单栏。SolidWorks 菜单栏如图 12-15 所示，包含 SolidWorks 所有的操作命令，即文件、编辑、视图、插入、工具、窗口和帮助 7 个菜单。当将鼠标光标移动到 SolidWorks 徽标上 或单击它时，菜单才可见；也可以通过单击菜单栏最右边 📌 图标以固定菜单，使其始终可见。用户可以通过菜单来访问所有 SolidWorks 命令。

图 12-15　菜单栏

② 工具栏。在 SolidWorks 中有丰富的工具栏，根据不同的类别有标准工具栏、常用工

具栏、快捷栏和关联工具栏 4 种。如图 12-16 所示，标准工具栏中的工具按钮用来对文件执行最基本的操作，如新建、打开、保存、打印等。其中，█（重建模型工具）按钮为 Solid-Works 2012 以上版本所特有的，单击该按钮可以根据所进行的更改重建模型。

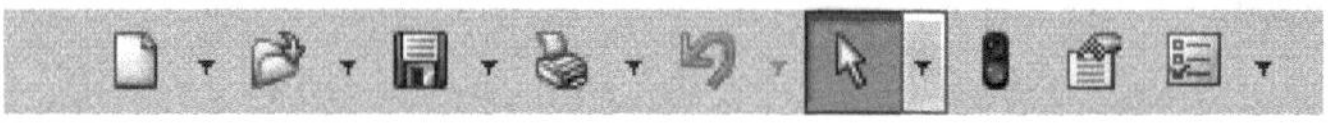

图 12-16　标准工具栏

图 12-17　特征管理器设计树

SolidWorks 常用工具栏有很多，主要包括【草图】、【特征】、【钣金】和【焊件】工具栏，在不同的工作环境下显示不同的种类。若界面中没有显示想要的工具栏，则可将光标置于某一常用工具栏名称上右击鼠标，在弹出的快捷菜单中选择相应的工具栏即可。将光标置于常用工具栏上拨动鼠标，可以在显示的各常用工具栏之间切换或者直接用鼠标单击该工具栏的名称就可以显示该工具栏。

③ 设计树。如图 12-17 所示，SolidWorks 设计树详细地记录了零件、装配体和工程图环境下的每一个操作步骤（如添加一个特征、加入一个视图或插入一个零件等），非常有利于用户在设计过程中的修改与编辑。设计树各节点与图形区的操作对象相互联动，为用户的操作带来了极大的方便。

④ 绘图区域。绘图区域是进行零件设计、制作工程图、制作装配体的主要操作窗口；草图绘制、零件装配、工程图的绘制等操作，均是在这个区域中完成。

⑤ 任务窗口。任务窗口包括 SolidWorks 资源、设计库、文件检索库、视图调色板、外观/背景和自定义属性 6 个选项，如图 12-18 所示。在默认情况下，它显示在右侧，不但可以移动、调整大小和打开/关闭，还可以将其固定在界面右侧的默认位置或者移开。

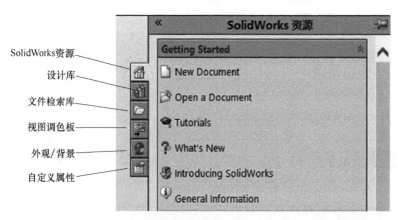

图 12-18　任务窗口

⑥ 状态栏。状态栏是当前命令的功能介绍及正在操作对象所处的状态，如当前光标所处的坐标值、正在编辑草图还是正在编辑零件图等，初学者应经常关注其中的提示信息。

12.3.2.2 犀牛（Rhino）

Rhino 是由美国 Robert McNeel 公司于 1998 年推出的一款基于 NURBS 的三维建模软件。它是一款"平民化"的高端软件，不需要计算机拥有豪华的配置，不像其他三维软件那样需要庞大的内存空间，整个软件安装只需要二十几兆。Rhino 不但用于 CAD、CAM 等工业设计，也可为各种卡通设计、场景制作及广告片头打造出优良的模型。

Rhino 早些年一直应用在工业设计领域，擅长于产品外观造型建模，但随着程序相关插件的开发，应用范围越来越广，近些年在建筑设计领域应用越来越广，Rhino 配合 Grasshopper 参数化建模插件，可以快速做出各种优美曲面的建筑造型，其简单的操作方法、可视化的操作界面深受广大设计师的欢迎。

启动 Rhino 就会打开其工作窗口，其工作界面如图 12-19 所示。

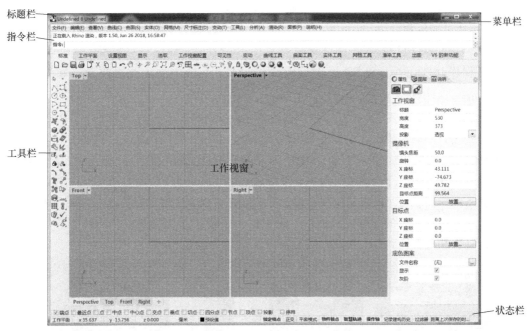

图 12-19 Rhino 工作界面

① 标题栏：显示当前 Rhino 软件打开文件名称。

② 菜单栏：按照功能对 Rhino 的命令进行归类，如果需要调用某个命令，单击菜单栏选择需要的命令即可。

③ 指令栏：分为指令历史行和指令提示行。按 F2 键可以打开指令历史行。

④ 工具栏：工具栏分为上方标准及左边的主要工具栏，工具右下角的三角形可展开隐藏的工具栏。

⑤ 工作视窗：系统默认的工作视窗为四格布局，分别为 top（顶视图）、perspective（透视图）、front（前视图）、right（右视图）。

⑥ 状态栏：显示目前的坐标系统和目前鼠标光标的位置及当前图层信息和状态栏面板。

12.3.2.3 Revit

（1）Revit 概述

Revit 最早是美国一家名为 Revit Technology 公司于 1997 年开发的三维参数化建筑设计软件。Revit 的原意为 revise immediately，意为"所见即所得"。2002 年，美国 Autodesk

公司以 2 亿美元收购了 Revit Technology，Revit 正式成为 Autodesk 三维解决方案产品线中的一部分，并在业界首次提出 BIM 的概念。经过近十年的开发和发展，Revit 成为建筑、结构、机电多专业、全方位的 BIM 工具，成为全球知名的三维参数化 BIM 设计平台，也是国内应用最广泛的 BIM 数据创建平台。

Revit Architecture 是针对广大建筑设计师和工程师开发的三维参数化建筑设计软件。利用 Revit Architecture 可以让建筑师在三维设计模式下，方便地推敲设计方案、快速表达设计意图、创建三维 BIM 模型，并以 BIM 模型为基础，得到所需的建筑施工图档，完成概念到方案直至最终完成整个建筑设计过程。由于 Revit Architecture 的功能强大，且易学易用，目前已经成为国内使用最多的三维参数化建筑设计软件。在国内已经有数百家大中型建筑设计企业、工业设计企业首选这个三维设计工具，并在数百个项目中发挥了重要作用，成为各设计企业提高设计效率、提升设计企业实力的利器。

(2) Revit 工作界面

与其他 Windows 应用程序一样，安装完成 Revit Architecture 后，单击 "Windows 开始菜单→所有程序→Autodesk→Revit Architecture→Revit Architecture" 命令，或双击桌面 Revit Architecture 快捷图标即可启动 Revit Architecture。

启动完成后，会显示图 12-20 所示的 "最近使用的文件" 界面。在该界面中，Revit Architecture 会分别按时间顺序依次列出最近使用的项目文件和最近使用的族文件缩略图和名称。用鼠标单击缩略图将打开对应的项目或族文件。移动鼠标指针至缩略图上不动时，将显示该文件所在的路径及文件大小、最近修改日期等详细信息。第一次启动 Revit Architecture 时，会显示软件自带的基本样例项目及高级样例项目两个样例文件，以方便用户感受 Revit Architecture 的强大功能。在 "最近使用的文件" 界面中，还可以单击相应的快捷图标打开新建项目或族文件，也可以查看相关帮助和在线帮助，快速掌握 Revit Architecture 的使用。

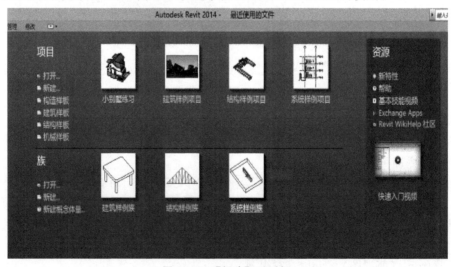

图 12-20 【新建】对话框

选择打开项目文件后，Revit Architecture 进入项目查看与编辑状态，其界面如图 12-21 所示。

① 应用程序菜单。如图 12-22 所示，应用程序菜单提供对常用文件操作的访问，例如 "新建""打开" 和 "保存"。此外，还允许用户使用更高级的工具（如 "导出" 和 "发布"）来管理文件。单击按钮打开应用程序菜单。

应用菜
单按钮

快速访问
工具栏

图形属性

项目浏览器

工具栏

绘图区域

视图控制栏

状态栏

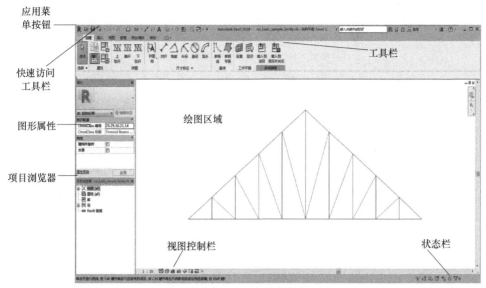

图 12-21　Revit 工作界面

② 快速访问工具栏。通过 Revit Architecture 的快速访问工具栏，用户可以将经常使用的工具放置在次区域内，便于快速执行和访问该工具，如图 12-23 所示。若要向快速访问工具栏中添加功能区的按钮，用户只需在功能区中单击鼠标右键，然后单击"添加到快速访问工具栏"即可，按钮会添加到快速访问工具栏中默认命令的右侧。单击快速访问工具栏最后的下拉箭头，在下拉列表中可以修改显示在快速访问工具栏中的工具。单击底部的"自定义快速访问工具栏"选项，打开"自定义快速访问工具栏"对话框，在该对话框中，可以调整工具栏中各工具的先后顺序、删除工具以及为工具添加分割线等，用户可以根据自己的习惯，打造一套属于自己的个性化界面。

③ 工具栏。创建或打开文件时，功能区会显示。它提供了创建项目或族所需的全部工具，如图 12-24 所示。

④ 上下文功能区选项卡。激活某些工具或者选择图元时，会自动增加并切换到一个"上下文功能区选项卡"，其中包含一组只与

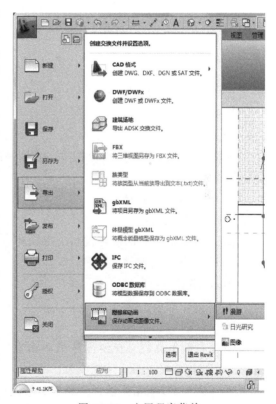

图 12-22　应用程序菜单

该工具或图元的上下文相关的工具。例如：单击"墙"工具，将显示"修改/放置墙"的上下文选项卡。如图 12-25 所示。

图 12-23　快速访问工具栏

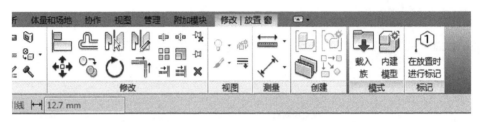

图 12-24　工具栏

图 12-25　上下文功能区选项卡

⑤ 视图控制栏。位于 Revit 窗口底部的状态栏上方，用户可以通过它快速访问影响绘图区域的功能。如图 12-26 所示。

图 12-26　视图控制栏

视图控制栏主要包含如下功能：

a. 比例；

b. 详细程度；

c. 模型图形样式，一共 6 种模式，分别是线框模式、着色模式、带边框着色模式、一致颜色模式和真实模式；

d. 打开/关闭日光路径；

e. 打开/关闭阴影；

f. 显示/隐藏渲染对话框：仅当绘图区域显示三维视图时才可用；

g. 打开/关闭裁剪区域；

h. 显示/隐藏裁剪区域；

i. 临时隐藏/隔离；

j. 显示隐藏的图元。

⑥ 鼠标右键工具栏。在绘图区域单击鼠标右键依次为：取消、重复、最近使用命令、上次选择、查找相关视图、区域放大、缩小、缩放匹配、上一次平移/缩放、下一次平移/缩放、属性。用户可以根据需求自行选择工具进行操作。

⑦ 状态栏。状态栏沿 Revit 窗口底部显示。使用某一工具时，状态栏左侧会提供一些技巧或提示，告知用户需要进行何种操作。高亮显示图元或构件时，状态栏会显示族和类型的名称，如图 12-27 所示。

图 12-27　状态栏

状态栏主要包括：

　　a. 工作集：提供对工作共享项目的"工作集"对话框的快速访问。

　　b. 设计选项：提供对"设计选项"对话框的快速访问。

　　c. 单击＋拖曳：允许用户在不事先选择图元的情况下拖曳图元。

　　d. 过滤：用于优先在视图中选定的图元类别。

12.3.2.4　CATIA

　　CATIA 是法国达索公司开发的 CAD/CAE/CAM 一体化软件，是英文 computer aided tri-dimensional interface application（计算机辅助三维应用程序接口）的缩写。它的内容涵盖了产品从概念设计、工业设计、三维建模、分析计算、动态模拟与仿真、工程图的生成到生产加工成产品的全过程，其中还包括了大量的电缆和管道布线、各种模具设计和分析、人机交换等实用模块。CATIA 不但能够保证企业内部设计部门之间的协同设计功能，而且还可以提供企业整个集成的设计流程和端对端的解决方案。

　　自 1999 年以来，市场上已广泛采用 CATIA 的数字样机流程，从而使之成为世界上最常用的产品开发系统。CATIA 系列产品已经在汽车、航空航天、船舶制造、厂房设计、电力与电子、消费品和通用机械制造七大领域里成为首要的 3D 设计方案和模拟解决方案。CATIA 已比较广泛地用于汽车、航空航天、轮船、军工、仪器仪表、建筑工程、电气管道、通信等领域。

　　CATIA V5 中文用户界面包括特征树、下拉菜单区、指南针、右工具栏按钮区、下部工具栏按钮区、功能输入区、消息区以及图形区，如图 12-28 所示。

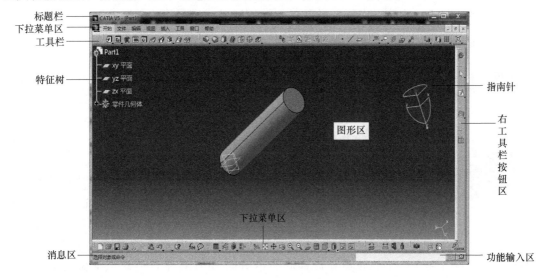

图 12-28　CATIA V5 工作界面

（1）特征树

　　"特征树"中列出了活动文件中的所有零件及特征，并以树的形式显示模型结构，根对象（活动零件或组件）显示在特征树的顶部，其从属对象（零件或特征）位于根对象之下。例如在活动装配文件中，"特征树"列表的顶部是装配体，装配体下方是每个零件的名称；在活动零件文件中，"特征树"列表的顶部是零件，零件下方是每个特征的名称。若打开多个 CATIA V5 模型，则"特征树"只反映活动模型的内容。

（2）下拉菜单区

下拉菜单中包含创建、保存、修改模型和设置 CATIA V5 环境的一些命令。

（3）工具栏按钮区

工具栏中的命令按钮为快速进入命令及设置工作环境提供了极大的方便，用户可以根据具体情况自定义工具栏。

（4）指南针

指南针代表当前的工作坐标系，当物体旋转时指南针也随着物体旋转。

（5）消息区

在用户操作软件的过程中，消息区会实时地显示与当前操作相关的提示信息等，以引导用户操作。

（6）功能输入区

用于从键盘输入 CATIA 命令字符来进行操作。

（7）图形区

CATIA V5 各种模型图像的显示区。

12.4 BIM 技术在建筑幕墙中的应用

近年来，BIM 技术在建筑领域得到大力推广和应用，在造型复杂、体量巨大的场馆类异形曲面幕墙项目中，传统的二维理念已无法满足此类幕墙的设计及施工需求，BIM 技术显示出很大的优越性。本节以实际工程案例介绍 BIM 技术在异形曲面幕墙工程中的应用。

12.4.1 项目概况

某奥体中心为异形曲面场馆类幕墙，为一体多场馆，存在造型奇特无规律、幕墙类型多、体量大、转折交接部位多、施工空间定位难点大等特点。外装饰幕墙形式包括蜂窝铝板幕墙、玻璃幕墙、干挂石材幕墙、聚碳酸酯幕墙、仿木纹格栅、铝合金遮阳百叶、玻璃雨篷、直立锁边金属屋面等各种幕墙形式。该项目外装饰幕墙面积 25 万平方米，造型均为异形类圆弧面拼接，弧面细部为波浪状小折面，所有幕墙面板及龙骨均为空间

图 12-29　某奥体中心整体造型

三维定位，如图 12-29 所示。此类异形幕墙如不借助 BIM 技术，传统二维做法困难难以想象。

12.4.2 BIM 技术的应用

BIM 技术应用涉及幕墙的方案设计到幕墙的深化设计、幕墙施工到竣工交付整个工程的全生命周期。通过 BIM 技术可以实现幕墙设计阶段的参数化、加工阶段数字化、施工阶段信息化。

（1）幕墙系统的构造确定

三维模型是一切 BIM 应用的基础，该工程幕墙整体造型复杂且无规律可循，项目运用

Rhino 和 Grasshopper 等软件进行幕墙面板和龙骨等主材料系统的三维参数化建模。根据建筑、结构施工图及相关设计规范对幕墙施工图纸进行方案设计，确定幕墙构造形式；对重点部位进行三维建模，模拟系统可行性；将模型导入计算软件，通过计算确定系统的安全性、可靠性。

（2）幕墙分格确定

通过 BIM 软件对建筑外立面进行模数化分格划分，在满足建筑设计理念要求的同时，要保证材料板块满足规范要求、受力计算，考虑工厂加工尺寸要求，同时尽量控制减少板块的模数，减少幕墙板块的种类，降低加工难度，缩短加工周期。幕墙分格的模块化划分如图 12-30 所示。

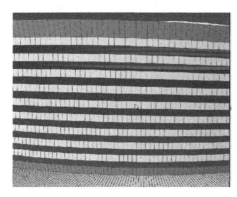
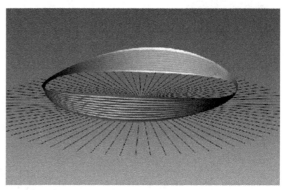

图 12-30　幕墙分格的模块化划分

（3）幕墙工程量提取

利用 BIM 软件的信息统计功能，将玻璃幕墙、铝板幕墙、铝合金格栅、铝合金百叶、金属屋面等分项工程量信息进行直接准确提取，为材料招标及商务预算提供依据，彻底解决传统二维设计图纸中无法计量曲面部分工程量的难题。幕墙工程量的精确提取如图 12-31 所示。

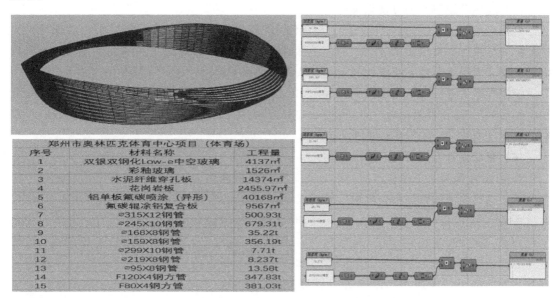

郑州市奥林匹克体育中心项目（体育场）

序号	材料名称	工程量
1	双银双钢化Low-e中空玻璃	4137㎡
2	彩釉玻璃	1526㎡
3	水泥纤维穿孔板	14374㎡
4	花岗岩板	2455.97㎡
5	铝单板氟碳喷涂（异形）	40168㎡
6	氟碳辊涂铝复合板	9567㎡
7	⌀315×12钢管	500.93t
8	⌀245×10钢管	679.31t
9	⌀168×8钢管	35.22t
10	⌀159×8钢管	356.19t
11	⌀299×10钢管	7.71t
12	⌀219×8钢管	8.237t
13	⌀95×8钢管	13.58t
14	F120×4钢方管	347.83t
15	F80×4钢方管	381.03t

图 12-31　幕墙工程量的精确提取

（4）幕墙施工图纸输出

该工程运用 BIM 技术，改变了传统由二维幕墙施工图纸到三维模型的设计流程，直接由幕墙 BIM 模型进行方案设计和深化设计。通过对 BIM 模型的切割、提取、拍平、重新生成，直接输出建筑幕墙的二维平面、立面施工图纸。通过对 BIM 模型双曲异形渐变部位的切割，生成不同区域的二维剖面图，从而对不同区域的幕墙系统进行分析以及指导后期施工。

由 BIM 模型生成的幕墙二维施工图如图 12-32 所示。

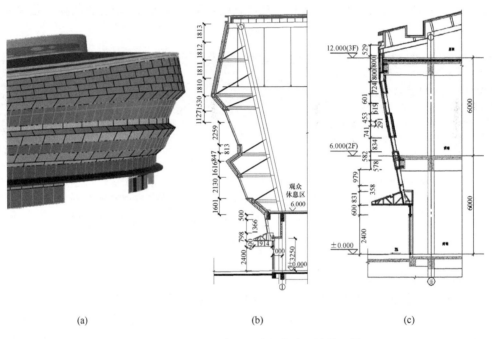

(a)　　　　　　　　　　(b)　　　　　　　　　　(c)

图 12-32　由 BIM 模型生成的幕墙二维施工图

（5）幕墙系统节点的可视化模拟

可视化是 BIM 应用的一种有效方式，不仅能够进行幕墙系统的三维模拟，实现转折交接部位的可视化，直接展示节点效果，还可以模拟各材料的安装进程和逻辑顺序，检测材料之间的配合情况及幕墙系统中的漏缺点，从而对幕墙系统设计进行反馈优化。

该工程绝大部分均为渐变效果，利用 BIM 软件提取该系统的所有角度，得到准确的范围，然后采用 BIM 参数化对重点系统节点进行动态可视化模拟，确保该系统能够适应工程中所有角度的变化，如图 12-33 所示。

（6）幕墙设计方案优化

利用 BIM 模型对幕墙自由曲面部分各个立面进行曲率分析，根据分析结果对曲率不均匀的区域进行曲面的重新拟合生成，从而保证建筑造型顺滑、自由过渡的最佳外立面效果。通过幕墙 BIM 模型利用 GH 参数化，分析玻璃和铝板板块的曲率和翘曲尺寸，并进行优化整合归类，减少材料种类，形成幕墙材料的标准化、通用化。幕墙主龙骨——钢圆管为沿幕墙外立面造型编号的自由扭曲曲线，通过 BIM 模型分析出曲线的曲率及弦高，在不影响视觉效果的前提下，根据不同曲率进行整理归类，并将曲率较小的弧形优化成直线。通过 BIM 设计优化，可有效降低幕墙材料的加工难度和成本，缩短工程周期，如图 12-34 所示。

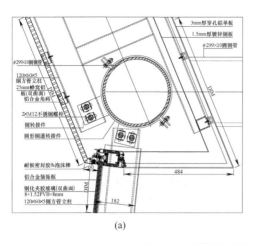
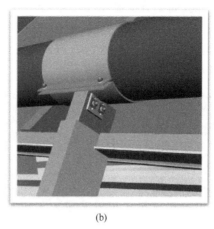

(a)   (b)

图 12-33   幕墙系统节点的可视化模拟

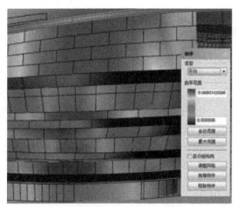

图 12-34   通过 BIM 对双曲面幕墙部分进行优化

(7) 碰撞检测

建筑设计及施工过程与幕墙相关的有多个专业，其相互间的交接碰撞在传统的工程模式中为工程重点，往往耗费大量的人力、物力进行检测及后期调整弥补且效果不理想。利用 BIM 技术将幕墙模型和主体结构模型以及钢结构模型共同导入到 BIM 软件中，利用 BIM 的碰撞自动检测功能检测幕墙龙骨与主体混凝土结构及钢结构之间的干涉碰撞情况，校核异形转折部位设计及施工空间是否合理，力求在前期设计阶段对各专业干涉部位提前进行调整，减少后期的返工和结构性调整。

(8) 构件的精细化加工

该工程幕墙曲面折线部分横向大跨度主龙骨及转接件均采用钢圆管，钢圆管之间交接位置均为相贯线，钢管加工过程中采用传统切割工艺，施工速度慢、精度低，采用 BIM 模型直接导出数控相贯线切割机可用文件模型，利用数控相贯线切割机进行精细化高效加工，如图 12-35 所示。

(9) 材料加工信息参数化提取

Grasshopper 为基于 BIM 模型基础的二次编程软件，利用程序算法和数理逻辑，将 BIM 模型中幕墙分格、材料及定位点信息等进行参数化提取和二次处理，从而导出可直接应用的工程信息数据，是目前从类似本项目这种非线性几何体提取数据的最有效手段。利用

Grasshopper 对幕墙铝板进行数据提取，同时进行分析、整理，最终导出可直接用于加工的参数信息。将 GH 参数化提取的幕墙面板、龙骨等信息二次处理，生成加工单、加工图等材料加工信息，提高了材料加工准确性并缩短了加工周期。材料加工信息的参数化提取如图 12-36 所示。

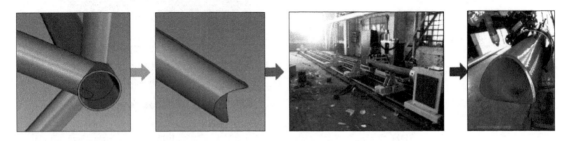

图 12-35　利用 BIM 技术的构件精细化加工图

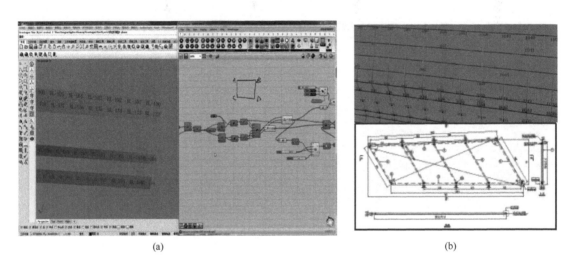

(a)　　　　　　　　　　　　　　　　(b)

图 12-36　材料加工信息的参数化提取

（10）材料跟踪管理

此类项目的多变造型导致几乎没有两块相同的面板和龙骨，面对数以万计的材料，材料管理成了很棘手的问题，故引入"草料二维码"解决方案，采用"互联网＋BIM"的管理方式对材料的生产、运输、现场存放、施工安装等进行科学化、智能化、高效化的管理，如图 12-37 所示。

（11）结合现场施工放样定位

针对此类异形曲面幕墙空间点位多的特点，先根据 BIM 模型生成幕墙空间点位数据信息导出到表格（.csv），然后导入全站仪进行现场放线，确保定位精度，指导龙骨及面板安装定位，并根据放样结果反馈校核模型，使之相互吻合，保证建筑效果，如图 12-38 所示。

（12）施工进度追踪

基于材料跟踪管理系统结合 BIM 软件形成"互联网＋BIM"的技术，实时更新各个环节的材料状态，根据各种幕墙材料的安装信息，将现场实际进度实时反映在 BIM 模型中。

(a)　　　　　　　　　　(b)　　　　　　　　　　(c)

图 12-37　基于 BIM 技术的现场幕墙材料跟踪管理

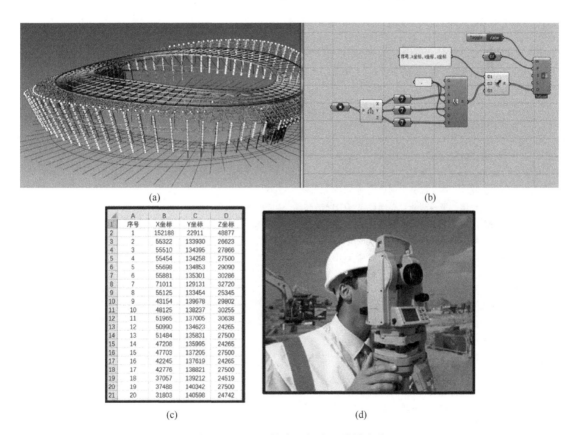

图 12-38　BIM 结合现场施工放样定位

参 考 文 献

[1] 王祝堂，田荣璋. 铝合金及其加工手册 [M]. 第二版. 长沙：中南大学出版社，2000.

[2] 赵云路，唐志玉. 铝塑型材挤压成形技术 [M]. 北京：机械工业出版社，2000.

[3] 朱祖芳. 铝合金阳极氧化与表面处理技术 [M]. 北京：化学工业出版社，2004.

[4] 朱祖芳. 铝合金阳极氧化工艺技术应用手册 [M]. 北京：冶金工业出版社，2007.

[5] 高海燕，李洪军. 建筑装饰材料 [M]. 北京：机械工业出版社，2009.

[6] 郝永池. 幕墙装饰施工 [M]. 北京：机械工业出版社，2016.

[7] 罗忆，黄圻，刘忠伟. 建筑幕墙设计与施工 [M]. 北京：化学工业出版社，2007.

[8] 上海市城乡建设和交通. 玻璃幕墙工程技术规范（DGJ 08-56-2012).

[9] 建筑幕墙（GB/T 21086—2007).

[10] 建筑幕墙术语（GB/T 34327—2017).

[11] 变形铝及铝合金牌号表示方法（GB/T 16474—2011).

[12] 变形铝及铝合金状态代号（GB/T 16475—2008).

[13] 铝合金建筑型材（GB 5237.1～5237.6—2017).

[14] 一般工业用铝及铝合金板、带材（GB/T 3880.1～3880.3—2012).

[15] 铝幕墙板 第 1 部分：板基（YS/T 429.1—2014).

[16] 铝幕墙板 第 2 部分：有机聚合物喷涂铝单板（YS/T 429.2—2012).

[17] 建筑幕墙用铝塑复合板（GB/T 17748—2016).

[18] 铝塑复合板用铝带（YS/T 432—2000).

[19] 耐候结构钢（GB/T 4171—2008).

[20] 彩色涂层钢板及钢带（GB/T 12754—2006).

[21] 天然花岗石建筑板材（GB/T 18601—2009).

[22] 天然大理石建筑板材（GB/T 19766—2016).

[23] 平板玻璃（GB 11614—2009).

[24] 建筑用安全玻璃 第 2 部分：钢化玻璃（GB 15763.2—2005).

[25] 建筑用安全玻璃 第 3 部分：夹层玻璃（GB 15763.3—2009).

[26] 建筑用安全玻璃 第 1 部分：防火玻璃（GB 15763.1—2009).

[27] 镀膜玻璃 第 1 部分：阳光控制镀膜玻璃（GB/T 18915.1—2013).

[28] 镀膜玻璃 第 2 部分：低辐射镀膜玻璃（GB/T 18915.2—2013).

[29] 中空玻璃（GB/T 11944—2012).

[30] 建筑用硅酮结构密封胶（GB 16776—2005).

[31] 干挂石材幕墙用环氧胶粘剂（JC 887—2001).

[32] 建筑物防雷设计规范（GB 50057—2010).

[33] 建筑设计防火规范 [GB 50016—2014（2018 版）].

[34] 建筑抗震设计规范 [GB 50011—2010（2016 年版）].

[35] 公共建筑节能设计标准（GB 50189—2015).

[36] 民用建筑隔声设计规范（GB 50118—2010).

[37] 玻璃幕墙工程技术规范（JGJ 102—2003).

[38] 金属与石材幕墙工程技术规范（JGJ 133—2001).

[39] 人造板材幕墙工程技术规范（JGJ 336—2016).

[40] 建筑结构荷载规范（GB 50009—2012).

[41] 建筑玻璃应用技术规程（JGJ 113—2015).

[42] 建筑门窗玻璃幕墙热工计算规程（JGJ/T 151—2008).

[43] 采光顶与金属屋面技术规程（JGJ 255—2012).

[44] 建筑装饰装修工程质量验收规范（GB 50210—2018).

[45] 玻璃幕墙工程质量检验标准（JGJ/T 139—2001).